# 静电模拟与防护

原青云　张希军　编著

哈尔滨工业大学出版社

## 内容简介

本书系统地介绍了静电起电/放电模拟与防护技术,主要内容包括:静电学基础理论、静电起电、静电放电、静电放电模型与试验、静电危害的形成及分析、静电危害防护技术、电子产品静电防护技术和航天器静电防护技术等,反映了近年来静电起电/放电模拟与防护领域的相关研究成果。

本书可供航空航天、石油化工、电子电气及其他领域从事静电防护工程、电磁环境效应研究的科技人员、工程技术人员和管理人员参考,也可作为高校电子科学与技术、兵器科学与技术等专业的研究生教材。

**图书在版编目(CIP)数据**

静电模拟与防护/原青云,张希军编著. —哈尔滨:哈尔滨
工业大学出版社,2024.1(2024.12 重印)
ISBN 978 - 7 - 5767 - 1141 - 7

Ⅰ.①静… Ⅱ.①原… ②张… Ⅲ.①静电防护-教材
Ⅳ.①TN07

中国国家版本馆 CIP 数据核字(2024)第 050290 号

策划编辑　薛　力
责任编辑　王会丽
封面设计　刘　乐
出版发行　哈尔滨工业大学出版社
社　　址　哈尔滨市南岗区复华四道街 10 号　邮编 150006
传　　真　0451 - 86414749
网　　址　http://hitpress. hit. edu. cn
印　　刷　哈尔滨起源印务有限公司
开　　本　787 mm×1 092 mm　1/16　印张 19.5　字数 436 千字
版　　次　2024 年 1 月第 1 版　2024 年 12 月第 2 次印刷
书　　号　ISBN 978 - 7 - 5767 - 1141 - 7
定　　价　89.00 元

# 前　言

静电是人类所知的最古老的电形式。2000多年前,希腊人发现当某些材料相互摩擦时会出现吸引现象。事实上,"电"这个词来源于希腊语"elecktron",意思是琥珀。在17和18世纪,人们进行了几个关键的实验来了解和测量静电,但是电磁学的发现及其巨大的突破已经超越了人们对静电的兴趣。在今天,虽然静电在工业上的应用也并非微不足道,但它仍无法与电磁学和电动力学相比。

具有讽刺意味的是,虽然静电被贬到了科学进化的阁楼上,但它却不断地以不良影响占据头条。尤其是自20世纪中期开始,随着科学技术的高速发展,高分子材料、电爆装置和微电子技术得到广泛应用,使得在人们日常生活和工业生产中的静电现象更加普遍、频繁和剧烈,由静电引发的各种生产障碍和危害几乎遍及各个领域和国民经济的各个部门,因而日益引起人们的广泛关注。静电放电不仅是危险场所的点火源,而且是信息化装备的电磁干扰源,这是因为静电放电可产生热、光、电、磁等各种效应,产生的电磁脉冲频谱可达兆赫兹(MHz)甚至吉赫兹(GHz),这种宽频带的近场电磁辐射,不仅会引爆电爆火工品,而且对信息化时代的电子装备、高技术条件下的精确制导武器、太空中飞行的各类航天器都会造成威胁。所以,研究静电起电与放电规律、了解静电危害机理、掌握静电防护原理和技术,对于现代化工业生产和高科技电子装备的研制、生产和管理都具有十分重要的意义。

可以说,防静电危害的理论与技术已成为现代企业生产技术人员、新产品新装备研发人员和管理人员必须具备的基本知识。本书正是依据这种发展趋势,在从事研究生"静电与雷电防护"课程教学的基础上编著的。本书旨在集静电起电/放电相关的基础理论、模拟技术、防护方法及近年来相关科研成果于系统著作,从而服务于高校研究生教育,并为相关领域的科技工作者提供参考。

本书是在国防科技重点实验室基金项目(项目编号:6142205210102)的资助下完成的。

全书由原青云提出编著纲目并执笔撰写,第1、2、3、5、7、9章由原青云撰写,第4、6、8章由张希军撰写。

限于作者水平有限,书中难免出现疏漏和不足之处,敬请读者批评指正。

作　者
2023 年 11 月

# 目　录

# 第1章 绪 论

　　静电比较传统的定义是,相对于观察者静止不动的电荷。然而,绝对静止不动的电荷是不存在的。正如水总是由高处流向低处一样,物体或空间中的电荷总要由高电位向低电位移动,只不过移动的速率随电位差和物质电导率的大小而有很大差异。所以,在此意义上可以把静电定义为:在物体或空间极缓慢地移动,以致其磁场效应较之电场效应可忽略不计的电荷的带电现象。总之,静电是与流电(由电荷的宏观定向运动而形成,所表现出的主要是磁场效应)相比较而言的,它是一种处于相对稳定或移动极为缓慢的电。静电的作用仅仅取决于电荷的位置、分布、多少及周围的环境,而电磁和电热现象则主要取决于电荷的运动 —— 电流。必须注意到,静电与流电有着不同的特点,遵守着不同的规律。因此,想要防止和消除静电危害,就应对其进行专门的研究。

## 1.1 传统静电学的发展

　　人们对电的认识始于对静电现象的观察。公元前 600 年左右,古希腊哲学家泰勒斯在研究天然磁石的磁性时发现用丝绸、法兰绒摩擦琥珀之后有类似于磁石能吸引轻小物体的性质。所以,泰勒斯成为有历史记载的第一个静电实验者。我国东汉时期王充所著《论衡》里有"顿牟掇芥"的记载,与古希腊人的发现不谋而合。在西晋张华所著的《博物志》中也有记载:"今人梳头,脱著衣时,有随梳、解结有光者,亦有咤声",这里记载头发因摩擦起电发出的闪光和噼啪之声。

　　但直到 16 世纪,除了偶尔发现圣·埃尔摩火外,对静电别无其他记载。圣·埃尔摩火是发生在船桅杆上或其附近的发光现象。在航行于地中海上的水手中间长久流传着一个"神火"的故事,他们在暴雨即将来临的危急时刻,多次地发现在桅杆尖上有一种不祥的火光。开始时水手们把它看作末日的来临,但当他们多次平安脱险后,这火光反而变成了安慰的源泉。水手们把它命名为圣·埃尔摩火,用来象征他们所信仰的圣徒埃尔摩的保护。其实,这种现象是尖端放电现象,并非"神火"。关于尖端放电将在 2.3.2 节具体介绍。

　　英国伊丽莎白的御医吉尔伯特重复了泰勒斯的实验。他想弄明白为什么琥珀这个用于装饰用的东西摩擦之后会有吸引轻小物体的性质,是否其他的珠宝也有类似的性质呢。他用其他的珠宝做实验,结果发现钻石、蛋白石和蓝宝石也有像琥珀一样吸引其他轻小物体的性质。后来,他还发现其他物体也有类似的性质,如紫晶、玻璃、黑色大理石、硫黄、蜡等。他注意到这些物质经摩擦之后虽然能吸引轻小物体,但不像磁石那样具有指南北方向的性质。他把这些经摩擦能带电的物质称为"摩擦起电体"。而把摩擦不能带电的物体称为"非摩擦起电体"。为了进一步研究这些物体的吸引能力,吉尔伯特还发明了验电器,用它来检验带电物体。验电器是一个中心可以转动的很轻的木材或金属做成的细针,当摩擦过的琥珀靠近时,细针可以转动。他还发现在天气干燥时这些物体容易产生吸引力。

1660年,德国人格里凯发现电的排斥现象。当把带电棒接近金属屑时,它们开始吸引,然后排斥。1678年,格里凯制造了第一台摩擦静电起电机。他把硫黄粉碎熔化后灌入一个直径为15.24 cm的空玻璃球内,在其中间插入一条木棒作为轴,硫黄冷却后,打碎玻璃,做成一个硫黄球。当球迅速转动并用布或直接用手摩擦硫黄球时能产生很大的火花。

1709年,英国科学家豪克斯比制作了一个类似于格里凯的静电发生器,他用一个大轮带动一个小轮使得球转得更快,计算球的线速度达到8.84 m/s,当用毛皮摩擦球时,强烈的放电会使球发出绿光。当把脸贴近带电球时,他觉得有一股微风吹来。这种摩擦静电起电机经过不断改进,后来在静电实验中起过重要的作用。他还发明了第一个静电计,把弯曲的稻草挂在绝缘的金属棒的一端,他发现当带电体接近时稻草会排斥而张开。他的另一个重大发现是:两个相距2.54 cm的球,当摩擦其中之一时,两球都发光,这一现象在当时很难理解,实际上这就是静电感应现象。

1720年,英国人格雷发现丝绸、干木材、毛发经摩擦也能起电。他在研究琥珀吸引特性的传递时发现了导体和非导体的区别。他摩擦一根约1 m长的空玻璃管,为了保持玻璃管内干净,把一个塞子塞入玻璃管的一端,当摩擦玻璃管时,发现塞子也能吸引轻小物体。格雷认为这种吸引力可以传递,从此继续以实验来检验电的这种传递能力。

富兰克林做了许多实验后于1747年正式宣布有两种电荷存在,即正电荷和负电荷。他认为摩擦后的玻璃棒带正电,而树脂带负电。富兰克林说,静电的产生不是由于摩擦了摩擦起电体产生的,而是由于"电流体"的转移,虽然这种说法不完全正确,但是该说法对静电学后来的发展起到了抛砖引玉的作用。

1775年,意大利物理学家伏特发明了静电感应起电盘,他利用静电感应起电盘能使导体产生电压很高的静电。1799年,伏特在仔细研究了摩擦起电和两种不同金属接触都会使青蛙抽搐的现象之后,认为青蛙腿的抽搐不过是对于电流的灵敏反应,而肌肉提供了一定的溶液,因此电流产生的先决条件是两种不同金属插在一定的溶液中并构成回路。他在1800年用锌板和铜板插入一瓶稀酸中做成了第一个电池,这种电池称为伏特电池。他把电池串联起来做成了一个电流更强的电池组。于是,电压的单位以他的名字命名。

库仑的研究工作非常著名。库仑曾从事毛发和金属丝扭转弹性的研究,这使得他在1777年发明了后来被称为库仑秤的扭转天平或扭秤。1784年,库仑发表论文,介绍他发现的扭转力与线材的直径、长度、扭转角度及物理特性有关的常数之间的关系,还介绍了用扭秤测量各种弱力的方法。同年,库仑响应法国科学院有赏征集研究船用罗盘,他的科学生涯开始从工程、建筑转向电和磁的研究。1785 年,库仑设计制作了一台精确的扭秤,用扭秤实验证明了同号电荷的斥力遵从平方反比定律,用振荡法证明异号电荷的吸引力也遵从平方反比定律。同时,他还发现电的作用力与电荷量成正比。他的实验结论就是静电学的基本定律 —— 库仑定律。从此,静电学走上了用数学进行定量研究的新阶段。

法拉第是一位伟大的实验科学家,其研究范围覆盖了许多领域,如化学、物理和电磁。法拉第引入了带电体周围电力线的概念,他的一个很有意义的实验是法拉第笼实验,实验中,法拉第坐在金属笼内,当笼外发生强大的静电放电时,他并未感到任何电击并且验电器也无任何显示。法拉第的另一个重要实验是法拉第筒实验,当一带电体接触金属筒的内壁时,电荷会转移到筒的外表面,这种现象的发生与筒外是否存在电荷无关。

在电池被发明之后,人们可以获得连续的电流,这导致许多新的发现。在这以前,科学界普遍认为电与磁相互毫无关系。1820 年 7 月,奥斯特向科学界宣布他发现了电流的磁效应,打开了电应用的新领域。1820 年 9 月,安培发现了圆电流对磁针的作用,并提出了分子电流假说。1831 年,法拉第发现电磁感应现象;1833 年,法拉第证明摩擦起电和伏特电池产生的电相同。1837 年,法拉第提出了一种新的观点,认为带电体周围存在着电场,电荷之间的相互作用是通过电场进行的。1839 年,高斯发表了"相互作用的引力和斥力与距离平方成反比的一般原理"的论文,论文中他从库仑定律出发,证明了静电学的著名定理 —— 高斯定理。至此,静电学的理论体系基本形成。

# 1.2　现代静电工程学的建立

进入 20 世纪后,随着工业技术的发展,人们开始研究静电技术的应用。与此同时,静电这个不速之客闯进了许多高速发展的工业部门,造成了人们难以预料的各种障碍和事故。特别是近半个世纪,随着科学技术的发展,高分子材料、微电子技术和电爆装置的广泛应用,使得静电造成的危害受到世界各国的普遍重视。古老的静电学生长出了新的边缘学科,并且逐渐由经典的静电学发展成为静电工程学和静电防护工程学。

以研究静电放电和静电危害及其防护为主的静电防护工程学,是一门涉及气体放电理论、材料科学和近代电测技术等多学科知识的新兴学科,其理论与技术正处在发展和完善阶段。这些理论和技术虽然建立在经典静电学的基础之上,但是单纯使用传统的静电学概念和理论,有时无法解决静电防护工程的实际问题。如通常意义上的导体与非导体和静电导体与静电非导体在概念和量值划分方面有很大的差异;欧姆定律是经典物理学和电工学中的基础理论之一,但是在静电防护工程学中却不能简单地使用人们熟悉的欧姆定律去研究高压强静电场中的物质导电问题;又如,在静电学中研究的对象主要是"相对观察者静止电荷激发的静电场",或者说,电荷处于相对稳定状态时,仅考虑其周围的电场效应,其磁场效应相比之下可以忽略不计,但是近代科学技术的发展已告诫人们,在静电防护工程中,不仅要研究静电带电体的电场作用,还要研究在它周围产生的磁场效应,尤其是静电放电产生的快上升沿电磁脉冲,其频带宽度超过 1 GHz。这种高频强辐射电磁场对信息化电子设备和某些电磁敏感装置的影响是十分严重的。可见,研究静电放电的特点及电磁辐射危害的防护在信息化时代的今天,具有十分重要的意义。所以,"静电"问题,已不是原来意义上的"静电学"问题,而是与静电放电及电磁辐射相关联的静电应用技术和静电防护工程问题。从这个意义上讲,古老的静电学获得了新生。除静电应用技术之外,还形成了以静电起电原理、静电放电模型、静电作用机理、静电危害及其防护,以及与其相关的静电测试技术等研究内容为主的静电防护工程学。

# 第2章 静电学基础理论

随着科学技术的飞速发展,静电科学已由古老的静电学发展成为一门内容十分丰富的交叉科学。特别是在静电应用、静电放电控制和静电安全防护等方面,实际上已形成现代静电工程学。有许多静电现象和工程实践问题,需要从理论上去分析、研究和解决。依靠原来意义上的"静电"知识已不能完全解决新的静电问题,这就要求人们开拓学科新领域,提出新理论、新方法。但是,万丈高楼平地起,近代静电科学是从经典静电学发展起来的,只有很好地掌握了静电学的基本概念和基础理论,才能更好地去研究新领域,解决实践问题。为此,本章主要介绍静电学的物理概念和基础理论。

## 2.1 物质的电结构和电学性质

### 2.1.1 物质的电结构

物质的静电起电过程及物质的电学性质除受到外界电磁场与环境条件的影响外,主要取决于物质本身的结构。按照物理学的观点,任何物质都是由分子组成的,而分子又由更小的粒子——原子组成,原子则由原子核及核外电子组成。

**1. 电子及原子的核式结构**

近代物理已经证实,物质的最小结构——原子具有典型的核式结构,即原子中央有一个带正电的核,几乎集中了原子的全部质量,而电子则以封闭的轨道绕核旋转,与行星绕太阳旋转的情况相似。原子核的半径约为 $10^{-15} \sim 10^{-14}$ m,比原子的半径(约为 $10^{-10}$ m)小得多。原子核又是由一定数量的两种基本粒子——质子和中子所组成的。其中质子带正电,中子不带电,而且一个质子所带的正电量与一个电子所带的负电量相等,都是 $1.602 \times 10^{-19}$ C,整个原子核所带的正电荷与核外所有电子的负电荷量值相等。

原子核外电子的运动遵循量子力学的规律。各电子的运动并没有固定的轨道,但因为每个电子的能量是量子化取值的,即电子分布在一系列分立的能级上的,所以可等效地将它们看成分布在不同的层次上,构成壳层分布。由主量子数 $n$ 决定的壳层称为主壳层,

如对应于 $n=1,2,3,4,\cdots$ 的主壳层分别被称为 K,L,M,N,$\cdots$ 壳层;每个主壳层按副量子数的不同又分为若干分壳层,如 s,p,d,f,$\cdots$。一般来说,主量子数 $n$ 越小的壳层,电子的能级就越低,因而也越稳定,又因为每个壳层只能容纳一定数量($2n^2$)的电子,所以电子总是优先排列在最低能级的壳层上,排满后再依次往能级较高的壳层上分布。如第一层容纳 2 个电子,第二层容纳 8 个电子,第三次容纳 18 个电子等。

由于异号电荷相互吸引,因此在正常状态下原子中的电子不能脱离原子核,而核外电子的数目又与核内质子的数目相等,所以原子呈电中性。但如果在某种作用下,中性的原子、原子团或分子失去或得到电子,它们的正、负电荷不再相等,就分别变成了带正电或带负电的离子。因此,物体带正电就是物体比正常状态失去若干电子;而物体带负电就是物体比正常状态有过多的电子。这表明物体带电的基础在于电子的转移。

各种原子得失电子的能力,主要取决于原子最外壳层上的电子 —— 价电子的势能大小。而价电子势能的大小又与原子的壳层结构、原子半径的大小和原子核内质子的多少有关。除惰性气体外,原子最外壳层电子越少者,越容易失去电子;原子半径越大或核内质子数目越少者,由于核对电子的吸引力较小,因此也容易失去电子。反之,原子最外层的电子越多,原子半径越小或核内质子数越多,则得到电子形成稳定电子层的能力越强。由此可见,物质得失电子的能力亦即物体带电的能力是与物质的电结构密切相关的。

**2.分子结构**

分子是由原子组成的,是保持物质化学性质的最小粒子。各原子间是靠一种被称为化学亲和力的相互作用而形成分子的,这种相互作用又可称为化学键。化学键分为离子键、共价键和金属键三种。

(1)离子键。

当电离能比较小的金属原子和电子亲和能比较大的非金属元素的原子相互靠近时,前者可能失去电子成为正离子,后者容易得到电子成为负离子,正、负离子间由于存在着库仑力而相互吸引,从而形成稳定的化学键,称为离子键。由离子键所形成的化合物称为离子型化合物。这种化合物分子的等效正电荷中心与等效负电荷中心不相重合而带有极性,故属于极性分子。

(2)共价键。

由共同电子对把两个原子结合起来的化学键称为共价键。每个原子外层的价电子若电子组态不同(如自旋方向相反),则会组成电子对,这些电子对的电子是分子内相互结合的原子所共有的,就如同它们在绕这两个原子核运动一样。一些双原子分子,如 $H_2$、$N_2$、$O_2$ 的化学键就属于这一类。除同类原子外,也可通过化学键结合成分子,如 $H_2O$、$SO_3$、$CH_4$ 等。由共价键形成的分子:有些正、负等效电荷中心不相重合,属极性分子;有些正、负等效电荷中心是重合的,属无极性分子。

(3)金属键。

金属键是指自由电子和组成晶格的金属离子间的相互作用。金属原子由于价电子与原子核联系比较松弛,因此容易失去电子而成为正离子。在金属中正离子彼此靠得很近而呈现某种规则的排列 —— 晶格。各原子的价电子能脱离各自的原子核成为共有的电子且能在晶格中自由移动,故称为自由电子。

## 2.1.2 导体、绝缘体与聚合物

### 1.导体

具有大量能在外电场作用下自由移动的带电粒子(电子或离子),因而能传导电流的物体称为导体。从物质的电结构可知,金属由于其内部有自由电子,因此是良好的导体。电解液也是导体,不过在其中发生电荷传导的不是电子,而是溶解在溶液中的酸、碱、盐等溶质分子离解成的正、负离子,这种正、负离子称为自由电荷。电离的气体也是导体,起传导作用的自由电荷也是正、负离子,但负离子往往是电子。

### 2.绝缘体

几乎不能传导电荷的物体称为绝缘体,或称电介质。如空气、木材、玻璃、石英、陶瓷、云母、橡胶等。电介质的分子结构有两种形式:一种是由共价键结合的气体、液体和固体,由于原子核与电子彼此紧紧束缚,不能产生自由电子或离子,因此导电能力极弱,有机电介质材料的分子绝大多数由共价键结合;另一种是由离子键结合的固体化合物,由于在一般情况下,其电子被原子核紧紧束缚,正、负离子也紧密结合在一起,因此也会因为缺乏自由电子或离子而表现为绝缘体。总之,在电介质中,极少有可供自由移动的电荷,绝大部分电荷被牢固地束缚在化学键中,或充其量只能在一个原子或分子的范围内做微小的位移。因而电介质由于某种原因带电后,电荷几乎只能停留在产生的地方。电介质的基本特征还在于,在外电场作用下电介质将会产生极化,即宏观上呈现带电的状态;而当外电场足够大时,电介质中会产生宏观的电荷移动,使其失去绝缘性能,从而在某种程度上成为"导体",这种现象称为电介质的击穿。

从静电灾害及其防护的角度来说,研究电介质的电结构和性质具有十分重要的意义。由于电介质几乎不能传导电荷,因此其以某些方式带电时就会引起静电的迅速累积,并达到引起灾害的程度。同样因为电介质传导电荷能力极差,带电后很难泄漏,即使用导线将其与大地相连,电荷也不会像导体那样瞬间转移到大地,所以为防止电荷的大量累积就不能采用像导体那样的简单接地的方法。此外,在工业生产中会遇到运动的液体电介质、气体电介质和粉尘,它们在各种不同条件的作用下带电后,虽然电荷在其内部不能移动,但液体、气体本身可以流动、扩散,粉尘也可在管道内输送或在空间扩散,因此它们所携带的静电荷也可以随之转移到其他地方,一旦到达易燃易爆的危险场所,就可能形成灾害的发生源。

### 3.聚合物

聚合物又称高分子材料,是指分子量在 $10^3 \sim 10^6$ 之间的高分子化合物,而且通常是指碳氢化合物及其衍生物构成的有机聚合物。虽然某些聚合物具有半导体乃至导体的导电性能,但绝大多数聚合物材料,特别是量大面广的橡胶、塑料、化纤等属于绝缘体的范畴。其根本原因仍是这类化合物中大分子的化学键都是共价键,它们不会电离,也不能传递电子或离子,因此绝缘性能很强。但应当指出的是,聚合物由于具有特殊的结构,因此不能等同于一般的电介质。首先,聚合物大分子中原子间的结合虽然主要是共价键(可称为主价键)起作用,而范德瓦耳斯键和氢键(次价键)也起着重要的结合作用。其次,直接影响固态聚合物性能的基本单元也不是孤立的原子甚至单个的链节,而是整个大分子的组成、构型、构象及分子聚集态等。同时,聚合物的性质,特别是导电性能,还受合成、加工及使用条件的影响。例如,有强极性基团的聚合物,当表面吸附水分时本身可发生电离而产生导电的离子,但更多的是在制备单体、聚合、加工及使用过程中,混入高聚物的催化剂、各种添加剂、水分及其他杂质的电离作用,都可提供导电的离子。

聚合物是以其分子内所含原子数多、分子量大、分子间引力强、机械强度高为主要特征的,加之耐腐蚀和其他许多特殊功能,所以在生产和生活中应用十分广泛。聚合物除可制成橡胶、塑料、纤维外,还可制成合成油料、涂料、黏合剂等多种合成材料。绝大多数聚合物材料具有高绝缘性能,极易产生和累积静电,形成静电危害源。所以,聚合物材料的广泛开发和应用,使静电防灾工作扩展到一个新的领域。

## 2.1.3  物质的电阻率

物质的导电性能可以用电阻率(常用符号 $\rho$)或电导率(常用符号 $\gamma$)定量地加以表征。电阻率越小,物质的导电性能就越好。电导率被定义为电阻率的倒数,即

$$\gamma = 1/\rho \tag{2.1}$$

因此电导率越大,物质的导电性能越好。

导体和电介质的电阻率的意义是有所不同的,下面分别进行介绍。

### 1. 导体的电阻率

当在导体两端加上直流电压 $U$ 时,通过导体的电流强度 $I$ 按欧姆定律为

$$I = U/R \tag{2.2}$$

式中,$R$ 为电阻,表征导体对电流阻碍能力的量,单位为 $\Omega$。

导体电阻的大小与导体的材料和几何形状有关。对于由一定材料制成的横截面均匀的导体,其电阻 $R$ 与其长度 $l$ 成正比,与其横截面积 $S$ 成反比,即

$$R = \rho l/S \tag{2.3}$$

由式(2.3)得

$$\rho = RS/l \tag{2.4}$$

令 $S = 1 \text{ m}^2$ 和 $l = 1 \text{ m}$,则得 $\rho = R$。可以看出,电阻率在数值上等于单位长度和单位横截面积的一段导体的电阻。显然,在国际单位(SI)制中,电阻率的单位是 $\Omega \cdot \text{m}$,但在工程上常用 $\Omega \cdot \text{cm}$ 作为 $\rho$ 的单位。

从金属的经典理论可知,金属导体的电阻率 $\rho$ 与自由电子(载流子)的密度 $n$、平均自由程 $\lambda$、热运动平均速度 $v$ 及电子的质量 $m$、电量 $q$ 等微观量之间的关系为

$$\rho = mv/nq\lambda \tag{2.5}$$

### 2. 固体电介质的电阻率

电介质的电阻率是最能直接反映材料导电性能或泄漏静电荷能力的物理量。因此,当在固体电介质试样上施加直流电压时,其导电规律与导体有很大的不同。

如图 2.1 所示,把固体电介质试样置于面积为 $A$、间距为 $d$ 的两电极之间,当在两电极间施加直流电压 $U$ 时,发现有一部分电流是流经电介质内部的,称为体积电流,以 $I_v$ 表示;另一部分电流则是从电介质试样表面流过的,称为表面电流,以 $I_s$ 表示,总电流 $I$ 则等于 $I_v$ 和 $I_s$ 之和。于是相应的固体电介质的电阻也分为两部分:一部分表征电介质内部对电流的阻碍能力,称为体积电阻,以 $R_v$ 表示;另一部分表征电介质表面对电流的阻碍能力,称为表面电阻,以 $R_s$ 表示。电介质试样的总电阻设为 $R$,则由以上内容可得如下各关系式:

$$\begin{cases} R = U/I \\ R_v = U/I_v \\ R_s = U/I_s \\ I = I_s + I_v \end{cases} \tag{2.6}$$

联立可求得

$$1/R = 1/R_s + 1/R_v \tag{2.7}$$

这表明,固体电介质的总电阻 $R$ 可视作体积电阻 $R_v$ 与表面电阻 $R_s$ 并联的结果。其中,$R_v$ 反映了电介质内部的导电性能,$R_s$ 反映了电介质表面的导电性能。

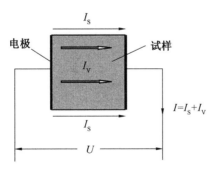

图 2.1　固体电介质导电的示意图

必须指出,$R_v$ 和 $R_s$ 不仅与电介质本身的特性有关,还与电介质试样的尺寸、形状有关。为了更本质地表征电介质内部和表面的导电性能,并对不同电介质泄漏电荷的能力加以比较,应采用与试样尺寸、形状无关的量。由图 2.1 可以看出,电介质试样的体积电阻 $R_v$ 的大小应与试样沿 $I_v$ 方向的长度,即试样的厚度 $d$ 成正比,而与试样的面积 $A$ 成反比,可表示为

$$R_v = \rho_v d/A \tag{2.8}$$

式中，$\rho_V$ 为比例系数，其表达式为

$$\rho_V = R_V A/d \tag{2.9}$$

这里 $\rho_V$ 称为电介质材料的体积电阻率，它是表征电介质材料内部导电能力或泄漏静电能力的物理量。显然，在 SI 制中，$\rho_V$ 的单位是 $\Omega \cdot m$，但在工程上常用 $\Omega \cdot cm$ 作为 $\rho_V$ 的单位。

在式(2.9)中，令 $A$ 为单位面积、$d$ 为单位长度，则有 $\rho_V = R_V$。这表明，$\rho_V$ 在数值上等于边长为单位长度的立方体电介质试样两个相对面间的电阻。

在图 2.1 中，如果设表面电路 $I_S$ 的电流通道的宽度（即电极垂直于纸面方向的宽度）为 $b$，则电介质试样的表面电阻 $R_S$ 应与试样沿 $I_S$ 方向的长度，即试样的厚度 $d$ 成正比，而与电流通道的宽度 $b$ 成反比，可表示为

$$R_S = \rho_S d/b \tag{2.10}$$

式中，$\rho_S$ 为比例系数，其表达式为

$$\rho_S = R_S b/d \tag{2.11}$$

这里 $\rho_S$ 称为电介质材料的表面电阻率，它是表征电介质材料表面导电能力或泄漏静电能力的物理量。显然，在 SI 制中，$\rho_S$ 的单位是 $\Omega$。

在式(2.11)中，取电介质试样的 $b$ 和 $d$ 均为单位长度，则有 $\rho_S = R_S$。这表明，$\rho_S$ 在数值上等于边长为单位长度的正方形试样两个相对边之间的电阻。正因为如此，在工程上有时为了区别表面电阻率 $\rho_S$ 和表面电阻 $R_S$（因为二者的单位都是 $\Omega$），也常把 $\rho_S$ 的单位写作 $\Omega/\square$，读作欧姆每方块。必须指出，表面电阻率既与所取试样的厚度无关，也与正方形的大小无关。

还需要说明的是，工业生产中加工或使用的电介质材料有许多是疏松或非致密的，如各种粉体、纤维束、织物、海绵等。这些材料中间有许多细小的空气隙，即具有一定的填充性。可引用填充度描述电介质材料的非致密程度，其定义是电介质材料实际具有的体积与电介质层所占有的全部体积之比。显然，对于这类材料，由式(2.9)和式(2.11)定义的 $\rho_V$ 和 $\rho_S$ 将不可能是真正意义上的电阻率，因为其中包含有空气隙的作用。此时，$\rho_V$ 和 $\rho_S$ 只能作为固体电介质材料体积导电性能和表面导电性能的表观上的相对比较。所以，将 $\rho_V$ 和 $\rho_S$ 分别称为这类材料的体积比电阻和表面比电阻。

如前所述，物质电阻率的倒数被定义为电导率。由于固体电介质有体积电阻率和表面电阻率之分，因此其电导率也相应地分为两种，即体积电导率

$$\gamma = 1/\rho_V \tag{2.12}$$

和表面电导率

$$\delta = 1/\rho_S \tag{2.13}$$

式中，$\gamma$ 在 SI 制中的单位是 S/m（西门子每米），$\delta$ 的单位是 S（西门子）。同样的道理，为区别电导和表面电导，表面电导率的单位写为 S/$\square$（西门子每方块）。

材料的导电性是因为物质中有传递电荷的载流子。对于金属导体，载流子就是自由电子。而固体电介质的导电机理则比较复杂，可分为电子导电和离子导电两种类型。电子导电的载流子是电子和空穴，离子导电的载流子是正离子和负离子。从微观角度看，电

介质的电导率 $\gamma$ 的基本公式为

$$\gamma = nq\mu \qquad (2.14)$$

式中，$n$ 为载流子浓度，个 /m³；$q$ 为每个载流子所带电量，C；$\mu$ 为载流子的迁移率，m²/Vs。

载流子浓度 $n$ 和迁移率 $\mu$ 是决定电介质材料电性能的主要物理量。由于绝大多数电介质，特别是聚合物材料的 $n$ 和 $\mu$ 都很小，因此其导电能力极差。

因为绝大多数电介质的电导率都很低，所以很难用实验直接证明电介质导电载流子的类型。但根据电子导电和离子导电各自所满足的不同的导电规律，已间接证实聚合物（橡胶、塑料、纤维等）的主要导电机理是离子导电。载流子的主要来源是大分子链极性部分的分解物，此外还有残存的杂质离子。离子导电机理的最大特点是其导电能力随压力的增加而减小。这是由于压力增大时，聚合物材料的自由体积和缺陷均会减少，妨碍了离子的迁移和活动能力。需要指出的是，一些含杂或掺杂的聚合物，则可能同时存在离子和电子两种载流子，而一些共轭聚合物及有机金属聚合物等都有强的电子导电。

**3. 固体电介质电阻测试结果的影响**

（1）环境温湿度的影响。

电介质材料的表面电阻率和体积电阻率一般会随着环境温湿度的升高而减小。相对而言，体积电阻率对温度的变化比较敏感，而表面电阻率则对湿度的变化比较敏感。这是因为温度升高时，载流子运动速度加快，电介质材料的电导电流会相应增大，即电阻率降低；而当环境湿度提高时，由于材料或多或少具有一定的吸湿性能，吸湿后会使表面泄漏和体积泄漏增大，即电导电流也会增大，因此电阻率降低。据有关资料报道：一般电介质材料在 70 ℃ 时的体积电阻率仅为 20 ℃ 时的 10%。云母在相对湿度从 10% 升高到 90% 时，表面电阻率由 $10^{14}$ Ω/□ 降至 $10^9$ Ω/□，而聚氯乙烯（PVC）的表面电阻率也从 $8.0 \times 10^{14}$ Ω/□ 降至 $1.0 \times 10^{11}$ Ω/□。

（2）测试电压的影响。

与导体不同，电介质材料的电阻率一般不能在很宽的电压范围内保持不变。欧姆定律对其并不完全适用。常温条件下，在比较低的范围内，电介质材料的电导电流可随外加直流电压的增加而线性增加，即材料的电阻（率）值保持不变。但超过一定电压后，由于离子化运动加剧，因此电介质电导电流的增加远比测试电压的增加更快，这样材料呈现的电阻值更会迅速降低。由此可见，外加测试电压越高，材料的电阻值就越低，以致在不同的电压下，测试得到的电阻值出现较大的差异。如某真空合成膜的电阻在测试电压从 10 V 增大到 10 kV 时，其电阻从 $2.6 \times 10^{12}$ Ω 降至 $3.2 \times 10^{10}$ Ω。

（3）测试时间的影响。

当一定的直流电压加到待测电介质材料上时，电介质的吸收作用使得被测材料的表面电流或体积电流并不是瞬时就能达到稳定值，而是需要一段时间才能达到平衡，被测电阻值越高，达到稳定所需的时间越长。因此，为正确读取被测电阻值，应在稳定后读取数值。为了统一比较，一般是加压 1 min 后读取数值。

（4）外界干扰带来的影响。

由于电介质材料加上电压后通过其上的电流是非常微小的，因此很容易受到外界可能存在的干扰电流的影响，从而造成较大的测量误差。常见的外界干扰主要有热电势、接触电势、电解电势、静电感应产生的电势等引起的相关电流以及被耦合的杂散电流，主要的干扰因素是杂散电流的耦合及静电感应电势形成的电流。为避免这些干扰，被测电介质试样、测量电极和测量系统均应采取严格的屏蔽措施。

（5）测试设备泄漏带来的影响。

在电阻测量过程中，线路中绝缘电阻不高的连线，往往会不适当地与被测试样、取样电阻等并联，可能给测量结果带来较大的影响。为减小测量误差，应采用保护技术，在漏电流大的线路上安装保护导体，以基本消除杂散电流对测量结果的影响；应尽量采用高绝缘、大线径的高压导线作为高压输出线并尽量缩短连线，减少尖端，杜绝电晕放电；应采用聚乙烯、聚四氟乙烯等绝缘材料制作测量台和支撑体，以避免因该类原因而导致测量值偏低。

（6）电极与试样接触状态的影响。

金属电极与待测试样之间往往存在很大的接触电阻，这会给测试结果带来很大的误差（偏大）。为此必须保持电极与试样紧密贴合的状态，尽量减小其间的接触电阻。这就需要对试样的贴合部位进行电极化处理，常用的方法有：① 将金属箔（铝、锡、铅箔）用导电黏合剂粘贴到试样的贴合部位；② 将导电橡胶（体积电阻率不大于 $10^3$ $\Omega \cdot cm$，邵氏硬度为 $40 \sim 60$）加于试样贴合处；③ 利用真空镀膜技术喷镀到试样贴合处等。

## 2.1.4　静电导体和静电非导体

在 2.1.2 节中已经说明了如何根据物质的电结构区分导体和绝缘体，现在又知道了电阻率是定量表征物质导电能力的物理量。所以，导体和绝缘体也可按照电阻率的大小划分。

值得注意的是，对于导体和绝缘体的划分，静电与流电是颇为不同的。流电或电工学的观点：电阻率在 $10^{-5}$ $\Omega \cdot cm$ 以下的物质称为导体；电阻率大于 $10^7$ $\Omega \cdot cm$ 的物质称为绝缘体；电阻率介于 $10^{-5}$ $\Omega \cdot cm$ 和 $10^7$ $\Omega \cdot cm$ 之间的物体称为半导体。

但从静电的角度特别是从静电防灾的角度考虑，对导体和非导体的划分与上述有很大的不同。凡是体积电阻率等于或小于 $1 \times 10^6$ $\Omega \cdot m$（即电导率等于或大于 $1 \times 10^{-6}$ S/m）的物料及表面电阻率等于或小于 $1 \times 10^7$ $\Omega/\square$ 的固体表面，对静电来说已可认为是导体，称为静电导体。对于这类物质，除非使之与地完全绝缘，否则其上不会累积足以引起危害的静电荷。换言之，电阻率等于或小于 $1 \times 10^6$ $\Omega \cdot m$ 的材料具有很强的泄漏静电的能力。凡是体积电阻率等于或大于 $1 \times 10^{10}$ $\Omega \cdot m$（即电导率等于或小于 $1 \times 10^{-10}$ S/m）的物料及表面电阻率等于或大于 $1 \times 10^{11}$ $\Omega/\square$ 的固体表面，称为静电非导体。因为这类材料泄漏静电的能力极弱，在其上容易累积足够多的静电荷而引发各种危害。凡是体积电阻率大于 $1 \times 10^6$ $\Omega \cdot m$ 而小于 $1 \times 10^{10}$ $\Omega \cdot m$ 的物料及表面电阻率大于 $1 \times 10^7$ $\Omega/\square$ 而小于

$1\times 10^{11}$ Ω/□ 的固体表面,称为静电的亚导体,其泄漏静电的能力介于静电导体和静电非导体之间。

　　理论和实验都表明,物体的静电性能(如带电电位)与其自身的电导率或电阻率密切相关,其对应关系见表 2.1。

表 2.1　物体带电电位与电导率、电阻率的关系

| 带电电位 /kV | 电导率 /(S·m$^{-1}$) | 体积电阻率 /(Ω·m) | 表面电阻率 /(Ω·□$^{-1}$) |
|---|---|---|---|
| 0.1 以下 | $10^{-8}$ 以上 | $10^{8}$ 以下 | $10^{10}$ 以下 |
| 0.1～1 | $10^{-10}\sim 10^{-8}$ | $10^{8}\sim 10^{10}$ | $10^{10}\sim 10^{12}$ |
| 1～10 | $10^{-12}\sim 10^{-10}$ | $10^{10}\sim 10^{12}$ | $10^{12}\sim 10^{14}$ |
| 10 以上 | $10^{-12}$ 以下 | $10^{12}$ 以上 | $10^{14}$ 以上 |

　　基于上述对应关系,静电导体和静电非导体也可按物质的电性能,即其带电电位的大小进行划分。把基本上不带电的材料称为导体,稍微带电的材料称为亚导体,明显带电的材料称为非导体。注意,电阻率对物质静电性能的影响是一个渐变的过程,其间并不存在明确的界限,所以不同国家或不同的行业领域所规定的界限也略有差别。但尽管如此,对静电导体和静电非导体的划分原则都是基于物质累积静电的程度或带电的能力。

## 2.2　静电场基本规律

　　物体带电后,将在其周围激发一种特殊的物质,这种物质虽不是由实体组成的,但却具有能量、动量和质量等物质的基本属性,这种特殊的物质称为电场。在静电带电的范畴内,电场是不随时间而改变的,称为静电场。理论和实验都表明,带电体之间的相互作用力 —— 电力,实际上是通过各自的电场实现的,因此电力又称电场力。静电场的对外表现主要有两点:一是引入电场的任何带电体都将受到电场力的作用;二是当带电体在电场中移动时,电场力要做功,这表明静电场具有能量。可以说,静电之所以在人类生活和工业生产中引起各种危害,都是基于静电场的上述两个基本特征,而静电灾害的发生则主要基于静电场具有能量这一事实。由此可见,研究静电场的性质对于防止静电灾害具有重要的意义,而对电场性质的研究则以它的上述两个表现作为出发点。

### 2.2.1　电荷守恒定律

　　电性是物质的基本特性之一。两种不同材料的物体,例如干燥的丝绸和玻璃棒相互摩擦后,都具有吸引毛发、羽毛、纸屑等轻小物体的性质。物体有了这种吸引轻小物体的性质,就说它带了电或带了电荷。带电的物体称为带电体。使物体带电的过程称为起电。上述用摩擦的方法使物体带电的过程称为摩擦起电。顺便指出,摩擦起电虽然是静电带电的主要方式,但却不是唯一的方式,还存在着多种静电起电过程,而且就摩擦起电本身来说,也不是一种单一的起电方式,而是包含多种起电机理在内的复杂过程。带电体

吸引轻小物体能力的强弱与它所带电的多少有关,表示物体所带电荷多少程度的量称为电量。习惯上常以"电荷"一词代表带电体及其所带电量。

实验证明,物体所带电荷有两种,而且也只有两种:一种是与丝绸摩擦过的玻璃棒所带电荷相同的,称为正电荷;另一种是与玻璃棒摩擦过的丝绸所带电荷相同的,称为负电荷。将一系列物体按顺序排列起来:玻璃、人发、尼龙丝、羊毛、丝绸、纸、麻、钢、合成橡胶、腈纶、聚乙烯。从中取任意两个物体摩擦,则前面的物体带正电,后面的物体带负电(但应注意,这个排序往往要受物体的表面状态和环境温湿度的影响)。实验还发现,任何带电体之间都具有相互作用,而且是带同号电荷的物体相互排斥,带异号电荷的物体相互吸引,吸引力或排斥力的大小与物体所带电量有关。通常把带电体之间的相互作用力称为电力。根据电力的大小可以确定物体所带电量。

物体带电的实质究竟是什么?下面一些实验事实,可以帮助了解这一问题。当把负电荷逐渐加到一个原来带正电的物体上时,物体所带正电先是逐渐减少,以至完全消失,只有在完全失去正电荷之后,物体才开始显出带负电的性质。反之,一个原来带负电的物体,也必须在负电荷逐渐减少以至完全消失之后,才能带上正电。由此可见,异号电荷可以互相中和。再如摩擦起电时,原来两个不带电的物体,经过摩擦后都带了电,而且总是一个带正电,一个带负电。又如静电感应中,正的感应电荷和负的感应电荷也总是同时产生,而且在数量上总是相等的。因此可以推想:在原来不带电的物体中,也有正、负电荷,只不过正、负电荷同时存在且数量相等,因而相互中和了,使物体不显示电性。要使物体带正电或负电,就需使物体的正、负电荷分离,或把一种电荷从一个物体移到另一物体上,使前者失去该种电荷,后者得到等量的同种电荷,结果一个物体带上正(负)电荷,另一物体带上负(正)电荷。当这两个物体接触时,正、负电荷相互中和,物体都不再显出电性,但两物体的电荷总量不变。以上就是物体带电的实质。

上述物体带电的实质表明,电荷既不能被创造,也不能被消灭,它只能从一个物体转移到另一个物体上,或者从物体的一部分转移到另一部分。简言之,在一个孤立系统中无论发生怎样的物理过程,系统的总电量(即正、负电量的代数和)恒保持不变。这就是自然界中守恒定律之一的电荷守恒定律。

## 2.2.2 库仑定律

在静电现象的研究中,经常用到点电荷这个概念,点电荷是带电体的理想模型。点电荷是指这样的带电体:其本身的几何线度较之到其他带电体的距离小得多,以致可以忽略不计。显然,只有当两个带电体可视作点电荷时,它们之间的距离才有确定的意义,而且也只有在这种情况下,它们之间的电力才不依它们的形状而转移。

1875 年,库仑在实验基础上总结出点电荷之间相互作用的规律——库仑定律。该定律可表述如下:在真空中,两个点电荷 $q_1$、$q_2$ 之间相互作用力的大小 $F$,与它们的带电量 $q_1$、$q_2$ 的乘积成正比,与它们之间的距离 $r$ 的平方成反比;作用力的方向在它们的连线上,同号电荷相斥,异号电荷相吸。如图 2.2 所示,以 $F$ 表示 $q_1$ 作用于 $q_2$ 上的力、$r_0$ 表示从 $q_1$

到 $q_2$ 方向上的单位矢量,则库仑定律可用矢量形式表示为

$$\boldsymbol{F} = \frac{q_1 q_2 \boldsymbol{r}_0}{4\pi\varepsilon_0 r^2} \tag{2.15}$$

式中,$\varepsilon_0$ 为真空的电容率(或称真空的介电常数),其数值为 $8.85 \times 10^{-12}$ F/m。

图 2.2　点电荷之间的作用力

$q_2$ 作用于 $q_1$ 上的力,形式上与式(2.15)相同,但单位矢量 $\boldsymbol{r}_0$ 的方向则由 $q_2$ 指向 $q_1$。

如前所述,带电体之间的力是通过各种电场的相互作用实现的,所以由式(2.15)所确定的静电力就是电场力。

若点电荷的周围充满均匀电介质,则由于电介质在电场作用下发生极化,因此会削弱点电荷 $q_1$ 和 $q_2$ 之间的相互作用力。实验表明,此时

$$\boldsymbol{F} = \frac{q_1 q_2 \boldsymbol{r}_0}{4\pi\varepsilon_0 \varepsilon_r r^2} \tag{2.16}$$

式(2.16)中出现的常数 $\varepsilon_r$ 恒大于1,它与带电体周围电介质的性质有关,称为电介质的相对电容率(相对介电常数)。令

$$\varepsilon = \varepsilon_0 \varepsilon_r \tag{2.17}$$

则 $\varepsilon$ 称作电介质的电容率(介电常数)。

几种常见电介质的相对电容率见表 2.2。

表 2.2　几种常见电介质的相对电容率

| 电介质名称 | 相对电容率 | 电介质名称 | 相对电容率 |
|---|---|---|---|
| 空气 $(1.013\ 25 \times 10^5$ Pa,0 ℃) | 1.000 6 | 羊毛 | 4.2 |
|  |  | 聚酯纤维 | 3.1 |
| 汽油 | 1.9～2.0 | 原棉 | 6.0 |
| 天然橡胶 | 2.3～3.0 | 云母石 | 7～10 |
| 丁腈橡胶 | 13.0 | 石英玻璃 | 3.6 |
| 聚苯乙烯 | 2.4～2.7 | 氧化铝陶瓷 | 8.1 |
| 聚氯乙烯 | 3.1～3.5 | 天然沥青 | 2.5～2.7 |
| 聚酰胺 1010 | 2.5～3.6 | 水 | 80 |
| 聚碳酸酯 | 3.0 | 钛酸钡 | 1 200 |
| 聚乙烯 | 2.2 |  |  |

库仑定律是静电学的实验基础,它从 $10^{-15}$ cm 到若干千米的巨大范围内都是正确的。通过计算可以知道,在原子内电子和原子核之间的静电力远比万有引力大;而在原子

结合成分子,原子或分子组成液体或固体时,它们的结合力本质上也都属于静电力。

## 2.2.3 高斯定理

### 1.电场强度

静电场中任一点处的性质,可利用一个正的试验电荷 $q_0$ 来进行研究。试验电荷是一个足够小的点电荷,所带的电量必须很小。把试验电荷引入电场后,在实验精确度的范围内,不会对原有电场有任何显著的影响。另外,试验电荷的线度也必须充分小,即可以把它看作是点电荷,这样才可以研究空间各点的电场性质。把试验电荷 $q_0$ 放在电场的不同点时,$q_0$ 所受力的大小和方向是逐点不同的。但在电场中一给定点处,$q_0$ 所受力的大小和方向却是完全一定的。如果在电场中某给定点处改变试验电荷 $q_0$ 的量值,就会发现 $q_0$ 所受力的方向仍然不变,但力的大小改变了。当 $q_0$ 取各种不同量值时,所受力的大小与相应的 $q_0$ 值之比 $F/q_0$ 却具有确定的量值。比值 $F/q_0$ 以及受力 $F$ 的方向只与试验电荷 $q_0$ 所在点的电场性质有关,而与试验电荷 $q_0$ 的电量无关。因此,把比值 $F/q_0$ 和 $F$ 的方向作为描述静电场中该给定点的性质的一个物理量,称为该点(即场点,把所观察电场中的任一给定点称为场点,而产生该电场的各个点电荷所在的点称为源点)处的电场强度,简称场强。场强是矢量,一般用 $E$ 表示,表达式为

$$E = F/q_0 \tag{2.18}$$

如果取 $q_0 = +1$,则可得 $E = F$,可见电场中任一场点的电场强度在量值和方向上等于单位正电荷在该点处所受的力。电场强度的单位为 N/C 或 V/m。

### 2.场强叠加原理

将试验电荷 $q_0$ 放在点电荷系 $q_1, q_2, \cdots, q_n$ 所产生的电场中时,试验电荷 $q_0$ 在给定点处所受合力 $F$ 等于各个点电荷对 $q_0$ 作用的力 $F_1, F_2, \cdots, F_n$ 的矢量和,即

$$F = F_1 + F_2 + \cdots + F_n \tag{2.19}$$

式(2.19)两边都除以 $q_0$,得

$$F/q_0 = F_1/q_0 + F_2/q_0 + \cdots + F_n/q_0 \tag{2.20}$$

由电场强度的定义可知,右边各项分别是各个点电荷单独存在时的场强,左边为总场强,即

$$E = E_1 + E_2 + \cdots + E_n \tag{2.21}$$

式(2.21)表明,电场中任一点处的总场强等于各个点电荷单独存在时在该点各自激发的场强的矢量和。这就是场叠加原理,是电场的基本性质之一。因为任何带电体都可以看作许多点电荷的集合。所以,利用这一原理,可以计算任意带电体所产生的场强。

### 3.电场强度的计算

当电荷分布为已知时,根据场强叠加原理和点电荷的场强公式,可以求出电场中各点

的场强。

（1）点电荷电场中的场强。

在真空中有一个点电荷 $q$（图 2.3），则在距离 $q$ 为 $r$ 的 $P$ 点处的场强可计算如下。

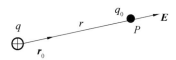

图 2.3　点电荷电场中场强计算的示意图

设想在 $P$ 点处放一试验电荷 $q_0$，按库仑定律可知，$q_0$ 所受的力为

$$\boldsymbol{F} = \frac{qq_0\boldsymbol{r}_0}{4\pi\varepsilon_0 r^2} \tag{2.22}$$

由式（2.18）可知，该点场强为

$$\boldsymbol{E} = \frac{q\boldsymbol{r}_0}{4\pi\varepsilon_0 r^2} \tag{2.23}$$

如果 $q$ 为正电荷，可知 $\boldsymbol{E}$ 的方向与 $\boldsymbol{r}_0$ 的方向一致，是背向 $q$ 的；如果 $q$ 为负电荷，可知 $\boldsymbol{E}$ 的方向与 $\boldsymbol{r}_0$ 的方向相反，是指向 $q$ 的。

同理，在相对电容率为 $\varepsilon_r$ 的无限大均匀电介质中有一个点电荷 $q$，那么在距离 $q$ 为 $r$ 的 $P$ 点处的场强为

$$\boldsymbol{E} = \frac{q\boldsymbol{r}_0}{4\pi\varepsilon_r\varepsilon_0 r^2} \tag{2.24}$$

（2）点电荷系电场中的场强。

设电场是由若干点电荷 $q_1, q_2, \cdots, q_n$ 在真空中共同激发的，各点电荷到电场中的 $P$ 点的矢径分别为 $\boldsymbol{r}_1, \boldsymbol{r}_2, \cdots, \boldsymbol{r}_n$，由式（2.24）可知，各点电荷在 $P$ 点产生的场强分别为

$$\boldsymbol{E}_1 = \frac{q_1\boldsymbol{r}_1}{4\pi\varepsilon_0 r_1^2}, \boldsymbol{E}_2 = \frac{q_2\boldsymbol{r}_2}{4\pi\varepsilon_0 r_2^2}, \cdots, \boldsymbol{E}_n = \frac{q_n\boldsymbol{r}_n}{4\pi\varepsilon_0 r_n^2}$$

由场强叠加原理可知，这些点电荷各自在 $P$ 点所激发的场强的矢量和就是 $P$ 点的总场强，即

$$\boldsymbol{E} = \boldsymbol{E}_1 + \boldsymbol{E}_2 + \cdots + \boldsymbol{E}_n = \sum_{i=1}^{n}\frac{q_i\boldsymbol{r}_i}{4\pi\varepsilon_0 r_i^2} \tag{2.25}$$

同理，设点电荷 $q_1, q_2, \cdots, q_n$ 等都在相对电容率为 $\varepsilon_r$ 的无限大均匀电介质中，则上述 $P$ 点的场强应是

$$\boldsymbol{E} = \sum_{i=1}^{n}\frac{q_i\boldsymbol{r}_i}{4\pi\varepsilon_r\varepsilon_0 r_i^2} \tag{2.26}$$

（3）任意带电体周围的场强。

任意带电体都可以看成是许多极小的电荷元 $\mathrm{d}q$ 的集合，在电场中任一点 $P$ 处，每一电荷元 $\mathrm{d}q$ 在 $P$ 点激发的场强按照点电荷的场强公式可写为

$$\mathrm{d}\boldsymbol{E} = \frac{\mathrm{d}q\boldsymbol{r}_0}{4\pi\varepsilon_0 r^2} \quad （真空中） \tag{2.27}$$

$$\mathrm{d}\boldsymbol{E} = \frac{\mathrm{d}q\boldsymbol{r}_0}{4\pi\varepsilon_r\varepsilon_0 r^2} \quad \text{(相对电容率为 } \varepsilon_r \text{ 的无限大均匀电介质中)} \quad (2.28)$$

式中，$\boldsymbol{r}_0$ 是由 $\mathrm{d}q$ 指向场点 $P$ 的单位矢量。根据场强叠加原理，可求得带电体在该点的合场强为

$$\boldsymbol{E} = \int \mathrm{d}\boldsymbol{E} = \int \frac{\mathrm{d}q\boldsymbol{r}_0}{4\pi\varepsilon_0 r^2} \quad \text{(真空中)} \quad (2.29)$$

$$\boldsymbol{E} = \int \mathrm{d}\boldsymbol{E} = \int \frac{\mathrm{d}q\boldsymbol{r}_0}{4\pi\varepsilon_r\varepsilon_0 r^2} \quad \text{(相对电容率为 } \varepsilon_r \text{ 的无限大均匀电介质中)} \quad (2.30)$$

从原则上讲，式(2.29)和式(2.30)可求解任意带电体所激发的电场中的场强，但在求解矢量积分时常会遭遇到数学上的困难。所以实际上只能用于处理少数特殊的情况，例如，带电体的几何形状比较规则且电荷分布也比较规律的情况。

### 4. 电场线和电通量

(1) 电场线。

为了形象地描述电场，可引入电场线的概念。因为静电场中每一点的场强都有一个固定的方向，故可在电场中作一系列曲线，使曲线上的每一点的切线方向都与该点的场强方向一致，这些曲线称为电场线。为使电场线不仅能表示出场强的方向，还能表示出场强的大小，对各处电场线的疏密程度又做出如下规定：使与 $\boldsymbol{E}$ 垂直的单位面积内所通过的电场线的条数等于该处 $\boldsymbol{E}$ 的量值。若通过 $P$ 点且与 $\boldsymbol{E}$ 垂直的面积元为 $\mathrm{d}S_\perp$，则过该面元作 $\mathrm{d}\Phi$ 条电场线，并使

$$E = \mathrm{d}\Phi/\mathrm{d}S_\perp \quad (2.31)$$

应用电场线能形象直观地给出电场的概貌。这对于分析实际问题是非常有用的，尤其是对于某些较为复杂的电场，如工业生产中一些静电带电的设备、装置附近的电场，要利用数学解析的方法研究它们几乎是不可能的，但常常可采用实验的方法把它们的电场线描绘出来，以便于研究这些复杂的电场。

(2) 电通量。

通过电场中任意给定面上电场线的总条数，称为该面上的电场强度的通量，简称电通量，用 $\Phi$ 表示。

在电场中任意曲面 $S$ 上任取一面积元矢量 $\mathrm{d}\boldsymbol{S}$(图2.4)，它的模等于该面积元面积的大小，方向是该面积元法线的正方向，而法线的正方向与规定的沿面积元边缘绕行方向之间符合右手螺旋法则。通过面积元 $\mathrm{d}S$ 的电通量为

$$\mathrm{d}\Phi = E \cdot \mathrm{d}S \cdot \cos\theta = \boldsymbol{E} \cdot \mathrm{d}\boldsymbol{S} \quad (2.32)$$

而场强通过曲面 $S$ 的总通量则为

$$\Phi = \int_S \boldsymbol{E} \cdot \mathrm{d}\boldsymbol{S} = \int_S E\cos\theta \,\mathrm{d}S \quad (2.33)$$

如果 $S$ 为一闭合曲面，则有

$$\Phi = \oint_S \boldsymbol{E} \cdot \mathrm{d}\boldsymbol{S} \quad (2.34)$$

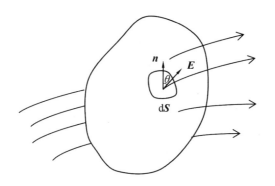

图 2.4 通过任意曲面 $S$ 的电通量

对于闭合面,取它的外法线方向作为 $\mathrm{d}S$ 的法线的正方向。这样,当 $\Phi$ 为正值时表示闭合曲面内穿出的通量;当 $\Phi$ 为负值时表示穿入闭合面的通量。

(3)高斯定理的表述和应用举例。

物理学中已证明:在真空中,电场强度矢量通过任意闭合面的通量恒等于该闭合面内所包围的自由电荷的代数和与真空电容率的比值,而与面外电荷无关,即

$$\oint_S \boldsymbol{E} \cdot \mathrm{d}\boldsymbol{S} = \sum_i q_i/\varepsilon_0 \tag{2.35}$$

这就是真空中高斯定理。

在相对电容率为 $\varepsilon_r$ 的无限大均匀电介质中,高斯定理可表示为

$$\oint_S \boldsymbol{E} \cdot \mathrm{d}\boldsymbol{S} = \sum_i q_i/\varepsilon_r\varepsilon_0 \tag{2.36}$$

在一般情况下,闭合曲面内的自由电荷可能连续分布在带电体的体积内,如果体电荷密度为 $\rho$(等于 $\mathrm{d}q/\mathrm{d}V$),则高斯定理可表示为

$$\oint_S \boldsymbol{E} \cdot \mathrm{d}\boldsymbol{S} = \int_V \rho \,\mathrm{d}V/\varepsilon_r\varepsilon_0 \tag{2.37}$$

式中,$V$ 是曲面内有自由电荷分布的带电体的体积。

式(2.37)是高斯定理的积分形式,根据矢量分析的有关公式,得到其微分形式为

$$\nabla \cdot \boldsymbol{E} = \rho/\varepsilon_r\varepsilon_0 \tag{2.38}$$

式中,算符 $\nabla$ 在直角坐标系中的表达式为

$$\nabla = \frac{\partial}{\partial x}\boldsymbol{i} + \frac{\partial}{\partial y}\boldsymbol{j} + \frac{\partial}{\partial z}\boldsymbol{k} \tag{2.39}$$

式中,$\boldsymbol{i}$、$\boldsymbol{j}$、$\boldsymbol{k}$ 为空间直角坐标系 $x$、$y$、$z$ 三个坐标轴上的单位矢量。在球坐标系或柱坐标系中,$\nabla$ 有其他的表达式。

算符 $\nabla$ 与矢量场 $\boldsymbol{E}$ 的标量积又称为 $\boldsymbol{E}$ 的散度。所以式(2.38)表明,静电场中任一点的电场强度的散度与该点的体电荷密度有关,而与其他点的电荷分布无关。

通过高斯定理可对静电场有进一步的了解。由式(2.35)可知,当 $\sum q_i > 0$,即闭合面包围的净电荷为正时,$\Phi > 0$,$\boldsymbol{E}$ 矢量沿闭合面的积分为正,表示 $\boldsymbol{E}$ 通量从闭合面内穿出来;当 $\sum q_i < 0$,即闭合面包围的净电荷为负时,$\Phi < 0$,$\boldsymbol{E}$ 矢量沿闭合面的积分为负,表示

$E$ 通量进入闭合面；当 $\sum q_i = 0$，即闭合面包围的净电荷等于零时，$\Phi = 0$，$E$ 矢量沿闭合面的积分等于零，表示进入闭合面和穿出闭合面的 $E$ 通量相等。这说明电荷是 $E$ 通量的"源"，正电荷为正"源"，负电荷为负"源"，电场线发源于正电荷而终止于负电荷，也就是说高斯定理反映了场和"源"的关系，静电场是有源场。

高斯定理的意义不仅在于揭示了静电场的有源性，还在于利用它可以很方便地求解具有对称性（包括平面对称、轴对称和球对称）的电场的场强分布。

**例 2.1** 无限大均匀带电平面的场强计算。

**解** 设均匀带电平面上的面电荷密度为 $\sigma(\sigma > 0)$。由于电荷分布的均匀性和对称性，又因为平面是无限大的，因此电场线一定是两侧对称、分布均匀且垂直于平面的平行线。根据电场分布的这个特点，选择如图 2.5 所示的圆柱面作为闭合面。这个圆柱面的侧面垂直于带电的无限大平面，两底面与带电平面平行。

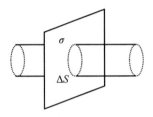

图 2.5　无限大均匀带电平面的高斯面

则

$$\oint_S E \cdot \mathrm{d}S = 2E\Delta S \tag{2.40}$$

应用高斯定理，得

$$2E\Delta S = \frac{\Delta S \sigma}{\varepsilon_0} \tag{2.41}$$

所以

$$E = \frac{\sigma}{2\varepsilon_0} \tag{2.42}$$

式（2.42）表明，无限大均匀带电平面外各点场强与位置无关。

利用叠加原理可以推导均匀偶电平板的电场。由于偶电平板是由带 $+\sigma$ 和 $-\sigma$ 电荷的两个无限大平面构成的，正板上的电场线从平面垂直向外，负板上的电场线垂直指向平面，因此叠加的结果是：两板之外互相抵消，$E = 0$；两板之间互相加强，变为无限大均匀带电平面场强的两倍，即

$$E = \frac{\sigma}{\varepsilon_0} \tag{2.43}$$

**例 2.2** 求均匀带电球体内、外任一点的场强。

**解** 如图 2.6 所示。设带电球体的半径为 $R_0$，体电荷密度为 $\rho$，则球体总带电量 $Q = 4\pi R_0{}^3 \rho/3$。

由于电荷分布的均匀性和对称性，球内外电场中各点的场强 $E$ 都是径向的，且在半径

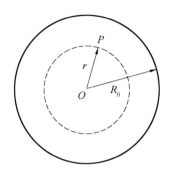

图 2.6　均匀带电介质球体的高斯面

为定值的球面上,场强的数值处处相等,因此无论在球内还是在球外,都取以 $O$ 点为球心,并通过任意点 $P$ 的球面为闭合面。

对于球内($r < R_0$)一点 $P$,应用高斯定理有

$$\oint_S \boldsymbol{E}_0 \cdot \mathrm{d}\boldsymbol{S} = E_0 \oint \mathrm{d}\boldsymbol{S} = E_0 4\pi r^2 = \frac{Q_1}{\varepsilon} \tag{2.44}$$

由此得球内任意点的场强大小为

$$E_0 = \frac{Q_1}{4\pi\varepsilon r^2} \tag{2.45}$$

又因为 $Q_1 = 4\pi r^3 \rho / 3$,故有

$$E_0 = \frac{\rho r}{3\varepsilon} \tag{2.46}$$

式中,$\varepsilon$ 为球体电介质的电容率。

若 $P$ 点在球外($r > R_0$),应用高斯定理求得场强大小为

$$E = \frac{Q}{4\pi\varepsilon_0 r^2} \tag{2.47}$$

式中,$\varepsilon_0$ 为球外电介质(一般为空气)的电容率。

将 $Q$ 代入式(2.47)后,则有

$$E = \frac{R_0^3 \rho}{3\varepsilon_0 r^2} \tag{2.48}$$

## 2.2.4　环路定理

### 1. 电场力的功及环路定理

前面讨论了场强 $\boldsymbol{E}$,并用它描述了静电场的一个基本性质 —— 场与"源"的关系。由于 $\boldsymbol{E}$ 是矢量,其求解往往是比较复杂和困难的,因此需要找出一个标量来表征静电场。众所周知,力虽是矢量,但它所做的功却是标量。因此,先分析试验电荷 $q_0$ 在电场中沿任意路径从一点移动到另一点时电场力所做的功。

如图 2.7 所示的电场中,试验电荷 $q_0$ 做 $\mathrm{d}\boldsymbol{l}$ 的位移时,电场力做功为

$$\mathrm{d}A = q_0 \boldsymbol{E} \cdot \mathrm{d}\boldsymbol{l} \tag{2.49}$$

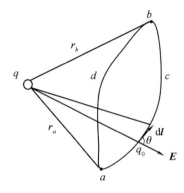

图 2.7　电场力做功示意图

试验电荷从 $a$ 点移动到 $b$ 点的过程中,电场力所做总功为

$$A_{ab} = q_0 \int_a^b \boldsymbol{E} \cdot \mathrm{d}\boldsymbol{l} \tag{2.50}$$

注意到 $E = q/4\pi\varepsilon_0 r^2$、$\mathrm{d}l\cos\theta = \mathrm{d}r$,则

$$A_{ab} = \frac{q_0 q}{4\pi\varepsilon_0}\left(\frac{1}{r_a} - \frac{1}{r_b}\right) \tag{2.51}$$

式(2.51)表明,在点电荷产生的电场中,电场力做功仅与被移动电荷始末两点的位置有关,而与具体路径无关。这一结论对任何带电体产生的电场都适用。可见,静电场力是保守力(在物理学中,若一个粒子从起始点移动到终点,受到作用力,且该作用力所做的功不因为路径的不同而改变,则称此力为保守力),从而静电场是有位(势)场。 在图2.7中,若试验电荷 $q_0$ 先从 $a$ 点沿 $acb$ 路径到达 $b$ 点,再从 $b$ 点沿 $bda$ 路径回到 $a$ 点,即沿任意闭合路径环绕一周,则容易算出电场力所做的功为

$$A = q_0 \oint_L q_0 \boldsymbol{E} \cdot \mathrm{d}\boldsymbol{l} = A_{ab} + A_{ba} = 0 \tag{2.52}$$

由于 $q_0 \neq 0$,因此

$$\oint_L \boldsymbol{E} \cdot \mathrm{d}\boldsymbol{l} = 0 \tag{2.53}$$

场强 $\boldsymbol{E}$ 沿任一闭合路径 $L$ 的线积分 $\oint_L \boldsymbol{E} \cdot \mathrm{d}\boldsymbol{l}$ 称为 $\boldsymbol{E}$ 沿该回路的环流。因而,式(2.53)表明场强的环流恒为零,这就是静电场的环路定理。显然,它与式(2.50)是完全等价的,都表明静电场力是保守力,或静电场是位场。

根据矢量分析中的有关公式,可得出与式(2.53)对应的环路定理的微分形式为

$$\nabla \times \boldsymbol{E} = 0 \tag{2.54}$$

算符 $\nabla$ 与矢量场 $\boldsymbol{E}$ 的矢量积又称为 $\boldsymbol{E}$ 的旋度。所以式(2.54)表明电场强度的旋度处处为零,即静电场是无旋场,反映到图像上就是,在静电情况下电场线永不形成旋涡状结构。

式(2.38)和式(2.54)分别给出了静电场的电场强度 $\boldsymbol{E}$ 的散度和旋度,揭示了电荷激

发电场以及电场内部联系的规律性,是静电场的基本规律。

### 2.电位能、电位、电位差

既然静电场是位场,就可引入相应的电位能 —— 静电电位能。在图 2.7 中,若试验电荷 $q_0$ 在 $a$ 点的电位能为 $W_a$、在 $b$ 点的电位能为 $W_b$,则有

$$A_{ab} = -(W_a - W_b) \tag{2.55}$$

若规定无穷远处为电位能的零电位,即 $r_b \to \infty$ 时 $W_b = 0$,则 $q$ 在电场空间任一点的电位能为

$$W_a = A_{a\infty} = \int_a^\infty q_0 \boldsymbol{E} \cdot \mathrm{d}\boldsymbol{l} \tag{2.56}$$

式(2.56)表明,电荷在某点 $a$ 的电位能等于把该电荷从 $a$ 点迁移到无穷远处电场力做的功。

试验电荷 $q_0$ 在电场中不同点具有的电位能与其电量之比一般是逐点不同的,因此比值为

$$U_0 = W_a/q_0 = A_{a\infty} = \int_a^\infty \boldsymbol{E} \cdot \mathrm{d}\boldsymbol{l} \tag{2.57}$$

式中,$U_0$ 为电场空间中某点 $a$ 的电位。这表明电场中某点的电位等于单位正电荷在该点具有的电位能,也等于把单位正电荷由该点沿任意路径迁移至无穷远处电场力所做的功。由此可见,电位是从电场具有做功本领这一角度或从能量的角度描述电场的物理量。它是空间各点的标量函数。电位的 SI 制是 V。

电场中任意两点 $a$、$b$ 之间的电位之差称为两点间的电位差或电压,由式(2.57)不难得出,电位差为

$$U_{ab} = U_a - U_b = \int_a^b \boldsymbol{E} \cdot \mathrm{d}\boldsymbol{l} \tag{2.58}$$

式(2.58)表明,电场中任两点间的电位差等于把电位正电荷由 $a$ 点沿任意路径迁移至 $b$ 点时电场力所做的功。

根据式(2.58),再结合式(2.50),可得电场力做功的公式为

$$A = q(U_a - U_b) \tag{2.59}$$

电位是描述静电场的重要物理量之一。下面给出其计算公式。

(1)点电荷电场中的电位。

由式(2.59)求得真空中一点电荷 $q$ 在离它 $r$ 远处的一点(图 2.8)$P$ 处的电位为

$$U = \frac{q}{4\pi\varepsilon_0 r} \tag{2.60}$$

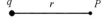

图 2.8　点电荷场中电位计算

（2）点电荷系电场中的电位。

应用叠加原理，由式(2.60)可以写出 $n$ 个点电荷在真空中某一场点的电位为

$$U = \sum_i U_i = \sum_i \frac{q_i}{4\pi\varepsilon_0 r_i} \tag{2.61}$$

式中，$q_i$ 为第 $i$ 号电荷的带电量；$r_i$ 为该电荷 $q_i$ 到场点的距离。

（3）带电体电场中的电位。

若取无限远处为参考点，则由叠加原理和点电荷电位计算式(2.60)可得，带电体电场中的电位为

$$U = \frac{1}{4\pi\varepsilon_0} \int \frac{\mathrm{d}q}{r} \tag{2.62}$$

### 3. 静电场的基本方程式

先寻求描绘电场性质的重要物理量 $E$ 与 $U$ 之间的微分关系。

正如可以用电场线形象地描绘场强的分布一样，也可用等位面形象地描绘场中电位的分布情况。等位面是指电场空间中电位相同的点的轨迹，如在点电荷所激发的电场中，等位面是以点电荷为中心的一系列同心圆。容易证明，电场线与等位面处处正交且指向电位降低的方向。为使等位面也能表示出电场的强弱，规定电场中任何两个相邻等位面的电位差都相等。

如图 2.9 所示，设电场中有相距很近的两点 $a$ 和 $b$，其所在等位面的电位分别是 $U_a$ 和 $U_a + \mathrm{d}U$，其中 $\mathrm{d}U$ 为 $b$ 点与 $a$ 点间的微小电位增量。$\mathrm{d}l$ 为 $a$、$b$ 间距，由于它很小，因此可认为 $a$、$b$ 间的电场是均匀的。

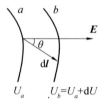

图 2.9　电位与电场强度关系式的证明用图

若把单位正电荷从 $a$ 点移至 $b$ 点，则电场力做功为

$$U_a - U_b = \mathbf{E} \cdot \mathrm{d}l \tag{2.63}$$

或

$$- \mathrm{d}U = E\mathrm{d}l\cos\theta = E_l \mathrm{d}l$$

式中，$E_l$ 为场强 $\mathbf{E}$ 在 $l$ 方向上的分量，$E_l = E\mathrm{d}l\cos\theta$。于是有

$$E_l = -\frac{\mathrm{d}U}{\mathrm{d}l} \tag{2.64}$$

式(2.64)表示电场中某点的电场强度在任一方向上的分量等于电位在该方向上变化率的负值。

在直角坐标系中，场强 $\mathbf{E}$ 在 $x$、$y$、$z$ 方向上的分量为 $E_x$、$E_y$、$E_z$，则仿照式(2.64)可

写出

$$E_x = -\frac{\partial U}{\partial x}, \quad E_y = -\frac{\partial U}{\partial y}, \quad E_z = -\frac{\partial U}{\partial z} \tag{2.65}$$

从而有

$$\boldsymbol{E} = -\left(\frac{\partial U}{\partial x}\boldsymbol{i} + \frac{\partial U}{\partial y}\boldsymbol{j} + \frac{\partial U}{\partial z}\boldsymbol{k}\right) = -\left(\frac{\partial}{\partial x}\boldsymbol{i} + \frac{\partial}{\partial y}\boldsymbol{j} + \frac{\partial}{\partial z}\boldsymbol{k}\right)U = -\nabla U \tag{2.66}$$

式中,算符 $\nabla$ 作用于标量函数 $U$,称为 $U$ 的梯度。因此,式(2.66)表明,在电场空间中,场强等于电位的负梯度。这就是描述电场的矢量函数 $\boldsymbol{E}$ 与标量函数 $U$ 之间的普遍关系。

将式(2.38)($\nabla \cdot \boldsymbol{E} = \rho/\varepsilon_r\varepsilon_0$)代入式(2.66)得

$$\nabla \cdot (-\nabla U) = \rho/\varepsilon_r\varepsilon_0 \tag{2.67}$$

引入一个新算符:

$$\nabla^2 = \nabla \cdot \nabla = \frac{\partial^2}{\partial x^2} + \frac{\partial^2}{\partial y^2} + \frac{\partial^2}{\partial z^2}$$

则有

$$\nabla^2 U = -\rho/\varepsilon_r\varepsilon_0 \tag{2.68}$$

式(2.68)称为静电场的泊松方程。

当研究的空间不存在自由电荷,即 $\rho = 0$ 时,式(2.68)变为

$$\nabla^2 U = 0 \tag{2.69}$$

式(2.69)称为拉普拉斯方程。

式(2.68)和式(2.69)是求解静电场的基本方程式。因为只要自由电荷在空间的分布已知,则电位 $U$ 的分布可由解上述微分方程式并结合求解区域的边界条件而得出。求出 $U$,再由 $\boldsymbol{E} = -\nabla U$ 即可得出电场强度的分布。

# 2.3 静电场中的导体和电介质

当把导体或电介质引入静电场后,电场与导体或电介质之间将要发生相互作用,这些作用对于了解静电危害产生的机理、静电防护的原理和静电测量等问题都具有实际意义。

## 2.3.1 静电场中的导体

### 1.导体的静电平衡

当把导体(此处指以自由电子作为导电机构的第一类导体)引入静电场后,在一定条件下,导体将处于静电平衡状态。静电平衡是指导体上无电荷的定向宏观移动,从而周围的电场分布也不随时间而改变的状态。

那么,当满足什么条件时导体才可能处于静电平衡状态呢? 放入静电场中的导体,由

于其内部存在着可自由移动的电子,并且开始时导体内部是有电场的,因此在电场力作用下,正、负电荷分别沿着电场和逆着电场方向移动,使导体的一端正电荷过剩,另一端负电荷过剩;导体两端相对过剩的电荷产生的与外电场方向相反的附加电场,叠加到原存在于导体内的外电场之上,从而使其削弱,直至导体内合电场为零。此时,导体内电荷停止移动,导体处于静电平衡状态。可见,导体处于静电平衡状态的条件是其内部场强处处为零。

根据导体静电平衡的定义和条件,并结合高斯定理和电荷守恒定律,可推知处于静电平衡的导体具有如下重要性质。

(1)导体内部任意一点的电场强度等于零。否则,导体内的自由电荷将在电场力的作用下继续移动,不会静止,这与静电平衡的条件是矛盾的。

(2)导体在平衡条件下是等位体,导体表面是等位面,即导体上任意两点间的电位差等于零。因为,如果不这样,这两点间就会有电场,自由电荷不会静止,这是与静电平衡条件不相容的。

(3)在静电平衡条件下,电荷都分布在导体的表面上,导体内部任一小体积元内的净电荷等于零。因为如果导体内部有净电荷,这些电荷周围有静场,这就与导体在电场中达到静电平衡时其内部任意一点场强等于零的结论相矛盾。

(4)导体表面外侧的电场强度方向处处垂直于导体表面,其大小为 $E = \sigma/\varepsilon_0$。因为,如果不垂直于导体表面,则可将电场强度 $E$ 分解成一个法向分量 $E_n$ 和一个切向分量 $E_t$,导体表面的电荷将在场强切向分量 $E_t$ 的作用下移动,这又是和静电平衡相矛盾的。

## 2. 尖端放电

由上述可知,导体处于静电平衡时电荷仅分布于外表面,但一般来说,导体表面上各处的电荷面密度并不相同。可以证明,在无外电场时,电荷的分布与表面各处的曲率半径有关,且曲率半径越小(即曲率越大)处,电荷面密度越大,因而该处附近的场强也越强(图2.10)。在导体表面特别凸起的部位(尖端)附近场强特别强,当该场强强度超过空气的击穿场强时,尖端附近的空气就被电离,与导体上电荷异号的带电离子被吸引到尖端并与导体上的电荷中和,使导体上的电荷逐渐消失,而与导体上电荷同号的带电离子则被排斥,离开尖端做加速运动,这种现象称为尖端放电。

当带有大量电荷的云团接近地面时,就会使大地感应带电,而地面的凸起部分,如高耸的屋脊、烟囱等高大建筑物上感应电荷密度很大,在它们附近会产生很强的电场,当电场强度强大到足以击穿大气时,就会在瞬间发生剧烈的放电,即雷电现象。1752年7月的一个雷雨天,富兰克林冒着被雷击的危险,将一个系着长金属导线的风筝放飞进雷雨云中,他在金属丝末端拴了一串银钥匙。当雷电发生时,富兰克林用手接近钥匙,钥匙上迸出一串电火花。幸亏这次传下来的闪电比较弱,富兰克林没有受伤。1753年,俄国著名电学家利赫曼为了验证富兰克林的实验,不幸被雷击死,这是做雷电实验的第一个牺牲者。富兰克林把一根数米长的细铁棒固定在高大建筑物的顶端,在铁棒与建筑物之间用绝缘体隔开,然后用一根导线与铁棒底端连接,再将导线引入地下。富兰克林把这种避雷

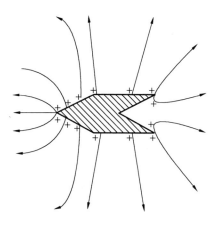

图 2.10　具有尖端的带电体

装置称为避雷针,它就是根据尖端放电的原理以中和感应电荷。我国古代皇家建筑上"正吻"就是"避雷针"的雏形。当雨水较大时,可起到引雷入地的作用。在工业生产中,为了防止设备或产品上静电的危害,常采用基于尖端放电原理的静电消除器,如离子风消电器、飞机上的静电放电刷等。

### 3.感应起电

将一个对地绝缘的中性导体,如金属导体置于外电场中,在电场力的作用下,导体内的自由电子将逆着电场线的方向运动,并移向导体的一端,使其负电荷过剩,而另一端则正电荷过剩,这种现象称为静电感应,如图 2.11 所示。

利用静电感应使物体带电的方法称为感应起电。在图 2.11 中将导体的正端与大地相连,则正电荷就与大地的负电荷中和,而在导体上只剩下负电荷。此时切断导体与大地的连线并撤去外电场,导体便成为一个带负电的孤立导体。在日常生活和工业生产中,有许多感应起电的例子,如当乙在甲背后走动时,由于人的走动可能带电,因此带电的乙就会使原来不带电的甲发生静电感应。当然,这时甲虽然发生了电荷的再分布,但总体来说仍呈电中性。但如果甲由于某种原因对地放电后又离开了接地体,且背后带电的乙又走开了,则甲就变成了带某种符号电荷的孤立导体。如果甲从事燃爆物品的操作,就有引发静电危害的可能。因此,在起爆药或电爆火工品的生产车间里,操作者背后是不允许有人走动的。

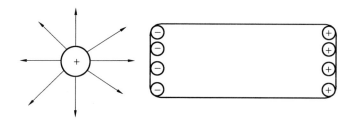

图 2.11　静电场中的导体

#### 4.静电屏蔽

对于空心导体(即空腔)来说,如果腔内无净电荷,则当其在外电场中达到静电平衡状态时,同样可证明其剩余电荷只能分布于空腔外表面,且导体内和空腔内任一点处的场强都为零。因此,如果把任意物体放入空腔内,则该物体就不受任何外电场的影响,这就是静电屏蔽的原理(图 2.12)。

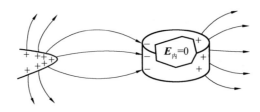

图 2.12　静电屏蔽

利用静电屏蔽也可使腔内任何带电体的电场不对外界产生影响。如图 2.13(a) 所示,把带电体放在一个金属壳内,因为静电感应,金属壳外表面的电荷所产生的电场就会对外界产生影响。为了消除这种影响,可把金属壳接地(图 2.13(b)),则其外表面的感应电荷因接地被中和,相应的电场随之消失。这样,壳内带电体的电场就不会对壳外产生影响了。

用来屏蔽电场影响的导体壳称为屏蔽罩。实际上使用屏蔽罩时不一定要完整的导体壳,金属丝网也可起到良好的屏蔽作用。

静电屏蔽原理在防止静电危害方面有重要的应用,如对某些重要的建筑物,为防止雷电对室内的作用,可在屋顶和屏蔽内装设金属丝网,并连成一体后接地,然后将各种易燃易爆物置于屏蔽罩内,可防止因静电而引起的燃爆灾害。目前,为适应现代化兵器工业的需要,出现一种全屏蔽式防静电、防射频电雷管,也是基于上述原理制成的。

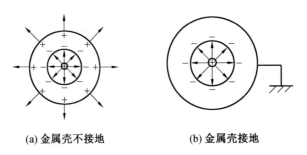

(a) 金属壳不接地　　　　　　　(b) 金属壳接地

图 2.13　导体壳外的电场(壳外无带电体的情况)

### 2.3.2　静电场中的电介质

#### 1.电介质的极化

在说明电介质极化的微观机理前,先简单介绍电偶极子的概念。

　　如图2.14所示,两个相距无限近的带等量异号电荷的点电荷$+q$和$-q$组成的系统称为电偶极子。无限近是指偶极子的臂(即$+q$和$-q$之间的距离)与从臂的中点$O$至拟求场强点$P$的距离$r$相比小得多。通常把偶极子的臂视作矢量$\boldsymbol{L}$,规定其方向从$-q$指向$+q$,而把$q$和$\boldsymbol{L}$的乘积$\boldsymbol{p}=q\boldsymbol{L}$称为电偶极矩。可以证明,当把偶极子置于外电场中时,它将因受到外力矩的作用而转动,直到电偶极矩$\boldsymbol{p}$的方向与外电场方向一致,外力矩减小到零,偶极子才不再转动。通常把这种现象称为外电场对偶极子的取向作用。

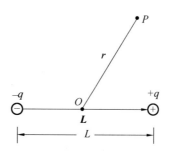

图 2.14　电偶极子示意图

　　如前所述,电介质是电阻率很大、导电能力很差的物质。根据分子电介质结构的不同,可分为无极性分子电介质和有极性分子电介质。分子的正、负电荷中心在无外电场存在时是重合的,这类分子称为无极性分子,如$H_2$、$N_2$、$CCl_4$等;相反,分子的正、负电荷中心即使在无外电场存在时也是不重合的,这类分子称为有极性分子,如$H_2O$。

　　无极性分子在没有外电场时整个分子没有电矩,如图2.15(a)所示。在外电场的作用下,分子中的正、负电荷中心将发生相对位移,形成一个电偶极子,它们的等效电偶极矩$\boldsymbol{p}$的方向都沿着电场的方向,如图2.15(b)所示。在整块电介质中相邻偶极子的正、负电荷互相抵消,因而电介质内部仍显电中性,只有电介质的两个与外电场方向垂直的端面上出现了电荷,一端出现负电荷,另一端出现正电荷,如图2.15(c)所示,这称为电介质的极化。无极性分子电介质的这种极化方式称为位移极化。

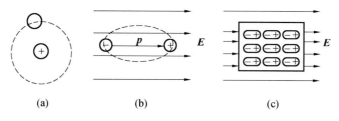

| (a) | (b) | (c) |

图 2.15　无极性分子电介质的位移极化

　　有极性分子电介质的极化则是另一种情况。在这类电介质分子中正、负电荷的中心本来不重合,每个分子具有固有电矩,但分子的不规则热运动,使得在任何一块电介质中,所有分子的固有电矩的矢量和,平均来说互相抵消,在宏观上显示电中性,如图2.16(a)所示。当电介质受到外电场作用时,每个分子的电偶极矩都受到一个力矩的作用,如图2.16(b)所示。力矩使分子电矩转向外电场方向,这样所有分子固有电矩的矢量和就不等于零了。但分子的热运动使得这种转向并不完全，即所有分子电矩不是都沿电场方向排列起来，如图 2.16(c) 所示。外电场越强，分子电矩沿着电场方向排列得越整齐。对于整个电介质来说，不管分子电矩排列的整齐程度如何，在与电场方向垂直的端面上出现了电荷，一个端面出现正电荷，另一个端面出现负电荷。有极性分子电介质的这种极化方式称为取向极化。

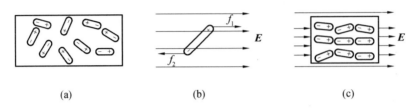

图 2.16　有极性分子电介质的取向极化

无极性分子和有极性分子这两类电介质极化的微观过程虽然不同，但宏观的效果却是相同的。因此，如果只从宏观上描述极化现象，就不必分为两种电介质来讨论。

对均匀电介质和非均匀电介质来说，极化是不同的。在均匀电介质中，极化的结果只在与电场方向相垂直的端面上出现极化电荷。在非均匀电介质中，除在电介质表面上出现极化电荷外，还在电介质内部产生体极化电荷。

**2.电介质极化程度的宏观描述**

不同的电介质在相同外电场作用下，其极化的程度或能力一般来说是不同的。可以采用如下几个物理量从宏观上表征电介质极化的能力。

（1）电极化强度。

当电介质处于极化状态时，在电介质内部任一宏观小体积元 $\Delta V$ 内分子的电矩矢量和不等于零，即 $\sum \boldsymbol{p} \neq 0$（其中 $\boldsymbol{p}$ 为分子电矩）。为了定量地描述电介质的极化程度，引入一个矢量 $\boldsymbol{P}$，它等于电介质单位体积内分子电矩的矢量和，即

$$\boldsymbol{P} = \lim_{\Delta V \to 0} \frac{\sum \boldsymbol{p}}{\Delta V} \tag{2.70}$$

式中，$\boldsymbol{P}$ 为电极化强度。它不仅描述电介质极化的程度，而且描述电介质极化的方向。在 SI 制中，它的单位是 $C \cdot m^{-2}$。

如果在电介质中各点电极化强度的大小和方向都相同，称该电介质的极化是均匀的；否则极化是不均匀的。

实验证明，对于绝大多数各向同性的电介质，极化强度 $\boldsymbol{P}$ 与电场强度 $\boldsymbol{E}$ 成正比，即

$$\boldsymbol{P} = \chi \varepsilon_0 \boldsymbol{E} \tag{2.71}$$

式中，$\chi$ 为电介质的电极化率，它与场强 $\boldsymbol{E}$ 无关，与电介质的种类有关。

（2）极化电荷密度。

电介质极化时出现的极化电荷的数量可更为直观地反映其极化程度。实验表明，均匀电介质在外场中极化时，仅在与外场垂直的界面上出现面极化电荷；否则，还会出现体

极化电荷。定义极化电荷面密度 $\sigma_p$ 和体密度 $\rho_p$ 分别为

$$\sigma_p = \lim_{\Delta S \to 0} \frac{\Delta q_p}{\Delta S} = \frac{dq_p}{dS} \tag{2.72}$$

$$\rho_p = \lim_{\Delta V \to 0} \frac{\Delta q_p}{\Delta V} = \frac{dq_p}{dV} \tag{2.73}$$

式中，$q_p$ 是在面元 $\Delta S$（或体元 $\Delta V$）上出现的束缚电量。

可以证明，$\sigma_p$ 和 $\rho_p$ 与极化强度 $\boldsymbol{P}$ 间存在如下关系：

$$\sigma_p = \boldsymbol{P} \cdot \boldsymbol{n}_0 \tag{2.74}$$

$$\rho_p = -\nabla \cdot \boldsymbol{P} \tag{2.75}$$

在式（2.74）中，$\boldsymbol{n}_0$ 是界面处的单位法向矢量。

（3）相对介电常数（相对电容率）$\varepsilon_r$。

在库仑定律、场强和电位的计算中已引入了电介质的相对介电常数 $\varepsilon_r$。发现在无限大均匀电介质中，场源电荷激发的场强（还有电位及场中电荷所受电场力）都将削弱为真空情况下的 $1/\varepsilon_r$。为什么在有电介质存在时会使场强削弱？这是由于电介质在外电场 $\boldsymbol{E}_0$ 作用下发生极化时出现了极化电荷分布，极化电荷与其他电荷一样，也要激发自己的附加电场 $\boldsymbol{E}_p$，并且 $\boldsymbol{E}_p$ 和 $\boldsymbol{E}_0$ 的方向是相反的，因此电介质内的合电场 $\boldsymbol{E} = \boldsymbol{E}_0 + \boldsymbol{E}_p$ 就会被削弱。在电场空间被无限大均匀电介质所充满的特殊情况下，有

$$\boldsymbol{E} = \boldsymbol{E}_0 / \varepsilon_r \tag{2.76}$$

而在最一般的情况下，仍可证明介质中的电场总是被削弱，但却不是按照式（2.76）的简单规律而变化。

总之，电介质极化的程度越强（出现的极化电荷越多），其附加电场对外电场的削弱作用就越强；另外，由式（2.76）可知，$\varepsilon_r$ 越大，表示该电介质被极化削弱的能力越强，反之亦然。

### 3. 电介质中的高斯定理

为便于计算电介质中的合场强 $\boldsymbol{E}$，通常引入一个描述电场的辅助量 —— 电位移矢量 $\boldsymbol{D}$，对于均匀电介质，其定义为

$$\boldsymbol{D} = \varepsilon_0 \varepsilon_r \boldsymbol{E} \tag{2.77}$$

在 SI 制中，$\boldsymbol{D}$ 的单位是 $C/m^2$。与用电场线表示场强 $\boldsymbol{E}$ 一样，也可以用电位移线来表示电位移 $\boldsymbol{D}$。描述电位移线的规定也与描述电场线类似。引入 $\boldsymbol{D}$ 之后可以回避难以计算的极化电荷，而使高斯定理在介质中的形式仍然只与封闭面内所包含的自由电荷有关。电介质中的高斯定理可表示为

$$\oint_S \boldsymbol{D} \cdot d\boldsymbol{S} = \sum q_i \tag{2.78}$$

式（2.78）的物理意义是，穿过任意闭合曲面的电位移矢量的通量等于该面内所包围的全部自由电荷的代数和。

在均匀电介质中，式（2.78）也可表示为

$$\oint_S \boldsymbol{E} \cdot \mathrm{d}\boldsymbol{S} = \sum q_i / \varepsilon_r \varepsilon_0 \tag{2.79}$$

当 $\boldsymbol{D}$ 或 $\boldsymbol{E}$ 的分布具有某种特殊的对称性时,就可以按照式(2.78)和式(2.79)求解电介质中的电场强度。

**4. 电介质的击穿**

在强电场中,电介质会失去极化特征而成为导体,最后导致电介质的热损坏(如晶格裂缝、氧化、熔化等)的现象称为电介质的击穿。从静电灾害的角度看,电介质击穿时的主要危害不在于对其本身的热损坏,而在于电介质的绝缘遭到破坏后,累积在导体上的静电可通过电介质迅速泄放,同时伴随有大量能量的释放。当这些能量超过一定限度时,就可能产生燃爆灾害事故。

电介质的击穿有三种形式,即热击穿、化学击穿和电击穿。

(1)热击穿。

热击穿是由电介质损耗引起的。在外加电压下,电介质中的一部分电能转换为热能的现象称为电介质损耗。特别是在高频交变电压作用下,由于电介质被反复极化,因此将发生较严重的电介质损耗。当损耗所产生的热量大于电介质向周围散发的热量时,电介质的温度迅速上升、电导率随之增加,导致电介质的击穿。所以,热击穿是在散热最不好的地方首先发生的。

(2)化学击穿。

化学击穿是在电介质长期处于高电压下工作所出现的。强电场会在电介质表面或内部的小孔附近引起局部的空气碰撞电离,并进而引起电介质的局部放电,生成臭氧和二氧化碳。这些气体会使电介质的绝缘性能降低,最终导致击穿。

(3)电击穿。

电击穿是电介质在强电场作用下被激发出自由电子而引起的。这时,电介质中出现的电子电流随电场的增加而急剧增大,从而破坏了电介质的绝缘性能。使电介质发生击穿的临界电压称为击穿电压,与此相应的场强称为击穿场强。

# 2.4 电容和静电能

在研究静电危害及其防护时,电容和静电能是两个非常重要的概念。静电引发危害的过程就是带电体所存储的静电能以热、光或声等方式释放的过程,危害发生的可能性及危害的严重程度与带电体存储的电能有很大关系,而带电体储存电能的能量又直接与其电容有关。

## 2.4.1　电容和电容器

### 1. 理想电容器及其电容

两个任意形状的、相互靠近的导体 A 和 B,当其周围无任何其他导体或带电体时所组成的系统,称为电容器,或称理想电容器(图 2.17)。

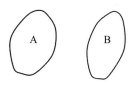

图 2.17　理想电容器

若使电容器的两个极板 A 和 B 分别带上等量异号的电荷 $+q$ 和 $-q$,则由于 A 和 B 周围无任何其他导体或带电体,因此其间就形成一个确定分布的电场和确定的电位差 $U_A - U_B$。容易想象,若使极板所带电量变化,则其间场强和电位差都会成比例地变化,但比值 $q/(U_A - U_B)$ 对于大小、形状和相对位置给定的导体系则是不变量。换言之,该比值是一个与导体系是否带电以及带多少电无关,而只与导体系的大小、形状和相对位置有关的量,把该量称为电容器的电容,用符号 $C$ 表示,即

$$C = q/(U_A - U_B) \tag{2.80}$$

由式(2.80)可以看出,若取 $U_A - U_B = 1$ 个单位,则 $C = q$。可见 $C$ 表示当两极板电位差为一个单位时,每一极板上所能容纳的电量。显然,$C$ 值越大、$q$ 也越大,亦即电容 $C$ 是表征导体容纳(储存)电荷能力大小的物理量。

对于孤立导体,可视作它与地球组成电容器,故其电容仍可按式(2.80)计算,只是此时 $U_A = U$ 为导体的电位,地球的电位 $U_B$ 取零。

在 SI 制中,电容的单位是 C/V,称为 F。工程上常用 $\mu$F 或 pF 等单位,其换算关系为

$$1 \ \mu F = 10^{-6} \ F$$
$$1 \ pF = 10^{-6} \ \mu F = 10^{-12} \ F$$

### 2. 实际电容器

实际上,组成电容器的两极板周围绝对不存在任何其他导体或带电体几乎是不可能的。当极板附近存在其他导体或带电体时,由于极板带电后激发的电场在两极板外也存在,因此其他导体将发生静电感应而改变极板间的电场分布;当然,其他的带电体也会激发电场而改变极板间的电场。总之,在这种情况下,两极板间的电场强度、电位差,不仅与极板本身带电量有关,还与周围其他导体或带电体的配置有关,于是 $q$ 与 $U_A - U_B$ 成正比的关系不再成立,式(2.80)失去了意义。显然,如果能使两极板激发的电场被完全局限在两极板之间,同时使外部带电体的电场也不能影响两极板之间的电场,则上述问题就解决了。已经知道,静电屏蔽就可以起到这样的作用,所以任何实际电容器都应用了静电屏

蔽的原理。

### 3.电容的计算

以下给出了几种常见电容器电容的计算公式。

（1）平行板电容器。

如图 2.18 所示,平行板电容器是由两个靠得很近的平行金属板组成。设两极板面积为 $S$、间距为 $d$,其间为真空。

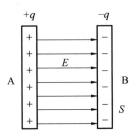

图 2.18　平行板电容器

使两极板带上等量异号的电荷 $\pm q$,则可近似于两个无限大的均匀带电平板,由高斯定理可以推知,两极板之外的空间合成场强处处为零,而两极板之间的空间则为均匀电场。且 $E = q/\varepsilon_0 S$,方向如图 2.18 所示。可见,这一装置的确可以把电场基本上局限在两极板之间的空间,符合实际电容器的基本要求。

两极板之间电位差为

$$U_A - U_B = \int_A^B \boldsymbol{E} \cdot \mathrm{d}\boldsymbol{l} = E \cdot d = \frac{qd}{\varepsilon_0 S} \tag{2.81}$$

根据电容的定义公式,得平行板电容器的电容为

$$C_0 = \frac{q}{U_A - U_B} = \frac{\varepsilon_0 S}{d} \tag{2.82}$$

式（2.82）表明,平行板电容器的电容与极板面积成正比、与极板间距成反比,而与极板是否带电无关;换言之,电容器的电容仅仅取决于其本身的结构形态。

（2）圆柱形电容器。

圆柱形电容器（图2.19）是由两个同轴圆柱面极板组成的。设两圆柱面的长度为 $L$,半径分别为 $R_1$ 和 $R_2$。内、外圆柱面之间充满了电容率为 $\varepsilon$ 的介质。计算求得其电容为

$$C = \frac{2\pi\varepsilon L}{\ln(R_2/R_1)} \tag{2.83}$$

（3）球形电容器。

球形电容器（图2.20）是由两个同心球壳极板组成的。设两球壳的半径为 $R_1$ 和 $R_2$。内外球壳间充满了电容率为 $\varepsilon$ 的介质。计算求得其电容为

$$C = \frac{4\pi\varepsilon R_1 R_2}{R_2 - R_1} \tag{2.84}$$

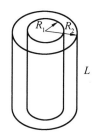

图 2.19　圆柱形电容器

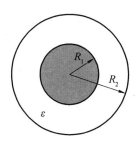

图 2.20　球形电容器

（4）平行长直导线电容。

设两根导线互相平行且半径相同（均为 $R_0$），两轴线之间的距离为 $d$。它们单位长度上的电容为

$$C_0 = \frac{\pi \varepsilon_0}{\ln \dfrac{d}{R_0}} \tag{2.85}$$

若两输电线的长度为 $L$，则其电容为

$$C = C_0 L = \frac{\pi \varepsilon_0 L}{\ln \dfrac{d}{R_0}} \tag{2.86}$$

（5）平行于地面的悬空直导线的电容。

设导线直径为 $a$、长度为 $l$，距地面高度为 $h$，则导线对地电容 $C_0$ 的倒数为

$$\frac{1}{C_0} = \frac{1}{2\pi\varepsilon_0 l}\left[\frac{a}{l} + \operatorname{arsinh}\frac{l}{a} - \sqrt{1 + \frac{a^2}{l^2}}\right] - \frac{1}{8\pi\varepsilon_0 h} \tag{2.87}$$

当 $l \gg a$ 时，式（2.87）近似为

$$\frac{1}{C_0} = \frac{1}{2\pi\varepsilon_0 l}\ln\frac{2l}{ea} - \frac{1}{8\pi\varepsilon_0 h} \tag{2.88}$$

式中，e 为自然对数的底。

（6）孤立导体球的电容。

设导体球半径为 $R$，则其电容为

$$C_0 = 4\pi\varepsilon_0 R \tag{2.89}$$

（7）孤立金属圆盘的电容。

设圆盘半径为 $R$，则其电容为

$$C_0 = 2\pi\varepsilon_0 R \qquad (2.90)$$

## 4. 部分电容（多导体系统的电容）

当一群（$n$ 个）导体存在时，由场的叠加原理可知：其中任一导体（第 $i$ 个导体）的电位不仅和该导体上的电荷 $Q_i$ 有关，而且也和其余各导体上的电荷有关。此时电位和电荷的关系是线性的，即

$$\begin{cases} \varphi_1 = \alpha_{11}Q_1 + \alpha_{12}Q_2 + \cdots + \alpha_{1n}Q_n \\ \vdots \\ \varphi_i = \alpha_{i1}Q_1 + \alpha_{i2}Q_2 + \cdots + \alpha_{in}Q_n \\ \vdots \\ \varphi_n = \alpha_{n1}Q_1 + \alpha_{n2}Q_2 + \cdots + \alpha_{nn}Q_n \end{cases} \qquad (2.91)$$

即

$$\varphi_i = \sum_{j=1}^{n} \alpha_{ij}Q_j \qquad (2.92)$$

式中，$\varphi_1$、$\varphi_i$、$\varphi_n$ 分别为第 1 个、第 $i$ 个及第 $n$ 个导体的电位；$Q_1$、$Q_i$、$Q_n$ 分别为第 1 个、第 $i$ 个及第 $n$ 个导体上的电荷；$\alpha_{ij}$ 为电位系数。

式（2.92）称为麦克斯韦的静电方程式。可以看出，具有相同下标的 $\alpha_{ij}$，例如 $\alpha_{ii}$，在数值上等于当导体 $i$ 上的电荷为 1 而其余各导体上的电荷等于零时，导体 $i$ 的电位值；具有不同下标的 $\alpha_{ij}$，例如 $\alpha_{ij}$，在数值上等于当导体 $j$ 上的电荷为 1 而其余各导体上的电荷为零时，导体 $i$ 的电位值。$\alpha_{ii}$ 的值永远是正的。根据互换原理可知，具有同样两个数字下标但排列次序不同的 $\alpha$ 值是相等的，即

$$\alpha_{ij} = \alpha_{ji} \qquad (2.93)$$

有时已知的不是各导体上的电荷，而是各导体的电位，此时可以用行列式的方法由式（2.92）解得各导体上的电荷值，即

$$Q_i = \sum_{j=1}^{n} \beta_{ij}\varphi_j \qquad (2.94)$$

式中，$\beta_{ij}$ 为电容系数。

式（2.94）是麦克斯韦静电方程式的另一种形式。可以看出，具有相同下标的 $\beta_{ij}$，例如 $\beta_{ii}$，在数值上等于当导体 $i$ 的电位为 1 而其余各导体的电位为零时，导体 $i$ 上的电荷量；具有不同下标的 $\beta_{ij}$，例如 $\beta_{ij}$，在数值上等于当导体 $j$ 的电位为 1 而其余各导体的电位为零时，导体 $i$ 上的电荷量。可见 $\beta_{ii}$ 的值永远为正，而 $\beta_{ij}$ 的值永远为负。根据互换原理可知，具有同样两个数字下标但排列次序不同的 $\beta$ 值是相等的，即

$$\beta_{ij} = \beta_{ji} \qquad (2.95)$$

如果式（2.94）中的 $\varphi_j$ 不用绝对电位值表示，而用各导体互相间的电位差表示，则变为

$$Q_i = \sum_{j=1}^{n}(-\beta_{ij})(\varphi_i - \varphi_j) + \sum_{j=1}^{n}\beta_{ij}\varphi_i = \sum_{j=1}^{n}C_{ij}(\varphi_i - \varphi_j) + C_{ii}\varphi_i \qquad (2.96)$$

$C$ 和 $\beta$ 之间显然存在着下列关系：

$$C_{ij} = -\beta_{ij} \qquad (2.97)$$

$$C_{ii} = \sum_{j=1}^{n}\beta_{ij} \qquad (2.98)$$

由式(2.96)不难看出，具有相同下标的 $C_{ij}$，例如 $C_{ii}$，在数值上等于当全部导体的电位均为 1 时，导体 $i$ 上的电荷量；具有不同下标的 $C_{ij}$，例如 $C_{ij}$，在数值上等于当导体 $j$ 的电位等于 1 而其余各导体的电位均为零时，导体 $i$ 上的电荷量（但符号相反）。根据互换原理可知，具有同样两个数字下标但排列次序不同的 $C_{ij}$ 是相等的，即

$$C_{ij} = C_{ji}$$

根据上述关于部分电容的讨论，可以将部分电容的概念归纳如下。

（1）自部分电容。在多导体系中，某导体 $i$ 的自部分电容 $C_{ii}$，是指该导体和参考导体（大地）之间的部分电容。在数值上等于当导体系中各导体与参考导体（大地）之间均建立 1 V 的电位差时，导体 $i$ 上的电荷量。

（2）互部分电容。在多导体系中，互部分电容是指任意两导体 $i$ 和 $j$ 之间的部分电容 $C_{ij}$。在数值上等于当导体 $j$ 的电位为 1 V 而其余各导体的电位均为零时，在 $i$ 导体上感应的电荷量的负值。

## 2.4.2　静电能

任何带电体或带电系统都具有能量——静电能。这种能量是在它们形成的过程中由外源克服电场力做功而转换来的。带电系统形成的过程就是静电场建立的过程，所以静电能实际上是储存在带电系统所激发的整个电场空间中，故又称为电场能。

### 1. 电容储能

现以电容器为例说明带电系统具有的静电能。电容器两极板带电的过程可视作借助于某种外部作用（如充电时电池的化学力）不断把微小电荷 $\mathrm{d}q$ 从原来中性的一个极板迁移到原来中性的另一极板上。设某时刻 $t$，两板已带电 $\pm q(t)$，两极板电位差为

$$U_{AB} = q(t)\mathrm{d}q/C$$

式中，$C$ 为电容器的电容。则从 $t$ 时刻开始，若再迁移微小电量，则外界克服电场力做功为

$$\mathrm{d}A = \mathrm{d}q \cdot U_{AB} = q(t)\mathrm{d}q/C \qquad (2.99)$$

因而，在使极板上电量由 0 增至定值 $Q$ 的全过程中外界所做总功，亦即电容器储能为

$$W = \int_0^Q q(t)\mathrm{d}q/C = \frac{Q^2}{2C} \qquad (2.100)$$

注意到

$$C = Q/U_{AB}$$

式中，$U_{AB}$ 为电容器带电量为 $Q$ 时的电位差，则又有

$$W = \frac{1}{2} Q U_{AB} \tag{2.101}$$

或

$$W = \frac{1}{2} C U_{AB}^2 \tag{2.102}$$

式$(2.100) \sim (2.102)$虽由特例导出，但可推广到任意带电体。若储能元件不止一个，则有

$$W = \sum_i \frac{1}{2} Q_i U_{ABi} \tag{2.103}$$

### 2. 电场储能

由上述公式可以看出，静电能$W$与电荷$Q$相联系，哪里有电荷，哪里就有电能，电容器的能量是集中在两极板上的。然而两极板带电后，其间充满了电场，电场既是一种物质，也具有能量。因此，也可认为静电能存储于电场空间之中。

以平行板电容器为例，其电容$C = \varepsilon_r C_0 = \varepsilon_0 \varepsilon_r C_0 S/d$，而两极板间电位差$U_{AB} = Ed$，代入式$(2.101)$，得两极板间电场空间存储电能为

$$W = \frac{1}{2} C U_{AB}^2 = \frac{1}{2} \varepsilon_0 \varepsilon_r E^2 Sd \tag{2.104}$$

式中，$S$为极板面积；$d$为极板间距；$Sd$为电场空间的体积。由此，又得单位体积电场中的静电能，即电能密度为

$$\omega = \frac{W}{Sd} = \frac{1}{2} \varepsilon_0 \varepsilon_r E^2 \tag{2.105}$$

值得指出的是，式$(2.105)$虽是从一特例导出的，但可以证明该式是普遍使用的，即不仅适用于均匀电场，而且也适用于非均匀电场，此时$\omega$是空间坐标的函数。

一般情况下，可用电能密度对体积的积分求出静电场的总能量，即

$$W = \int_V \omega \, dV = \int_V \frac{1}{2} \varepsilon_0 \varepsilon_r E^2 \, dV \tag{2.106}$$

# 第3章 静电起电

使物体产生静电的过程称为静电起电。静电起电包括使正、负电荷发生分离的一切过程。根据电荷守恒定律可知,电荷既不能创造,也不能消失,只能是电荷的载体(电子或离子)从一个物体转移到另一个物体,或者从物体的某一部分转移到另一部分。研究静电起电过程就是从微观角度出发,研究这些电荷载体在物体之间或同一物体各部分之间运动的原因、条件、结果以及运动规律。了解静电起电过程的机制和规律对于防止静电危害的发生具有根本的意义。应当指出,静电起电的物理本质和数学描述,仍是目前该领域的疑难问题。另外,任何物质的静电带电量都不是无限的,这是因为伴随着静电的产生还存在着与之相反的过程 —— 静电的消散(或衰减),当这两个相反的过程达到动态平衡时,物体上的静电量就维持在某一稳定值。

本章从静电现象的物理性质出发,并结合工业生产的实际,介绍固体、粉体、液体、气体、人体和航天器等物质的静电产生、消散和累积的规律。

## 3.1 固体的静电起电

在生产工艺中,固体物质在摩擦、碾制、挤出、过滤、粉碎、研磨等过程中,均可能产生静电,如果不能及时衰减或消散,往往会引起火灾和电击等灾害事故。

固体材料存在着接触－分离起电、物理效应起电、非对称摩擦起电、电解起电等多种起电类型。其中,最主要的是接触－分离起电。

### 3.1.1 固体的接触－分离起电

任何两种不同的固体材料,发生紧密接触再分离时就会分别带上很强的静电,这种起电方式称为接触－分离起电。必须指出,紧密接触是一个量的概念,指两种物质接触面间的距离小于或等于 2.5 nm。

固体有金属导体、绝缘体和半导体之分。两种不同固体之间的接触可以是两种不同金属、两种不同绝缘体或者两种不同半导体之间的接触,也可能是金属与绝缘体之间、金属与半导体之间或者半导体与绝缘体之间的接触。关于物体接触－分离起电的理论,比较成熟的是金属间的接触－分离起电理论,其他材料间的接触－分离起电过程本身就比较复杂,再加上表面状态和表面粘污的影响,使问题更加复杂化,目前国际上还没有形成普遍认同的理论。下面先来讨论金属间的接触－分离起电理论。

### 1. 金属间的接触－分离起电

早在1794年Volta就发现,任何两种不同的金属A和B发生紧密接触时,其间会产生数值为零点几伏或几伏的很小的电势差,称为接触电势差,用$U_{AB}$表示。他还将各种不同的金属排成一个系列:(＋)铝、锌、锡、铅……金、珀、钯……(－),这个系列中任何两种金属接触时,总是排在前面的带正电,排在后面的带负电,而且两种金属在系列中相隔越远,其接触电势差越大。该系列称为金属材料的静电系列,后来又发现了其他固体材料间也存在类似的系列,后面章节还要述之。

日常生活中遇到的静电问题多数都与绝缘材料有关。因此,通常认为静电导体材料尤其是金属材料不会产生静电。事实并非如此,两种金属接触－分离时也会发生电荷的转移,从而产生静电。只是在分离过程中,由于金属的导电性良好,因此常常很快将静电荷导走,分离后金属上几乎没有静电荷,从而在通常条件下不显示出静电带电现象。如果控制实验条件,使金属分离过程中产生的静电荷不被泄漏掉,金属的接触－分离过程也可以产生很高的静电位。1932年,Kullrath用实验证实了这一现象,将金属粉从铜管中高速吹出时,这个对地绝缘的装置产生了26万 V 的静电高压。然而,当时他并未把如此之高的电位差与两种金属紧密接触时产生的微小的接触电位差相联系。直到1951年,Harpper采用实验证实了两种金属紧密接触后再分离所形成的高电位差正是起因于它们之间微小的接触电位差。密立根通过研究找出了两种不同金属之间接触电位差与金属中自由电子功函数之间的关系。

（1）费米能级与功函数。

在常温条件下,金属中自由电子虽然不停地做热运动,却不会从金属中逸出。这是因为一方面电子受到金属晶格上正电荷的吸引作用;另一方面,当电子达到界面时,由于电子将附近的其他电子向金属内部排斥,因此在界面上出现过剩的正电荷,也会产生吸引电子并阻止电子离开金属的力。半导体的情况与金属类似。可见,电子从金属或半导体内部逸出必须做一定的功,亦即必须具有足够的能量。电子从金属或半导体内逸出所必须具有的最小能量称为功函数或逸出功。功函数的单位是电子伏,即 eV(1 eV＝1.60×$10^{-19}$ J),功函数的符号常用$\varphi$表示。

固体能带理论指出,电子能量是按照能级分布的。常温下,电子在金属界面内的能量是负的,其所占的最高能级称为费米能级,用$E_f$表示;而在界面外部,电子的能量变为零。这种能量分布可以形象地用位阱图表示,如图 3.1 所示。显然,电子由金属内部逸出后必须做功以升高自己的位能才能跳出位阱,并且电子逸出位阱时能量的增加至少应为 $\Delta =$

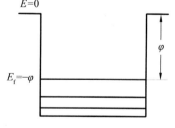

图 3.1　电子位阱图

$0 - E_f = -\varphi$，亦即

$$\varphi = -E_f \tag{3.1}$$

金属的功函数可由实验的方法得到，目前较成熟的实验方法有热电子发射法、光电法和标准金属法。但不同方法给出的数值有所不同。表 3.1 给出了部分金属材料的功函数。

表 3.1　部分金属材料的功函数

| 金属材料 | 功函数 /eV |
| --- | --- |
| 银 | $4.50 \sim 4.52$ |
| 铜 | 4.65 |
| 铝 | 4.08 |
| 铁 | 4.40 |
| 金 | 4.46 |
| 镍 | 5.03 |
| 钼 | 4.20 |
| 钨 | 4.38 |

（2）接触起电过程。

当两种不同的金属 A 和 B 相接触且它们之间的距离小于 2.5 nm 时，因为量子力学的隧道效应，两种金属内的电子将穿过界面而互相交换。当达到平衡时，界面两侧形成了等量异号电荷的电荷层，称为偶电层，如图 3.2 所示。这一概念是 Helmhots 最早于 1879 年提出的。可见，接触电位差 $U_{AB}$ 就是因偶电层的形成而产生的。

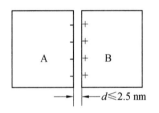

图 3.2　金属界面的偶电层

设金属 A 的功函数为 $\varphi_1$，金属 B 的功函数为 $\varphi_2$，且 $\varphi_1 > \varphi_2$。因此，金属 A 中的电子处于深度为 $\varphi_1$ 的势阱中，金属 B 中的电子处于深度为 $\varphi_2$ 的势阱中，如图 3.3 所示。由于金属 B 内电子的势能高于金属 A 内电子的势能，因此当两种金属相接触，并且接触距离小于 2.5 nm 时，两种金属中的电子可以通过界面发生转移。根据能量最低原理，金属 B 内有较多的电子流入金属 A，直到 A、B 两种金属的费米能级相平为止。金属 A 获得电子，其表面带负电，金属 B 失去电子，其表面带正电。

假设金属间接触后电荷的转移分别使 A、B 两种金属上产生的电位为 $U_1$ 和 $U_2$，且有 $U_1 < 0, U_2 > 0$。这样金属 A 中电子的势能增加了 $-eU_1$，金属 B 中电子的势能增加了 $-eU_2$。因此金属 A 中电子的势能为

$$W_1 = -\varphi_1 - eU_1 \tag{3.2}$$

金属 B 中电子的势能为

$$W_2 = -\varphi_2 - eU_2 \tag{3.3}$$

当电子交换达到平衡时，金属 A、B 中电子的费米能级拉平，自由电子的势能相等，即 $W_1 = W_2$，如图 3.4 所示。

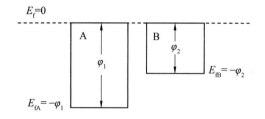

图 3.3　两种金属接触前势能曲线

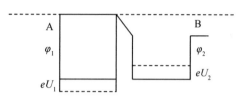

图 3.4　金属间接触时平衡状态下的势能曲线

因此有

$$-\varphi_1 - eU_1 = -\varphi_2 - eU_2 \tag{3.4}$$

$$U = U_{21} = U_2 - U_1 = \frac{\varphi_1 - \varphi_2}{e} \tag{3.5}$$

接触电位差也称为接触电动势。由式(3.5)可知,若 $\varphi_2 < \varphi_1$,则 $\varphi_2 - \varphi_1 < 0$,$e$ 为电子电量的绝对值,因此 $U > 0$,即 $U_2 > U_1$。这表明,两种金属紧密接触时,功函数大者带负电,功函数小者带正电。实际测量得出金属的接触电位差一般在十分之几伏到几伏之间。

两种金属紧密接触时形成的偶电层可视作平行板电容器,因而偶电层间隙间的电场为一均匀电场,且场强大小为

$$E = U_{AB}/d = \sigma/\varepsilon_0 \tag{3.6}$$

式中,$d$ 为界面间距。所以有

$$\sigma = \varepsilon_0 (\varphi_1 - \varphi_2)/ed \tag{3.7}$$

(3) 分离过程中静电电位的升高。

两种金属相接触时产生的接触电位差很小,但静电起电分离时却产生很高的电位差。下面分析其原因。

偶电层可近似地作为平行板电容器处理,设极板间距离为 2.5 nm(可以发生电荷交换的距离)时,可以算出其单位面积上的电容为 $3.54 \times 10^{-3}$ F/m。若将 $d$ 增加到 1 mm,这时单位面积上的电容为 $8.85 \times 10^{-9}$ F/m。在此过程中,电容缩小到原来的 $1/(4 \times 10^5)$,如果电量保持不变,则由 $U = Q/C$ 可知,两物体之间的接触电位差将增大 $4 \times 10^5$ 倍。如果两金属间的接触电势差为 1 V,则两金属分离到 1 mm 时,它们之间的电压将达到 $4 \times 10^5$ V。这就是为什么很小的接触电位差会变成很高的静电电压的原因。

综上所述,不同金属材料之间的接触—分离起电过程可概括为:紧密接触 → 形成偶电层 → 电荷分离而产生静电。从原则上说,上述起电过程适用于任何两种物质结构不同的固体材料之间的接触起电,如金属与电介质或电介质与电介质。还应指出,偶电层理论不仅是固体接触起电的基本理论,而且也是研究液体起电和气体起电的基础。只不过对于不同的物质形态,偶电层形成的机制是不同的。

**2. 金属与电介质的接触—分离起电**

此处所说的电介质主要是指高分子固体电介质,如橡胶、塑料、化纤等。这些材料在

生产和生活中应用十分广泛,而且在制造或使用过程中经常与金属物体(如金属辊轴)因接触 — 分离而产生强静电。所以,研究聚合物与金属的接触起电机理具有重要意义。有关实验表明,厚度为 1 mm 的聚合物薄膜与金属紧密接触时,偶电层的电荷面密度可达到 $10^{-9} \sim 10^{-8} C/cm^2$,即 $1 \sim 10$ nC/cm$^2$。

(1)电介质的等效功函数。

虽然从原则上讲,前面介绍的紧密接触 → 形成偶电层 → 电荷分离而产生静电这样一个过程适用于任何固体材料的接触起电,如金属与电介质、电介质与电介质的起电,但对于电介质材料而言,偶电层的形成特别是功函数的概念都要比金属复杂得多。因为金属之间的接触起电是基于金属内有自由电子,且当两种金属紧密接触时可发生电子的单独转移而形成偶电层。但对于高分子固体电介质,其导电性能很差,很少有可供单独转移的电子,那么其偶电层是如何形成的呢?为此,人们提出了高分子固体机制的理想能级图像、缺陷能级图像和表面能级图像三种假说,但前两种假说的计算结果都与前述偶电层的面电荷密度的实验数据相差甚远,而只有表面能级图像得出了与实验较一致的结果。

表面能级模型的基本思想是:高分子固体电介质化学成分的不纯、氧化及吸附分子所引起表面缺陷等因素,导致实际的固体电介质的表面状态与其内部不同,而很像一个薄的金属片,并因此具有等效的功函数。这样,当金属与高分子固体电介质或电介质与电介质之间紧密接触时,就会因功函数的不同而产生电子的转移并在平衡时在界面两侧形成偶电层,所产生的接触电位差也完全可以应用式(3.5)进行计算。目前,已经可以利用实验的方法测量各种聚合物的等效功函数,其值一般比金属的要大,约为 $4 \sim 6$ eV。典型电介质的功函数见表 3.2。

表 3.2　典型电介质的功函数

| 材料名称 | 等效功函数 /eV |
| --- | --- |
| 聚氯乙烯 | 4.85 |
| 聚四氟乙烯 | 4.26 |
| 聚碳酸酯 | 4.26 |
| 聚乙烯 | 4.25 |
| 聚苯乙烯 | 4.22 |
| 尼龙 66 | 4.08 |
| 聚酰亚胺 | 4.36 |
| 氯化乙醚 | 5.11 |

(2)离子偶电层理论。

值得指出的是,上述关于高分子固体介质(聚合物)表面状态的理论在实验上尚未完全确立,表现在等效功函数应用到聚合物的接触起电方面,有时难以得到预期的结果。也就是说,把聚合物起电时的载流子认为是电子的说法遇到了困难。鉴于此,又提出了聚合物发生接触起电时,通过界面转移的载流子是离子的理论。实验表明,聚合物的表面电导,特别是在其表面吸附了一定水分时,参与传导的带电载流子可以认为是离子。因为这一点,认为通过界面转移的带电载流子是离子的说法得到有力的支持。

聚合物表面离子的来源有以下几方面。

① 即使在空气相当干燥的情况下,电介质表面也会或多或少地吸附有水,这些水当中的一部分可离解生成 $H^+$ 或 $OH^-$。

② 某些聚合物材料本身在吸附水层的作用下也会离解出离子。

③ 大气中能电离的杂质在聚合物表面吸附的水层中发生电离。

在上述三种情况下生成的离子中,由于 $H^+$ 和 $OH^-$ 的体积小、迁移率大,因此被认为是移动于界面的主要带电载流子。

这些离子载流子因以下一些力的作用而通过接触界面发生移动。

① 当离子存在于两种物质(如金属和聚合物或两种不同的聚合物)的界面上时,则每种物质内部都会产生与离子带电符号相反的镜像电荷,而且紧密接触的两种物质中,相对介电常数大的一方所出现的镜像电荷也比较大,从而对离子的电场作用力也较大。

② 如上所述,每种物质的表面上都会生成离子,但是不同的物质生成的离子数目是不同的。因此,在使两种物质发生紧密接触时,就在与界面垂直的方向上形成离子的浓度差,进而离子从浓度高的一方向浓度低的一方扩散,其结果是在界面两侧形成偶电层。

③Donnan 膜平衡引起的扩散力。Donnan 膜平衡是指当半透膜两侧有溶液存在时,溶液中的正、负离子将通过半透膜相互扩散;达到新的平衡时,就会在膜的两侧建立一个与两侧离子浓度有关的电位差。

④ 两种电介质接触时,由于表面的凹凸不平,因此各处的接触面间的距离是不同的。在这些地方的离子因位能的不同也会产生移动。

总之,聚合物的起电机理应与导电机理结合起来研究。在金属与聚合物或聚合物与聚合物之间的接触起电过程中,会因电子转移或离子转移而导致起电;但多数情况下可能是因电子转移的同时有一定数量的离子转移而导致起电。

（3）接触起电量的计算。

金属与高分子固体电介质接触时,由于电介质表面能级的存在,因此当电子交换达到平衡时,即形成偶电层后,根据电介质性质的不同,其中电荷的分布有可能是体分布,也有可能是面分布和体分布同时存在。为简单起见,暂不考虑电介质表面可能出现的电荷,而认为电荷全部分布在一定深度的表面层内,该深度称为电介质的电荷穿入深度,以 $\lambda$ 表示。电介质表层内电荷是体分布,设电荷密度为 $\rho_p$。另外,与电介质接触的金属,其电荷都集中于表面上,其电荷密度为 $\sigma_m$。以下将介绍表面接触起电量的 $\rho_p$ 或 $\sigma_m$ 都与哪些因素有关。

如图 3.5 所示,功函数为 $\varphi$ 的金属与功函数为 $\varphi_p$ 的高分子固体电介质接触。根据分析可知,金属内部的场强为零,而电介质带电表层内各点的场强 $E$ 均垂直于界面,且到界面距离相等的点,$E$ 的大小都相同。因此可应用高斯定理求场强。在分界面上取端面积为 $\Delta S$、侧面积垂直

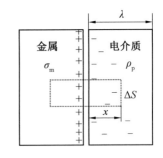

图 3.5　金属与电介质接触起电原理图

于界面的闭合圆柱面,根据高斯定理有

$$\oint_S \boldsymbol{E} \cdot \mathrm{d}\boldsymbol{S} = \sum q_i / \varepsilon_0 \varepsilon_r \tag{3.8}$$

式中,$\varepsilon_r$ 为电介质的相对介电常数。

$$\oint_S \boldsymbol{E} \cdot \mathrm{d}\boldsymbol{S} = E(x)\Delta S \tag{3.9}$$

$$\sum q_i = \sigma_m \Delta S + \rho_p \Delta S \cdot x = \rho_p \Delta S(x - \lambda) \tag{3.10}$$

此处利用了 $\sigma_m = -\rho_p \lambda$ 的关系。将式(3.9)式(3.10)代入式(3.8),求出电介质表层内场强为

$$E(x) = \rho_p(x - \lambda)/\varepsilon_0 \varepsilon_r \tag{3.11}$$

金属表面与电介质表面之间的距离很小,产生的电位差可忽略不计。因此,金属与电介质之间的接触电位差即为电介质表层内厚度为 $\lambda$ 的距离上的电位差。由式(2.58)得其大小为

$$\int_0^\lambda E(x)\mathrm{d}x = \int_0^\lambda \frac{\rho_p(x-\lambda)}{\varepsilon_0 \varepsilon_r}\mathrm{d}x = -\rho_p \lambda^2/2\varepsilon_0 \varepsilon_r \tag{3.12}$$

另外,按式(3.5),该接触电位差的大小又可表示为

$$(\varphi_p - \varphi)/e \tag{3.13}$$

由式(3.12)和式(3.13)可求出电介质表面内层电荷体密度为

$$\rho_p = -2\varepsilon_0 \varepsilon_r (\varphi_p - \varphi)/e\lambda^2 \tag{3.14}$$

也可表示为电介质表层内单位面积所带电量,即

$$\sigma_p = \rho_p \lambda = -2\varepsilon_0 \varepsilon_r (\varphi_p - \varphi)/e\lambda \tag{3.15}$$

而金属表面上的电荷面密度为

$$\sigma_m = -\sigma_p = 2\varepsilon_0 \varepsilon_r (\varphi_p - \varphi)/e\lambda \tag{3.16}$$

根据式(3.14),若已知金属和电介质的功函数及电荷穿入深度,则可求出 $\rho_p$ 或 $\sigma_m$;反之,也可利用式(3.16)求电介质的功函数 $\varphi_p$ 和电荷穿入深度 $\lambda$。

### 3. 电介质与电介质的接触－分离起电

(1) 接触起电量的计算。

当两种高分子固体电介质紧密接触时,引用前面电介质等效功函数的概念,在界面两侧也会形成偶电层。当然,在这种情况下,两接触面上的电荷都将分别在一定深度的表层内,即都具有一定电荷穿入深度。如图 3.6 所示,设接触的两种高分子固体电介质的相对介电常数、等效功函数、电荷穿入深度和表层内电荷体密度分别为 $\varepsilon_{r1}$、$\varphi_{p1}$、$\lambda_1$、$\rho_{p1}$ 和 $\varepsilon_{r2}$、$\varphi_{p2}$、$\lambda_2$、$\rho_{p2}$。取闭合柱面 $S_1$ 和 $S_2$ 为高斯面,利用高斯定理可求出界面两侧空间电荷区内的电场强度分别为

$$E_1(x) = \rho_{p1}(\lambda_1 + x)/\varepsilon_0 \varepsilon_{r1} \tag{3.17}$$

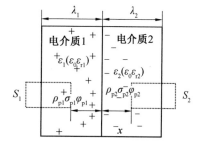

图 3.6　电介质与电介质接触起电原理图

$$E_2(x) = \rho_{p2}(x - \lambda_2)/\varepsilon_0\varepsilon_{r2} \tag{3.18}$$

在忽略了两电介质间隙之间的电位差后,两电介质接触产生的电位差按式(2.58)应为

$$\begin{aligned}\int_{-\lambda_1}^{\lambda_2} E(x)\mathrm{d}x &= \int_{-\lambda_1}^{0} E_1(x)\mathrm{d}x + \int_{0}^{\lambda_2} E_2(x)\mathrm{d}x \\ &= \int_{-\lambda_1}^{0} \frac{\rho_{p1}(\lambda_1+x)}{\varepsilon_0\varepsilon_{r1}}\mathrm{d}x + \int_{0}^{\lambda_2} \frac{\rho_{p2}(x-\lambda_2)}{\varepsilon_0\varepsilon_{r2}}\mathrm{d}x \\ &= \rho_{p1}\lambda_1^2/2\varepsilon_0\varepsilon_{r1} - \rho_{p2}\lambda_2^2/2\varepsilon_0\varepsilon_{r2}\end{aligned} \tag{3.19}$$

另外,此接触电位差按式(3.5)又等于$(\varphi_{p2}-\varphi_{p1})/e$,二式相比较,并利用关系式:

$$\sigma_{p1} = \rho_{p1}\lambda_1 = -\rho_{p2}\lambda_2 = -\sigma_{p2} \tag{3.20}$$

式中,$\sigma_{p1}$ 和 $\sigma_{p2}$ 分别是电介质 1 和电介质 2 表层内单位面积的电量,得出

$$\sigma_{p1} = -\sigma_{p2} = 2(\varphi_{p2}-\varphi_{p1})/e(\lambda_1/\varepsilon_0\varepsilon_{r1} + \lambda_2/\varepsilon_0\varepsilon_{r2}) \tag{3.21}$$

前面曾指出,可用实验的方法求出待测电介质的功函数及电荷穿入深度,现在又有了式(3.21),所以又可计算出固体电介质接触起电时单位表面面积的电量。

上述关于金属电荷面密度和电介质表层内单位面积电量的计算对防止静电灾害有一定指导意义。例如,要防止带电体在空气中发生静电放电,就要控制空气中的电场强度不能超过其击穿场强 $3.0\times10^6$ V/m。为此,应使带电表面的电荷密度最大不能超过

$$\sigma_{max} = \varepsilon_0 E_b = 8.85\times10^{-12}\times3.0\times10^6 \approx 2.65\times10^{-5}(\mathrm{C/m^2}) = 26.5\,(\mu\mathrm{C/m^2}) \tag{3.22}$$

(2)电介质材料的静电起电序列。

前面介绍了金属材料的静电序列,该序列实际上是按照各种金属的功函数从小到大的顺序排列的。现已引入了电介质的等效功函数的概念,将各种电介质材料按照功函数从小到大顺序排列起来就形成了电介质的静电序列。与金属材料的静电序列一样,在电介质的静电序列中,任何两种材料相接触时,也是功函数小的,即位于序列正端的材料带正电;而功函数大的,即位于序列负端的材料带负电。并且,从式(3.5)、式(3.15)和式(3.21)均可以看出,两种材料在序列中相距越远,亦即它们的功函数相差越大,则接触起电量也越大。由此可见,根据静电序列,不仅可以判断材料的接触起电极性,而且还可以估计起电程度的强弱,这对于生产工艺中适当选择参与摩擦或接触的材料,以减少静电的产生量、控制静电灾害的发生具有重要意义。还可以利用静电序列,使某种材料在先后与不同材料的接触、摩擦中带上异号电荷,基于静电中和的原理消除静电。总之,静电序列在描述起电机理、指导静电防灾方面都有很大的应用价值。

许多研究还发现,材料的静电序列也可以认为是按照其介电常数从大到小的顺序排列而成的。如 Ballou 于 1954 年指出,任何两种材料接触摩擦时,总是介电常数大的带正电,介电常数小的带负电。对于同一组材料,按照介电常数从大到小排序和按功函数从小到大排序所得到的序列基本是一致的。但由于材料的介电常数比功函数更容易测量,因此按前者排列更方便。

还应指出,因为实验条件和材料所含杂质、表面氧化状况以及温度、湿度、压力的影

响,即使是同一组材料,各个实验者所得到的序列也会有所不同。所以,在实际应用时,不能拘泥于现成的静电序列表确定静电起电的实际效果,而应通过实验加以检验。

国外有关标准和资料公布的静电序列见表 3.3。

表 3.3　国外有关标准和资料公布的静电序列

| 排列 | MIL－HDBK－263A<br>(1991) | IEEE Std.C62.47<br>(1992) | 美国 ESD 协会网站<br>(2004) |
|---|---|---|---|
| (＋)<br>↓<br>(－) | 人手<br>兔毛<br>玻璃<br>云母<br>人发<br>尼龙<br>羊毛<br>毛皮<br>铅<br>丝绸<br>铝<br>纸<br>棉花<br>钢<br>木材<br>封蜡<br>硬橡胶<br>铜、镍<br>银、黄铜<br>硫<br>醋酸酯纤维<br>聚酯<br>赛璐珞<br>奥纶<br>聚氨酯<br>聚乙烯<br>聚丙烯<br>聚氯乙烯<br>聚三氟氯乙烯<br>硅<br>聚四氟乙烯 | 石棉<br>醋酸酯<br>玻璃<br>人发<br>尼龙<br>羊毛<br>毛皮<br>铅<br>丝绸<br>铝<br>纸<br>聚氨酯<br>棉花<br>木材<br>钢<br>封蜡<br>硬橡胶<br>聚酯薄膜<br>环氧玻璃<br>铜、镍银<br>黄铜、不锈钢<br>合成橡胶<br>聚丙烯树脂<br>聚苯乙烯塑料<br>聚氨酯塑料<br>聚酯<br>萨冉树脂<br>聚乙烯<br>聚丙烯<br>聚氯乙烯<br>聚四氟乙烯<br>硅橡胶 | 兔毛<br>玻璃<br>云母<br>人发<br>尼龙<br>羊毛<br>毛皮<br>铅<br>丝<br>铝<br>纸<br>棉花<br>钢<br>木材<br>琥珀<br>封蜡<br>硬橡胶<br>铜、镍<br>银、黄铜<br>金、白金<br>硫<br>醋酸酯纤维<br>聚酯<br>赛璐珞<br>硅<br>聚四氟乙烯 |

### 3.1.2　固体的其他起电方式

虽然固体起电的主要方式是接触－分离起电,但其他一些起电方式有时也起重要作用,以下逐一予以叙述。

**1. 剥离起电**

互相密切结合的物体剥离时引起电荷分离而产生静电的现象,称为剥离起电,如图3.7所示。

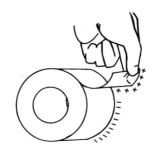

图 3.7　剥离起电

剥离起电实际上也是一种接触－分离的起电过程。通常条件下,由于被剥离的物体在剥离前紧密接触,剥离起电过程中实际的接触面积比发生摩擦起电时的接触面积大得多,因此在一般情况下剥离起电比摩擦起电产生的静电量要大。剥离起电会产生很高的静电电位。剥离起电的起电量与接触面积、接触面上的黏着力和剥离速度的大小有关。

实验表明,当操作者快速脱掉化纤外衣,或将覆盖在绝缘工作台上的塑料罩布快速揭掉时,可在人体或工作台上检测到数千伏到数万伏的静电高压,这在易燃爆场合下是非常危险的。例如,1986 年冬季东北某工厂,某修理技术人员来到车间上班,脱去大衣,走近黑火药箱附近坐下来操作,这时突然"轰"的一声巨响,黑火药爆炸,房顶被揭开,该技术员牺牲。事后现场调查分析,在低温、干燥的大气环境下,该技术员进入有暖气的车间(相对湿度很低)脱去外衣时,人体静电可高达数万伏,当他走在车间铺地的绝缘红橡胶板上时,人体静电继续保持在高电位水平,这时接触黑火药箱就会形成静电火花放电。当时在他身上的静电能量可能是黑火药最小点火能的几十倍,在这种情况下人体静电放电足以引爆黑火药。

防止剥离带电在静电安全工程上有重要的实际意义,例如防静电包装中对于封条、产品标签材料及黏合剂的选用,均要考虑尽量选用剥离起电小的材料。在高质量录像带、录音带的制造和工艺处理过程中,也要尽量避免产生剥离起电。

**2. 破裂起电**

当物体遭到破坏而破裂时,破裂后的物体会出现正、负电荷分布不均匀的现象,由此产生的静电,称为破裂起电。破裂起电除了在破裂过程中因摩擦而产生之外,还有的则是在破裂之前就存在着电荷不均匀分布的情况。破裂起电电量的大小与裂块的数量多少、裂块的大小、破裂速度、破裂前电荷分布的不均匀程度等因素有关。因破裂引起的静电,一般是带正电荷的粒子与带负电荷的粒子双方同时发生。固体的粉碎及液体的分裂所产生的静电,就是这种原因造成的。

### 3. 压电效应起电

某些晶体材料在机械力作用下产生电荷的现象称为压电效应起电。压电效应起电本质上是一种电极化现象,只不过这种极化不是由外电场引起的,而是电介质材料在机械力作用下,引起内部的极性分子 —— 等效电偶极子在其表面做定向排列的结果。所以,压电效应起电产生的电荷是不能在材料表面自由移动的束缚电荷。还需指出,只有原先的正、负离子排列成不对称点阵的晶体 —— 非对称晶体材料,如石英、电气石、钛酸钡等,在应力作用下才会发生极化。这是因为非对称的晶体受到机械力作用时,离子间受到的内应力是不对称的,这就使得离子间产生不对称的相对位移,从而出现净余的电偶极矩而发生极化。反之,像食盐这类对称晶体,离子之间的对称排列并不因受到应力作用而改变,不能产生离子之间的不对称的相对位移,也就不能产生净余的电偶极矩而被极化。

在晶体性高分子材料中也发现有压电效应。木材是一种单轴取向晶体性高分子纤维素微晶的集合体,具有压电效应。麻,特别是苎麻是高结晶度的天然纤维素,把苎麻的精制纤维整理成平行束,当它处于干燥状态时浸入虫胶的乙醇溶液中,取出干燥之后,再将其加热到 $100\ ℃$ 左右,并使虫胶溶化在纤维周围,同时将它压缩、成形。给这样制成的薄片加压力和去掉压力都能出现电荷。使天然纤维素溶解成再生的人造纤维,也有压电效应。羊毛在毛尖和毛根分别排齐后也发现有压电效应。

一般情况下,由压电效应产生的电荷量是很小的。例如,石英晶体在施以 $1.0 \times 10^5\ N/m^2$ 的压力时,在承受压力的两个表面间仅产生 $0.5\ V$ 的电位差。但是对于晶体性聚合物材料,如聚甲基丙烯酸甲酯、聚氯乙烯、聚苯乙烯、聚丙烯和聚乙烯等,其压电效应则比较明显。例如,把聚甲基丙烯酸甲酯(有机玻璃)制成直径和厚度均为 $10\ mm$ 的试样,在温度为 $110\ ℃$ 的条件下,逐渐加压至 $10^7\ N/m^2$,经 $3\ h$ 后在试样表面检测到的电荷密度达 $40\ \mu C/m^2$,这要比工业生产中不致引起静电危害的电荷面密度的规定值大得多。

在很多情况下,压电效应是构成摩擦起电的重要因素,如晶体性聚合物材料在生产加工中受到拉伸、压缩等作用时。

### 4. 热电效应起电

若对某些显示压电效应的晶体进行加热,则其一端带正电,另一端带负电,这种现象称为热电效应起电。例如在给电石晶体加热时就会出现这种现象。有热电效应的晶体在冷却时,电荷的极性与加热时相反。热电效应的存在是因为这些晶体的对称性很差。在常态下,其中也有永久偶极子存在,其偶极矩的方向是无序的,所以对外不呈现带电现象。加热时偶极矩起了变化,便出现相应的表面电荷。如钛酸钡陶瓷在直流电压的作用下,热电效应产生的最大电荷密度为 $2.6 \times 10^5 \ \mu C/m^2$。

热电效应实质上也是一种极化现象。晶体中的极性分子——等效电偶极子在受到热应力作用时可沿材料表面做定向排列,从而在表面出现极化电荷。某些晶体性高分子材料在热加工时,如在热风干燥或热定型处理时发生的强带电现象,就是热电效应的例证。

由于固体在相互摩擦时产生大量的热,所以在很多情况下,摩擦起电也包含热电效应的因素。

### 5.电解起电

当固体接触液体(电介质溶液)时,固体的离子会向液体中移动,这使得固、液分界面上出现电流。固体离子移入液体时,留下相反符号的电荷在其表面,于是在固、液界面处形成偶电层。偶电层中的电场阻碍固体离子继续向液体内移动。随着偶电层两边电荷量的不断增加,电场也越来越强,一定时间内固体向液体内移动的离子越来越少,直到完全停止。达到平衡时,固、液界面上形成一个稳定的偶电层。例如,金属浸在电解液内时,金属离子向电解液内移动,在金属和电解液的分界面上形成偶电层。若在一定条件下,将与固体相接触的液体移走,则固体就留下一定量的某种电荷。这是固、液接触情况下的电解起电。

固体和固体接触也会产生电解起电。这是因为固体表面能吸附一层湿气,形成紧贴固体的一层水膜,当两个固体接触时,原来存在于固体表面上的水膜,使固体与固体界面上也有这样的水膜存在,从而产生电解现象并形成偶电层。如果这里的液体在某种条件下移走,则在界面两边的固体上分别留下一定量的电荷。这就是固体与固体接触的电解起电。

电解起电表现在当无水酸、碱与金属接触时,无水酸带负电,而无水碱带正电。强酸性物质容易带负电,而强碱物质容易带正电。

### 6.感应起电

感应起电通常是对导体来说的。处于静电场中的物体,由于静电感应,因此导体上的电荷重新分布,从而使物体的电位发生变化。

对于电介质材料,在静电场中极化也可使其带电,因此也把它称为感应起电。极化后的电介质材料,其电场将周围电介质中的某种自由电荷吸向自身,与电介质材料上与之符号相反的束缚电荷中和。外电场撤走后,电介质材料上的两种电荷已无法恢复电中性,因而带有一定量的电荷,这就是感应起电。

通常把起电材料(中性导体或电介质)在外电场中达到静电平衡(对于导体,是指其内部的合电场为零;对于电介质,是指其内部的合电场削弱至最小值)所需要的时间称为弛豫时间,它是表征感应起电的重要参数。金属材料的弛豫时间仅 $10^{-18} \sim 10^{-16}$ s;而电介质的弛张时间一般在 $10^{-8}$ s 以上,有的甚至长达数小时或数昼夜。

电介质感应起电常见的情况是,极化后的电介质,其某种符号的极化电荷与符号与之相反的自由电荷中和,于是外场取消后另一种符号的极化电荷就被保留下来。例如,在粉体工业的生产场所,外电场将极化后的粉体微粒拉向生产场所的导体(如金属设备),粉体向导体放掉一种符号的电荷后,将携带另一种符号的电荷离开导体。感应起电使粉体生产场所增加了一个起电因素。这是静电防护中值得注意的一个问题。

**7. 吸附起电**

多数物质的分子是极性分子,即具有偶极矩,偶极子在界面上是定向排列的。另外,空气中由于空间电场、各种放电现象、宇宙射线等因素的作用,因此总会漂浮着一些带正电荷或负电荷的粒子。当这些带电粒子被物体表面的偶极子吸引且附着在物体上时,整个物体就会因某种符号的过剩电荷而带电。如果物体表面定向排列的偶极子的负电荷位于空气一侧,则物体表面吸附空气中带正电荷的粒子,使整个物体带正电;反之,如果物体表面定向排列的偶极子的正电荷位于空气一侧,则物体表面吸附空气中带负电荷的粒子,使整个物体带负电。吸附起电量的大小与物体分子偶极矩的大小、偶极子的排列状况、物体表面的整洁程度、空气中悬浮着的带电粒子的种类等因素有关。

**8. 喷电起电**

当原来不带电的物体处在高电压带电体(或者高压电源)附近时,带电体周围特别是尖端附近的空气被击穿,发生电晕放电,结果使原来不带电的物体带上与该带电体或电源具有相同符号的电荷,这种起电方式称为喷电起电,或称为电晕放电带电。在静电实验与静电测量中,经常使用高压电源喷电起电方式使物体带电。例如,英制 JCI－155 型电荷衰减试验仪,就是采用高压电源电极尖端的电晕放电,首先使待测材料带上电荷,再观测材料上所带电荷的衰减规律,从而测得材料的电荷衰减时间常数或半衰期。

## 3.1.3　影响固体静电起电的因素

本节讨论的是除了静电起电量与物质的功函数和介电常数有关以外的其他因素。

**1. 分离过程的影响**

从前面的讨论可以知道,当两个物体相互接触时,在接触界面上会发生电荷的交换,达到平衡状态时,在接触界面处会形成偶电层,两个物体分别带上等量的正电荷和负电荷。由于偶电层间距非常小,因此若把相互接触的两个物体看成一个系统,则从外部来看整个系统仍然是不带电的,呈现电中性。只有接触又分离后,两个物体才分别显示出带正电荷或负电荷,而且分离后每个物体所带电荷的绝对值,与相互接触并处于平衡状态时偶电层中正电荷或负电荷的绝对值不相等,一般是前者总小于后者。以 $Q$ 表示分离后任一物体上所带电荷的电量绝对值,以 $Q_0$ 表示分离前偶电层中正电荷或负电荷的绝对值,则两者之间的关系为

$$Q = kQ_0 \tag{3.23}$$

式中，$k$ 的取值范围是 $0 < k < 1$，即 $Q < Q_0$。$Q$ 小于 $Q_0$ 的原因是，分离过程中偶电层中电荷的一部分表现出消散现象。$k$ 值的大小直接与相互接触的两个物体分离速度、接触面周围的环境和分离过程中所发生的场致发射、气体放电等物理现象有关，其机理与过程如下。

（1）电荷通过接触界面的倒流。

即在分离过程初期，界面上电荷将沿与两固体接触初期转移方向相反的方向流动。例如，接触时若电子从固体 A 流入固体 B，则分离时电子从固体 B 流入固体 A，以维持界面两侧的电荷在新的条件下的平衡，从而使固体所带电量减小。倒流本质上是一种量子力学效应，是当分离初期两固体表面的间距尚小于隧道效应的有效间隔时发生的行为。一旦固体表面间距增大到超过这一有效间隔时，倒流即告停止，使带电体保持一定的电量。一般在固体表面间距达到 $2.53 \times 10^{-9}$ m 时，倒流即急剧截止。

实验表明，倒流量在很大程度上受分离速度和材料电阻率的影响，分离速度越大，倒流量越小，因而在生产工艺中，一些快速的分离动作易使物体带上强静电。同时，材料的电阻率越高，倒流量也越小，这就是在相同条件下绝缘体的起电量比导体大得多的原因。

（2）场致发射使电荷散失。

在两种相互接触的固体表面特别是金属的表面上，总会有些凸起的部位。在分离过程中电荷向这些地方聚集，并在附近形成相当强的电场。该强电场作用于金属表面时，能使金属在低温下发射电子，这种现象称为场致发射。场致发射也使分离时存在于界面偶电层上的电量减小。两种物质的分离速度越快，场致效应越弱，所引起的电荷散失量越小，固体分离后的带电量越大。

（3）气体放电使电荷散失。

当接触的固体分离时，它们之间的电位差急剧升高，当大到足以使气体电离时，电离后产生的正、负离子分别趋于作为电极的两个固体表面并与之中和，从而使物体分离后的起电量减小。

**2. 摩擦的影响**

最初，人们将静电起电称为摩擦起电。实际上摩擦不是静电起电的必要条件，单纯的接触－分离过程就会使物体带电，但摩擦确实可以使接触起电的效应增强。摩擦过程实际上就是相互摩擦的两个物体接触界面上不同接触点之间连续不断地进行接触和分离的过程。对于金属导体来说，只有两种导体最后分离那一瞬间才对静电起电有作用；对于绝缘体来说，摩擦的整个过程都和静电起电有关，如摩擦引起的温度升高、材料界面凸起部分的断裂、热分解、压电效应及热电效应等，都会改变静电起电量。另外，摩擦的类型（如对称摩擦还是非对称摩擦，平面沿固定方向摩擦还是转动式或扭转式摩擦等）、摩擦时间（瞬时接触分离还是长时间的摩擦后再分离）、摩擦速度（分离速度）、摩擦时的接触面积（摩擦长度）和摩擦时正压力等因素都与起电量有关。

（1）摩擦使物体温度升高影响静电起电。

相互摩擦的两种物体表面的温度要升高。一般情况下，发生摩擦的两物体升高的温度并不相等,如锯子和木头两个物体进行非对称的摩擦,相当于木头这一方的一点由于经常被摩擦,因此温度就比较高。这种物体是绝缘体时,对热亦是绝缘的,所以在这里就产生热点。另外,即使不是非对称摩擦,处于物体表面的凸起部分因经常的摩擦也会产生热点。由于摩擦引起的局部温度升高,正好与热扩散一样,因此产生带电载流子从高温向低温移动的现象,这个过程与热电子发射相类似。

(2)摩擦使物体断裂和热分解影响静电起电。

把玻璃和各种金属面加工成光学平面时,对于研磨带电的情况进行实验,发现带电量随着研磨次数的增加而增加。这是因为研磨引起了分子的机械破裂,从而增加了带电粒子的数目。

### 3.周围环境条件的影响

固体接触起电时,环境的温度、湿度及周围的物质,都会影响起电量。

(1)湿度的影响。

湿度是环境条件的重要参数。一般来说,当空气相对湿度提高时,固体材料的含水量会增加,导致其表面电阻率和体积电阻率下降,使固体泄漏电荷的速度加快,减小了固体的起电量。

(2)温度的影响。

温度也会影响接触起电量。这是因为温度的变化也会引起体积电阻率的变化,进而引起电荷泄漏程度的变化而使起电量受到影响。不过,温度对于体积电阻率影响的程度远小于湿度的影响。对于高分子固体电介质来说,当其相对介电常数 $\varepsilon_r \leqslant 3.0$(称为弱极性或非极性材料)时,温度起电量的影响很小,可以忽略。而对于 $\varepsilon_r > 3.0$ 的聚合物(称为强极性或极性材料),随着环境温度的上升,一般起电量会减小,有时也会引起带电极性的改变。

## 3.1.4 静电的消散

实验表明,无论是电介质还是导体,当以某些方式起电后,若起电过程不再继续,则经过足够长的时间后,物体上的电荷总会自行消散,这种现象称为静电的消散或衰减。

静电的消散主要是通过中和、泄漏两种途径实现的。

(1)中和。

① 自然中和。由于自然界中宇宙射线、紫外线和地球上放射性元素的作用,空气会发生自然电离,因此常温常压下每立方厘米空气中约有数百到数千个带电粒子(电子或离子)。它们的存在,使得带电体在与空气的接触中所带电荷会被逐渐中和,称为自然中和,但这种自然中和作用是极为缓慢的。

② 迅速中和。迅速中和是因带电体上电压较高时发生静电放电而引起的。气体放电标志着气体分子被高度电离,出现了大量带电粒子,所以放电是中和的主要方式。

（2）泄漏。

当导体未被绝缘时，其所带电荷会直接、迅速地向大地或周围导电环境泄漏；当导体被绝缘时，则会通过绝缘支撑物缓慢泄漏。

对于电介质而言，静电的泄漏又有两条途径：一是表面泄漏，二是内部泄漏。

① 表面泄漏。在环境湿度较大且电介质又具有一定吸湿能力的情况下，电介质表面会形成一层薄水膜而使其表面电阻降低；水分还会溶解空气中的二氧化碳或其他杂质，析出电解质，这也使电介质表面电阻降低，于是电介质上的静电荷就会由表面向与之接触的空气泄漏。

② 内部泄漏。电介质体内电荷的泄漏取决于体积电阻和是否存在向大地泄漏的接地通道。

一般情况下，物体上电荷产生的过程和电荷流散的过程是同时存在的。如果起电速率（单位时间静电的产生量）一直小于消散速率（单位时间静电的衰减量），则虽然发生着起电过程，但物体上也不会出现净余电荷的累积。如果情况相反，则会出现静电荷的累积而导致物体带电量的增加，但这种增加不会是无限制的，在经过一定的时间后，产生和消散这两个相反的过程达到动态平衡，物体上电荷的累积达到一稳定值。

以下分别介绍固体电介质和导体静电的消散规律，所得结论从原则上说，对粉体、液体等也是适用的。

### 1. 电介质内静电荷的消散

如图 3.8 所示，设 $t=0$ 时，带电体内部任意封闭曲面 $S$ 内的初始带电量为 $Q_0$，由于电介质对于电荷有传导作用，因此在 $t$ 时刻 $S$ 内的净电荷减少为 $Q$。根据电荷守恒定律，由闭合曲面流出的电流密度的通量等于闭合面内电荷的减少率。

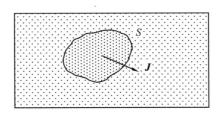

图 3.8　电介质内部电荷的消散

$$\oint_S \boldsymbol{J} \cdot \mathrm{d}\boldsymbol{S} = -\frac{\mathrm{d}Q}{\mathrm{d}t} \tag{3.24}$$

式中，$\mathrm{d}\boldsymbol{S}$ 以向外的法线方向为正。

根据欧姆定律，$\boldsymbol{J} = \gamma \boldsymbol{E}$，即有

$$\oint_S \gamma \boldsymbol{E} \cdot \mathrm{d}\boldsymbol{S} = -\frac{\mathrm{d}Q}{\mathrm{d}t} \tag{3.25}$$

另外，由高斯定理可知

$$\oint_S \boldsymbol{E} \cdot \mathrm{d}\boldsymbol{S} = \frac{Q}{\varepsilon} \tag{3.26}$$

比较式(3.25)和式(3.26),可得

$$-\frac{\mathrm{d}Q}{\mathrm{d}t}=\frac{\gamma}{\varepsilon}Q \tag{3.27}$$

对式(3.27)进行积分,并应用初始条件 $t=0,Q=Q_0$,得

$$Q=Q_0\exp\left(-\frac{t}{\varepsilon/\gamma}\right) \tag{3.28}$$

令 $\tau=\varepsilon/\gamma$,有

$$Q=Q_0\exp\left(-\frac{t}{\tau}\right) \tag{3.29}$$

由式(3.29)可知,带电体内部的电荷是随时间按指数规律衰减的,衰减曲线如图 3.9 所示。

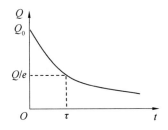

图 3.9　带电体内部电荷衰减曲线

$\tau$ 为电介质的放电时间常数,其物理意义是,当 $t=\tau$ 时,$Q=0.368Q_0$。也就是说,放电时间常数 $\tau$ 为电荷量衰减到起始值的 36.8% 所需要的时间。

将式(3.29)两边同除以电荷区域的体积,并使体积趋于零,可得电介质的电荷密度随时间的变化关系:

$$\rho=\rho_0\exp\left(-\frac{t}{\tau}\right) \tag{3.30}$$

对于金属类的静电导体,电阻率只有 $10^{-9}$ Ω·m,金属导体的电容率可以近似认为与真空中的电容率 $\varepsilon_0$ 相同,由此计算出放电时间常数为 $8.85\times10^{-21}$ s,近似等于零。也就是说,如果良导体内部有某种电荷分布,则经过极短的时间,其内部电荷全部转移到其表面,因此良导体内不可能有体分布的电荷。对于高绝缘电介质,如有些聚合物材料,电阻率可达 $10^{15}$ Ω·m,它们的放电时间常数长达几小时乃至数天。所以,通常既无法测量金属导体的放电时间常数,也很难测量聚四氟乙烯等高绝缘电介质的放电时间常数。

**2.绝缘导体上电荷的消散**

绝缘导体是指被绝缘起来的导体(如带电的人体站立在高绝缘材料的地坪上,或盛有带电粉体的金属容器放置在绝缘垫上)。由于导体内部存在大量的自由电子,因此在导体接地的情况下,电荷泄漏通道的电阻值极小,故在接地的导体上是不会累积静电荷的。只有绝缘导体上才可能存在静电荷。带电的绝缘导体一旦接近接地物体,就会发生静电放电,从而将所带电荷全部释放,因而常常造成严重的静电事故。因此,在静电防护工程中,

要非常重视对绝缘导体上电荷的泄漏,可通过静电接地的方法,使存在静电危险的场所尽量避免出现绝缘导体。

设导体对地的等效电容为 $C$,对地等效电阻为 $R$,带电导体电量为 $Q$,则导体对地放电的等效电路如图 3.10 所示。

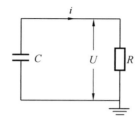

图 3.10　导体对地放电的等效电路

带电导体对地电位为 $U=Q/C$,通过 $R$ 的放电电流为 $-\mathrm{d}Q/\mathrm{d}t=U/R$,因此有

$$\frac{\mathrm{d}Q}{\mathrm{d}t}=-\frac{Q}{RC} \tag{3.31}$$

设 $t=0$ 时,$Q=Q_0$,对式(3.31)进行积分得

$$Q(t)=Q_0\exp(-t/RC) \tag{3.32}$$

或用导体的静电电压 $U$ 表示为

$$U(t)=U_0\exp(-t/RC) \tag{3.33}$$

式中,$U_0$ 是 $t=0$ 时导体的静电电压。

式(3.32)和式(3.33)表明,绝缘导体所带的电量或静电电压随时间按指数规律衰减。

式(3.32)中,当 $t=RC$ 时,$Q(t)=Q_0/e=36.8\%Q_0$。导体上电荷衰减至初始值的 $36.8\%$ 所用时间,称为导体的放电时间常数 $\tau$,即

$$\tau=RC \tag{3.34}$$

可见,导体的放电时间常数取决于导体的电容和放电电阻。例如,电容 $C=200\ \mathrm{pF}$ 的人体,若站在 $R=10^{12}\ \Omega$ 的橡胶板上,其放电时间常数 $\tau=RC=200\ \mathrm{s}$;若改站在 $R'=10^5\ \Omega$ 的导电地坪上,$\tau'=R'C=0.02\ \mathrm{s}$;若将人体直接用导体接地,则放电时间常数更小,并且由于在极短时间内通过较大电量,因此可能导致放电火花。从这个例子可以看出,对于导体所带静电,可以采取接地有效地导走;但对接地电阻应适当控制(不是越小越好),以防止放电火花对人体造成电击。

# 3.2　粉体的静电起电

粉体是固体的一种特殊形态,粉体由分散性固体颗粒组成。每一个颗粒都是体积很小的固体电介质。粉体物质因静电影响生产速度和产品质量,进而影响人们的正常生活,甚至引起灾害性事故等问题。例如,各种火药、炸药在生产、储存、运输过程中都可能产生

大量静电荷；在烟花爆竹生产工厂中曾因筛药、装填等工序产生的静电火花引发过多起重大伤亡事故；在面粉、奶粉及许多高聚物粉体生产中，因静电问题，有时不得不降低生产速度，甚至停产检修，消除静电。烟雾是固体微粒和液滴组成的，有害烟尘会严重污染环境，影响人们的工作和健康。利用静电除尘技术能有效地除去生产过程中排放的烟雾和粉尘。所以，无论是静电应用技术研究，还是防静电危害研究，都非常重视粉体静电问题。

### 3.2.1　粉体起电的特点

由于粉体电介质是处于特殊状态下的固体，因此总体来说，仍遵守前面讲到的固体起电理论。粉体起电的方式可以归结为在各个生产工序中粉体颗粒与颗粒之间，粉体颗粒与管道内壁、容器内壁及筛网等器具之间，不断发生接触－分离、摩擦、剥离、断裂、碰撞等现象而产生静电。此外，也存在压电效应起电和感应起电等因素。

另外，由于粉体本身结构形态上的特点，因此又使粉体起电与一般固体起电有所不同。

粉体的特点之一是分散性。分散性使得粉体表面积大幅度增加，要比相同材料、相同质量的整块固体的表面积大很多倍。例如，1 kg 的聚乙烯，若以整块固体的形式存在，其表面积仅为 0.06 m²。若把它加工成 200 目（颗粒直径为几十微米）左右的粉体时，其表面积就增加到 100 m²，是原来的 1 700 倍。粉体表面积的增大，使其与空气或其他电介质之间的界面增大，从而发生接触－分离或摩擦的机会和程度都大大增加，静电起电的可能性和程度也就明显增大了。同时，由于粉体与空气中氧气的接触面增大，因此燃爆的可能性也大为增加。

粉体的特点之二是悬浮性。悬浮性首先使得粉体颗粒与其所悬浮的气体或液体发生相对运动的机会增加，也就是说，粉体颗粒更容易与这些电介质发生接触－分离或摩擦，所以更加容易产生静电。其次，悬浮性带来的另一个问题是，当粉体在气体或绝缘液体中悬浮时，不管粉体颗粒原来是电介质还是导体，现在都变为对地绝缘的了。由于每个小颗粒都对地绝缘，因此这些颗粒都极易带电且难于泄漏，往往会累积起很高的静电压而引发灾害。

粉体起电的上述特点，使得粉体起电程度较一般固体要高，起电电压可达数千伏至数万伏。

### 3.2.2　粉体气力输送过程中影响静电起电的主要因素

用气流输送粉体物质已在工业中得到广泛应用。例如，通常利用压缩空气来输送小麦粉、塑料粉、医用药粉等。这些粉体被气流在管路内输送的过程中，粉体颗粒与管壁发生剧烈而频繁的摩擦和碰撞，粉体颗粒之间，彼此也相互摩擦、撞击，因而常产生强烈的静电，并在流程中产生不同强度的放电火花，有可能点燃被输送的粉体，这就涉及整个输送过程中的安全性问题。为了找出粉体在气力输送过程中的起电规律，又考虑到实验的安全性,通常是利用惰性固体电介质粉粒进行实验的。下面分析气力输送粉体时,影响起电量的一些主要因素。

**1. 粉体和管道材质的影响**

粉体气力输送时,粉体粒子和管道内壁发生碰撞和摩擦,甚至有些粒子在内壁上滚动。这些都使粉体在气力输送时产生强烈的起电过程。粉体粒子和管内壁的相互作用使它带上了一定量的某种电荷,管道上带等量的异号电荷。粉体粒子与管壁之间的电荷传送形成了起电电流。根据接触起电理论和静电起电序列可知,当管道、搅拌器或斜槽材料与粉体相同时,不易产生静电,而且粉体颗粒带电情况也不规则,有的带正电,有的带负电,也有的不带电。粉体中带正电的颗粒与带负电的颗粒大致相等。这可由下面的实验结果证实。这个实验是用直径 7 μm 以下的石英砂在石英装置中做出的,其实验数据列于表 3.4 中。从表中可以看出,在同一粒径尺寸的颗粒中,带正电和带负电的颗粒数大致相等。因此,带正电荷的总量和带负电荷的总量大致相等,整个粉体的净带电量是很小的。其原因是相互撞击和摩擦的都是同一物质。每一颗粒,作为电荷的接受体和给予体的概率是一样的。所以颗粒中带正、负电荷的粒子数目是相近的。但是不同材质能产生大量静电,已被大量的实验所证实,也符合物体接触起电的理论。金属管道的静电效应与金属种类没有多大关系。在其他条件一定的情况下,大体上只取决于粉体的性质。粉体与管道都是绝缘物质时,材料的影响将成为粉体静电起电的主要因素。

表 3.4　粉体与管道材质相同时粒子的带电情况

| 石英砂尺寸 | 粒子数目 | | | 平均电荷 | |
|---|---|---|---|---|---|
| 粒径 /μm | ＋ | 0 | — | ＋ | — |
| 0～1 | 147 | 4 | 161 | 15.3 | 18.2 |
| 1～2 | 446 | 32 | 474 | 22.2 | 23.2 |
| 2～3 | 84 | 5 | 96 | 45.8 | 49.3 |
| 3～4 | 29 | 3 | 30 | 72.4 | 67.3 |
| 4～5 | 7 | 0 | 8 | 112 | 99.2 |
| 5～6 | 5 | 0 | 4 | 105 | 117 |
| 6～7 | 0 | 0 | 2 | — | 342 |
| 总计 | 总粒子数 | | | 总电荷量 | |
| | 718 | 44 | 775 | 20 000 | 23 000 |

**2. 搅混时间和输送距离的影响**

粉体在容器中搅混时间越长,在管道中输送距离越远,粉体颗粒之间、颗粒和容器壁之间碰撞次数越多。从这个意义上来说,可以把粉体在管道中的传输距离和它们在容器中的搅混时间归于一个范畴。当碰撞次数增多时,粉体表面上带电量增加,使粉体的总电量也随之增加。与此同时,碰撞次数的增加,导致已带电的颗粒放电机会的增加。这是和粉体颗粒带电过程相反的过程。最后,当输送距离或搅混时间增加到一定值时,在同一时间内产生和泄漏的电荷量相等,粉体的带电量达到一个饱和值。

### 3.搅混程度和气流输送速度的影响

粉体输送的速度和搅混程度越高,粉体颗粒之间、颗粒与管壁和容器壁之间单位时间内的摩擦、碰撞次数越多。当输送速度或搅混程度较小时,粒子的饱和带电量随输送速度或搅混程度的增加而增加;当输送速度或搅混程度很大时,粒子的饱和带电量趋于定值,并且达到饱和所需的时间大为缩短。

### 4.固体载荷量的影响

每立方米空气中含有粉体物质的质量称为固体载荷量。在用 200 目左右的筛子筛过的石英砂和 2 m 长、直径 10 mm 的铜管所做的气流输送实验表明,在气流速度一定的情况下,粉体带电的质量密度(粉体单位质量内的带电量)与固体载荷量成反比。这个规律可以这样解释:气流速度一定时,单位体积中悬浮的粉体在管中停留的时间一定。在此情况下,若载荷量大,单位体积中悬浮的粉体颗粒多,每个颗粒在管道内碰撞、摩擦的机会少,粉体颗粒带电机会就小,带电量也就较小。在固体载荷量相同的情况下,气流速度越大,粉体带电量越大。这是因为气流速度大,单位时间内碰撞管道壁的次数多,同时速度大,粉体颗粒的动能大,与管道壁碰撞时的接触面积和紧密程度都增大。另外,气流速度大,颗粒与管道碰撞后分离快,减少了电荷的反流,因此总电量是增加的。但是,粉体带电量不会无限增加。当气流速度增大到一定值时,电荷的泄漏和它的产生之间会达到动态平衡。这时再增加气流速度,带电量也不会再增加了,达到饱和带电状态。相应的气流速度,称为"饱和速度",它与粉体和管道的材质有关。接触电位差高的材料,饱和速度小;接触电位差低的材料,饱和速度大。

### 5.粒径和管道半径对粉体带电量的影响

粉体物质的颗粒越大,每个粒子所带的平均电荷量越多。实验证明,单个粉体粒子的带电量与其质量成正比。因此,输送同一种物质的粉体时,大部分电荷量的输送应当由大粒子承担。然而在实际工艺过程中,在同一气体流量下,如果输送一定质量的粉体物质,则在相同质量的粉体当中,粒径大的颗粒数远小于粒径小的颗粒数。因此就平均质量的粉体而言,其中包含粒径小的粒子数目多,从而大大地增加了接触面积。所以在实际输送过程中,小粒子越多,带电效果越明显。管道的曲率半径越小,在其他条件不变的情况下,越容易产生静电。管道收缩部位比均匀部位容易产生静电,弯管比直管更容易产生静电。

## 3.3　液体的静电起电

液体在流动、搅拌、沉降、过滤、摇晃、喷射、飞溅、冲刷、灌注等过程中都可能产生静电。这种静电常会引起易燃和可燃液体的火灾和爆炸。因此,研究液体的静电起电机理和规律是十分重要的。液体起电的过程比固体要复杂,但其基本理论仍是偶电层理论。

### 3.3.1　液体起电的偶电层理论

液体与液体相互接触以后,可能发生溶解、混合等现象。在此情况下无法从宏观上确定两种液体的分界面。即使有明显的分界面,如像油和水相互接触那样,也无法将它们完全分离开来。所以,用力学的(机械的)方法使液体产生静电的现象,主要包括固体与液体之间接触分离起电和气体与液体之间接触分离起电两种类型。例如,流动起电、冲流起电、沉降起电、喷射起电等静电起电方式都属于固体－液体间接触分离起电类型;喷雾起电、溅泼起电、泡沫起电等都是气体－液体间接触分离起电的例子。在这些场合下,固－液、气－液之间的边界面被认为是产生静电的原因,所以边界面的性质具有重要意义。

把液体静电起电现象统一起来的传统理论,是以在液体中的带电粒子所形成的边界层上的偶电层学说为根据的,这种偶电层因力学的(机械的)作用力而分离,从而导致了静电起电。

液体和固体或气体接触时,由于边界层上电荷分布不均匀,因此在分界面处形成符号相反的两层电荷,称为偶电层。形成偶电层的直接原因是正、负离子的转移。在固体和液体接触的界面处一般都包含离子化效应层,称为亥姆霍兹层。当金属浸入水或高电容率的液体时,极性很大的水分子或极性溶剂分子与金属上的离子相吸引而发生水化或溶剂化作用,在界面处使某一种极性的金属离子进入液体,液体中相反极性游离状态的可溶性离子被固体吸收,一些极性分子有序地排列在界面处的金属离子周围。固、液界面处形成偶电层还有一个原因就是固体表面吸附一些分子。例如,载荷金属表面吸附极性分子,并使其定向排列,或吸附表面活性粒子、有机分子等形成偶电层。

偶电层的内层电荷是紧贴在固体表面的厚度为一个分子直径的离子层。外层离子是可动的,它一方面受内层电荷的静电引力,另一方面受热运动的"反作用"。因此,它的分布将延伸到离界面达几十乃至几百个分子直径的距离上,称为扩散层。正、负电荷层之间存在着电位差,带电粒子从一种物质移向另一种物质,在通过偶电层之间的电场时,要对带电粒子做功,所以可以把偶电层之间的电位差理解为两相物质之间存在电位差。

### 3.3.2　液体的起电方式

**1.流动起电**

(1)流动起电的一般概念。

液体在管道中受压力差的作用流动时带电的现象称为流动起电。这是工业生产中最为常见的起电方式。例如,汽油、煤油、柴油等石油产品在管道中输送或通过管道注入储油罐的过程中,都会因这种方式起电。

　　流动起电的实质是固、液界面的偶电层因液体流动而被破坏的结果。如同固体之间的偶电层一样,固、液界面的偶电层从整体上看也是电中性的,其总电量为零。但是,当液相物质相对于固相物质发生运动时,偶电层中两层电荷被分离,电中性被破坏,这时就会出现带电现象。由于固、液界面处液体一侧的扩散层是带电的可动层,因此当液体在管道中因压力差的作用而流动时,扩散层上的电荷就被冲刷下来而随液体一起流动,从而实现了固、液界面偶电层的分离而使液体和管道分别带电。

　　扩散层上的电荷被冲刷下来后随液体一起做定向运动而形成电流,称为冲流电流,如图 3.11 所示。在图中所示情况下,随液体流动的是正电荷,所以冲流电流的方向与液体流动方向相同;若随液体流动的是负电荷,则二者方向相反。冲流电流的大小等于单位时间内通过管道截面的电量。由于冲流电流的存在,因此管道两端的一端有较多的正电荷,另一端有较多的负电荷。如果管道用电介质材料制成,或虽是导体管道,但却是绝缘的,则管上就会累积危险的静电。若导体管道是接地的,而液体电介质的电导率却很低,则液体中的电荷通过接地管道注入大地需要较长的时间,仍会引起液体中电荷的累积。

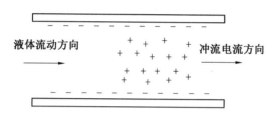

图 3.11　流动起电时的冲流电流

　　液体在管道内开始流动时,冲流电流的值是逐渐增加的,并使液体内部的电荷密度也逐渐增加。但该电荷随机建立一个反向电场,阻碍管壁处的电荷继续向液体内部运动,达到平衡时,电荷密度趋近一个稳定值,并使冲流电流也达到一个稳定的最大值,称饱和冲流电流。

　　(2)影响流动起电的主要因素。

　　① 液体内杂质的影响。实验表明,纯净的非极性液体介质在管道中流动时只产生极小的、难以测量的静电。例如,石油轻油制品就属于这种情况。这是因为液体的流动起电是基于固、液界面的偶电层,而偶电层的形成则有赖于液体内已经存在的正、负离子。而石油轻油制品的分子是无极分子,这类分子一般是不能直接电离的,这就使得液体中的正、负离子极少,很难形成偶电层。

　　实验还表明,当非极性电介质内含有杂质,即使是极微量的杂质时,在管道内流动时就会产生明显的静电。这是因为杂质(如轻油中的胶体杂质)很容易离解产生带电离子,并形成固、液界面的偶电层。但应该注意,并非液体中杂质越多就越容易起电。相反,如果杂质含量较多时液体反而又不容易起电了。这是因为随着杂质的增多,液体电导率增大而使电荷很容易泄漏。

　　② 液体电导率的影响。液体电导率对流动起电的影响较为复杂。在一定范围内液体中静电起电量随电导率的减小而增大,但达到某一数值后,又随着电导率的减小而减

小。实验指出,电导率为 $1.0 \times 10^{-11}$ S/m(相当于电阻率为 $1.0 \times 10^{13}$ $\Omega \cdot$ cm)的液体最容易产生静电,而当电导率低于 $10^{-13}$ S/m 时,其中几乎不含"杂质离子",所以起电量极小。当电导率高于 $10^{-8}$ S/m 时,液体介质成为静电的导体,其泄漏静电的能力较强,因此也不容易累积静电。

③ 管道材质及管壁粗糙程度的影响。不同材料做成的管道,其电导率的差别很大,对静电的泄漏速度也不一样。对不同材质的管道,如钯、金、银、硼酸玻璃、玻璃钢及经火焰氧化的不锈钢等管道分别进行静电起电实验,表明不同材质的管道起电性能稍有区别。由此可见,处于不同材质做成的管道中的液体,其带电程度与管道材料电导率的大小有关。在其他条件相同的情况下,电导率高的管道中液体的带电量小;反之液体的带电量大。

管道内壁的粗糙程度对液体的静电起电是有影响的。管道内壁越粗糙,接触面积越大,冲击和分离的机会越多,液体的冲流电流越大,带电程度越高。

④ 液体流动状态的影响。实验结果指出,流动的液体从片流变为紊流时,其带电量会显著增加。这是因为,液体流动状态的改变,一方面因为本身热运动和碰撞可能产生新的空间电荷;另一方面液体从片流到紊流,其内部的速度分布发生变化。片流时,液体流速沿管径的分布呈抛物线状;而在紊流时,液体流速在管道的中间是均匀的。在靠近管壁处紊流比片流有较大的速度梯度。速度梯度的变化使扩散层上更多的电荷趋向管道的中心,从而使整个管道的电荷密度比片流时提高了,并使液体带有较多的电量。

### 2. 沉降起电

当悬浮在液体中的微粒沉降时(这种微粒可能是固体,也可能是与该液体不相容的其他液体,如油中的水滴),会使微粒和液体分别带上不同性质的电荷,从而在液体中形成稳定的电场,称为沉降场强,而在容器上、下部相应产生的稳定电位差称为沉降电位。

沉降起电现象也可以用偶电层理论来解释,如图 3.12 所示。固体微粒在液体中,在固、液界面处形成偶电层。当固体粒子下沉时,偶电层被破坏,微粒带走吸附在其表面的电荷,而在液体中留下相反符号的电荷。于是,固体微粒和液体分别带上不同符号的电荷,液体的内部形成电场,液体上、下部之间形成电位差。当水滴在石油制品液体中沉降时,也会发生类似的起电现象。

### 3. 喷射起电

液体喷射起电是指当液态微粒从喷嘴中高速喷出时,会使喷嘴和微粒分别带上符号不同的电荷,这种现象称为喷射起电。偶电层理论也可以解释这种起电方式的原因。由于喷嘴和液态微粒之间存在着迅速接触和分离,因此接触时在接触面处形成偶电层,分离时微粒把一种符号的电荷带走,另一种符号的电荷留在喷嘴上,结果使液态微粒和喷嘴分别带上不同符号的电荷。

另外,高压力下的液体从喷嘴式管口喷出后呈束状,在与空气接触时分裂成很多小液滴,其中比较大的液滴很快沉降,其他微小的液滴停留在空气中形成雾状小液滴云。这个

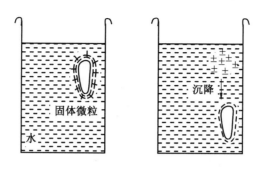

图 3.12　沉降起电

小液滴云是带有大量电荷的电荷云,例如水或甲醇等在高压喷出后就是这样。易燃液体(如汽油、液化煤气等)从喷嘴、容器裂缝等开口处高速喷出时产生的静电,无论喷嘴、还是带电云,接近金属导体产生放电时,放电火花很容易引起火灾事故。某地的液化气站就曾经发生过这样的事故。

**4. 冲击起电**

液体从管道口喷出后碰到壁或板,会使液体向上飞溅成许多微小的液滴。这些液滴在破裂时会带电,并在其间形成电荷云。这种起电方式在石油产品的储运中经常遇到,如轻质油品经过顶部注入口给储油罐或槽车装油,油柱落下时对罐壁或油面发生冲击,引起飞沫、气泡和雾滴而带电。

**5. 溅泼起电**

当液体溅泼在非浸润的固体上时,液滴开始时滚动,使固体带上一种符号的电荷,液体带上另一种符号的电荷,这种现象称为溅泼起电。这是因为当液滴落在固体表面时,在接触界面处形成偶电层,液滴的惯性使液滴在碰到固体表面后继续滚动。这样,液滴带走了扩散层上的电荷而带电,固定层上电荷留在固体表面而带另一种符号的电荷。因此,液体和固体就分别带上了等量异号的电荷。

### 3.3.3　烃类液体的起电

由碳和氢两种元素组成的化合物称为烃类。石油和天然气的分馏产物、煤的干馏产物等都属烃类化合物,是工业生产和生活中非常重要的一类化工原料。烃类液体在输送、装卸、储放及使用过程中,大量发生着上述的各种起电方式,又因为这类液体一般都具有很高的电阻率,所以极易产生并累积大量静电,引起燃爆等灾害事故。

生产实践表明,不含水和深加工的可燃性油品在生产、储运过程中所产生的静电,是工业生产中最危险的问题。而原油几乎不产生静电,这是因为原油电导率较高且一般含有杂质。如前所述,电导率过低和过高的液体都不容易起电,而电导率为 $10^{-8}$ ～

$10^{-13}$ S/m 的液体积聚静电的危险性最大；汽油、煤油、柴油以及类似的石油深加工产品的典型电导率是 $10^{-10} \sim 10^{-12}$ S/m，故属于易带电物质。在石油深加工产品中，重质油品如燃料油和煤油虽比轻质油品产生的静电量多，但其挥发度低，所以爆炸危险反而比轻质油低。

**1. 过滤器的静电起电**

在石油生产中，水和固体杂质都是有害的污染物。过量的固体杂质会堵塞汽车、轮船、飞机的油滤；游离水会引起腐蚀、滋长微生物，在低温条件下操作时还会出现结冰、影响发动机燃油系统的正常工作。为控制石油产品的污染，保证产品质量，在石油产品的生产、储运、使用过程中广泛应用过滤器。油品经过过滤器时会大大增加接触－分离的机会；同时，过滤器的滤芯等效于许多浸在油中的平行小管道，它们都将按照前述的流动起电的原理而带电，这些都使油品流经过滤器后带电加剧。研究表明，过滤器是比油泵和输送管道更为严重的静电产生源。

过滤物质、过滤材料编织方法和滤层层数都会影响到过滤器起电量。

**2. 储油罐的静电起电**

石油化工厂炼制出的油品，首先要经过泵和管道送往各种储油罐，然后通过装油栈台或码头装车或装船送到客户手中。油品在管道输送过程中虽会产生静电，但由于管道内充满油品而没有足够的空气，因此一般不具备爆炸着火的条件。如果将已带有静电的油品注入储罐，则因电荷不能迅速泄漏而累积起来，使油品具有较高的静电电位。此时，若油面上部空间有浓度适宜的爆炸性混合气体，就有可能引燃引爆。

储油罐的装油方式、注油时使用的管口形状、注油时间、油品中杂质和水分都会影响储油罐内静电的产生量。

**3. 汽车油罐车的静电起电**

汽车油罐车按用途可分为两种：一种是专门给飞机、坦克、车辆加油的加油车；另一种是专门运输油料的运油车。其主要设备是油罐，有的直接固定在汽车底盘上，有的是由牵引车拖带的挂车。

汽车油罐车因使用方便、投资小、机动灵活而被广泛应用。但是，不论是通过泵送系统将本车油罐的油料输送给受油对象的加油车，还是借助于地面压力管路将地面油料输送给送油对象的运油车，在与流动油料接触的每个环节都有可能产生静电。产生静电的机理与前述的一般液体起电是一致的。但是，这种移动式的加油工具与普通管道型的加注系统相比，仍有自己的特点。

首先，静电产生的主要部位虽然仍是泵、过滤器、管道等，但油罐车上的加注系统的静电产生量要比地面管道高得多。例如，某机场一条长为 250 m、直径为 102 mm 的地下管道以 $4.17 \times 10^{-2}$ m²/s 的流量用泵送油时，从加油栓出来的电荷量只有 $7 \sim 10$ μC/m³，但经过油罐车后电量却超过了 100 μC/m³。

其次,就泵、过滤器、管道等主要产生静电的部位相比较而言,过滤器处产生的静电量要比泵和管路处大得多。过滤前的油泵一般虽参与起电过程,但起电量极小。如某种加油车在 $0.013 \sim 0.033 \ m^3/s$ 的流量范围内,泵的起电量仅为 $0 \sim 5 \ \mu C/m^3$。过滤器以后的部件如流量计、胶管等,有时会产生静电,但起电并不明显;有时不仅不参与起电过程,反而还有逸散电荷的作用。其原因是,当燃油中所有电荷量太多时,电荷趋向大地泄漏的趋势超过了新分离的电荷趋向油内的趋势。

### 4.飞机燃油系统的静电起电

飞机在地面的加油方式一般也有两种:一种是利用流动的加油车进行加油;另一种是通过固定的加油管进行集中加油。上述两种加油方式都不可避免地通过过滤器 — 分离器元件和网状的橡胶而起电,当燃油流速高时,在溅入或喷入飞机油箱时也会带电。飞机在飞行时,燃油系统的燃油与各种接触物质之间的相互作用(如摩擦、晃动、渗透等),将使燃油箱带有大量静电,尤其是对于有软壳衬里并装有泡沫塑料的油箱而言,其静电产生量比旧式油箱要高 $10 \sim 100$ 倍。应当指出,随着喷气发动机的出现以及现代重型、超重型飞机在速度、高度、飞行半径等方面的迅速发展,因燃油带电而引起的起火事故有增多的趋势。

现代飞机燃油箱的容积从几十立方米到上百立方米。为储备燃油,飞机通常有几个,甚至十几个或二十几个燃油箱。这些燃油箱通过各种导管、阀门、控制器等组成一个整体。飞机加油口的位置和加油方式有两种:一种称为上部加油或开式加油,即通过上部的油箱口给一个或几个油箱同时加油;另一种称为底部加油或闭式加油,即通过安装在下部的密闭式接头在压力下将燃油送至油箱。各种飞机加油口的位置和数量并不一致。油箱的材料有的是金属,有的是夹布橡胶或带有防弹海绵的夹布橡胶。近年来,已广泛采用泡沫塑料充当新型的油箱材料。泡沫塑料分为两种类型:聚醚型的聚氨基甲酸乙酯泡沫塑料(蓝色)和聚酯型的聚氨基甲酸乙酯泡沫塑料(红色)。实验发现,蓝色塑料的起电程度要比红色的强得多,其原因是蓝色泡沫塑料所含的抗静电剂易被燃油萃取出来,因而增加了燃油的带电倾向。

油箱泡沫塑料的类型、加油口的孔数、燃油的流速以及燃油本身的导电性都会明显影响燃油系统的静电起电量。不过,这些影响是比较复杂的,往往是多种因素相互叠加的综合作用。

# 3.4 气体的静电起电

纯净的气体与其他固体摩擦时起电极为微小,几乎是测量不出的。这是因为气体分子间距较大,一般为其自身有效直径的 10 倍,这与固体或液体分子相隔很近有明显不同。正因为气体分子间距大、较易做自由运动,而不易与其他分子做紧密接触,所以很难形成偶电层。但实际上各种气体(特别是喷射气流)中常含有杂质,所以仍可起电。很早以前人们就发现潮湿的蒸气或压缩空气喷出时,与从喷口流出的水滴相伴随的喷气射流带有大量静电,有时有射流的水滴与金属喷嘴之间发生放电。还发现从氢气瓶中放出氢气或从高压乙炔储气瓶中放出乙炔时,喷出的射流本身也明显带电,也曾发生射流与喷口之间的放电现象。这些发现都说明高压喷出的气体携带了大量静电。

高压气体喷出时之所以带有大量静电,是因为在这些气体中悬浮着固体或液体微粒。当高压气体中混有固体微粒时,气体高速喷出时使微粒和气体一起在管内流动,微粒与管的内壁发生频繁的接触－分离过程,以致使微粒和管壁分别带上等量异号的电荷。由此可见,在这种情况下高压气体喷出时的带电,与3.2.2节中讨论过的粉体气力输送通过管道的带电属同一现象,本质上仍是固体和固体之间的接触起电。气体中混杂微粒的由来是多方面的,它们可能是管道中的锈或积存的粉尘,或由其他原因产生的微粒。例如,从氢气瓶中放出氢气时,气瓶内部的铁锈、螺栓衬垫处使用的石墨或氧化铅等固体微粒与氢气同时喷出而产生静电。如果气体中混有非固体式的液体微粒,在高速喷出时的起电机理与上述类似,只不过这时是液体与固体的接触起电。

当高压气体喷出时,若管道中存在着液体(非固体式)微粒,则伴随着高压气体的喷出会产生喷雾起电。这是因为在高压气体喷出时,气体中的液体要与管路或喷嘴的内表面接触,而在管道或喷嘴的内表面上形成液膜,并在固、液界面上形成偶电层。当液体随气流运动而从壁面上剥离时,会发生固体和液体的接触分离起电,使带电的液滴分散在气体当中,所以高压气体喷射出的气体携带了大量静电。

# 3.5  人体的静电起电

人是工业生产和科学研究活动的主体。人体因自身的动作及与其他物体的接触－分离、摩擦或感应等因素,可以带上几千伏甚至上万伏的静电。在有易燃易爆的气体混合物和火炸药、电爆火工品的危险场所,人体的静电放电会导致燃烧、爆炸等重大灾害。此外,在一般情况下人体静电还容易使人体本身遭受静电电击。

## 3.5.1  人体静电的定义

由于人体静电在静电防灾的研究和实践中具有特殊的重要性,而且在实际中人体着装及周围其他物体对人体带电的影响也比较复杂,因此有必要针对人体静电给出一个较确切的定义。

从实用的观点看,人体静电造成危害的可能性及其危害程度的大小主要是由人体相对于大地(或与人绝缘的其他物体)的电位差决定的。从这个意义上可将人体静电定义为:若相对于所选定的零电位参考点(一般均选大地),人体的电位不为零,则把此时人体的带电称为人体静电。换言之,这种定义是用人体相对于大地的电位差来定量表征人体带电程度的,这个电位差称为人体静电电位。其绝对值越大,表明人体静电越强,引发静电灾害的可能性也越大。从更广泛和更本质的意义上,人体静电还可定义为:各种原因会使人体上的正、负电荷失去平衡而在宏观上呈现出某种极性的电荷积聚,这种相对静止的、积聚在人体上的电荷称为人体静电。显然,这种定义是用人体上积聚的静电荷的数量来表征人体带电程度的,称为人体静电电量。同样,电量的绝对值越大,表明人体静电越强,引发灾害的可能性也越大。

必须强调指出的是,无论是从电位的角度还是从电量的角度定义人体静电,都是把人的身体和着装甚至还有周围的环境视作一个整体的,也就是说,人体静电电位应是包括着装及空间一切静电场对人的身体共同作用的总效果。人体静电电量也应是在人体着装情况下各种起电方式在人的身体上积聚的电荷总量。由此可见,测量人体静电电位时是直接测量人的身体的静电电位,由于人的身体为一等位体,因此人体静电电位在某一时刻只能呈现某一极性的值。那种把人体衣装某处的静电位当作人体电位的看法是错误的,因为衣装各处可以有不同的电位值,甚至极性不一。根据同样的道理,人体静电电量的测量也是如此。

## 3.5.2　人体静电的起电方式

### 1. 接触－分离起电

在正常条件下,人体电阻在数百欧姆至数千欧姆之间,故人体是一个静电导体。若人体被鞋、袜、衣服等所包覆,且这些物品一般是由化纤等高绝缘性材料制成的,则在干燥环境中,人体就成为一个对地绝缘的孤立导体。人在进行各种操作活动时,皮肤与内衣、内衣与外衣、外衣与所接触的各种物质发生接触－分离或摩擦,都会使衣装带电;人在行走时,鞋与地面的频繁接触－分离,也会使鞋带电。这种衣服和鞋等物体的局部带电,通过静电感应而使人体带上一定的电荷,并迅速扩散到全身表面,达到静电平衡而形成人体静电。

按照活动的方式,人体接触－分离起电又可分为行走时的静电起电、操作活动时的起电和脱衣时的起电。表 3.5～3.7 分别给出了在这三种活动方式中,人体静电电位的典型数据。这些数据是我国学者早期利用 $Q-V$ 型接触式静电电压表测试的。由于人体静电起电－放电是一个随机的动态带电过程,而 $Q-V$ 型接触式静电电压表,输入阻抗低(小于等于 $10^{12}\ \Omega$),阻尼大(动态特性差),因此不能准确地测试人体静电,表中数据与实际值相比偏小,只能作为定性的参考。

表 3.5 的实验条件是:橡胶板地面的体积电阻率为 $1.1\times10^{13}\ \Omega\cdot m$,人穿普通塑料拖鞋时,对地电阻为 $10^{12}\ \Omega$。单脚直立时,人体对地电容为 110 pF,双脚站立时人体对地电容为 170 pF。人体电位的测量采用 $Q-V$ 型接触式静电电压表。由表 3.5 可以看出,穿塑料鞋的操作人员在橡胶地面上行走时可以带上 1～2 kV 的静电。在两种材料一定时,人体静电电位还与人体电容、起电速率(行走快慢)及环境相对湿度等诸多因素有关。

表 3.6 的实验条件与表 3.5 相同。其中人体静电电位的上、下限分别对应于人体单、双脚站立。

表 3.5　人体行走时产生的静电电位

| 行走条件和方式 | 相对湿度 | 人体电位 /kV |
|---|---|---|
| 在橡胶地面上慢步行走 15 m,单脚直立 | 61% | −1.13 |
| 在橡胶地面上慢步行走 15 m,单脚直立 | 59% | −1.06 |
| 在橡胶地面上快步行走 5 m,单脚直立 | 59% | −1.18 |
| 在橡胶地面上快步行走 20 m,单脚直立 | 59% | −2.00 |
| 在橡胶地面上快步行走 40 m,单脚直立 | 59% | −2.50 |
| 在橡胶地面上慢步行走 15 m,双脚直立 | 59% | −0.69 |
| 在橡胶地面上快步行走 5 m,双脚直立 | 59% | −0.76 |
| 在橡胶地面上快步行走 20 m,双脚直立 | 59% | −1.20 |
| 在橡胶地面上快步行走 40 m,双脚直立 | 59% | −1.50 |

表 3.6　人体在操作活动时产生的静电电位

| 活动方式 | 相对湿度 | 人体电位 /kV |
|---|---|---|
| 用干布抽掸橡胶工作台面 | 64% | 2.5 ∼ 4.5 |
| 用干布抽掸清洁的油漆桌面 | 64% | 3.1 ∼ 4.4 |
| 从人造革面软椅上起立 | 39% | 1.1 ∼ 1.5 |
| 掀动桌面上的橡胶板 | 64% | 1.7 ∼ 3.1 |
| 从铺有 PVC 薄膜的软椅上突然起立 | 39% | 18.0 |
| 由其他人用绸布掸实验者的衣服 | 48% | 3.0 |
| 双脚在橡胶地面上来回蹭动 | 51% | −1.4 ∼ 2.3 |

　　表 3.7 是在温度为室温,相对湿度为 40% 的条件下,操作人员在不同衣料组合下脱去外衣时,人体最大静电电位的测试值。

　　许多生产部门要求操作人员上岗前换用本单位的工作服,这样就势必造成操作人员要脱掉原来所穿的衣服。实验表明,脱衣动作往往会使人体带上很高的静电电位,这是因为脱衣是一种比较剧烈的接触－分离过程(剥离起电)。如果脱衣是在生产现场或距生产现场很近的地方进行,且周围又具有易燃易爆气体,则脱衣时的静电放电火花就有可能引发灾害事故。因此,在具有易燃易爆气体或操作微电子元器件的场所,应严禁脱衣。

表 3.7　人体在脱衣时产生的静电电位

| 衣料组合方式 | 人体静电电位 /kV |
|---|---|
| 将纯氯纶外衣(油剂处理过)从纯棉衬衫上脱下 | 0.04 |
| 将纯氯纶外衣从纯氯纶衬衫(油剂处理过)上脱下 | 0.11 |
| 将纯氯纶外衣(油剂处理过)从皮肤上脱下 | −0.49 |
| 将纯棉外衣从皮肤上脱下 | −0.41 |
| 将纯棉外衣从纯氯纶衬衫(油剂处理过)上脱下 | −0.52 |

续表3.7

| 衣料组合方式 | 人体静电电位 /kV |
|---|---|
| 将毛衣从纯棉衬衫上脱下 | −2.60 |
| 将毛衣从纯棉衬衫和纯棉工作服上脱下 | −3.50 |
| 将毛衣从纯氯纶衬衫和纯棉工作服上脱下 | −3.50 |
| 将纯氯纶外衣从纯氯纶衬衫(油剂处理过)上脱下 | 3.30 |
| 将纯氯纶外衣从皮肤上脱下 | 3.20 |
| 将纯棉外衣从纯氯纶衬衫上脱下 | −3.50 |
| 将纯氯纶裤从纯棉衬裤上脱下 | 3.70 |
| 将纯氯纶外衣从纯棉衬衫上脱下 | 4.90 |
| 将东丽纶外衣从变性耐纶内衣上脱下 | 9.00 |
| 将东丽纶外衣从东丽纶 30/ 棉 70 内衣上脱下 | 10.00 |
| 将变性耐纶外衣从东丽纶内衣上脱下 | −16.00 |

**2. 感应起电**

当人体接近其他带电的人体或物体时,人体距带电体近的部位带上了与带电体极性相反的电荷,而距带电体远的部位带上与带电体极性相同的电荷。这就是熟知的静电感应现象。但是,如果仅仅如此,人体整体上看是处于电中性的,并无净余电荷。然而在实际生产过程中,人体远端感应出的同号电荷往往会通过鞋子和地坪流入大地,这就使得人体只带有一种符号的净余电荷;而当人体离开了其他带电的人或物体时,人体就带有静电,此即为感应起电。例如,当原来已带电的人在原来不带电的人背后走过时,会使不带电的人背部感应出与荷电者符号相反的电荷,而手上感应出相同符号的电荷。当手触及接地导体而放掉其上的电荷后,人体就带有了单一符号的电荷。

**3. 传导起电**

当人操作带电物质或触摸其他带电体时,会使电荷重新分配,物体的电荷就会直接传导给人体,使人体带上电荷,达到平衡状态时,人体的电位与带电体的电位相等。

**4. 吸附起电**

吸附起电是指人走进带有电荷的水雾或微粒的空间,带电水雾或微粒会吸附在人体上,也会使人体因吸附静电荷而带电。例如在粉体粉碎及混合车间工作的人员,会有很多带电的粉体颗粒附着在人体上使人体带电。

吸附起电有时也会使人体产生很高的静电电位,例如在压力为 $1.2 \times 10^6$ Pa 的水蒸气由法兰盘喷出的地方,人体吸附起电的静电电位可达 50 kV。

### 3.5.3  人体的静电特性和起电规律

**1. 人体的静电特性**

为了进一步从理论上分析人体起电的规律,必须先了解人体的静电参数及其特征。

(1) 人体电阻。

人体电阻分为人体自身电阻和人体对地泄漏电阻。

人体自身电阻包括皮肤电阻和体内电阻。人体自身电阻具有相当宽广的阻值范围,根据文献报道,约为 25 ~ 10 MΩ,但在静电条件下,主要考虑数百欧至数千欧的变化范围。皮肤电阻与皮肤的干燥程度有关。例如,手掌表皮的电阻在干燥状态下为 10 ~ 50 Ω;手腕上表皮的电阻在干燥状态下为 2 ~ 5 kΩ。但在出汗时,上述两种电阻都会减小到原来的一半;而在被水润湿时,两种电阻会下降到原来的 1/25。由手到脚的体内电阻仅为 500 ~ 800 Ω,常用值为 500 Ω。

人体自身电阻随测试电压变化很大,二者之间的变化呈非线性关系,如图 3.13 所示。随着测试电压的升高,人体电阻呈下降趋势。例如,当测试电压为 25 V 时,人体电阻为 2.5 kΩ;当测试电压为 250 V 时,人体电阻降至 1.0 kΩ;当测试电压达到 500 V 时,人体电阻仅为 0.5 kΩ。

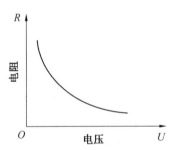

图 3.13  人体电阻随测试电压变化的关系

人体对地泄漏电阻主要取决于鞋子与地坪材料的电特性。表 3.8 和表 3.9 分别是不同种类鞋子和地坪的对地绝缘电阻。

**表 3.8  不同种类鞋子的对地绝缘电阻**

| 鞋子种类 | PVC 塑料凉鞋 | 模压底皮鞋 | 胶底皮鞋 | 厚底皮鞋 | 塑料底布鞋 |
|---|---|---|---|---|---|
| 对地绝缘电阻 /Ω | $> 2 \times 10^{12}$ | $> 1 \times 10^{9}$ | $2 \times 10^{5}$ | $2.5 \times 10^{7}$ | $2 \times 10^{7}$ |

**表 3.9  不同种类地坪的对地绝缘电阻**

| 地坪种类 | 普通橡胶板 | 水磨石地坪 | 水泥砂浆地坪 | 抗静电橡胶板 |
|---|---|---|---|---|
| 对地绝缘电阻 /Ω | $> 10^{12}$ | $2 \times 10^{6}$ | $3 \times 10^{6}$ | $4 \times 10^{5}$ |

实测表明,在鞋和地坪均为绝缘的条件下,人体对地泄漏电阻可达 $10^{13}$ Ω;而在抗静电鞋和抗静电地坪时,可使人体对地泄漏电阻降至 $10^{7}$ ~ $10^{8}$ Ω。

（2）人体电容。

人体电容是指人体的对地电容。研究表明，人体电容的 60% 以上是双脚对地面的电容，另外 40% 则是人体其他部分对地面及周围导体的电容。

在要求不太严格的情况下，可按下式估算人体电容，即

$$C = 111.1h + 8.8\varepsilon_r S/d \tag{3.35}$$

式中，$C$ 为人体电容，pF；$h$ 为人体身高的一半，m；$\varepsilon_r$ 为鞋底材料的相对介电常数；$S$ 为鞋底的面积，$\mathrm{m}^2$；$d$ 为鞋底的厚度，m。

式（3.35）只是作为人体在静态下电容的近似估计。而当人走动时，其电容值则是变化的。无论是静态还是动态下人体的电容都与人体的位置、姿势以及鞋子、地坪等因素有关。表 3.10 为不同鞋底厚度时人体电容的参考测定值；表 3.11 为不同地坪和穿着不同鞋子时人体电容的参考测定值。

表 3.10　不同鞋底厚度的人体电容

| 鞋底厚度 /mm | 0.25 | 0.5 | 1.1 | 12.8 | 46 | 89 | 155 |
|---|---|---|---|---|---|---|---|
| 人体电容 /pF | 6 800 | 2 300 | 850 | 190 | 130 | 100 | 25 |

表 3.11　穿着不同的鞋子站在各种地坪上的人体电容　　　　　pF

| 鞋子种类 | 地坪种类 | | | |
|---|---|---|---|---|
| | 水泥地坪 | 橡胶地坪 | 木地板 | 铁板 |
| 帆布面胶底鞋 | 450 | 200 | 60 | 1 000 |
| 棉胶底鞋 | 1 100 | 220 | 53 | 3 500 |

**2. 人体起电过程的理论分析**

人体起电一般包括三个过程，即静电产生的过程、伴随着静电产生的静电消散过程、由这两个相反过程的相消长导致的静电在人体上累积的过程。

人体静电累积过程的等效电路如图 3.14 所示。图中，$i(t)$ 表示人体的起电速率，即单位时间内因某种起电方式而使人体获得的净电荷量，又称起电电流；$C$ 表示人体对地电容；$R$ 表示人体对地泄漏电阻；$Q(t)$、$U(t)$ 分别表示 $t$ 时刻人体所带电量和人体对地电位。

假定在人体起电与消散的过程中，由电晕放电引起的消散电流与通过人体对地电阻 $R$ 泄漏的电流相比可以忽略不计，则因某时刻 $t$ 人体累积的静电电量应等于人体静电的产生量与泄漏量之差，所以可得人体起电的基本方程式为

$$\frac{dQ}{dt} + \frac{1}{RC}Q - i = 0 \tag{3.36}$$

或

$$\frac{dU}{dt} + \frac{1}{RC}U - \frac{1}{C}i = 0 \tag{3.37}$$

式（3.36）和式（3.37）的解分别是

$$Q(t) = e^{-t/RC} \left( \int_0^t e^{t/RC} i \, dt + Q_0 \right) \tag{3.38}$$

$$U(t) = \frac{1}{C} e^{-t/RC} \left( \int_0^t e^{t/RC} i \, dt + U_0 \right) \tag{3.39}$$

此处应用了初始条件 $t = 0$ 时 $Q = Q_0$ 和 $t = 0$ 时 $U = U_0$。

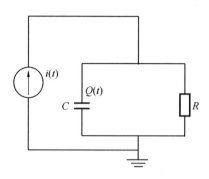

图 3.14　人体静电累积过程的等效电路

由于起电速率 $i(t)$ 是时间 $t$ 的随机函数,当解析表达式不能给定时,就无法从式 (3.38) 和式 (3.39) 得出人体静电电量和静电电位的具体结果。根据人体起电的实际物理过程并做适当的近似和简化,可假定起电速率分以下两种情况。

(1) 起电速率 $i = I_0$(常数)。

这相当于人体连续、均匀地起电。将 $i = I_0$ 代入式 (3.38) 和式 (3.39) 可得

$$Q(t) = I_0 RC(1 - e^{-t/RC}) + Q_0 e^{-t/RC} \tag{3.40}$$

$$U(t) = I_0 R(1 - e^{-t/RC}) + U_0 e^{-t/RC} \tag{3.41}$$

可见,在连续、均匀起电的情况下,人体静电的累积量由两部分之和组成:式 (3.40) 中的第一项反映了电量随时间按指数关系增大,并在足够长的时间后趋于定值 $I_0 RC$;第二项则反映了初始带电量对累积电量的贡献,这种贡献是随时间按指数衰减的,并在足够长的时间后趋于零。这表明,无论人体起始带电多少以及极性如何,其电量最终趋于饱和值,即

$$Q_m = I_0 RC \tag{3.42}$$

(2) 起电速率为一单值阶跃脉冲函数。

对于实际的人体起电过程来说,连续起电的情况是较少的,多数情况下起电是不连续的。为简化问题,设人体起电速率为一单值阶跃脉冲,如图 3.15 所示,起电速率可表示为

$$i(t) = \begin{cases} I_0, & 0 \leqslant t \leqslant T \\ 0, & t > T \end{cases} \tag{3.43}$$

这种起电过程相当于起电一段时间 $T$ 后即终止起电。

将式 (3.43) 代入式 (3.38),求解得

$$Q(t) = \begin{cases} I_0 RC(1 - e^{-t/RC}) + Q_0 e^{-t/RC}, & 0 \leqslant t \leqslant T \\ [I_0 RC(e^{T/RC} - 1) + Q_0] e^{-t/RC}, & t > T \end{cases} \tag{3.44}$$

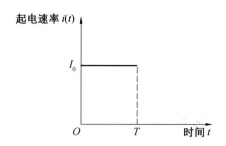

图 3.15　人体的阶跃起电

同样,可得阶跃起电情况下人体的静电电位为

$$U(t) = \begin{cases} I_0 R(1 - \mathrm{e}^{-t/RC}) + U_0 \mathrm{e}^{-t/RC}, & 0 \leqslant t \leqslant T \\ [I_0 R(\mathrm{e}^{T/RC} - 1) + U_0] \mathrm{e}^{-t/RC}, & t > T \end{cases} \tag{3.45}$$

如果人体最初不带电,即 $t=0$ 时 $U=U_0$,则式(3.45)可简化为

$$U(t) = \begin{cases} I_0 R(1 - \mathrm{e}^{-t/RC}), & 0 \leqslant t \leqslant T \\ I_0 R(\mathrm{e}^{T/RC} - 1) \mathrm{e}^{-t/RC}, & t > T \end{cases} \tag{3.46}$$

由式(3.46)可见,一开始时人体静电电位随时间指数规律增大;当 $t=T$(即阶跃起电结束的瞬间)时,人体静电电位达到最大,且此最大值为

$$U_{\mathrm{m}} = I_0 R(1 - \mathrm{e}^{-t/RC}) \tag{3.47}$$

在此后的时间内($t > T$),人体静电电位则又随时间按指数关系衰减。从式(3.47)可以看出,阶跃起电持续的时间 $T$ 越长,人体最大静电电位越接近于连续起电时的饱和电位 $I_0 R$,反之亦然。在一般情况下,如果人站在绝缘的地坪上或穿绝缘底的鞋时,因其对地泄漏电阻 $R$ 较大,会有 $T < RC$,即在阶跃起电的情况下,当 $t = T < RC$ 时,人体静电电位就已达到最大值。而在连续起电的情况下,若设初始电位 $U_0 = 0$,则由式(3.41)可知,当时间 $t$ 经过数个 $RC$ 时,人体电位才能达到饱和值。也就是说,人体在阶跃起电时要比连续起电时更快地达到最大电位,因此比连续起电具有更大的危险性。

需要指出,在人体的实际起电过程中,人体的动作往往导致静电参数 $R$ 和 $C$ 变化,这就使得起电过程变得更为复杂。以人体在地板上行走为例,当人从地板上抬起一只脚时,由于电容与离地面的距离成反比,人体电容将减小,因此在电量不变的情况下,人体电位就会升高。但是,仍与地面接触的另一只脚却有少量电荷泄漏到大地。当前一只脚再次落地时,整个身体和地板间的电容失去一些电荷,地板将再次给脚充电。因此,每走动一步,脚和地板间的局部电容就上升和下降,激励电荷进入身体和地板之间的电容也就是人体静电电位不断上升,并逐步接近饱和值。正是因为这种反复的充、放电过程,才形成了脉动人体电位。

## 3.5.4　影响人体静电积累的主要因素

### 1.起电速率的影响

起电速率是由人的活动速率或操作速度决定的。人的活动速率或操作速度越大,起电率越大,反之亦然。由式(3.42)和式(3.47)可以看出,无论是人体的连续起电还是阶跃起电,在人体放电时间常数 $\tau = RC$ 为定值的情况下,人体的饱和起电量或饱和电位都随着起电速率的增加而增大。实验也表明,同样穿塑料拖鞋的人在橡胶地坪上行走,走得快时人体电位可达 2.5 kV,走得慢时只有 0.8 kV;又如,同样用干布擦拭油漆桌面,快速擦拭的人,起电电位可达3.1 kV,缓慢操作的人则小于1 kV。总之,活动速度或操作速度越快,起电速率就越高,人体起电电位也越高,反之亦然。因此,在所有存在静电危险的工作场所,要规定各项操作速度的安全界限。

### 2. 人体对地泄漏电阻的影响

根据式(3.42)和式(3.47),人体对地泄漏电阻对人体的饱和电量和饱和电位都有影响。在起电速率一定的条件下,对地泄漏电阻越大,饱和带电量和饱和电位就越高。因为人体对地电阻主要取决于鞋子和地坪的对地绝缘电阻,所以人所穿的鞋袜以及所处地坪的材料与人体静电电位有着非常密切的关系。表3.12给出了不同鞋袜组合下人体静电电位的测量值。表3.13给出了不同鞋子和地坪组合下人体行走时的静电电位。

表 3.12　不同鞋袜组合下人体静电电位的测量值　　　　　　　　kV

| 鞋 | 袜 | | | |
|---|---|---|---|---|
| | 赤脚 | 厚型纯尼龙袜 | 薄型纯羊毛袜 | 导静电袜 |
| 橡胶底运动鞋 | 20.0 | 19.0 | 21.0 | 20.0 |
| 皮鞋(新) | 5.0 | 8.5 | 7.0 | 6.0 |
| 防静电鞋($R = 10^7\ \Omega$) | 4.0 | 5.5 | 5.0 | 4.0 |
| 防静电鞋($R = 10^6\ \Omega$) | 2.0 | 4.0 | 3.0 | 3.5 |

表 3.13　不同鞋子和地坪组合下人体行走时的静电电位　　　　　　kV

| 地坪 | 鞋 | | | |
|---|---|---|---|---|
| | 皮鞋 | 聚乙烯拖鞋 | 运动鞋 | 防静电鞋 |
| 普通瓷砖 | −0.3 | −1.2 | +9.0 | +6.0 |
| 合成纤维 | −7.0 | −9.0 | −9.0 | −4.5 |
| 防静电地毯 | −2.5 | −0.9 | −0.9 | −0.6 |

### 3. 人体着装的影响

在人体静电的定义一节中已强调指出,人体静电应包括着装及空间一切静电场对人的身体共同作用的总效果,所以人体静电与所穿着的服装有重要的关系。换言之,人体在活动或操作时服装的带电直接影响着人体静电。

众所周知,人所穿着的服装材料一般均属电介质材料(某些特殊功能的防护服装例外)。特别是在现代社会中,各种化纤特别是合成纤维面料在服装面料中所占比例日益增大,这些材料作为高分子聚合物,具有很高的绝缘性能,很容易产生并累积很强的静电,服装静电再作用于人体,从而使人体带电程度升高。

从表 3.7 可以看出,在不同衣料组合下脱衣时,人体静电电位有着非常大的差异。例如,将纯棉外衣直接从皮肤上脱下时,人体静电电位仅 0.41 kV;而将变性尼龙(变性聚酰胺纤维)外衣从东丽龙(聚丙烯腈纤维)内衣上脱下时,人体静电电位竟高达 16 kV,约为前者的 40 倍。这是因为像聚酰胺和聚丙烯腈这样的高聚合物,其电阻率要比原棉高得多。根据固体电介质的静电累积和消散规律可知,电介质的电阻率越高,其放电时间常数越长,即材料带电后衰减得越慢。并且,其电阻率越高,电介质的饱和电量也越高。因此,高电阻率的电介质材料,其带电程度要比低电阻率的材料强得多,从而对人体带电(如静电电位的升高)的影响也越大。

**4. 环境条件的影响**

人体静电还受到环境条件,特别是空气相对湿度(RH)的影响。随着空气相对湿度的增加,服装的表面电阻率明显减小,对静电的泄漏增加;当 RH 达到 60% 时,服装因为吸收空气中的水分而在表面形成一层水膜,水膜溶解空气中的 $CO_2$ 或溶解由服装材料中析出的电解质,形成导电水溶液,使得服装的表面电阻率大大减小,人体累积的静电荷会很快泄漏掉。例如,人在地毯上行走时,当 RH 为 35% 时,几乎所有材料的地毯均能产生静电电击;而当 RH 为 50% 时,除尼龙地毯外,人在其他地毯上行走时均不产生静电电击。表 3.14 给出了空气相对湿度对人体静电的影响。从表中可以看出,人在各种活动方式下,当 RH 为 10% ~ 20% 时产生的静电电位比 RH 为 65% ~ 90% 时高 6 ~ 40 倍。因此增加空气相对湿度是抑制人体静电的一种办法。应当注意的是,对于有些合成纤维,其吸湿能力很差,如氯纶,即使湿度提高到 100%,也不能使其表面电阻率明显降低。

表 3.14　空气相对湿度对人体静电的影响

| 人体活动方式 | 人体对地静电电位 /kV | |
| --- | --- | --- |
| | RH:10% ~ 20% | RH:65% ~ 90% |
| 在合成地毯上行走 | 35 | 1.5 |
| 在塑料地板上行走 | 12 | 0.25 ~ 0.75 |
| 在工作台上工作 | 6 | 1 |

## 3.5.5　人体静电电位的极端值

人体静电危害和 ESD 电击强度的大小与人体静电放电释放的最大能量或最大电量有关。在测量人体静电电位的同时,测量人体电容,即可确定其放电能量或电量。国内外的报道常以人体静电电位表示人体静电的大小。但是,人体最大静电电位值(或极端值)是多少,已有的报道(表 3.15)各不相同。

表 3.15　各国报道的人体静电电位极端值数据

| 数据来源 | 报道时间 | 报道值 /kV |
| --- | --- | --- |
| 美国弗兰克林学院 | 1965 年 | 25 |

**续表3.15**

| 数据来源 | 报道时间 | 报道值 /kV |
|---|---|---|
| 英国防静电通用规范 | 1980 年 | 50 |
| 美国防护试验手册 | 1983 年 | 40 |
| 美国道格拉斯飞机制造公司 | 1983 年 | 35 |
| 北京国际静电会议 | 1988 年 | 35、50 |
| 军械工程学院(中国,石家庄) | 1989 年 | 60 |

国内外测试数据的差异,可能是人体起电的环境条件、衣服、动作不同所引起,也可能是测试原理与静电测试仪表性能不同所造成的。当人与大地处于绝缘状态时,人体静电电容 $C$ 取值范围为 $50 \sim 700$ pF,一般为 100 pF 左右。人在脱衣时或做其他接触分离的机械动作时,静电起电率值为 $10^{-11} \sim 10^{-4}$ A。取起电时间为 0.1 s,代入式(3.47)可得,人体起电过程的最大静电电位的数量级范围为 $10^{-2} \sim 10^{5}$ V。可见,在忽略电晕放电的影响和人体对地电阻受电压变化的影响时,人体可能达到的静电电位的瞬间最大值远比目前国内外报道的值要大。

国内外一些学者认为,由于电晕放电的限制,因此人体静电的极端值不会超过 40 kV。对此虽然有不少测试数据和报道,否定了这种观点,但是如何从试验上进一步证实人体可以带上更高的静电电位,是一个十分棘手的研究课题。因为对一个不悬空的且与大地保持一定电容的人体,加数万伏高电压进行试验涉及人身安全和高电压下模拟人体静电起电的某些技术难题。通常情况下,人体因脱衣及其他动作使人带电属"非静电力"做功的结果。为此,原军械工程学院的刘尚合团队设计了"非静电力做功 —— 变容升压"的试验方法,解决了技术上的难点,对人体进行了高电压试验。试验过程是:人身穿普通衣服、戴帽,脚穿红塑料底布鞋站在绝缘板上,人和静电电压表(Q4－V)构成一个对地电容为 106 pF 的试验系统,用高电压发生器向人体充电,当人体电位达到某阈值(该电位值是试验证明人体可承受的电位值)时,移开高电压发生器,从 Q4－V 读出这时的人体静电电位 $V_1$ 值,据此可算出静电能量 $E_1$;然后让被试验者突然下蹲,试验系统(人和 Q4－V 表等)对地电容由原来的 106 pF 减小到 92 pF,同时人体静电电位升高到 $V_2$ 值,系统的静电能量增加到 $E_2$。以 $V_2$ 值为参考电位再向人体充电,重复上述试验,得到一系列试验数据见表 3.16。

**表 3.16 人体高电压试验、变容升压数据**

| $C_1 = 106$ pF | | $C_2 = 92$ pF | |
|---|---|---|---|
| $V_1$/kV | $E_1$/mJ | $V_2$/kV | $E_2$/mJ |
| 23.0 | 28.0 | 26.0 | 31.1 |
| 35.0 | 64.9 | 45.0 | 93.2 |
| 42.0 | 93.5 | 46.0 | 97.3 |
| 50.0 | 132.5 | 55.0 | 139.2 |

**续表3.16**

| $C_1 = 106$ pF | | $C_2 = 92$ pF | |
|---|---|---|---|
| 48.0 | 122.1 | 59.0 | 160.1 |
| 55.0 | 160.3 | 60.5 | 168.4 |
| 58.0 | 178.3 | 61.8 | 175.7 |
| 60.0 | 190.8 | 65.0 | 194.4 |
| 65.0 | 223.9 | 71.0 | 231.9 |

实验环境条件:RT 为 16.0 ℃,RH 为 40.7%

　　从表3.16中数据可以看出,人体带电后,由于自身的动作(由站立状态改变为下蹲状态),因此电容由 $C_1$ 减小到 $C_2$,同时因为人的动作造成非静电力做功,而使静电荷在人体上重新分布,人体静电电位由 $V_1$ 升高到 $V_2$,静电能量由 $E_1$ 增加到 $E_2$。这样,人体作为一个"独立"的系统,充电后无外电源补充电荷,只是人体对地电容的减小和非静电力做功,可使人体带上高达 71 kV 的静电电位。此时,带电者无任何异常感觉。只有当手高高举起时,手上的毛竖起,有轻微的异常感觉。虽因条件所限(为了被试者的安全),高于 71 kV 的试验尚未进行,但已充分说明,理论计算的人体静电电位取值范围是正确的。也说明文献报道的人体动态静电电位 60 kV 的数据是可信的。

　　总之,人体静电通过放电、释放静电能量造成危害,而造成危害事故的概率大小和人体静电极端值密切相关。人体高电压试验结果证实,随着工业生产水平的不断提高和人们的着装及环境条件的变化,高于 60 kV 的人体静电电位极端值有可能出现。之所以至今未见报道,是因为人体静电电位极端值的大小不仅与电晕放电有关,而且更重要的是与人和大地之间的绝缘程度及起电率等许多因素密切相关,所以更高的极端值出现的概率更小。另外,能否真实地测试记录下人体静电的极端值,还取决于测试仪器的性能。

# 3.6　航天器的静电起电

　　航天器在轨运行期间,受空间等离子体、高能电子和太阳辐射等环境的影响,会在航天器表面及介质材料内部发生静电荷的累积及泄放过程,这一过程称为航天器静电起电／放电过程,又称为充放电过程。静电放电会造成航天器表面材料的击穿、太阳电池阵性能的下降,其产生的电磁脉冲干扰会使星上敏感电子设备／系统出现误操作或者损坏,从而影响航天器在轨安全运行。

　　根据入射电子能量的不同,航天器的静电起电又分为表面起电和深层起电。

　　在空间运行的航天器与周围等离子体、磁场和太阳辐射等环境因素的相互作用下,导致电荷在航天器表面累积,使航天器表面与空间等离子体间或者航天器不同部位间充以不同电位的现象,称为航天器表面起电(图3.16)。引起航天器表面起电的等离子体粒子能量较低,一般在 50 keV 以下。这种粒子几乎不能穿透航天器表面(入射深度在微米量级以内）而在表面累积，当电荷累积到一定程度，其产生的电场超过该表面材料的耐压阈值时，表面材料被击穿，出现静电放电现象。

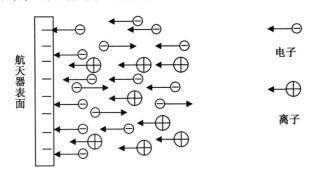

图 3.16　空间等离子体环境中航天器表面充电过程

　　航天器电介质深层起电是指能量范围为 $0.1 \sim 10$ MeV 的电子穿过航天器表面后，在其内部电介质或悬浮金属内部建立电场的过程，又称为内带电或深层充电。引起电介质深层起电的空间高能电子主要来自太阳日冕物喷射所形成的太阳风。太阳风是包含各种能量的带电粒子流，它们在行星际磁场及地球磁场限制和约束的有限范围内，形成了特定的电荷分布区域。

## 3.6.1　表面起电

### 1.航天器空间环境及其静电效应

　　航天器经历的空间环境具有复杂多变、极端严酷等特点，而且各种空间环境对航天器造成的环境效应各不相同，存在不同的综合效应，对航天器静电带电的影响因素及影响程度各有差别。

　　（1）真空环境及其效应。

　　航天器运行轨道高度不同，真空度也不同，轨道越高，真空度越高。真空环境带来的效应如下。

　　① 压力差效应。压力差的影响在 $1 \times 10^2 \sim 1 \times 10^5$ Pa 的粗真空中发生。当航天器的密封容器进入稀薄气体层后，容器内外气压差最大可达一个大气压，容器承受极大的内部压力，可能会导致密封舱变形甚至损坏，导致贮罐中液体或气体发生泄漏，严重影响航天器的使用寿命。

　　② 真空放电效应。真空放电发生在 $1 \times 10^{-1} \sim 1 \times 10^3$ Pa 的低真空中，当真空度达到 $1 \times 10^{-2}$ Pa 或更高时，真空中存在一定距离的两个金属表面受到具有一定能量的电子碰撞时，会从金属表面激发出更多的次级电子，这些次级电子不断在两个面之间发生多次碰撞，并产生放电现象，这一现象称为微放电。金属因发射次级电子而受到侵蚀，电子碰撞会引起温度升高，可使附近气体压力升高，甚至会造成严重的电晕放电。射频空腔波导管等装置有可能因微放电而导致性能下降，甚至产生永久性失效。

③ 辐射传热效应。在空间真空环境下,航天器与外界的传热主要通过辐射形式。航天器表面的辐射特性对航天器热控起着重大作用,航天器的热设计必须考虑空间真空环境下以辐射传热与接触传热为主导的效应。

④ 真空出气效应。航天器在材料和涂层选择及设计上必须考虑真空出气的影响。在真空度高于 $1\times10^{-2}$ Pa 的情况下,材料表面可能会有气体不断地释放出来。释放出来的气体可能重新凝聚在航天器的低温部件上,产生污染。受到污染后,航天器系统的光学性能下降,太阳辐照的吸收率增大,航天器平均温度升高。

⑤ 材料蒸发、升华和分解效应。空间材料的蒸发、升华会造成材料的变化,引起材料质量损失,造成有机物的膨胀,使原有性能发生改变,如改变物理性能与介电性能会导致自污染等。

⑥ 黏着和冷焊效应。黏着和冷焊一般发生在 $1\times10^{-7}$ Pa 以上的超高真空环境下。这种现象可使航天器的一些部件出现故障,如加速轴承的磨损,减少其工作寿命,使电极滑环、电刷、继电器开关触点接触部位都可能出现故障。

⑦ 真空环境下的紫外辐照效应。在空间真空环境下,太阳紫外线和空间各种因素的联合作用可对硅太阳电池、温控涂层、复合材料等空间材料性能有重要影响,如可使硅太阳电池损伤,电池效率降低甚至完全失效;热控涂层老化,导致吸收率明显增大;复合材料中的黏结剂透过率降低等。

(2)空间太阳辐照环境及其效应。

太阳是一个巨大的辐射源,发射波长从 $1\times10^{-14}$ m 的射线到 $1\times10^{-4}$ m 的无线电波,不同波长辐射的能量大小不同,其中可见光的辐射能量最大(能量峰值的波长为 0.48 $\mu$m),太阳能量发出相当于 6 000 K 黑体的辐射能量,可见光红外部分的能量占总能量的 90% 以上,是航天器真空热试验的主要环境之一,太阳能是在轨航天器飞行的主要能源。地球轨道上,距太阳 $1.5\times10^{8}$ km 处的太阳辐照度为 1.353 kW/m²,定义为一个太阳常数,这个值随太阳活动的变化范围为 ±2%,一年四季的变化范围为 ±3.5%。

① 热辐射效应。红外和可见光谱段可以被航天器吸收,是航天器的主要热量来源之一,会影响到航天器的温度,航天器吸收热量的多少取决于结构外形、飞行高度和涂层材料等因素。若航天器的热设计处理不当,则会造成航天器温度过高或过低,影响航天器的正常运行。

② 机械应力的影响。太阳辐照压力对航天器所产生的机械力,会严重地影响航天器的飞行姿态和自旋,尤其是航天器因受热不均匀而引起的热弯曲效应更大。所以在设计航天器的姿态控制系统时,特别是在设计高轨道航天器与重力梯度稳定的航天器的姿态控制系统时,必须考虑太阳辐照压力的机械应力影响。

③ 紫外辐照效应。在太阳总辐照中,虽然波长短于 300 nm 的所有紫外辐照只占 1%,但所起的作用却很大:紫外线照射到航天器的金属表面时,因光电效应,航天器表面产生许多自由电子,航天器表面电位升高,干扰到航天器上的电子系统。

(3)空间等离子体环境及其效应。

空间等离子体环境来源于太阳辐射与地球磁场、地球高层残余大气的相互作用,该过程会产生复杂多变的日地空间等离子体环境。从离地面约 60 km 起,直至与星际空间的等离子体相接的广大区域均属等离子层。等离子体的密度、组分、能量随高度的变化而变化。60 ～ 3 000 km 范围内太阳活动高峰时的典型电子密度及电子能量随高度的变化值见表 3.17。

表 3.17　电子密度及电子能量随高度的变化值

| 高度 /km | 电子密度 /cm$^{-3}$ | 电子能量 /keV |
| --- | --- | --- |
| 60 | $2 \times 10^2$ | 0.05 |
| 85 | $1 \times 10^4$ | 0.05 |
| 140 | $2 \times 10^5$ | 0.05 |
| 200 | $5 \times 10^5$ | 0.08 |
| 300 | $2 \times 10^6$ | 0.19 |
| 400 | $1.5 \times 10^6$ | 0.22 |
| 500 | $1 \times 10^6$ | 0.23 |
| 600 | $6 \times 10^5$ | 0.24 |
| 700 | $4 \times 10^5$ | 0.25 |
| 800 | $3 \times 10^5$ | 0.26 |
| 900 | $2 \times 10^5$ | 0.27 |
| 1 000 | $1 \times 10^5$ | 0.28 |
| 2 000 | $2.5 \times 10^4$ | 0.30 |
| 3 000 | $1.5 \times 10^4$ | 0.35 |
| 10 000 | $2 \times 10^3$ | 1.00 |
| 20 000 | $5 \times 10^2$ | 1.20 |
| 30 000 | $1 \times 10$ | 9.00 |

航天器表面处于等离子体环境中时,等离子体环境中离子和电子的速度表达式为

$$\begin{cases} v_i = \sqrt{\dfrac{2E_i}{m_i}} = \sqrt{\dfrac{2kT_i}{m_i}} \\ v_e = \sqrt{\dfrac{2E_e}{m_e}} = \sqrt{\dfrac{2kT_e}{m_e}} \end{cases} \tag{3.48}$$

式中,$v_i$、$v_e$ 分别为等离子体环境中离子和电子的平均运动速度;$m_i$、$m_e$ 分别为等离子体环境中离子和电子的质量;$E_i$、$E_e$ 分别为等离子体环境中离子和电子的能量;$T_i$、$T_e$ 分别为等离子体环境中离子和电子的温度;$k$ 为波尔兹曼常数,是有关于温度能量的物理常数,通常取 $k = 1.381 \times 10^{-23}$ J/K。

由于正离子和电子所带的能量相差不大,而质子(最小正离子)的质量约为电子的 1 836.5 倍,可得 $v_e$ 远大于 $v_i$,因此航天器表面与电子碰撞的概率和负电荷沉积的速率要大大超过质子,因而表面将累积负电荷,呈现负电位。而此负电位会降低表面负离子和电子的数量,直至正、负离子到达的概率相等,最终达到电位平衡。空间等离子体环境效应

包括:影响飞行姿态;形成静电场,污染环境,影响探测结果;产生放电脉冲,造成信号失真,影响材料性能和太阳电池光电转换效率;高压太阳电池阵产生弧光放电,电流泄漏。

(4)空间磁层亚暴环境及其效应。

地球磁层是指受太阳风(来自太阳的粒子流)和行星际磁场限制与约束,而地磁场起控制作用的有限的空间范围。磁层亚暴是发生在磁层内的经常性扰动,当磁层通过适当的方式存储 $10^{14} \sim 10^{15}$ J 的能量,然后在 1 000 s 左右的时间内将这些能量释放出来时,就会使磁层产生扰动。当磁层出现亚暴时,地球同步轨道高度环境中原来的高密度(粒子数为 $10 \sim 100$ cm$^{-3}$)、低能量(小于 1 eV)等离子体被低密度(粒子数小于 1 cm$^{-3}$)、高能量(1 $\sim$ 50 keV)等离子体所取代,此时航天器上的带电问题就会越加严重。

据统计,1 年中有 30% 的时间能观测到亚暴活动,如图 3.17 所示。有 8% $\sim$ 10% 的亚暴对地球同步轨道上运行的航天器有影响。美国在"应用技术航天器 5 号(ATS-5,1969—1972 年)""应用技术航天器 6 号(ATS-6,1974—1976 年)""高轨道带电试验研究航天器(SCATHA,1978—1979 年)"获得的环境数据基础上,给出了供设计和计算评估用的平均等离子体环境参数(表 3.18)和置信度为 90% 的最恶劣情况下的地球同步高度地磁亚暴等离子体环境参数(表 3.19),这是假定环境电流为各向同性,只考虑电子和质子,且用单麦克斯韦(Maxwell)分布拟合的结果。

图 3.17　处于磁层亚暴环境中的地球同步轨道卫星

表 3.18　磁层亚暴期间地球同步轨道的平均等离子体环境参数

| 型号 | ATS-5 | | ATS-6 | | P78-20 | |
|---|---|---|---|---|---|---|
| 粒子 | 电子 | 离子 | 电子 | 离子 | 电子 | 离子 |
| 密度 /cm$^{-3}$ | 0.80 | 1.30 | 1.06 | 1.20 | 1.09 | 0.58 |
| 电流密度 /(nA·cm$^{-2}$) | 0.065 | 5.1 | 0.096 | 3.4 | 0.115 | 3.3 |
| 平均能量 /keV | 1.85 | 6.8 | 2.55 | 1.20 | 2.49 | 11.2 |

表 3.19　磁层亚暴期间地球同步轨道的最恶劣等离子体环境参数

| 粒子 | 电子 | 离子 |
|---|---|---|
| 密度 /cm$^{-3}$ | 1.12 | 0.236 |
| 平均能量 /keV | 12 | 29.5 |
| 电流密度 /(pA·cm$^{-2}$) | 330 | 2.5 |

单 Maxwell 分布模型只用两个参数,受其限制,难以获得满意的拟合结果。对电子来说,单 Maxwell 分布会低估低能电子数量;对离子而言,单 Maxwell 分布拟合对低能和高能端的离子数量估计均低于实际值。对航天器异常的分析常常需要用符合实际情况的环境来描述,双 Maxwell 分布对于空间等离子体可以比单 Maxwell 分布更好地近似(由于其具有更多的自由参数,采用了 4 个参数),因而拟合结果相比单 Maxwell 分布与实际分布函数接近得多。地球同步轨道附近(25 000 km 以上的高轨、中高倾角和大约 150 km 高的极光区)的热等离子体中的电子和离子(质子)成分用双 Maxwell 分布函数表示如下:

$$f(v) = \left(\frac{m_{i,e}}{2\pi}\right)^{3/2}\left[\frac{n_{1i,e}}{kT_{1i,e}}\exp\left(\frac{-m_{i,e}v^2}{2kT_{1i,e}}\right) + \left(\frac{n_{2i,e}}{kT_{2i,e}}\right)^{3/2}\exp\left(\frac{-m_{i,e}v^2}{2kT_{2i,e}}\right)\right] \quad (3.49)$$

式中,$f(v)$ 为等离子体中离子和电子的分布函数;$n_{1i,e}$、$n_{2i,e}$ 分别为第一、第二麦克斯韦分布的粒子密度(电子或离子);$T_{1i,e}$、$T_{2i,e}$ 分别为第一、第二麦克斯韦分布的粒子温度(电子或离子)。

**2. 航天器表面带电机理**

表面起电(或称表面充电)分为表面绝对充电和表面差异充电。表面绝对充电为整个航天器表面相对于周围等离子体,充电达到一个净电位。当航天器表面仅由导电材料组成时,因导体表面的电荷分布一致,故航天器表面就会充有相同电压。如果航天器表面材料选用了绝缘材料(如 Kapton、Teflon 等),则会发生差异电位,航天器表面的不同部位会充有不同的漂浮电位。

在地球同步轨道上,因等离子体密度很低,故太阳辐射产生的光电子发射流在电流平衡中起重要作用。航天器光照面发射的光电子会降低航天器表面带电的电位;在背阳面,没有光电子存在,航天器表面充有负电位。随着背阳面负电位的增加,会阻止向阳面光电子发射,从而整个航天器开始充负电位。这样航天器表面不同位置会带有约千伏的差异电位。差异充电比绝对充电更具有危险性,其会导致航天器表面电弧或静电放电,从而引起航天器各种在轨异常。

下面以航天器简化模型为对象,从理论方面推导其在等离子环境中表面带电电位的一般表达式及相关特性规律。低温等离子体中电子温度一般大于离子温度,而在高温等离子体中,电子和离子的热力学温度相差不大。

在没有光照条件时,航天器表面材料没有光照效应,由于离子质量远远大于电子质量,因此离子的热运动平均速度要远远小于电子的平均速度。基于这个原因,单位时间内沉积到航天器表面的电子数量远大于离子的数量,导致航天器表面形成负电位。该负电位的形成会对周围电子形成排斥、对周围离子形成吸引作用。随着航天器表面负电位的升高,单位时间内到达航天器表面的电子数量逐渐减少,而到达航天器表面的离子数量逐渐增多,直到二者平衡。此时,航天器表面电位趋于稳定,不再升高。

建立坐标系,设航天器沿 $+x$ 轴方向以速度 $v_s$ 运动,如图 3.18 所示。

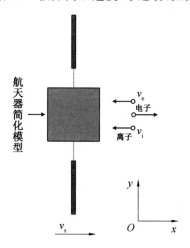

图 3.18　航天器表面电子离子进出示意图

以 $U$ 来表示航天器最终平衡的稳定电位,则通过下式可求解到达航天器表面电子的最小速度:

$$-Ue = \frac{1}{2}m_e(v_{e0}+v_s)^2 \tag{3.50}$$

式中,$v_{e0}$ 为航天器表面带电电位稳定后到达航天器表面的电子的速度最小值。

可知,

$$|v_{e0}| = \sqrt{\frac{-2eU}{m_e}} - v_s \tag{3.51}$$

对于电子而言,只有大于这个最小速度,才能到达航天器表面;对于离子而言,由于受到航天器表面负电位的吸引,因此所有速度的离子都可以沉积到航天器表面。

由上述分析可知,当航天器表面带电电位稳定时,到达航天器表面的电子流密度和离子流密度存在以下关系:

$$J_e = J_i + J_{se} \tag{3.52}$$

式中,$J_e$ 表示航天器表面电位稳定后到达其表面的电子流密度;$J_i$ 表示航天器表面电位稳定后到达其表面的离子流密度;$J_{se}$ 表示航天器表面电位稳定后其表面的二次电子流密度。

设电子速度 $v_e$ 在 $x$ 轴方向上的分量为 $v_{ex}$,其 Maxwell 分布函数表达式为

$$f(v_{ex}) = \sqrt{\frac{m_e}{2\pi kT_e}}\exp\left(-\frac{mv_{ex}^2}{2kT_e}\right) \tag{3.53}$$

可知,在单位时间、单位面积范围内,以 $\mathrm{d}v_{ex}$ 速度到达航天器表面的电子数量可表示为

$$dJ_e = n_e f(v_{ex}) v_{ex} dv_{ex} \tag{3.54}$$

通过对电子流密度进行积分,可得到单位时间内沉积到航天器表面单位面积上的电子总数量为

$$J_e = \int dJ_e = \int_{|v_{e0}|}^{\infty} n_e \sqrt{\frac{m_e}{2\pi kT_e}} \exp\left(-\frac{m_e v_{ex}^2}{2kT_e}\right) v_{ex} dv_{ex}$$
$$= -n_e \sqrt{\frac{kT_e}{2\pi m_e}} \exp\left(-\frac{m_e v_{ex}^2}{2kT_e}\right)\Bigg|_{|v_{e0}|}^{\infty} = n_e \sqrt{\frac{kT_e}{2\pi m_e}} \exp\left(-\frac{m_e v_{e0}^2}{2kT_e}\right) \tag{3.55}$$

将式(3.51)代入式(3.55),可得

$$J_e = n_e \sqrt{\frac{kT_e}{2\pi m_e}} \exp\left[-\frac{m_e}{2kT_e}\left(\sqrt{\frac{-2eU}{m_e}} - v_s\right)^2\right] \tag{3.56}$$

电子的平均热运动速率满足

$$\overline{v_e} = \sqrt{\frac{8kT_e}{\pi m_e}} \tag{3.57}$$

将式(3.57)代入式(3.56),可得

$$J_e = \frac{1}{4} n_e \overline{v_e} \exp\left[-\frac{m_e}{2kT_e}\left(\sqrt{\frac{-2eU}{m_e}} - v_s\right)^2\right] \tag{3.58}$$

同理,对于离子,可得

$$dJ_i = n_i f(v_{ix}) v_{ix} dv_{ix} \tag{3.59}$$

对式(3.59)进行积分可得

$$J_i = \int dJ_i = \int_0^{\infty} n_i \sqrt{\frac{m_i}{2\pi kT_i}} \exp\left(-\frac{m_i v_{ix}^2}{2kT_i}\right) v_{ix} dv_{ix}$$
$$= -n_i \sqrt{\frac{kT_i}{2\pi m_i}} \exp\left(-\frac{m_i v_{ix}^2}{2kT_i}\right)\Bigg|_0^{\infty} = n_i \sqrt{\frac{kT_i}{2\pi m_i}} \tag{3.60}$$

式中

$$f(v_{ix}) = \sqrt{\frac{m_i}{2\pi kT_i}} \exp\left(-\frac{m v_{ix}^2}{2kT_i}\right) \tag{3.61}$$

电子的平均热运动速率满足

$$\overline{v_i} = \sqrt{\frac{8kT_i}{\pi m_i}} \tag{3.62}$$

将式(3.61)和式(3.62)代入式(3.60)中,可得

$$J_i = \frac{1}{4} n_i \overline{v_i} \tag{3.63}$$

航天器表面二次电子流密度 $J_{se}$ 的表达式为

$$J_{se} = \delta_e J_e + \delta_i J_i \tag{3.64}$$

式中,$\delta_e$ 为航天器表面材料因电子入射而导致的电子发射的二次电子系数;$\delta_i$ 为航天器表面材料因离子入射而导致的电子发射的二次电子系数。

将式(3.58)、式(3.63)和式(3.64)代入式(3.52),整理得到航天器表面带电电位一般表达式为

$$U = -\frac{m_e}{2e}\left[\left(-\frac{2kT_e}{m_e}\ln\frac{n_i(1+\delta_i)\sqrt{m_e T_i/m_i T_e}}{(1-\delta_e)n_e}\right)^{1/2} + v_s\right]^2 \qquad (3.65)$$

太阳平静期内,低地球轨道空间环境中,等离子体温度大致为 $0.1 \sim 1$ eV。通过式 (3.65) 可得航天器表面带电电位 $U$ 与其速率 $v_s$ 之间的关系,如图 3.19 所示。

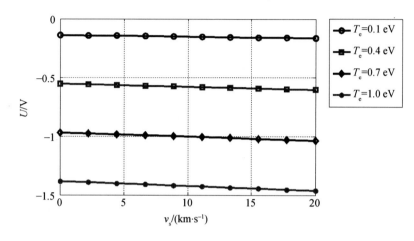

图 3.19　航天器表面带电电位 $U$ 与其速率 $v_s$ 之间的关系(电子温度较低)

从图 3.19 中可以看出,在没有太阳光照和太阳活动干扰的情况下,航天器表面可带上负电位,但是电位很低,大致在几伏范围内。在航天器运动速度不变的情况下,随着周围电子温度的升高,航天器表面带电电位升高。在周围电子温度不变的情况下,随着航天器运动速度的增大,航天器表面带电电位略微升高。

在太阳活动较活跃时,会产生大量的高能等离子体,温度大致为 $1 \sim 20$ keV。此时,航天器表面材料的二次电子发射将会对航天器表面的带电情况产生重要影响。以碳化硅材料为例,$\delta_e = \delta_i$,通过式(3.65)可得此时航天器表面带电电位 $U$ 与其速率 $v_s$ 之间的关系,如图 3.20 所示。

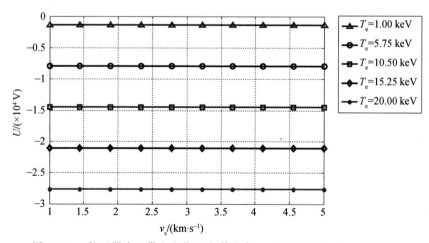

图 3.20　航天器表面带电电位 $U$ 与其速率 $v_s$ 之间的关系(电子温度较高)

从图 3.20 中可以看出,在航天器运动速度不变的情况下,随着周围电子温度的升高,航天器表面带电电位升高,航天器表面带电电位可达几千伏甚至几万伏。航天器运动速度对其表面带电电位影响不大。当电子温度为 14 keV 时,航天器表面带电电位高达 $1.93 \times 10^4$ V,与美国 ATS-6 卫星在轨监测数据一致(ATS-6 卫星测得,在 1975 年 10 月 8 日其最大充电电位为 -19 kV)。

## 3.6.2　深层起电

在太阳耀斑爆发、日冕物质抛射、地磁暴或地磁亚暴等强扰动环境下,大量的高能电子注入地球同步轨道或太阳同步轨道中,使得能量大于 1 MeV 的电子通量大幅增加。这些电子可直接穿透卫星表面蒙皮、卫星结构和仪器设备外壳,在卫星内部电路板、导线绝缘层等绝缘电介质中沉积,导致其发生电荷累积,引起电介质的深层起电,也称为内带电(Internal Charging)。内带电包括两种,一种是不接地的孤立导体的带电,另一种是星内电介质的深层带电。对于孤立导体,根据库仑定律,因为同性电荷之间会相互排斥,所以当入射高能带电粒子穿透到导电材料的深处时,多余的电荷会迅速从材料的内部迁移到表面。结果,尽管入射带电粒子会透入材料内部很深的位置,但是多余的电荷只会停留在表面,因此导体只会表面带电,永远都不会出现导体的深层带电现象。所以,对航天器危险最大的是航天器电介质内部带电的问题。

电介质内部带电又称为电介质深层带电或体带电,目前已被认为是造成中高轨道卫星在轨异常的主要原因。对于电介质而言,由于其电导率很低,因此穿透进入电介质中的高能带电粒子(MeV)会停留在电介质中。在几十兆电子伏的能量范围,电子的透入深度比离子深得多,会在一定的深度形成比离子层更深的负电荷区。对于一个几天、几个月甚至几年都暴露在高能粒子环境中的航天器而言,材料内部的电子累积可能在电介质内建立高电场。当电介质内部的电场超过电介质材料的击穿阈值时,就会发生放电,所产生的电磁脉冲会干扰甚至破坏航天器内部电子学系统的正常工作,严重时使整个航天器失效。因此,电介质深层带电效应是诱发地球同步轨道航天器故障和异常的主要因素之一。

### 1.深层起电环境

造成航天器内带电的环境为地球外辐射带及热等离子体中的高能电子。这些高能电子被地磁场俘获,在太阳活动期间受太阳风动力学作用的剧烈扰动。图 3.21 给出了地球轨道高能电子空间(电子辐射带)分布特性,从图中可以看出,高能电子存在两个分布峰,称其为内、外辐射带。中圆轨道正好覆盖了外辐射带的中心高度(20 000 ~ 30 000 km),运行于该高度的航天器将面临最恶劣的轨道环境,面临着最严重的深层充电效应。地球同步轨道位于外辐射带的中心高度外,接近外辐射带边缘。当空间环境扰动时,辐射带所处 L 值(L 为磁壳参数,是赤道面上某处离地心距离与地球半径 $R_e$ 的比值)会有较大变化,相应的高能电子通量会有数量级变化,该轨道深层充电效应也不容忽视。

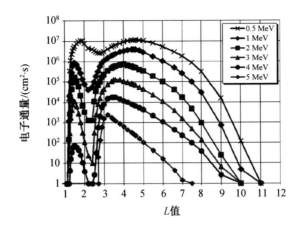

图 3.21　电子辐射带分布特性

图 3.22 给出了地球轨道深层带电危险等级划分,低地球轨道航天器不存在深层带电问题,地球同步轨道和中圆轨道深层带电危险等级最高。

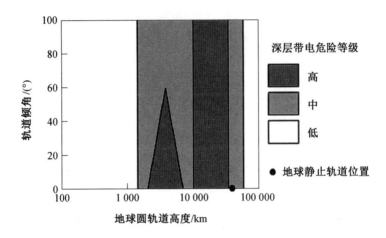

图 3.22　地球轨道深层带电危险等级划分

20 世纪 60 年代到 70 年代,科学家对地球辐射带进行了大量飞行实验探测,获得的实验数据形成了至今仍广泛使用的 AE8 辐射环境经验模型。但由于探测数据的局限,因此 AE8 模型不能充分描述诱发深层带电的高能电子通量的情况,主要存在以下缺点:

(1) 模型给出的是长期的电子平均通量密度,而不是最大通量密度水平(即最恶劣条件);

(2) 模型中采用的电子能量大于 1 MeV 的测量数据很少;

(3) 模型中采用的高赤道高度的测量数据很少;

(4) 模型给出的仅是太阳活动最大和最小的平均数据;

(5) 模型给出的是整个地磁活动水平范围的平均数据;

(6) 模型假设所有高能电子有相同的密度。

### 2. 深层起电机理

（1）高能电子在电介质中的传输和沉积。

航天器表面通常是由具有导电衬底并与航天器的地相连的电介质材料（光学敷层、太阳电池玻璃盖片或暴露的孤立布线）组成，这些电介质中容易产生内部充电。很多卫星构件也是由电介质材料构成的（如电缆外套、连线、热敷层、开接线器、支座绝缘子、热涂料、部件密封剂、玻璃纤维光缆、光学窗、电路板、集成电路密封剂、接线器、电容器等），而空间高能带电粒子具有"穿透能力"，它们可穿过航天器表面热敷层并沉积到电介质中，使其产生内部充电。

如前所述，深层带电导致的卫星故障主要发生于地球同步轨道航天器上，而诱发深层带电的空间高能带电粒子以高能电子为主，能量一般在 100 keV 至 10 MeV 之间，它们能够穿透航天器表面的敷层材料，进入航天器内部的电介质材料中。电子与电介质材料相互作用的中间过程是复杂的，主要方式是 Rutherford 散射和核相互作用，包括了轫致辐射、正电子的飞行和静止湮灭、Moliere 多重散射、Moller（$e^- + e^-$）和 Bhabha（$e + e^-$）散射、电子对产生、康普顿电子散射和光电效应等，最终结果是不同能量的电子沉积于电介质材料的不同深度，从而在电介质内部建立电场，同时可在航天器内部产生高电位。

研究电介质深层带电，应该了解高能电子在电介质内部的沉积位置及电荷沉积速度，也就是确定高能入射电子对电介质材料的充电电流。电介质材料的内部充电与入射电子的通量密度、能谱及航天器结构、电介质材料性质都有关。首先应该建立电子穿透屏蔽层进入电介质内部深度的模型。Webar 等人经过研究给出一些经验公式来近似描述高能电子在电介质材料中的沉积，能量为 $E$ 的电子在电介质材料中的最大射程为

$$R = \frac{\alpha E_0}{\rho}\left(1 - \frac{\beta}{1 + \gamma E}\right) \times 10^{-2} \tag{3.66}$$

式中，$R$ 为入射电子在电介质中的最大射程，m；$\alpha$、$\beta$、$\gamma$ 分别为 0.55 g/cm$^2$ · MeV$^{-1}$、0.984 1、3 MeV$^{-1}$；$\rho$ 为材料密度，g/cm$^3$；$E_0$ 为电子的入射能量，MeV。

实际情况中，不是所有的入射电子都沉积在最大射程的位置。在到达最大射程的这段距离内，入射电子沉积在不同深度并有一个入射电荷的分布。

单位时间、单位路程上的电荷沉积为

$$\frac{dQ(x,t)}{dt} = 14.42\,\frac{x^3}{R^4}j_0(1 - \eta) \times \exp\left[-3.605\left(\frac{x}{R}\right)^4\right] \tag{3.67}$$

式中，$dQ(x,t)/dt$ 是单位时间沉积电荷密度，C/（m$^3$ · s）；$j_0$ 是入射电子电流密度，A/m$^2$；$\eta$ 是背散射系数，其值约为 0.2；$x$ 是电子穿透深度，m。

单位路程的能量沉积与入射能量 $E_0$、最大射程 $R$ 及在电介质中的穿透深度 $x$ 有关，可表示为

$$\frac{dE}{dx} = 1.544\,\frac{E_0}{R}\exp\left[-2.2\left(\frac{x}{R} - 0.7\right)^2\right] \tag{3.68}$$

式中，$dE/dx$ 是单位路程的能量沉积，MeV/m；$E_0$ 是入射电子能量，MeV。

以背面接地的低密度聚乙烯材料（厚度为 1 mm）为例，将式（3.66）代入式（3.67）和

式（3.68）中，可以计算出不同能量（0.5～1 MeV）的电子辐射下材料中的电荷沉积和能量沉积分布曲线，如图3.23和图3.24所示。

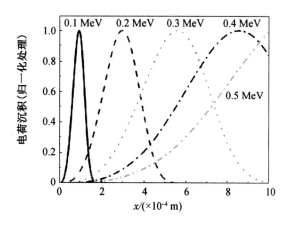

图 3.23　电荷沉积分布曲线

当入射电子能量较低时，高能电子会沉积在材料内部。由于材料中存在部分未辐射区，因此电荷沉积和能量沉积呈现先增大后减小的趋势，在靠近接地电极处沉积电荷接近零，如图3.23和图3.24中能量为0.1～0.3 MeV辐射时对应的曲线；当入射电子能量较高时，高能电子部分或完全穿透材料，受辐射诱导电导率的影响，在材料接地电极处存在一定的电荷沉积，如图3.23和图3.24中能量为0.4 MeV、0.5 MeV辐射下对应的曲线。

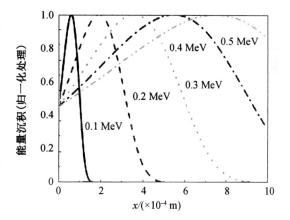

图 3.24　能量沉积分布曲线

（2）充电电流与内部电场。

对于垂直入射的电子，入射电子电流等于电子通量密度乘电子电量。沉积在电介质层内的电荷为流入该层的电荷减去流出该层的电荷。

对于静止电荷的电场可以用高斯定律计算。一定体积内的总电场等于该体积封闭面内的净电荷除以介电常数。但是空间环境下航天器内带电是一个电荷不断流入和流出的动态过程，可以用欧姆定律进行简化计算。

欧姆定律的电路形式为

$$U = IR \tag{3.69}$$

式中，$U$ 为电路电压，V；$I$ 为电路电流，A；$R$ 为电路电阻，$\Omega$。

转换成电场表达形式为

$$E = \frac{J}{\sigma} \tag{3.70}$$

式中，$E$ 为电介质内电场，V/m；$J$ 为电介质内流入的净电子电流密度，A/cm$^2$；$\sigma$ 为电介质电导率，$1/\Omega \cdot cm$。

式（3.70）表达的是稳态下电介质内的最大电场强度。实际情况下，航天器电介质内部充电等效为一个RC电路的电容充电，内部电场是一个随时间常数 $\tau$ 逐步逼近平衡电场的过程。电介质内电场 $E$ 随充电时间变化的关系为

$$E = \frac{J}{\sigma}\left(1 - \exp\frac{-t}{\tau}\right) \qquad (3.71)$$

$$\tau = \frac{\varepsilon}{\sigma} \qquad (3.72)$$

式中，$t$ 为电介质内充电时间，s；$\tau$ 为电介质内充电的时间常数；$\varepsilon$ 为电介质材料的介电常数。可以看出 $\tau$ 是与电介质材料性质相关的参数。

式(3.71)给出了一个可供使用的简单数学模型。事实上，入射电子不是单一能量的。同样，在高能电子和离子辐射作用下，电介质的电导率 $\sigma$ 和时间常数 $\tau$ 也会缓慢变化。例如，辐射诱导电导率和温变电导率电介质在深层带电研究中是相关的。对该领域需要进行更深层次的实验研究、理论认识、计算机模拟和分析。

（3）温变电导率。

环境温度的变化会造成电介质内部热运动激励产生的空穴 — 电子对数量发生变化，其后果导致电介质电导率改变。温度对电介质电导率影响的模型为

$$\sigma(T) = \sigma_\infty \exp\left(-\frac{E_a}{kT}\right) \qquad (3.73)$$

式中，$\sigma(T)$ 为电介质受温度影响后的电导率，$1/(\Omega \cdot cm)$；$\sigma_\infty$ 为温度无穷大时，电介质的最大电导率，$1/(\Omega \cdot cm)$；$E_a$ 为电介质材料的活化能，eV；$k$ 为玻尔兹曼常数，$1.38 \times 10^{-23}$ J/K；$T$ 为电介质温度，K。

将需要的温度值代入式(3.73)，就可以计算出对应的电介质电导率。

（4）电场 — 诱导电导率。

电场 — 诱导可以增加电介质内部载流子数量，同时可以提高载流子的运动速度，从而提高电介质的电导率。电场对电导率的影响为

$$\sigma(E,T) = \sigma(T) \frac{2 + \cosh\dfrac{\beta_F E^{1/2}}{2kT}}{3} \frac{2kT}{eE\delta} \sinh\frac{eE\delta}{2kT} \qquad (3.74)$$

式中，$\sigma(E,T)$ 为温度 $T$ 时的场诱导电导率，$1/(\Omega \cdot cm)$；$\sigma(T)$ 为温度 $T$ 时的电介质电导率，$1/(\Omega \cdot cm)$；$E$ 为电场，V/m；$T$ 为温度，K；$\beta_F$ 为与电介质材料相关的常数，$\beta_F = \sqrt{\dfrac{e^3}{\pi\varepsilon}}$；$\delta$ 为经验常数，取 $10^{-9}$ m。

可以看出，温度、电场对电介质电导率的影响相互关联。研究表明，辐射对电导率的影响是独立的，可以单独考虑。

（5）辐射 — 诱导电导率。

在没有辐射的情况下，电介质材料的电导率称为暗电导率。通常，暗电导率很低，其机理为电介质内部热运动激励产生的空穴 — 电子对，使电介质具有一定的导电性。电介质材料受到高能电子辐射后，产生的电离效应、轫致辐射效应、位移效应等能激励出次级电子，使电介质材料电导率有明显增加。辐射诱导引起电导率增加的部分称为辐射电导率，辐射电导率与入射电子在电介质材料中的能量损耗率成正比，用辐射剂量率表示可以得出

$$\sigma_r = k_p D^\Delta \tag{3.75}$$

$$\sigma = \sigma_0 + k_p D^\Delta \tag{3.76}$$

式中,$\sigma_r$ 为辐射电导率,$\Omega^{-1} \cdot cm^{-1}$;$k_p$ 为与电介质材料性能相关的系数,在 $0.6 \sim 1$ 之间取值,$s \cdot \Omega^{-1} \cdot cm^{-1} \cdot rad^{-1}$;$D$ 为电介质材料辐射剂量率,$rad \cdot s^{-1}$;$\Delta$ 为与电介质材料性能相关的系数,量纲为 $1$;$\sigma$ 为电介质总电导率,$\Omega^{-1} \cdot cm^{-1}$;$\sigma_0$ 为电介质材料暗电导率,$\Omega^{-1} \cdot cm^{-1}$。

常用电介质材料参数见表 3.20。

**表 3.20　常用电介质材料参数表**

| 参数 | 聚乙烯 | 聚酰亚胺 | 聚四氟乙烯 |
|---|---|---|---|
| 相对介电常数 | 2.5 | 3.4 | 2.1 |
| $\sigma_0 (\Omega^{-1} \cdot m^{-1})$ | $1.0 \times 10^{-16}$ | $1.0 \times 10^{-16}$ | $1.0 \times 10^{-16}$ |
| $k_p (s \cdot \Omega^{-1} \cdot m^{-1} \cdot rad^{-1})$ | $8.6 \times 10^{-15}$ | $2.0 \times 10^{-15}$ | $1.6 \times 10^{-15} / 8.8 \times 10^{-15}$ |
| $\Delta$ | 0.8 | 0.8 | 0.6/0.74 |
| 介电强度$(V \cdot m^{-1})$ | $2.7 \times 10^8$ | $1.9 \times 10^8$ | $7.8 \times 10^8 \sim 1.9 \times 10^8$ |
| 密度$(kg \cdot m^{-3})$ | $1.1 \times 10^3$ | $1.4 \times 10^3$ | $2.1 \times 10^3$ |

(6) 电介质内部不同深度的辐射剂量率。

高能电子入射到电介质内部到达最大射程之前的行程中将不断损失能量。入射电子能量大于 200 keV 时,能量损失随射程的增加变化为近似线性关系,即单位射程长度上的能量损失近似为常数。那么电介质内深度为 $x$ 处的电流密度为

$$J(x) = \gamma e \Phi(\rho x) \tag{3.77}$$

式中,$J(x)$ 为电介质内 $x$ 处的电流密度,$A/cm^2$;$\gamma$ 为电介质结构的几何因子,量纲为 $1$;$e$ 为电子电量,$C$;$\Phi(\rho x)$ 为射程 $\rho x$ 处的电子通量密度,$1/(cm^2 \cdot s)$。

电介质内部 $x$ 处的辐射剂量率为

$$D(x) = 1.92 \times 10^{11} J(x) \tag{3.78}$$

由式(3.78)可知,在一定能谱的入射电子辐射下,电介质内部的辐射剂量率随电介质内深度的变化而变化,由其诱导的辐射电导率同样随深度的变化而变化,不是一个常数。这就使电介质内辐射电导率的计算分析变得复杂。

(7) 延迟电导率。

辐射和电场会增加电介质材料的电导率。如果辐射或外加电场在施加一段时间后撤销,电导率将呈指数衰减至永久电导率,该永久电导率是在没有辐射和电场时的值(图 3.25)。注意,辐射会增强电介质材料的电导率,在辐射停止一段时间后,电导率会缓慢下降至其常态值。

Frederickson 给出的电场衰减方程为

$$E(t) \approx (r/\varepsilon)[1 - \exp(-t/r\varepsilon)] \tag{3.79}$$

式中,$t$ 表示时间;$r$ 表示电阻率;$\varepsilon$ 表示介电常数。

如 Frederickson 所强调的那样,衰减方程(3.79)并不能给出确切的数值,但是对于近

似地了解衰减时间常数是有帮助的。

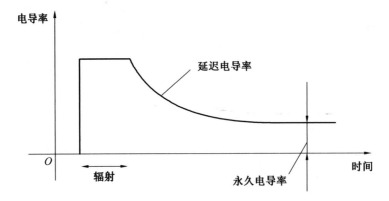

图 3.25　延迟电导率

# 第4章  静 电 放 电

静电放电(Electro-Static Discharge, ESD) 这个概念对于许多非专业人员来讲,也许感到比较陌生,但是在日常生活中,每个人都或多或少地经历过或观察过这一过程。在干燥的冬季,若从化纤衬衣上脱下毛衣,就会听到噼啪的响声,在暗处能观察到明亮的火花,用手触及衣服会有疼痛的电击感;在室内地板(甚至是一般的水磨石地板、瓷砖地板,更不用说木地板或化纤地毯了)上行走一段时间,去开门或开窗,当手触及金属门柄或金属推拉杆时,也会有电击感觉。有时在朋友见面之际,与朋友握手的瞬间,也常因两人所带静电电位不同而发生电击,这些都是人体静电放电的例子。

静电放电是发生静电灾害的必要条件。从实际的角度出发,工业生产和人类生活中的绝大多数静电灾害事故是由气体特别是空气中的静电放电引起的。因此,研究气体放电的物理过程、气体击穿的规律、静电放电的特点和类型对于防止静电灾害有着重要的意义。

## 4.1  气体放电的基本物理过程

### 4.1.1  激发与电离

**1.碰撞激发与碰撞电离**

在气体中放置电极,在电极上施加电压之后,电极之间就会形成电场,电极间气体的电子就会在电场的作用下向正极运动,而正离子则向负极运动。当一个电子碰撞一个气体原子时,电子的动能有一部分就可能传给原子。因为原子质量比电子质量大得多,所以如果电子传给原子的能量很少,原来静止的原子几乎不动,只是电子改变了运动方向,那么这种碰撞不会引起原子内部的变化,这种碰撞称为弹性碰撞。如果电子能量足够大,电子与原子碰撞后,可引起原子内部发生变化,即可使原子激发或电离,这种碰撞称为非弹性碰撞。

如果用符号 A 表示原子,用 $A^*$ 表示激发态原子,用 $A^+$ 表示电离态原子(即离子),那么电子与原子碰撞后就会发生下面的反应：

$$A + e \longrightarrow A^* + e$$
$$A + e \longrightarrow A^+ + 2e$$

(4.1)

如果电子动能比原子的电离能小，但仍比原子激发能大，那么电子和原子碰撞时，可以使原子 A 激发为 $A^*$，电子碰撞后因损失一部分能量，故速度减慢。如果电子动能比原子电离能大许多，那么在非弹性碰撞之后，除了电子传递给原子一部分能量外，仍保留一部分动能，它以较低的速度继续运动，并且原子 A 被电离释放出一个新电子，这种过程称为碰撞电离。除此之外，如果被激发的原子 A 再次与电子碰撞，那么电子的动能也可以传给激发态原子，而使其电离，这种电离称为分级电离，其反应式如下：

$$A^* + e \longrightarrow A^+ + 2e$$

(4.2)

表 4.1 给出了气体的激发能及电离能的数值。表 4.2 给出了金属蒸气原子的激发能及电离能的数值。

表 4.1　气体的激发能及电离能的数值

| 气体 | H | He | Ne | Ar | Kr | Xe | $O_2$ | $N_2$ | $CO_2$ | $H_2O$ | $J_2$ |
|---|---|---|---|---|---|---|---|---|---|---|---|
| 激发能 /eV | 10.60 | 20.60 | 17.72 | 11.72 | 10.56 | 9.54 | 7.90 | 6.30 | 3.00 | 7.60 | 2.30 |
| 电离能 /eV | 13.59 | 24.47 | 21.50 | 15.59 | 13.94 | 12.08 | 12.50 | 15.60 | 14.00 | 12.59 | 9.70 |

表 4.2　金属蒸气原子的激发能及电离能的数值

| 金属蒸气 | $Al$ | Fe | Cu | Zn | Ag | Cd | Se | Au |
|---|---|---|---|---|---|---|---|---|
| 激发能 /eV | $3.14^*$ | 0.85 | 1.38 | 4.00 | $3.57^*$ | 3.70 | $6.10^*$ | 1.14 |
| 电离能 /eV | 5.96 | 7.83 | 7.69 | 9.35 | 7.54 | 8.95 | 9.75 | 9.20 |

注：$*$ 表示谐振激发能，其他为亚稳态。

电离过程可以用电离系数 $\alpha$ 来表示，电离过程与电场强度 $E$ 和气体压强 $p$ 有关，因此电离系数 $\alpha$ 可以用下面的半经验公式进行计算：

$$\alpha/p = A\exp\left(-\frac{B}{E/p}\right)$$

(4.3)

式中，$A$ 和 $B$ 为实验常数（表 4.3）。

表 4.3　几种气体的实验常数 $A$ 和 $B$

| 气体 | $A$ | $B$ | $E/p$ 值 |
|---|---|---|---|
| $N_2$ | 90 | 2 571 | 752 ~ 4 511 |
| $H_2$ | 37.6 | 977 | 1 128 ~ 4 511 |
| Air | 113 | 2 244 | 752 ~ 6 015 |
| $CO_2$ | 150 | 3 504 | 3 759 ~ 7 520 |
| Ar | 90 | 1 353 | 752 ~ 4 511 |
| He | 23 | 256(188) | 150 ~ 1 128 |
| Hg | 150 | 2 782 | 1 500 ~ 4 511 |

### 2. 光激发与光电离

光电离有两种情况:一种是当原子中的电子从高能级跃迁到低能级时,多余的能量将以光子的形式释放出来,当光子的能量大于原子的电离能时,它就会发生光电离;另一种是用光照射气体,当光子能量大于原子的电离能时也会发生光电离。例如,在某些气体激光器中采用紫外光预电离的方法就是光电离的作用,然而光子的波长必须满足

$$\lambda \leqslant \frac{1\,242}{V_i} \tag{4.4}$$

式中,$V_i$ 为原子或分子的电离电位,单位为 V;$\lambda$ 为波长,单位为 nm。

### 3. 热激发和热电离

对气体粒子体系进行加温,当气体温度较高时,快速运动的粒子数目大增。这些高能运动粒子之间的相互作用,能使动能转变为它们的位能,于是气体粒子被激发或电离,这种现象称为热激发或热电离。在弧光放电和高温磁流体发电装置中,热激发和热电离过程起着重要的作用。这种现象在天体中也广泛存在,最早形成的人造等离子体就是由热电离和热激发过程产生的,火焰中加盐燃烧使火焰发射钠荧光面且使其有导电性就是一个很好的例子。

在高温下,气体中可能会发生一些电离过程,具体如下。

(1) 气体原子彼此之间碰撞造成的电离。因为气体温度很高,它们的动能或速度很高,碰撞时的能量转移能使气体原子电离。

(2) 炽热气体的热辐射造成气体的电离。

(3) 上述两种过程中产生的高能电子与气体原子碰撞,使之电离。

由气体放电产生的炽热气体可以认为是由电子、离子和中性原子组成的混合气体,这些粒子具有相同的热运动能量,即它们之间处于热力学平衡状态,并可以用一个温度参量来表征。这些粒子的分压强构成的混合气体的总压强为

$$p = p_a + p_i + p_e \tag{4.5}$$

式中,$p_a$、$p_i$ 和 $p_e$ 分别代表中性原子、离子和电子的分压强。根据物理化学的质量作用定律,上述分压强之间满足

$$\frac{p_i p_e}{p_a} = K(T) \tag{4.6}$$

式中,$K(T)$ 是由温度决定的热力学平衡常数。

设 $n$ 是中性气体原子原来的浓度,$n_e$ 和 $n_i$ 是电子和离子的浓度,$n_a$ 是热电离后中性原子的浓度,$\chi$ 是电离气体的电离度,则有

$$n_i = n_e = \chi n \tag{4.7}$$

$$n_a = n - n_i = n - n_e \tag{4.8}$$

于是炽热气体单位体积中的粒子总数为

$$n_a + n_i + n_e = n + n_i = n + n_e \tag{4.9}$$

热力学平衡条件下,粒子压强与粒子数成正比,即

$$\frac{n_i n_e}{(n + n_i)(n - n_i)} p = K(T) \qquad (4.10)$$

即有

$$\frac{\chi^2}{1 - \chi^2} p = K(T) \qquad (4.11)$$

从热力学原理可知,平衡常数 $K(T)$ 为

$$K(T) = \left(\frac{2\pi m}{h^2}\right)^{1/2} (kT)^{5/2} \exp\left(-\frac{eV_i}{kT}\right) \qquad (4.12)$$

代入有关常数,式(4.12)可写成

$$\frac{\chi^2}{1 - \chi^2} P = 3.2 \times 10^{-2} T^{5/2} \exp\left(-\frac{eV_i}{kT}\right) \qquad (4.13)$$

式中,$T$ 是混合气体的温度,单位是 K;$V_i$ 是气体的电离电位,单位为 V;$k$ 是波尔兹曼常数。式(4.13)也称为沙哈方程。

一般气体放电中混合气体的温度比较低,即电离度 $\chi$ 值较小,于是式(4.13)可改写成

$$\chi^2 p = 3.2 \times 10^{-2} T^{5/2} \exp\left(-\frac{eV_i}{kT}\right) \qquad (4.14)$$

如果考虑到粒子的统计权重,则沙哈方程为

$$\frac{\chi^2}{1 - \chi^2} p = 3.2 \times 10^{-2} \frac{g_e g_i}{g_a} T^{5/2} \exp\left(-\frac{eV_i}{kT}\right) \qquad (4.15)$$

式中,$g_e$、$g_i$ 和 $g_a$ 分别是电子、离子和中性原子的统计权重。

在已知气压和温度的条件下,利用沙哈方程可计算电离气体的电离度 $\chi$。考虑到大量带电粒子间的相互作用,计算过程中电离电位应采用修正后的数值,其值小于孤立原子的电离电位值。

沙哈方程也能用来测定不同气体的电离电位,尤其是测定碱金属蒸气原子的电离电位。例如,由实验测得某温度下金属蒸气的电导率,再从电导率 $G$ 和电子离子迁移关系 $G = en_e(\mu_1 + \mu_e)$ 求得 $n_e$,可得蒸气的电离度 $\chi$,于是通过沙哈方程可计算出这种金属原子的电离电位。

## 4.1.2 平均自由程

在气体中,一个运动的粒子碰撞一个粒子之后,再经过一段距离,又碰上一个粒子,这段距离称为"自由程"。然而这个自由程是无规则的,它的平均值称为平均自由程($\bar{\lambda}$)。

在图 4.1 中,假定粒子 2 是不动的,其半径为 $r_2$,粒子 1 的半径为 $r_1$。当粒子 1 通过粒子 2 附近时,如果两个球心的距离等于或者小于 $r_1 + r_2 = R$,则粒子 1 与粒子 2 相撞。所以,以粒子 1 从 $a$ 到 $d$ 所走的折线为中心线,以 $\pi R^2$ 为截面做成圆柱体,所有落在这个圆柱体中的粒子 2 的个数就等于粒子 1 和粒子 2 的碰撞次数。以 $z$ 表示粒子 1 行进一单位长度(1 cm)距离时的碰撞次数,$N$ 表示粒子 2 的密度(分子数 /cm³),于是有

$$z = \pi(r_1 + r_2)^2 N \tag{4.16}$$

式(4.16)的倒数,即两次相继碰撞之间的平均距离,就是平均自由程。

$$\bar{\lambda} = \frac{1}{\pi N(r_1 + r_2)^2} \tag{4.17}$$

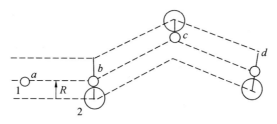

图 4.1　粒子 1 与粒子 2 的碰撞

如果粒子 1 与粒子 2 是同一气体分子,则 $r_1 = r_2 = r$,于是式(4.17)可改写为

$$\overline{\lambda_{\mathrm{m}}} = \frac{1}{4\pi r^2 N} \tag{4.18}$$

式中,$\overline{\lambda_{\mathrm{m}}}$ 是粒子的平均自由程(未考虑气体分子速度)。

如果粒子 1 是电子,粒子 2 是原子或分子,则 $r_1 \ll r_2$,式(4.17)就可以改写为

$$\overline{\lambda_{\mathrm{e}}} = \frac{1}{\pi r^2 N} = 4\overline{\lambda_{\mathrm{m}}} \tag{4.19}$$

式中,$\overline{\lambda_{\mathrm{e}}}$ 是粒子的平均自由程。

以上假设粒子 2 的速度比粒子 1 的速度小很多,可看成是相对静止的。

如果速度 $v_1$ 及 $v_2$ 可以比拟,则它们之间的相对速度为 $v = \sqrt{v_1^2 + v_2^2}$。这时仍可把粒子 2 看成是不动的,于是平均自由程可写成

$$\bar{\lambda} = \frac{v_1}{\pi(r_1 + r_2)^2 \sqrt{v_1^2 + v_2^2} N} \tag{4.20}$$

在同一种气体中,$v_1 = v_2$,$r_1 = r_2$,平均自由程为

$$\overline{\lambda_{\mathrm{g}}} = \frac{1}{4\sqrt{2}\,\pi r_1^2 N} = \frac{1}{\sqrt{2}}\overline{\lambda_{\mathrm{m}}} \tag{4.21}$$

式中,$\overline{\lambda_{\mathrm{g}}}$ 是粒子的平均自由程(考虑气体分子速度)。

由于电子比较小,因此它的平均自由程($\overline{\lambda_{\mathrm{e}}}$)比气体分子的平均自由行程($\overline{\lambda_{\mathrm{g}}}$)大,为

$$\overline{\lambda_{\mathrm{e}}} = 5.66\overline{\lambda_{\mathrm{g}}} \tag{4.22}$$

因为气体分子的密度 $N$ 和压强 $p$ 及温度 $T$ 有如下关系:

$$p = NkT \tag{4.23}$$

式中,$k$ 为玻尔兹曼常数,所以式(4.21)可改写为

$$\overline{\lambda_{\mathrm{g}}} = \frac{kT}{4\sqrt{2}\,\pi r_1^2 p} \tag{4.24}$$

## 4.1.3 带电粒子在气体中的运动

### 1.带电粒子的热运动

带电粒子在无场空间里的热运动与中性粒子的热运动一样,它们之间进行着频繁的弹性碰撞,在相继两次碰撞之间带电粒子的自由程变化是随机的,自由程反映着粒子间碰撞的概率。

自由程的分布函数可以通过粒子在一次碰撞以后的情况来推导。

如果一个粒子每秒钟平均碰撞了 $n_1$ 次,当它的平均速度为 $\bar{v}$ 时,则它在一定方向上运动 1 cm 平均碰撞了 $\dfrac{n_1}{v}$ 次,根据总碰撞截面的物理意义,这个次数即等于 $N\sigma$($\sigma$ 为碰撞截面)。假设单位面积、单位时间有 $n_0$ 个粒子从一个狭缝(在 $x=0$ 处)射入气体,一个粒子运动 $\mathrm{d}x$ 距离与气体分子碰撞的数目为

$$N\sigma\,\mathrm{d}x = \frac{n_1}{v}\mathrm{d}x \tag{4.25}$$

如果 $n$ 为运动了 $x$ 距离而没有受碰撞的粒子的数目,那么从 $x$ 到 $x+\mathrm{d}x$ 距离内从射束中散射出去的粒子数目(即在 $\mathrm{d}x$ 内进行碰撞的粒子数)为

$$\mathrm{d}n = -\frac{n_1}{v}\mathrm{d}x n = -N\sigma n\,\mathrm{d}x \tag{4.26}$$

式中,负号代表粒子数目的下降。

对式(4.26)进行积分,则有

$$n = A_0 \mathrm{e}^{-N\sigma x} \tag{4.27}$$

式中,$A_0$ 为积分常数。

由边界条件 $x=0,n=n_0$,可得

$$n = n_0 \mathrm{e}^{-N\sigma x} \tag{4.28}$$

参量 $N$ 显然与粒子的平均自由程有关。

取 $\mathrm{d}n$ 是自由程在 $x$ 到 $x+\mathrm{d}x$ 之间的粒子数,因为粒子总数乘平均自由程必定等于所有单个自由程之和,则平均自由程为

$$n_0\bar{\lambda} = \int_0^\infty x\,\mathrm{d}n \tag{4.29}$$

因为 $\mathrm{d}n = |\mathrm{d}n| = N\sigma n\,\mathrm{d}x = N\sigma n_0 \mathrm{e}^{-N\sigma x}\,\mathrm{d}x$,所以 $\bar{\lambda} = \int_0^\infty \dfrac{xN\sigma n_0 \mathrm{e}^{-N\sigma x}\,\mathrm{d}x}{n_0} = \dfrac{1}{N\sigma}$,亦即有

$$n = n_0 \mathrm{e}^{-x/\bar{\lambda}} \tag{4.30}$$

式(4.30)就是自由程的分布函数。图 4.2 所示为粒子数按自由程的分布曲线,是一条指数式下降的曲线。从图 4.2 可以看出,自由程大于一个平均自由程的粒子数只有 37%,自由程为 3 个平均自由程的粒子数是非常少的。通过实验测得 $n/n_0$ 和 $x$ 的关系,再由式(4.30)就可以得到带电粒子的平均自由程。因粒子碰撞的平均自由程反比于相应

的碰撞截面,即 $\bar{\lambda}=1/N\sigma$,所以可以从平均自由程得出带电粒子碰撞的有效截面。

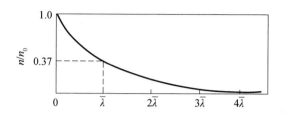

图 4.2　粒子数按自由程的分布曲线

**2. 带电粒子的扩散运动**

生活常识表明,当把一种有气味的气体放进一个空间时,该气体会散布到空间的任何一个地方,这是因为有气味的气体分子空间浓度不均匀,其在浓度梯度作用下会发生杂乱无章的热运动,故而导致该结果,这种粒子的运动过程称为扩散。带电粒子在气体放电等离子体中也具有扩散现象,扩散会直接影响气体放电的性质。

下面来讨论带电粒子 A 在粒子 B 中的扩散问题。

假设:

(1)A 粒子在空间的分布是不均匀的,B 粒子在空间的分布是均匀的;

(2)A 粒子的浓度远小于 B 粒子的浓度;

(3)A 粒子具有相同的平均速度 $\bar{v}$ 和平均自由程 $\bar{\lambda}$;

(4)A 粒子的浓度只在一个方向上变化,如图 4.3 所示。

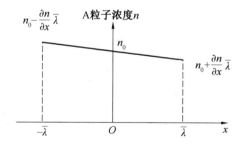

图 4.3　A 粒子浓度分布示意图

由于 A、B 粒子会发生大量碰撞,而 A 粒子数又远小于 B 粒子数。所以 $\bar{\lambda}$ 在整个空间里是常数,与 A 粒子的浓度无关。A 粒子的平均速度 $\bar{v}$ 取于它们与 B 粒子之间的能量交换,所以 $\bar{v}$ 在整个空间也是常数。

首先考虑 A 粒子浓度在空间均匀变化的情况,即浓度梯度是常数,而且不随时间变化。

在 $x=0$ 处,A 粒子的浓度设为 $n_0$,沿 $x$ 轴的浓度梯度为 $\dfrac{\partial n}{\partial x}$,则在任一点 $x$ 处的浓度为

$$n = n_0 + \frac{\partial n}{\partial x} x \tag{4.31}$$

显然，A 粒子是从左向右扩散的。

为计算在 $x=0$ 处从左向右穿过垂直于 $x$ 轴平面的粒子数，就要考虑所有在该平面左面的 A 粒子。根据分子运动论，粒子在所有方向上的运动概率都相同，所以向正 $x$ 方向运动的粒子数只有总数的 1/6，而且这些粒子只有在离 $x=0$ 平面很近距离内的那部分能在 $\bar{\lambda}/\bar{v}$ 时间内穿过该平面。换言之，在 $x=0$ 到 $x=-\bar{\lambda}$ 之间的 A 粒子的 1/6 部分能在 $\bar{\lambda}/\bar{v}$ 时间内走过 $\bar{\lambda}$ 距离而穿过 $x=0$ 平面。

于是，单位时间内从左向右穿过 $x=0$ 平面的 A 粒子数量 $J'$ 为

$$J' = \frac{1}{6\tau} \int_{-\lambda}^{0} n \, \mathrm{d}x = \frac{1}{6\tau} \int_{-\lambda}^{0} \left( n_0 + \frac{\partial n}{\partial x} x \right) \mathrm{d}x = \frac{1}{6} \left( n_0 \bar{v} - \frac{1}{2} \bar{\lambda} \bar{v} \frac{\partial n}{\partial x} \right) \tag{4.32}$$

式中，$\tau = \bar{\lambda}/\bar{v}$。

同样，单位时间内从右向左穿过 $x=0$ 平面的 A 粒子数量 $J^*$ 为

$$J^* = \frac{1}{6\tau} \int_{0}^{\lambda} n \, \mathrm{d}x = \frac{1}{6} \left( n_0 \bar{v} + \frac{1}{2} \bar{\lambda} \bar{v} \frac{\partial n}{\partial x} \right) \tag{4.33}$$

所以，单位时间内从左向右通过 $x=0$ 平面的净 A 粒子数量 $J$ 为

$$J = J' - J^* = -\frac{1}{6} \bar{\lambda} \bar{v} \frac{\partial n}{\partial x} = -D \frac{\partial n}{\partial x} \tag{4.34}$$

上述推导中做了许多假设，一般情况下在考虑粒子自由程的分布时，式(4.34) 右边的系数应为 1/3。

在三维空间里有

$$J = -D \nabla n \tag{4.35}$$

式中，$D$ 为扩散系数，表征粒子流量速率与其浓度梯度之间的比例常数，表达式为

$$D = \frac{1}{3} \bar{\lambda} \bar{v} \tag{4.36}$$

式(4.35) 中，负号代表粒子的流动与浓度梯度方向相反，即粒子从浓度高处向低处流动。当粒子浓度梯度为零，即均匀分布时，粒子就停止流动了。对于带电粒子，式(4.35) 等号的左方也显示出单位时间内流过垂直于流动方向单位平面的粒子净数值。

以上情况是浓度不随时间变化的场合，实际情况下粒子的浓度梯度也随时间而变化，下面讨论这种情况下的扩散。

考虑在垂直于 $x$ 方向有一厚度为 $\mathrm{d}x$ 的单位面积薄层，该薄层位于 $x$ 到 $x+\mathrm{d}x$ 处。A 粒子在这里的扩散怎样影响其中粒子数的变化呢？这可以从粒子在 $x$ 进入薄层又在 $x+\mathrm{d}x$ 离开薄层的数目去推导，如图 4.4 所示。

如果在 $x$ 处粒子的浓度梯度为 $\frac{\partial n}{\partial x}$，则在 $x+\mathrm{d}x$ 处粒子的浓度梯度为

$$\left( \frac{\partial n}{\partial x} \right)_{x+\mathrm{d}x} = \left( \frac{\partial n}{\partial x} \right)_{x} + \frac{\partial}{\partial x} \left( \frac{\partial n}{\partial x} \right) \mathrm{d}x \tag{4.37}$$

单位时间沿 $x$ 轴正向进入薄层的粒子数为

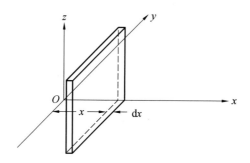

图 4.4 空间薄层示意图

$$-D\left(\frac{\partial n}{\partial x}\right)_x \tag{4.38}$$

单位时间内在 $x+\mathrm{d}x$ 处离开薄层的粒子数为

$$-D\left(\frac{\partial n}{\partial x}\right)_{x+\mathrm{d}x}=-D\left(\frac{\partial n}{\partial x}\right)_x - D\frac{\partial^2 n}{\partial x^2}\mathrm{d}x \tag{4.39}$$

那么在薄层内粒子的增量为

$$-D\left(\frac{\partial n}{\partial x}\right)_x + D\left(\frac{\partial n}{\partial x}\right)_x + D\frac{\partial^2 n}{\partial x^2}\mathrm{d}x = D\frac{\partial^2 n}{\partial x^2}\mathrm{d}x \tag{4.40}$$

单位时间、单位体积内粒子数的变化速率为

$$\frac{\partial n}{\partial t}=D\frac{\partial^2 n}{\partial x^2} \tag{4.41}$$

通常,在三维空间里扩散引起的粒子数变化速率为

$$\frac{\partial n}{\partial t}=D\left(\frac{\partial^2 n}{\partial x^2}+\frac{\partial^2 n}{\partial y^2}+\frac{\partial^2 n}{\partial z^2}\right)=D\nabla^2 n \tag{4.42}$$

可根据初始条件和边界条件,求得在任意时间、任意空间一点上粒子的浓度。

式(4.42)也可以写成

$$\frac{\partial n}{\partial t}=\nabla(D\nabla n) \tag{4.43}$$

因为 $J=-D\nabla n$,则有

$$\frac{\partial n}{\partial t}=-\nabla J \quad \text{或} \quad \frac{\partial n}{\partial t}+\nabla J=0 \tag{4.44}$$

式(4.44)就是连续性方程,该方程在气体放电等离子体动力学中是非常有用的。

如果考虑在 $x=0$ 处,$t=0$ 时有 $n_0$ 个粒子,要想知道因为扩散,在 $t=t$ 时 $x$ 到 $x+\mathrm{d}x$ 处有多少个粒子,可利用拉普拉斯(Laplace)变换,导出扩散方程式(4.42)之解,即在 $t=t$ 时 $x$ 到 $x+\mathrm{d}x$ 处的粒子浓度为

$$n=\frac{n_0}{\sqrt{4\pi Dt}}\mathrm{e}^{-x^2/4Dt}\mathrm{d}x \tag{4.45}$$

式(4.45)就是高斯(Gauss)概率分布函数。随着时间的增加,$n/n_0$ 将逐渐减少,粒子的分布将越来越趋近于均匀分布。

若粒子允许在三维空间里均匀扩散,则式(4.45)中的 $x$ 可用 $r$ 替代,即有 $r^2=x^2+$

$y^2 + z^2$，又若在 $t = 0$ 时原点处粒子浓度为 $n_0$，则离原点 $r$ 处在 $t = t$ 时，粒子浓度 $n$ 为

$$n = \frac{n_0}{(4\pi Dt)^{3/2}} e^{-r^2/4Dt} \qquad (4.46)$$

可得

$$r^2 = -4Dt \ln\left[\frac{n}{n_0}(4\pi Dt)^{3/2}\right] \qquad (4.47)$$

式（4.47）给出了在离原点 $r$ 处，不同时刻 $t$ 有不同 $n/n_0$ 值，在这里可得粒子扩散位移平方的平均值。该数值通常被用来估计带电粒子从放电空间扩散所占的体积。

粒子位移的平方平均值满足

$$n_0\overline{r^2} = \sum_0^\infty r^2 n = \int_0^\infty r^2 \mathrm{d}n \qquad (4.48)$$

在球形放电条件下，$\mathrm{d}n$ 是在半径为 $r$、厚度为 $\mathrm{d}r$ 的球壳层中的粒子数，表达式为

$$\mathrm{d}n = n4\pi r^2 \mathrm{d}r \qquad (4.49)$$

故

$$\overline{r^2} = \frac{1}{n_0}\int_0^\infty n4\pi r^4 \mathrm{d}r = \frac{1}{n_0}\int_0^\infty \frac{n_0}{(4\pi Dt)^{3/2}}e^{-r^2/4Dt}4\pi r^4 \mathrm{d}r = 6Dt \qquad (4.50)$$

$\overline{r^2}$ 是粒子在三维空间里按球体扩散的位移平方的平均值。在直角坐标系里，有

$$\overline{r^2} = \overline{x^2} + \overline{y^2} + \overline{z^2} \qquad (4.51)$$

如果粒子是沿一个方向从一薄层区域里向外扩散的，则有

$$\overline{x^2} = 2Dt \qquad (4.52)$$

对于圆柱形的放电条件，粒子在 $xy$ 方向扩散时，有

$$\overline{r^2} = \overline{x^2} + \overline{y^2} = 4Dt \qquad (4.53)$$

如果在这种电离通道里存在着电子和正离子，由 $D = (1/3)\lambda\overline{v}$ 可知，电子的 $\overline{v}$ 比离子的大很多（通常高出三个数量级），因此电子的扩散位移也就比离子的大很多。

在研究电子和离子的扩散时，除了考虑电子和离子的质量和速度的差别外，还要注意与其周围气体粒子的质量和速度的差别。实验发现，离子的扩散系数比在相同条件下同种中性粒子的小很多。

### 3. 带电粒子的漂移运动

当气体中存在电场时，其中带电粒子的运动与它们的无规则热运动有所不同，即在电场作用下在粒子的热运动上又叠加了沿电场方向的定向运动，这种运动称为带电粒子的漂移运动。

放电空间里存在着正、负带电粒子和中性粒子，在均匀电场作用下，正、负带电粒子做定向运动，正离子向阴极方向移动，电子和负离子向阳极方向运动。如果它们在 $\mathrm{d}t$ 时间内分别移动了 $\mathrm{d}x_i$ 和 $\mathrm{d}x_e$ 距离，并使电极上产生的面电荷密度的变化量为 $q_i$ 和 $q_e$，则有

$$q = q_i + q_e = en_i\mathrm{d}x_i + en_e\mathrm{d}x_e \qquad (4.54)$$

式中，$n_i$、$n_e$ 是正、负带电粒子的浓度；$e$ 是电荷量。那么，在离阴极 $x$ 距离处的电流密度为

$$j(x) = \frac{dq}{dt} = e n_i v_{di} + e n_e v_{de} \tag{4.55}$$

式中，$v_{di}$、$v_{de}$ 是正、负带电粒子的漂移速度。

在外回路里，总电流密度为 $J = \int j(x)dx$，放电回路中的电流为 $I = \int_A J dA$，在普通辉光放电中，$A$ 就是电极的表面积，显然放电电流直接正比于带电粒子的速度。由此可知，在电场作用下粒子的漂移速度是很重要的。

在电场作用下，带电粒子受到的力为

$$F = eE = m \frac{dv_d}{dt} \tag{4.56}$$

式中，$E$ 为电场强度；$m$ 为粒子质量。

在真空中，粒子的速度为

$$v_d = \int \frac{eE}{m} dt \tag{4.57}$$

但是，在气体中，由于带电粒子与周围各种粒子发生碰撞，因此会改变运动方向，会损失能量，即在每一次碰撞时带电粒子会在电场方向上丧失很大一部分的速度。形成电流的漂移速度是指在电场方向测得的速度，存在大量碰撞时，带电粒子的平均漂移速度与电场强度直接有关，也与气体的浓度有关。因此，可以用单位强度电场作用下的粒子漂移速度来表征它的运动状态，即迁移率 $\mu$，其单位为 $m^2/(V \cdot s)$。

$$\mu = v_d / E \tag{4.58}$$

### 4.1.4 复合

带电粒子的消失主要有两个途径：空间复合和扩散到电极及器壁上再复合。复合是电离的相反过程。在稳定自持放电时，带电粒子的产生和消失是动态平衡的。放电空间的复合主要是电子与正离子的复合，称为电子复合；正离子与负离子的复合，称为离子复合。电子复合又包括辐射复合、离解复合和双电子复合的两体复合过程及三体复合过程。

**1. 辐射复合**

当一个接近正离子的电子被俘获时，离子恢复为中性分子或原子，分子或原子回到基态，同时发射出光子。如果电子的动能很小，则发射出的光子能量便等于电离能，即

$$h\nu = eU_i \tag{4.59}$$

式中，$h$ 为普朗克常数；$\nu$ 为光子的频率；$U_i$ 为原子或分子的电离电位。

如果电子有动能 $W_K$，则复合时发出的光子能量为

$$h\nu = eU_i + W_K \tag{4.60}$$

辐射复合发射出光子的频率 $v$ 和电子动能有关，最低的频率为 $v_{min} = eU_i/h$，由原子或分子的电离能决定，对应于电子的动能为零。由于电子的能量不同，通常呈现出麦克斯韦

分布规律,因此复合发射出来的光谱呈连续谱特征。

在许多情况下,被俘获的电子并不直接进入基态,而短时间地停留在较高能级的激发态,然后再转到基态。在这个过程中,除由复合发出的辐射外,还发出电子从激发态跃迁到基态的辐射,这些光子对应于该原子的特征谱线。其反应式表征如下:

$$A^+ + e \longrightarrow A^* \longrightarrow A + h\nu \tag{4.61}$$

式中,A、$A^*$、$A^+$ 分别表示原子、激发态原子、电离态原子即离子。

### 2. 离解复合

一个分子离子(如 $AB^+$)和具有一定动能的电子相结合之后,分子分解为两个或几个中性原子(如 $AB^*$),这些中性原子不一定在基态。多余的能量将转为原子的动能或势能($\Delta W$)。其反应式如下:

$$AB^+ + e \longrightarrow (AB^*) \longrightarrow A + B^* + \Delta W \tag{4.62}$$

激发态的原子(如 $B^*$)发射出光子之后回到基态:

$$B^* \longrightarrow B + h\nu \tag{4.63}$$

### 3. 双电子复合

一个自由电子被激发的原子俘获,多余的能量把原子中另一个电子移到高能级。这样,原子有两个电子处在高能级,称为复激发原子,它是很不稳定的。原子可以通过两种不同方式回到稳定状态:

$$A^* + e \longrightarrow A^{**}$$
$$A^{**} \longrightarrow A^+ + e \tag{4.64}$$

复激发原子成为离子,放出电子,称为"自电离"。但复激发原子也可以发出光子而回到基态:

$$A^{**} \longrightarrow A + h\nu \tag{4.65}$$

这种过程称为双电子复合。

### 4. 三体复合

三体复合过程有两种方式:两个重粒子和一个电子之间发生碰撞;一个重粒子和两个电子之间发生碰撞。其反应式为

$$A^+ + B + e \longrightarrow A^* + B + \Delta W \tag{4.66}$$

或

$$A^+ + e + e \longrightarrow A^* + e + \Delta W \tag{4.67}$$

### 5. 离子复合

当两个离子速度不是很大,并且互相接近时,负离子的电子有机会转到正离子上,使两个离子都成为中性粒子,这种过程称为离子复合。由于正、负离子的质量、平均速度等基本一样,在弹性碰撞时,离子可以失去大部分动能,因此碰撞之后离子速度变得很低。

正、负离子接近的时间也比较长,因此正、负离子复合的机会也会比电子复合的机会多得多。

在许多气体中,中性分子趋于附着在离子上,增加了离子的质量和尺寸,这个过程称为"集团成形"。附着在离子上的中性分子不必同类。即使在惰性气体中,也可以观察到这种大离子团。当这些多原子的离子复合时,维持中性粒子和离子在一起的力消失了,于是复合之后将出现两个以上的分子。

离子复合过程和离子浓度及中性分子浓度有关。离子产生库仑力,中性粒子的浓度决定了气体中的碰撞频率及平均自由程。距离一个离子(或电子)$x$ 处的电场强度为

$$E = e/(4\pi\varepsilon_0 x^2) \tag{4.68}$$

式中,$e$ 是电子的电荷。电场对另一带电体的作用力是 $eE$,所以

$$F = e^2/(4\pi\varepsilon_0 x^2) \tag{4.69}$$

当两个电荷的符号相反,并假设其中一个不动时,另一个将被第一个吸引,向它加速运动。离开静止的离子 $x$ 处的势能为

$$\int_x^\infty \frac{e^2}{4\pi\varepsilon_0 x^2} \mathrm{d}x = \frac{e^2}{4\pi\varepsilon_0 x} \tag{4.70}$$

气体原子的平均动能是 $(3/2)kT$。当此动能超过静止离子的势能时,复合将难以发生。这样在静止离子周围可以求得一个"有效吸引范围"或作用范围。在这个范围以外,相对于热运动,静电力将不起作用。为了求这个范围的半径 $d_0$,令动能和该点势能相等即

$$\frac{3}{2}kT = \frac{e^2}{4\pi\varepsilon_0 d_0} \tag{4.71}$$

于是有

$$d_0 = \frac{e^2}{6\pi\varepsilon_0 kT} \tag{4.72}$$

令离子间的平均距离为 $a_0$,且

$$a_0 = \left(\frac{1}{n_{0i}}\right)^{1/3} \tag{4.73}$$

式中,$n_{0i}$ 是正离子的初始浓度。如果 $a_0 < d_0$,则在静电力的作用下,负离子可能被正离子俘获;如果 $a_0 > d_0$,则负离子在被俘获之前将扩散掉。这就是静电力对复合过程的作用。

当气压比较高、离子浓度比较小时,离子和气体分子经多次碰撞,才能和相反极性的离子相遇,甚至有时两者碰不上。相反,在低气压下,离子可以不经过和气体分子相碰撞而到达其他离子。所以,复合过程不但和静电作用力有关,而且和中性气体的密度有关。

有意义的正、负离子复合过程是相互中和的两体复合及中性粒子作为第三体的稳定的三体复合。

正、负离子在两体碰撞中相互中和的反应式可表示为

$$A^+ + B^- \longrightarrow A^* + B \tag{4.74}$$

而中性粒子稳定的三体复合是发生在正、负离子互相靠近时与中性分子碰撞而产生

的复合,其反应式为

$$A^+ + B^- + M \longrightarrow A^* + B + M \tag{4.75}$$

式中,A、B是原子;M是中性原子或分子。

# 4.2 汤生放电与气体击穿

20世纪初,J. S. Townsend(汤生)和他的学生在系统地研究气体放电规律的基础上,总结得出了汤生理论。该理论很好地解释了均匀场低气压条件下的电子碰撞气体分子形成电子崩,使放电达到自持的过程,并给出了击穿判据和击穿电压的计算公式。

## 4.2.1 气体放电的伏安特性

一切电流通过气体的现象称为气体导电或气体放电。气体放电的形式多种多样,在研究气体放电现象时,通常把放电分成两大类,一类是非自持放电,另一类是自持放电。放电从非自持放电过渡到自持放电的现象,称为气体的击穿。电流通过气体时会出现许多特殊现象,放电的性质与气体、气压、采用的电场种类及施加的电场参数等有关。下面以一个典型的气体放电实验为例来说明放电特性。

图4.5所示为低气压直流放电回路示意图。该放电回路由三部分组成:直流电源、放电管及高阻限流电阻。放电管包括阴极 K、阳极 A 及充入气体的圆柱形玻璃管或金属管等。

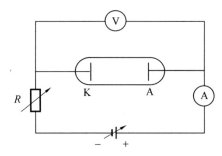

图 4.5　低气压直流放电回路示意图

气体放电时,放电空间(阴-阳极间)会产生大量的电子和正离子,在极间电场作用下,它们将做迁移运动,形成电流。由于正离子的质量大,运动缓慢,因此会在放电空间形成正的空间电荷,这有利于电子向阳极运动,使得放电管能在较低电压下获得较大的电流。管压降与放电电流的关系称为气体放电的伏安特性。图4.6所示为低气压(几百帕气体)放电管的伏安特性曲线,可将它分成七个区。

Ⅰ区(OC段)属于非自持放电。非自持放电是指起始的带电粒子是由外界电离源所引起的,当外界电离源取消时,放电就立刻停止。例如,用紫外光或放射性射线照射放电管,管内气体就可产生一定的带电粒子数,当电极上施加某一电压时,电极空间的带电粒

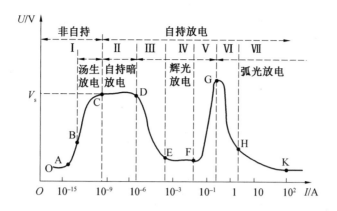

图 4.6 低气压放电管的伏安特性曲线

子便在电场的作用下运动而形成电流,即产生了气体放电现象。若这时去掉外电离源,带电粒子数的减少将导致放电不能维持而熄灭。实验表明,非自持放电的电流范围约为 $10^{-20} \sim 10^{-12}$ A。起初,在 OA 段(非自持放电电离区)电流随电压的增加而增加,但是电流上升变化得比较缓慢;继续提高电压,在 AB 段(非自持放电饱和区),电流会呈指数关系上升,一直到饱和电流,这时所有阴极放出的电子与气体中的电子都被吸引到阳极,电流不再随电压的增加而增加;但是当所加电压再升高时,电流又迅速上升,放电达到另一个阶段,即汤生放电阶段(BC 段),这时电子在电场中加速,产生碰撞电离等过程,使自由电子迅速增加,电流上升。

Ⅱ 区(CD 段)为自持暗放电区。自持暗放电是指去掉外置电离源的条件下放电仍能维持的现象,这时介质的电导率通过再生电离抵消复合及其他损耗机理得以维持,从而产生持续的放电。C 点所对应的电压即为着火电压 $V_s$(绝缘击穿电压),管压降接近于电源电压。但此时放电电流仍很小,发光微弱,因此称为暗放电。

Ⅲ 区(DE 段)为过渡区,也称前期辉光放电区。自 D 点起,继续提高电压,放电发生新的变化。电流以超指数函数的形式增长,而电压不但不增高反而下降,一直下降到 E 点,同时在放电管中气体发生了电击穿,可观察到耀眼的电光。这是很不稳定的过渡区域,若回路电流稍有增加,则很快向 E 点转移。

Ⅳ 区(EF 段)为正常辉光放电区。在此区域内,若使电流增加,则管压降几乎维持不变直到 F 点。此时,放电管出现明暗相间的辉光,辉光放电之名就是由此而得。

Ⅴ 区(FG 段)为反常辉光放电区。在此区域内,随着电流的增加管压降也增加。

Ⅵ 区(GH 段)为辉光跃变到电弧放电的区域。

Ⅶ 区(HK 段)为弧光放电。放电时管内出现明亮的弧光,管压降较低,电流较大。

从上述伏安特性来看,曲线上的各区代表了不同的放电形式,而这些放电形式有其内在的联系。本章的目的主要是研究气体的击穿过程。汤生首先在实验的基础上解释了气体放电从非自持到自持这一现象,下面将对此进行详细介绍。

## 4.2.2 汤生放电理论

1903年,汤生第一个提出了气体击穿的理论 —— 电子雪崩理论也称汤生放电理论,并于1910年发表了"击穿判据"等。这一理论开始应用于非自持放电、自持暗放电及过渡区,后来罗戈夫斯基对该理论进行一些修改和补充,把它扩展到辉光放电。把非自持和自持暗放电称为汤生放电或雪崩放电。

### 1.电子雪崩理论

首先汤生进行了气体放电实验。在一个很粗的放电管中,气体压强固定在 101 kPa,电场强度 $E=25$ kV/cm 不变,发现如果无紫外光照射,管中没有一个电子,全部是中性粒子,那么无论在电极间加多高的电压,都不可能发生电离或放电。因此,为了产生放电,必须有种子电子(初始电子)。种子电子的产生可来源于界面发射,如人工加热阴极发射电子或自然界中高能宇宙射线、放射线、紫外线等,它们入射到放电管中会引起电离从而产生电子。这种种子电子在电场作用下的迁移运动强于无规则的热运动,而且种子电子在向阳极运动的路程上使气体粒子碰撞电离,新产生的电子向阳极运动时同样也能使气体粒子电离,于是电子向阳极运动愈来愈多,带电粒子像雪崩式的增值,此种现象称为电子雪崩或称为电子繁流。

汤生放电理论是汤生提出的放电开始的理论,它是气体放电的第一个定量的理论。按照这一理论,放电空间带电粒子的增值,是由下述三种过程形成的。

(1)电子向阳极方向运动,与气体粒子频繁碰撞,电离产生大量电子和正离子。

(2)正离子向阴极方向运动,与气体粒子频繁碰撞,也产生一定数量的电子和正离子。

(3)正离子等粒子撞击阴极,使其发射二次电子。

汤生放电理论就是根据上述的三种过程,引入三个系数 $\alpha$、$\beta$ 和 $\gamma$ 来定量地表征气体的电离过程。这三个系数通常又称为汤生第一电离系数、汤生第二电离系数和汤生第三电离系数。

汤生第一电离系数 $\alpha$ 也称电子对气体的体积电离系数,即一个电子在从阴极向阳极运动的过程中,在电场作用下每行进 1 cm,它与中性气体粒子做非弹性碰撞所新产生的电子－离子对数目,或所发生的电离碰撞数,这种电离过程也称为 $\alpha$ 过程。

汤生第二电离系数 $\beta$ 也称正离子的体积电离系数,即一个正离子在从阳极向阴极运动的过程中,每行进 1 cm,它与中性气体粒子做非弹性碰撞所产生的电子－离子对数目,即由正离子所产生的电离碰撞数,这种电离过程也称为 $\beta$ 过程。实际上,在通常的放电中,$\beta \approx 0$,因为正离子只有在获得相当于几千电子伏的能量时,才能有效地电离原子。而正离子在足够长的自由程中获得电离碰撞所必需的上述能量的概率是很小的,所以一般可以不考虑 $\beta$ 过程。

汤生第三电离系数 $\gamma$ 也称正离子的电极表面电离系数,即正离子等撞击阴极表面时平均从阴极表面逸出的次级电子数目(二次电子发射),这种电离过程也称 $\gamma$ 过程。除正离子外,还有亚稳态原子、光子等碰撞阴极也可能产生次级电子,因此实际上阴极表面发生的基本过程所引起的电子发射过程均称为 $\gamma$ 过程。$\gamma$ 过程对放电电流的贡献十分重要,实验也发现气体的击穿电压值与阴极材料的性质密切相关,因为不同阴极材料对电子从其内部逸出所需的能量要求明显不同。

$\alpha$ 和 $\beta$ 与放电气体的性质、气体压强和给定放电点的电场强度等有关,而 $\gamma$ 与气体性质、电极材料和离子能量等有关。

### 2. $\alpha$ 过程

电子与中性粒子碰撞而使之电离的 $\alpha$ 过程,对放电的发展起了重要的作用。假设有一个平板形电极的气体空间,当电极上加以一定的电压后,从阴极发射的初始电子在电场的作用下向阳极运动,其间不断地与气体粒子发生着碰撞。当电场强度足够大时,将产生电离碰撞。若一个电子从阴极出发,经一次电离碰撞就多出一个新电子,这样原先的一个电子变成了两个电子;当这两个电子继续向阳极运动时,若发生第二次电离碰撞,则电子数就由两个变成了四个;若这四个电子在运动中还能发生电离碰撞,那么就有八个总电子数。如此循环下去,电子数不断增多,这种现象称为电子雪崩或电子繁流。若在放电空间取一 $\mathrm{d}x$ 薄层,横截面为单位面积,有 $n_{e0}$ 个电子从阴极方向进入 $\mathrm{d}x$ 薄层($n_{e0}$ 是外界作用使阴极在单位时间内发射的电子数,相应地由外界作用从阴极逸出的光子电流为 $i_{e0}$)。由于 $\alpha$ 过程中 $\mathrm{d}x$ 层内将产生 $\mathrm{d}n_{ex}$ 个电子,显然有

$$\mathrm{d}n_{ex} = n_{ex}\alpha\,\mathrm{d}x \tag{4.76}$$

取 $x=0,n_{ex}=n_{e0}$ 为边界条件,并令 $\alpha$ 与 $x$ 无关,对式(4.76)进行积分有

$$n_{ex} = n_{e0}\,\mathrm{e}^{\alpha x} \tag{4.77}$$

由式(4.77)可以看出,电子浓度随空间距离 $x$ 按指数规律增长,此式就是气体放电中电子雪崩规律的理论公式。

取空间距离 $x$ 为极距 $d$,显然到达阳极的电子数为

$$n_{ed} = n_{e0}\,\mathrm{e}^{\alpha d} \tag{4.78}$$

到达阳极的放电电流表达式为

$$i_{ed} = i_{e0}\,\mathrm{e}^{\alpha d} \tag{4.79}$$

在 $n$ 个电子中应该有 $n-n_0=n_0(\mathrm{e}^{\alpha d}-1)$ 个电子为电子雪崩产生的新电子($n_0$ 为种子电子),如果新的电子碰撞气体原子并引起电离,则也应该有相同的正离子数打到阴极上。

### 3. $\gamma$ 过程

当 $n_{e0}(\mathrm{e}^{\alpha d}-1)$ 个正离子轰击阴极时,由 $\gamma$ 作用,单位时间内又会有 $\gamma n_{e0}(\mathrm{e}^{\alpha d}-1)$ 个新电子(二次电子)由阴极表面逸出。这些二次电子又成为第二代电离倍增作用的种子,与初始电子相同,在 $\alpha$ 作用下到达阳极的电子数增至 $\delta n_{e0}\mathrm{e}^{\alpha d}$,其中 $\delta$ 为放电电离增长率,即

$$\delta = \gamma(\mathrm{e}^{\alpha d}-1) \tag{4.80}$$

与此同时,增加的离子也会再次由 $\gamma$ 作用产生第三代电离倍增的种子。依此类推,可以认为第四代、第五代 …… 的电子倍增作用会无限进行下去。最后,把所有到达阳极的电子数相加,得到单位时间到达阳极的电子数为无穷等比级数,即

$$n_{ea} = n_{e0}\,\mathrm{e}^{ad} + \delta n_{e0}\,\mathrm{e}^{ad} + \delta^2 n_{e0}\,\mathrm{e}^{ad} + \cdots = \frac{n_{e0}\,\mathrm{e}^{ad}}{1 - \delta} = \frac{n_{e0}\,\mathrm{e}^{ad}}{1 - \gamma(\mathrm{e}^{ad} - 1)} \tag{4.81}$$

相应的总放电电流为

$$i_{ea} = \frac{i_{e0}\,\mathrm{e}^{ad}}{1 - \gamma(\mathrm{e}^{ad} - 1)} \tag{4.82}$$

一般情况下,$i_{ea}$ 大于 $i_{e0}$ 几个数量级,因此 $\alpha$、$\gamma$ 越大,$i_{ea}/i_{e0}$ 就越大。

对于 $\alpha$、$\gamma$ 值已有许多科学工作者进行了大量的实验测量工作,获得了许多数据。下面对 $\alpha$、$\gamma$ 两个系数做一些定性的分析讨论。

**4. 汤生第一电离系数 $\alpha$**

在如图 4.5 所示的低气压直流放电回路平行平板电极间加上电压,形成一均匀电场,并以从阴极表面发出的光电子作为初始电子,测量由碰撞电离作用而增加的电流。图4.7 是实验测得的空气中不同 $E/p$ 条件下,放电电流与极间距离的函数关系。因为 $\alpha$ 值的大小与自由程内电子从电场获取的能量有关,而能量的大小与电场强度成正比,也与自由程 $\lambda_e$ 成正比,即与充气气压 $p$ 成反比,因此图中电流的对数值与 $E/p$ 成正比。图中直线的截距与放电电流 $i_0$ 有关,其斜率即为各个 $E/p$ 的 $\alpha$ 值,由此可通过实验确定一定条件下的此值大小。还有,从变化 $p$ 的一系列实验结果可知,$\alpha/p$ 是 $E/p$ 的函数。

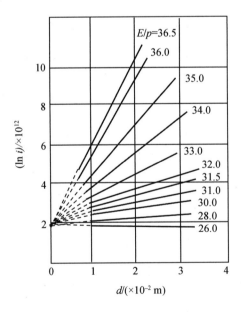

图 4.7 $\ln i$ 与极距 $d$ 的关系

为导出这种关系的理论公式,进行如下假定。

(1)当电子在电场 $E$ 中行进 $x$ 距离所得到的能量 $eEx$ 大于等于中性粒子的电离能 $eV_i$

时,电离概率为 1;而小于其电离能时,电离概率为零。

(2) 电子的能量全部从电场获取,与中性粒子碰撞时,电子将失去全部能量。

于是,由 $eEx = eV_i$ 得到 $x = V_i/E$。

设电子在气体中运动的平均自由程为 $\overline{\lambda_e}$,由粒子按自由程分布的规律可知,电子的自由飞行距离大于 $x$ 的概率,即 $n/N = \exp(-x/\lambda_e) = \exp(-V_i/E\lambda_e)$。根据统计力学中的各态历经假说,既然在大量的电子中有上述百分比的电子可电离原子,那么对一个电子而言,它在一个自由程上电离气体粒子的概率也为 $\exp(-V_i/(E\overline{\lambda_e}))$。

自由程的倒数 $1/\lambda$ 是一个电子在 1 cm 里的平均碰撞次数,它乘电离概率 $n/N$ 时为行进 1 cm 距离的电离次数,即可给出

$$\alpha = \frac{1}{\overline{\lambda_e}} \exp\left(-\frac{V_i}{E\overline{\lambda_e}}\right) \tag{4.83}$$

因为 $\overline{\lambda_e}$ 与气体密度成反比,即与气体的压力成反比,令

$$1/\overline{\lambda_e} = Ap \tag{4.84}$$
$$B = AV_i \tag{4.85}$$

式中,$A$、$B$ 是与气体性质有关的常数,可以由实验确定。则式(4.83)可改成

$$\frac{\alpha}{p} = A \exp\left(-\frac{B}{E/p}\right) \tag{4.86}$$

由式(4.86)可知,$\alpha/p$ 是参量 $E/p$ 的函数,即

$$\frac{\alpha}{p} = f\left(\frac{E}{p}\right) \tag{4.87}$$

此结果首先由汤生提出,电离系数 $\alpha$ 依赖于压强和电场。式(4.87)能正确反映实际情况,说明汤生建立的电子雪崩物理模型反映了这类气体放电过程的本质。

### 5. 汤生第三电离系数 $\gamma$

$\gamma$ 系数是放电开始理论的第三个系数,又称为正离子的表面电离系数。它表示平均每个正离子打到阴极上所引起的次级电子发射数,也称为阴极二次电子发射。正离子引起次级电子发射的能量主要来源于电离能。当正离子运动到阴极表面时,与阴极材料中的自由电子复合,同时释放出电离能,某些其他电子得到此电离能时,这些电子可以克服阴极材料对它们的束缚能(或称逸出能)而离开阴极。一般而言,影响 $\gamma$ 系数大小的有以下几个因素。

(1) 若气体的电离电位高,阴极的逸出功低,则 $\gamma$ 值就大。

(2) 正离子的动能大小也直接影响 $\gamma$ 值的大小,因为正离子被阴极吸收后的动能将变为零,这些动能同样被转变为逸出电子的能量。

(3) $\gamma$ 值的大小还与阴极表面附近的 $E/p$ 值有关。

图 4.8 所示为惰性气体离子的 $\gamma$ 值与 $E/p$ 的关系。从图 4.8 中的实验曲线可以看出,$\gamma$ 与 $E/p$ 关系出现了极小值,原因是当 $E/p$ 值较大时,正离子在一个平均自由程内获得的能量随 $E/p$ 的增加而增大,正离子轰击阴极的平均动能也大,并使 $\gamma$ 值增大;反之,当 $E/p$

较小时,虽然正离子动能随 $E/p$ 的下降而减小,并使 $\gamma$ 值减小,但当电子在一个平均自由程中从电场中得到的能量减小至与气体粒子的激发能相近时,激发概率上升,结果使阴极附近的光子数或激发原子数增多,这种因素作用于阴极同样引起 $\gamma$ 值的增加。另外,实验表明正离子的入射角也影响 $\gamma$ 值,通常存在一个最佳的入射角。

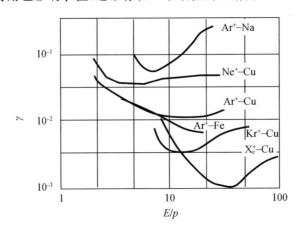

图 4.8 惰性气体离子的 $\gamma$ 值与 $E/p$ 的关系

## 4.2.3 气体击穿与帕刑定律

### 1.自持放电条件与击穿判据

式(4.82)表示了非自持放电电流增长的规律和过渡到自持放电的条件。这里,假设 $\delta = \gamma(e^{ad}-1) < 1$,如果停止紫外线照射,不再补充初始电子,即 $i_{e0}=0$,那么由式(4.82)可知,此时 $i_{ea}=0$,电流不会持续。但当 $\gamma(e^{ad}-1)=1$ 时,式(4.82)的分母为零,所以尽管 $i_{e0} \to 0$,那么 $i_{ea}$ 就可以是不为零的有限值。也就是说,即使无紫外线,凭借少量的偶然电子作为种子电子,也能在电极间产生持续的电流,维持放电的继续。由此,汤生提出了放电的开始条件为

$$\delta = \gamma(e^{ad}-1) = 1 \tag{4.88}$$

式(4.88)称为汤生自持放电条件,也称为击穿判据。它的物理意义是:如果最初从阴极逸出一个初始电子,则该电子在加速的同时不断进行碰撞电离,到达阴极时电子数增至 $e^{ad}$。在这个过程中生成的离子数就相当于从这些电子数中减去一个电子,即 $e^{ad}-1$,这些正离子最终通过 $\gamma$ 作用,产生二次电子。如果二次电子数 $\gamma(e^{ad}-1)$ 至少为1,那么这些二次电子就可以作为种子与初始电子一样产生连续的电流,从而使放电持续进行,换句话说,仅由电子 $\alpha$ 作用来产生初始电子时,电流在经过一个脉冲后会终止。但如果同时加上离子的 $\gamma$ 作用,就会不断地从阴极补充种子电子而使放电自然地持续下去,这就是自持放电的含义所在。

一般情况下,当 $\gamma$ 与1相比,1与 $e^{ad}$ 相比,前面量均可以忽略不计时,式(4.88)可以简

化为

$$\alpha d = \ln \frac{1}{\gamma} \tag{4.89}$$

推广到不均匀电场时,因为场强 $E$ 处处不等,所以 $\alpha$ 是位置的函数,故击穿判据为

$$\int_0^d \alpha \, \mathrm{d}x = \ln \frac{1}{\gamma} \tag{4.90}$$

气体放电的击穿电压实验证明了汤生放电理论的正确性,因此长期以来汤生理论一直被认为能够反映客观实际的情况。

**2. 帕刑定律**

如前所述,两个放电电极间的电压增加时,放电电流随之增加;当两个放电电极间的电压增加至某一临界值时,放电电流会骤然增长,于是放电就从汤生放电(非自持放电)突然过渡到某一种自持放电,这种现象通常称为气体的击穿,这个瞬间电压称为着火电压或击穿电压,击穿条件由式(4.88)来描述。

在气体放电的汤生理论建立之前,1889 年,帕刑在实验室中发现,对于平行板电极系统,在其他条件保持不变的情况下,均匀电场中击穿电压 $V_s$ 是气体压力 $p$ 和放电间隙 $d$ 乘积的函数。尽管两个放电管的 $p$ 和 $d$ 值不同,但只要 $pd$ 乘积相等,则击穿电压 $V_s$ 就相等,这就是著名的帕刑定律。帕刑定律提出后,很多人对它进行了研究,结果证明这种关系在 $p = 10^{-2} \sim 2\,400$ Torr, $d = 5 \times 10^{-4} \sim 20$ cm, $T = -15 \sim 860$ ℃ 的范围状态下都成立,而且这一定律在球间隙那样的准均匀电场($d$ 小于等于球半径)下也适用。此关系可用汤生理论来解释,这也是汤生理论的重要成功的一个部分。

这里假定气体的击穿取决于阴极处电子的次级发射,即由 $\gamma$ 过程所产生的电子引起了放电空间电子的雪崩,于是击穿条件可用式(4.89)表示。

由式(4.86)可知

$$\alpha = Ap \exp\left(-\frac{Bp}{E}\right) \tag{4.91}$$

在均匀而无空间电荷的电场中,$E = V_s/d$。因此式(4.91)可改写成

$$\alpha = Ap \exp\left(-\frac{Bpd}{V_s}\right) \tag{4.92}$$

将式(4.92)代入式(4.89),则有

$$\ln \frac{1}{\gamma} = Apd \exp\left(-\frac{Bpd}{V_s}\right) \tag{4.93}$$

或

$$\frac{1}{Apd} \ln \frac{1}{\gamma} = \exp\left(-\frac{Bpd}{V_s}\right) \tag{4.94}$$

式(4.94)两边再取对数,有

$$\ln\left[\frac{1}{Apd} \ln \frac{1}{\gamma}\right] = -\frac{Bpd}{V_s} \tag{4.95}$$

所以,得到击穿电位的表达式为

$$V_s = \frac{Bpd}{\ln\dfrac{Apd}{\ln(1/\gamma)}} = f(pd) \tag{4.96}$$

在气体种类和阴极材料都确定的情况下,式中 $A$、$B$ 和 $\gamma$ 都是可知的常数,即温度不变时,$V_s$ 仅是 $pd$ 乘积的函数,式(4.96)即称为帕刑定律。

图 4.9 是空气、$H_2$ 和 $CO_2$ 的击穿电位 $V_s$ 随 $pd$ 变化的实验结果(均匀电场下的击穿电压)。应该注意到 $V_s$ 与 $pd$ 的关系在某些区域里是线性的,但是并不一定只是线性关系。

从图 4.9 可以看出,帕刑曲线具有的特征:曲线首先下降,然后上升,具有一个最低值;在最低值的左边曲线很陡,而曲线右边则比较平坦。当 $pd$ 值从小变大时,有两个矛盾的因素在起作用:一方面由于压力的增加,因此电子与原子碰撞数目在增加,从而有利于放电;另一方面由于平均自由程的减小,因此电子在每个自由程上从电场获得的能量在减少,从而不利于放电,击穿电压就取决于这两个因素的对比。在 $pd$ 值很小时,如果 $pd$ 值增加,碰撞次数或比例增大,而电离概率却变化不大,其结果就使得电离次数具有增长的趋势。此时若要使放电管着火,只需要较低的电压即可,因此 $V_s$ 随着 $pd$ 值的增加而下降。但是,在 $pd$ 值很大时,电子在每个平均自由程中从电场获得的能量较少,因此随 $pd$ 值的增加电子能量却减少,使得电离概率成比例地减少,导致着火电压上升。与此同时,总碰撞次数却随着 $pd$ 值的增加而成比例地增加,使着火电压有下降的趋势。这两个因素的作用互相抵消,结果使着火电压上升不多,所以特性曲线上升显得比较平坦。

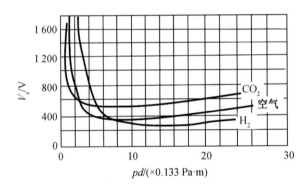

图 4.9　平面电极的 $V_s$ 与 $pd$ 的关系($T = 20$ ℃)

# 4.3　静电放电的定义和特点

## 4.3.1　静电放电的定义

静电放电(ESD)是指带电体周围的电场强度超过周围电介质的绝缘击穿场强时,因电介质发生电离而使带电体上的静电荷部分或全部消失的现象。

通常把非故意的、偶然产生的 ESD 称为 ESD 事件。在实际情况中,产生 ESD 事件往往是物体上累积了一定的静电荷,对地静电电位较高。带有静电荷的物体通常称为静电源,它在 ESD 过程中的作用是至关重要的。

## 4.3.2　静电放电的特点

### 1. 静电放电是高电位、强电场、瞬时大电流的过程

由静电放电的定义可以看出,静电放电是由带电体周围的电介质发生电击穿、电离引起的。电介质的电击穿是指电介质在强电场作用下,其绝缘性能遭到破坏,由绝缘体变为导体的过程。使电介质发生电击穿的临界场强称为击穿场强,相应的电压称为击穿电压。必须指出:使电介质发生电击穿,从而引起静电放电的最直接的因素是电场强度,而不是电压,因为电压除与场强有关外,还与发生放电的带电体(又称电极)之间的距离有关。例如 $SiO_2$ 膜的击穿场强为 $1 \times 10^9$ V/m,这个值很大,但对于 M OS 器件栅极的 $SiO_2$ 膜,由于该膜典型厚度为 100 n m,即 $10^{-7}$ m,因此击穿电压只有 $1 \times 10^9 \times 10^{-7} = 100$ V,即加在栅氧化膜之间的电压只有 100 V 时,就可能导致膜击穿而发生静电放电。由此可以看出,静电放电是一个伴随着强电场的过程,但高电位应该注意适用的场所或领域。

另外,过去人们认为静电放电是一种高电位、强电场、小电流的过程,其实这种看法并不完全正确。的确有些静电放电过程产生的放电电流比较小,如后面将要介绍的电晕放电,但是在大多数情况下静电放电过程往往会产生瞬时脉冲大电流,尤其是带电导体或手持小金属物体(如钥匙或螺丝刀等)的带电人体对接地体产生火花放电时,产生的瞬时脉冲电流的强度可达到几十安培甚至上百安培。

### 2. 静电放电会产生强烈的电磁辐射形成电磁脉冲

过去人们在研究静电放电的危害时,主要关心的是静电放电产生的注入电流对电爆火工品、电子器件、电子设备及其他一些静电敏感系统的危害,以及静电放电的火花能对易燃易爆气体、粉尘等的引燃、引爆问题,而忽视了静电放电的电磁脉冲效应。但是,近年来随着静电测试技术、测量仪器及测试手段的迅速发展,使人们对 ESD 这一瞬态过程的认识越来越清楚。在 ESD 过程中会产生上升时间极快、持续时间极短的初始大电流脉冲,并产生强烈的电磁辐射形成静电放电电磁脉冲(ESD EMP),它的电磁能量往往会引起电子系统中敏感部件的损坏、翻转,使某些装置中的电爆火工品误爆,造成事故。目前 ESD EMP 已受到人们的普遍重视,作为近场危害源,许多人已把它与高空核爆炸形成的核电磁脉冲及雷电产生的雷电电磁脉冲相提并论。

总之,随着研究工作的深入,ESD 的特性越来越清楚地展现在人们面前。但是应当注意的是,实际的静电放电是一个极其复杂的过程,它不仅与材料、物体形状和放电回路的电阻值有关,而且在放电时往往还涉及非常复杂的气体击穿过程,因而 ESD 是一种很难重复的随机过程。上面介绍的仅仅是静电放电的主要特点,下面将讨论静电放电的主要类型。

# 4.4 静电放电的主要类型

前面讨论了气体的放电。实际上,固体电介质和液体电介质在外电场作用下也会发生击穿和放电。气体放电有很多种分类方法:按维持放电的条件可分为非自持放电和自持放电;按击穿程度可分为局部击穿和整体击穿;按电极间的电场分布可分为均匀电场放电和非均匀电场放电;按放电形态可分为电晕放电和火花放电等。从静电危害及其防护的角度考虑,这里主要介绍按放电形态的分类。

还必须指出,在研究静电放电和电介质击穿时,实际上是以金属电极间施加直流电压所形成的放电代替了真正意义上的放电。事实上,这两种放电是有区别的。首先,在静电放电的情况下,起放电源作用的静电荷并不像外加直流电源那样具有维持持续放电的能力,在很多情况下,它只能提供短暂发生的局部击穿能量。其次,在放电通道长度相同的条件下,静电放电释放的能量要比金属电极间产生的放电能量小得多,放电波形也要复杂一些。总之,静电放电较之外加直流电源的金属电极的放电要复杂,但仍常用对后者的研究代替对前者的研究。这不仅因为外加电源的金属电极的放电较之静电放电容易实现和重现,还在于这二者之间毕竟具有相似的规律。

## 4.4.1 电晕放电

电晕放电是发生在极不均匀的电场中,空气被局部电离的一种放电形式。若要引发电晕放电,通常要求电极或带电体附近的电场较强。对于两极间的静电放电,只有当某一电极或两个电极本身的尺寸比起极间距离小得多时才会出现电晕放电。例如,空气中两平行细线间的静电放电,只有当细线的半径 $r$ 与两线间距 $d$ 之比大于 5.85 时,才有可能产生电晕放电。否则,随着极间电压的升高,两极间将直接产生火花放电而不会产生电晕放电。除两平行细线电极结构之外,其他能产生电晕放电的典型电极结构还有圆柱筒与其轴线上的细导线构成的电极,细线或尖端与平板构成的电极。另外,处在空气中的带电体及接地体表面上有突起或棱角部分,当其带电体的电位足够高时也会产生电晕放电,这种放电有时称为尖端放电。

下面以尖端和平板电极结构为例,简单地介绍一下电晕放电的机制及其主要特点。如图 4.10 所示,当在两电极间施加一定的电压时,两极之间会产生一定的非均匀静电场分布,其中尖端附近的场强要比其他地方的场强强得多。当两极间的电压小于某一特定值 $V_c$ 时,极间任何部分的场强均未超过空气的击穿场强,两极间任何地方都不会产生显著的空气电离现象。但是两极间却有一定的电流流过,这一电流随外加电压的升高而增加,最终达到一饱和值,饱和电流的量级为 $10^{-14}$ A。这一电流是由宇宙射线和自然界中其他放射性射线在空气中产生的电子、离子对形成的。在海平面上,这些射线平均每秒钟在 1 cm³ 空气中产生 10 对电子、离子对,在稳定状态下,1 cm³ 空气中的电子、离子对的数

量约为 $10^3$ 个。

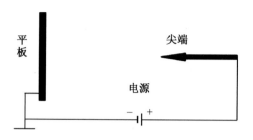

图 4.10　尖端－平板电极结构

当极间电压升高到某一特定值 $V_c$ 时,尖端附近的场强开始超过空气的击穿场强,进入这一区域的电子被电场加速可获得足够的能量,当它们与中性气体分子或原子碰撞时会引起电离,产生正离子和新的电子,新的电子也会以同样的方式产生下一代的离子、电子对。这样在尖端附近就像雪崩式地形成了电子崩。但是这一过程仅在尖端附近才能维持,而极间其他地方因场强较小而不能维持这一过程。在空气被电离的同时,也会产生空气分子或原子的激发,处于激发状态的分子或原子回到基态时会放出光,因此在产生电晕放电时尖端附近有时可以看到淡蓝色的光晕,这一放电过程由此被称为电晕放电。其实,形成电晕放电的最基本标志并不是出现电晕,而是放电电流由饱和电流 $10^{-14}$ A 突然增加到 $10^{-6}$ A 左右。

引发电晕放电的机制、阈值电压及放电产生的电晕的形态都与放电尖端的极性密切相关。根据放电尖端极性的不同,电晕放电被分为正电晕和负电晕两种。当放电尖端为阴极时,产生的电晕放电称为负电晕,形成负电晕的机制为汤生(Townsend)机制,即产生二次电子崩的次极电子是由正离子碰撞阴极表面引起阴极的电子发射而产生的。而当放电尖端为阳极时,产生的电晕放电称为正电晕。在这种情况下,阴极(平板电极)处的场强很弱,流向阴极的正离子难以从场中获取足够的能量引起阴极的二次电子发射,此时在尖端处维持放电过程的二次电子主要是由其附近的中性分子和原子的光电离提供的。从电晕放电产生的电晕的形状来看,负电晕是包围着放电尖端的均匀光晕圈,而正电晕则呈现出非均匀的丝状。一般来讲,正电晕的起晕电压要比负电晕的起晕电压高,但两者差别并不太大。

电晕放电是一种高电位、小电流、空气被局部电离的放电过程。在放电过程中,它产生的电流很小,约在 $1\,\mu\text{A}$ 到几百个微安之间,因此一般不具备引燃、引爆能力。而且电晕放电的许多特点还被人们广泛利用。如在静电除尘、静电分离以及防静电场所的静电消除和盖革－米勒计数器中都用到了电晕放电技术。但是电晕放电也有其有害的一面,尤其严重的是电晕放电会给许多系统造成电磁干扰。在一定的条件下,虽然引发电晕放电的电压是恒定的,但电晕放电产生的放电电流却呈现出周期性的脉冲形式,当放电电极为阴极时,电流脉冲重复频率可达到 $10^4$ Hz,而放电电极为阳极时,这一频率可达到 $10^6$ Hz,这一现象是由特里切尔(Trichel)于1938年发现的,被称为特里切尔脉冲。由于这些频率正好位于射频段,因此会产生强烈的射频干扰。这一现象将对航空、航天以及武器装备中的微电子系统产生不可忽视的危害。飞机、航天器的通信或导弹在飞行过程中,机壳或弹体上会因摩擦而产生静电,当静电电位足够高时可引发电晕放电,而电晕放电形成的电磁干扰会对飞机、航天器或导弹的制导系统产生干扰,造成通信中断或制导失灵,引发事故。另外高压输电线上的电晕放电会造成不必要的电力浪费。

## 4.4.2　火花放电

火花放电是电极间隙的气相空间突然被完全击穿所发生的放电。这时有明亮而曲折的光束在瞬间贯穿两极间的空间,并伴有剧烈的爆破声响,这是由放电通道的气体被急剧加热而迅速膨胀引起的(放电通道气体的温度有时可达 10 000 ℃)。

由于涉及空气的击穿,因此静电火花放电是一个非常复杂、多变的过程,根据气体击穿理论,形成空气击穿的机制主要有两种:汤生机制和流柱机制。这两种机制相辅相成,有各自的适用条件和范围。在空气击穿时,到底哪种机制起作用,主要取决于空气击穿前间隙的长度 $d$ 与气压 $p$ 的乘积,当 $pd$ 值较小时,击穿机制为汤生机制,而 $pd$ 值较大时,击穿机制为流柱机制。至于两种机制在 $pd$ 值为多大时可以相互替换,目前还没有统一的结论,有些结论甚至是相互矛盾的。不过总体来说,一般都认为当 $pd < 200$ Torr·cm 时,主要是汤生机制起作用。这一结论是对气压较小的非电负性气体的研究得出的,而对于常压下的空气的击穿,一般却认为在均匀场中当 $d < 5$ cm 时,主要是汤生机制起作用。而对于实际的火花放电,由于带电体的形状各不相同,放电时往往涉及非均匀电场,因此其击穿机制也不容易划分。另外,放电时带电体的电位不同,放电机制也不相同,带电体电位较低时产生的放电为汤生机制起作用,而带电体电位较高时产生的放电则为流柱机制起作用。

火花放电具有如下一些特点。

(1)发生火花放电时,放电通道成为导电性的,电极上积蓄的电荷瞬时被中和,放电火花随之消失。但如果电源回路有充分的能量供给,则火花放电将过渡为稳定发光放电的辉光放电或弧光放电。但在静电带电的情况下,由于向放电部分补给静电荷的速度,即带电电流是很小的,因此发生的气体放电仅限于火花放电和前述的电晕放电,而不会产生辉光放电和弧光放电。

(2)在均匀电场中,不存在预先的电晕放电阶段就可发生火花放电,即使在非均匀电场中,也只有当电场的不均匀度很大时,才会先经过电晕放电,而后发展为火花放电。

(3)在两个电极均为导体且极间距离又较小的条件下,最容易发生火花放电。由于带电导体发生放电时几乎可以一次性地全部释放出所储存的静电能,因此放电能量较大;又由于发生火花放电时极间距离短、放电通道一般又无分叉,因此放电能量在瞬间非常集中地释放。所有这些都使火花放电成为一种引燃能力很强的放电类型,因而危险性也最大。

### 4.4.3　刷形放电

刷形放电往往发生在导体与带电绝缘体之间,带电绝缘体可以是固体、气体或低电导率的液体。产生刷形放电时形成的放电通道在导体一端集中在某一点上,而在绝缘体一端有较多分叉,分布在一定空间范围内。根据其放电通道的形状,这种放电称为刷形放电。当绝缘体相对于导体的电位的极性不同时,其形成的刷形放电所释放的能量和在绝缘体上产生的放电区域及形状是不一样的。当绝缘体相对于导体为正电位时,在绝缘体上产生的放电区域为均匀的圆状,放电面积比较小,释放的能量也比较少。而当绝缘体相对于导体为负电位时,在绝缘体上产生的放电区域是不规则的星状区域,区域面积比较大,释放的能量也较多。另外,刷形放电还与参与放电的导体的线度及绝缘体的表面积的大小有关,在一定范围内,导体线度越大,绝缘体的带电面积越大,刷形放电释放的能量也就越大。一般来说,刷形放电释放的能量可高达 4 mJ,因此它可引燃、引爆大多数的可燃气体,但它一般不会引起粉体的爆炸。

## 4.4.4　沿面放电

沿面放电(又称传播型刷形放电)是指沿气体与固体电介质界面上的一种放电现象,或指固体电介质在气体中的表面击穿。当沿面放电发展成贯穿性的击穿时,称为闪络,闪络时电极间的电压称为闪络电压。

**1. 沿面放电发生的条件**

只有当固体电介质的表面电荷密度大于 $2.7 \times 10^{-4}$ C/m² 时才可能发生沿面放电。但在常温、常压下,如此高的面电荷密度较难出现,因为在空气中单极性固体电介质表面电荷密度的极限值约为 $2.7 \times 10^{-5}$ C/m²,超过时就会使空气电离。但是,当固体电介质两侧带有不同极性的电荷且其厚度较薄时(如小于 8 mm),就有可能出现这样高的表面电荷密度,此时固体电介质内部电场很强,而在空气中则较弱。当固体电介质一侧紧贴有接地金属板时,就可能出现这种高的表面电荷密度。另外,当电介质板被高度极化时也可能出现这种情形。当金属导体靠近带电绝缘体表面时,外部电场得到增强,也可引发沿面放电。刷形放电导致绝缘板上某一小部分的电荷被中和,与此同时它周围部分高密度的表面电荷便在此处形成很强的径向电场,该电场会导致进一步的击穿,这样放电沿着整个绝缘板的表面传播开来,直到所有的电荷全部被中和。沿面放电释放的能量很大,有时可达到数焦耳,因此其引燃引爆能力极强。实际上这种很高的表面电荷密度主要发生在气流输送粉料和灌装大型容器的设备为绝缘材质或金属材质带有绝缘层时。

**2. 影响闪络电压的因素**

在长期实验过程中,人们对影响闪络电压的几个重要因素的总结大致相同。其中主要包括：固体电介质介电常数、电介质表面粗糙度、解吸附气体、电极间距、电极形状以及温湿度等。

以粗糙度为例，图 4.11 为金相显微镜下聚酰亚胺（PI）材料闪络前后样貌变化，放大倍数为 200 倍，同时结合原子力显微镜（AFM）进行进一步观察（图 4.11 中右上角小图）。

图 4.11(a) 为闪络发生前样貌图，从金相显微镜下可以看出，此时 PI 样品表面整体均匀，只存在少量因加工、运输形成的划痕，在 AFM 下观察 PI 表面呈现均匀分布，断定此时样品表面粗糙度较小，闪络电压较低。随着闪络实验重复进行，图 4.11(b) 为闪络 5 次后样品表面情况，从图中可以看出明显的闪络痕迹，与大气环境沿面闪络相比，低气压闪络痕迹更为明显，在 AFM 下观察痕迹表面起伏不平，出现不均匀的山状突起，断定此时表面粗糙度增大，闪络电压升高。当闪络实验进行 15 次时，PI 样品表面凸起增大，同时出现较大的沟壑状凹痕，如图 4.11(c) 所示，由于产生的凹痕具有束缚电子、阻碍二次电子形成的作用，因此闪络电压再次升高。由此可见，随着闪络的重复进行，低气压中 PI 样品表面形貌不断变换，依次经历均匀、较大山丘状凸起、沟壑状凹痕三种演变。

对不同闪络次数 AFM 图像数据进行处理发现，随着闪络次数的增大，PI 样品表面粗糙程度也不断增大。当样品未发生闪络时，其表面粗糙度为 25 nm。当闪络发生 5 次时，PI 样品表面粗糙度增大至 47 nm。当闪络发生 15 次时，PI 样品表面粗糙度已达到 82 nm。样品粗糙度与闪络电压变化规律一致，PI 样品表面粗糙度变化是引发 PI 电压变化的原因之一。

固体电介质表面吸附气体的解吸附效应是沿面闪络的重要环节。在大气环境中发生闪络时，参与沿面闪络的主要气体为空气。闪络放电时，电介质表面空气被电离、消耗，被消耗的空气迅速由周围空气补充，使得每次闪络进行时，电介质表面的气体含量、成分几乎相同，因此电介质表面气体对沿面闪络影响较小。在 $3 \times 10^{-3}$ Pa 气压下，由于真空度较高，因此电介质表面的空气含量远小于大气环境，背景环境气体分子的平均自由程远大于电极间距，此时参与沿面闪络的气体主要来自电介质表面解吸附气体。解吸附是通过电子的能量转移以及电子激励等途径，将低能态气体分子激发到高能态，进而克服材料表面壁垒进入背景环境的现象。当电子与电介质表面吸附气体发生碰撞时，电子能量必将传递给气体分子。

假设电子与吸附气体分子发生弹性碰撞，根据能量守恒定理，气体分子获得最大动能为

$$\Delta E = 4E_i \frac{Mm}{(m+M)^2} \approx 4E_i \frac{m}{M} \tag{4.97}$$

式中，$M$ 为气体分子的质量；$m$ 为电子的质量；$E_i$ 为电子质量。由于气体分子质量远大于电子质量，因此电子、气体分子质量之和可近似看作气体分子质量。当电子与气体分子发生非弹性碰撞时，气体分子获得能量为

$$\Delta E = E_i \frac{m}{M} \tag{4.98}$$

由式(4.97)和式(4.98)可以看出，由于电子质量远小于分子质量，因此在碰撞过程

(a) 无闪络时PI表面

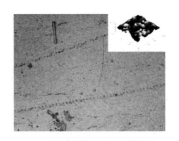

(b) 闪络5次时PI表面

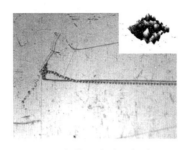

(c) 闪络15次时PI表面

图 4.11 PI闪络前后样貌

中,能量传递非常小,因此电子能量转移并非是造成吸附气体解吸附的主要原因。

根据 Franch – Condon 原理,电子跃迁是一个非常迅速的过程,当电子发生跃迁时,不会改变原子核的运动。因此在电子与气体分子碰撞时,电子激励作用远大于能量传递。电子的激励作用,不仅会使气体分子得到、失去电子,成为带电离子,还会使分子内部电子跃迁至更高能级,改变气体分子与周围固体分子的作用力,致使气体分子挣脱固体表面束缚。

上述四类静电放电的发生条件与主要特点见表4.4。

表 4.4 四类静电放电的发生条件与特点

| 放电类型 | 发生条件 | 特点及放电能量大概范围 | 引燃能力 |
|---|---|---|---|
| 电晕放电 | 当电极相距较远且在物体表面的尖端或突出部位电场较大处较易发生 | 有时有声光,气体电介质在物体尖端附近局部电离形成放电通道。针形感应电晕的单次脉冲放电能量不大于 $20\ \mu J$,有源电晕放电的单次脉冲放电能量则较此大若干倍 | 甚小 |
| 火花放电 | 主要发生在相距较近的带电金属导体间或静电导体间 | 有声光,放电通道一般不形成分叉,电极上有明显的放电集中点,释放能量大且比较集中 | 很强 |
| 刷形放电 | 在带电电位较高的静电非导体与导体间较易发生 | 有声光,放电通道在静电非导体表面附近形成许多分叉,在单位空间内释放的能量较小,一般每次放电能量不超过 $4\ mJ$ | 中等 |

续表4.4

| 放电类型 | 发生条件 | 特点及放电能量大概范围 | 引燃能力 |
|---|---|---|---|
| 沿面放电 | 仅发生在具有高速起电的场合,且当静电非导体的厚度小于8 mm,其表面电荷密度大于等于0.27 mC/m² 时较易发生 | 有声光,可将静电非导体上一定范围内所带的大量电荷释放,放电能量大 | 很强 |

# 4.5　静电放电的能量

静电灾害是静电放电火花作为点火源而引发的,因此估算静电放电的能量对于分析静电灾害的成因及其防护都有重要的意义。但由于导体和电介质放电的特性有很大不同,因此估算放电能量的方法也是不同的。

## 4.5.1　导体的放电能量

带电导体对接地体发生静电放电时,其储存的能量一般是一次性地全部释放,因此可按式(2.106)计算放电能量,也可将导体和接地体视作电容器,按式(2.101)或式(2.102)计算放电能量,即

$$W = \frac{1}{2}QU = \frac{1}{2}CU^2 \tag{4.99}$$

式中,$W$ 是放电能量,单位 J;$Q$ 是导体所带电荷量,单位 C;$U$ 是导体的静电电位,单位 V;$C$ 是导体对地的电容量,单位 F。

由此可见,只要测量出放电前导体的静电电位和电容,即可很方便地估算其放电能量。

## 4.5.2　电介质的放电能量

电介质对接地体发生静电放电时与导体有很大不同。电介质放电时一般不能通过一次放电将其积蓄的能量全部释放,而只是释放其中的一部分;随后,还可能发生第二次、第三次甚至更多次的放电。亦即电介质放电具有多次、间歇的脉冲性质。其总的放电次数以及每次放电释放出能量的多少都是随机的。因此,估算电介质的放电能量就不能使用式(4.99)了,而必须采用实验的方法。以下简单介绍一次放电测定法和大脉冲测定法这两种典型方法。

### 1. 一次放电测定法

设电介质放电时,转移无限小的电荷 $dq$ 所对应的放电能量为 $dW$,则有

$$dW = Udq \tag{4.100}$$

式中,$U$ 是放电轨迹上的起始点和最终点之间的电位差。故电介质一次放电中释放的总能量 $W$ 为

$$W = \int_0^q U dq \tag{4.101}$$

虽然原则上可按式(4.101)计算电介质的放电能量,但因为电介质表面一般不是等位面,且带电表面的形状、尺寸也难以精确地加以确定,所以在具体应用式(4.101)时是相当困难的。为此,可用电介质表面的最大电位,也即电介质与接地体之间的最大电位差 $U_m$ 取代式(4.101)中逐点变化的电位 $U$,这样可近似估算电介质的放电能量。于是式(4.101)可变为

$$W = \frac{1}{2}qU_m \tag{4.102}$$

式中,$q$ 是电介质发生一次放电中所转移的电荷总量。

### 2. 大脉冲测定法

首先,考虑导体对导体的放电。当两带电导体的间距一定时,放电时释放的能量为

$$W = \frac{1}{2}C(U_1^2 - U_2^2) \tag{4.103}$$

式中,$C$ 是两导体之间的电容量;$U_1$ 是放电前两导体间的电位差;$U_2$ 是放电后两导体间的电位差。

而在放电过程中相应转移的电量 $Q_t$ 则可表示为

$$Q_t = C(U_1 - U_2) \tag{4.104}$$

将式(4.104)代入式(4.103)得

$$W = U_1 Q_t - \frac{Q_t^2}{2C} \tag{4.105}$$

这样,只需测出放电前导体间的电位差、导体间的电容及转移的电量,即可求出放电能量。

其次,以上述的结果为基础,讨论带电绝缘体与导体间的放电,如带电塑料薄膜与接地金属球间的放电,如图 4.12 所示。当金属球不断向带电绝缘体表面接近时,将发生间歇性的脉冲放电,虽然其峰值电流和脉冲的间隔都是随机的,但偶尔却会出现可能成为点火源的大脉冲放电(在有关实验中,测量到大脉冲的持续时间小于 $30\ \mu s$,而且在金属球电极距带电绝缘体表面相当远处,如在 $30 \sim 40\ mm$ 以上就已开始发生了),这种大脉冲放电的特性与导体的放电十分相似,因此可从式(4.105)出发,并通过实验对其进行修正,得出带电绝缘体对导体的大脉冲放电能量的估算公式为

$$W = \alpha\left(U_{1d}Q_{td} - \frac{Q_{td}^2}{2C_d}\right) \tag{4.106}$$

式中，$U_{1d}$ 是带电绝缘体发生放电前的表面静电电位，可用静电电位计直接测量；$Q_{td}$ 是大脉冲放电时的电荷转移量，可用数字式暂态记录仪和电容器组合进行测量；$C_d$ 是微粉电容，其意义是大脉冲放电的电荷转移量 $Q_{td}$ 与相应的电位降 $\Delta U_d$ 之比；$\alpha$ 是修正系数，与具体实验和使用的电介质材料有关，对于图 4.12 中塑料薄膜放电，$\alpha$ 取 0.5。

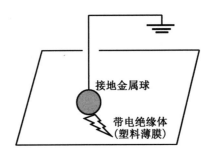

图 4.12　带电绝缘体(塑料薄膜)与导体(接地金属球)间的放电

在做更粗略的估算时，大脉冲放电的电荷转移量 $Q_{td}$ 也可由下述经验公式求出：

$$Q_{td} = 0.14D^{1.7} \tag{4.107}$$

式中，$D$ 是金属球的直径，单位 mm。

因此，可以说，带电绝缘体的放电能量取决于其初始电位和接近它的接地金属球的直径。

值得指出的是，带电绝缘体放电时出现的大脉冲个数一般不止一次，而且第一个大脉冲放电并不总是能够引燃的。总之，电介质的放电特性要比导体复杂得多，因此在实际生产中要借助于电介质的放电能量估计其致害的程度，应取审慎的态度，一般需通过具体的实验而不是理论公式才能获得较为可靠的数据。以上关于电介质放电能量估算的例子将会对生产过程中设计类似的实验有所帮助。

# 第5章 静电放电模型与试验

　　静电放电(ESD)是一个复杂多变的过程,常常使得研究者难以理解。加之 ESD 有许多不同的放电形式,能产生静电放电的静电源多种多样,而且同一静电源对不同的物体放电时产生的结果也不一样,即使同一静电源对同一物体放电,也会受气候、环境等条件的影响,难以得到具有重复性的放电结果。由于 ESD 的这种多变性,因此难以有效地对 ESD 的危害及其效应进行正确的评估。针对这一问题,人们对实际中各种可能产生具有危害的 ESD 的静电源进行了深入的研究,根据其主要特点建立了相应的 ESD 模型来模拟 ESD 的主要特征。

　　本章主要介绍人体模型(HBM)、人体 — 金属模型(BMM)、机器模型(MM)、带电器件模型(CBM)和家具模型等常见的 ESD 电路模型和几种典型的 ESD 数值模型,并介绍利用 ESD 模拟器开展的 ESD 模拟试验。

## 5.1　静电放电电路模型

### 5.1.1　人体模型

　　人体 ESD 模型简称人体模型。人体是产生静电危害的最主要的静电源之一,人们对人体静电及其放电过程研究得比较早,也比较深入,人体模型也比其他模型建立得更早。现有文献资料中的大部分静电感度数据都是以人体模型为基础得到的。

　　人体能储存一定的静电电量,因此人体明显地存在电容。人体也有电阻,人体电阻依赖于人体肌肉的弹性、水分、接触电阻等因素。其实人体也有电感,不过这一电感的量值很小,仅为零点几个微亨,大多数情况下可以不加考虑。因此大部分研究人员认为电容器串联一个电阻是较为合理的人体电路模型,如图 5.1 所示。

　　虽然电容器串联一个电阻的人体电路模型早已被人们广泛地接受,但是在如何选取典型的人体电容和电阻的值时却产生了很大的分歧。许多研究机构和研究人员为了确定这些参数的量值进行了许多测试和计算。因为人体电容和电阻不像常规的电容和电阻那样有明确的定义,人体电容与人体的身高、体重、衣着、鞋袜及地面和附近墙壁材料等因素

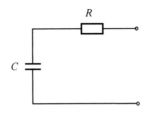

图 5.1　人体电路模型

有关,也与测试方法有关。人体电阻受放电时经过人体的放电途径及人体上的电压降等因素的影响,所以测试和计算的结果相差很大。下面介绍在确定和发展人体模型过程中几个典型的测试结果,从中可以看出这些人体参数的差异。

**1. 早期的人体模型**

(1) 美国国家矿务局的测试结果

1962 年,美国国家矿务局在其公告 520 中报道:通过对 22 个不同的人进行测试,可知人体电容值在 90～398 pF 之间,而 100 个不同的人两手之间电阻的平均值为 4 kΩ。这些测试结果为人们建立人体模型提供了数据。并在初期被许多电子公司所采纳。

(2) 早期电子工业所采用的人体模型的参数

在电子工业中,人体 ESD 造成器件损坏的事件经常发生,损失较大。因此电子行业中的许多研究者致力于人体放电模型的研究。他们采用参数测量、波形分析以及比较真实的人体放电和各种人体模拟电路放电对器件的损坏情况等方法,来确定典型人体模型的参数。其中较有代表意义的是 1976 年科克(Kirk)等人提出的测量方法。他们分别用高压电流通过 10 MΩ 的电阻把被测人体和 2 700 pF 的电容器充电到某一电压 $U$,之后分别让人体和电容器通过一个 1 kΩ 的电阻对地放电,并用电流探头和示波器采集放电电流波形,通过比较人体和电容器的放电电流的峰值来确定人体放电参数。根据这种测试方法,科克等人得到的人体参数为 $C_B = 132 \sim 190$ pF,$R_B = 87 \sim 190$ Ω。

由于人体个体差异较大,再加上许多研究者在测试中选取的人数不多,采用的测试方法也不尽相同,尤其是人体对地绝缘程度(如鞋、地面)不同,测试结果也不同,因此不同的研究者得到的人体参数相差很大。因此人们在建立人体模型时选取的参数各不相同。一般来说,在早期的电子工业中,人体模型所选取的电容值在 50～300 pF 之间,电阻值在 0～4 kΩ 之间。

**2. 标准的人体模型**

在广泛地研究、考查了电子行业中各种人体模型之后,美国海军司令部在 1980 年 5 月发布的 DOD1686 标准中规定了标准的人体模型。即用 100 pF 的电容器串联 1.5 kΩ 的电阻作为标准人体模型。这种模型参数很快被人们普遍接受,其原因与其说这种模型比较准确还不如说是为了达到一个统一。此后在 1988 年和 1989 年分别发布的 MIL－STD－1686A 标准和 MIL－STD－883C 标准中仍使用这一人体电路模型。在 MIL－

STD—1686A 中所规定的人体模型对敏感电子器件的测试电路如图 5.2 所示,其中的开关为无反弹高压继电器件的测试电路。而在 MIL—STD—883C 中,除了沿用标准的人体模型之外,还对 ESD 模拟器的放电电流波形做了一定的规定,即模拟器通过另一阻值为 1.5 kΩ 的无感电阻对地放电时,用带宽为 100 MHz 的示波器和特定的电流探头得到的放电电流波形与规定的波形相类似。

美国 ESD 协会标准 ESD STM5.1—1999 以及国际电工委员会标准 IEC 61340—3—1 不仅规定了标准人体模型的电路参数,而且还规定了放电电流波形及电流参数。在此,介绍与国际电工委员会标准 IEC 61340—3—1 有关内容。IEC 61340—3—1 中提到,电子元器件测试的 HBM ESD 波形发生器要规定通过短路和负载放电的电流波形。HBM ESD 波形发生器试验电路如图 5.3 所示。

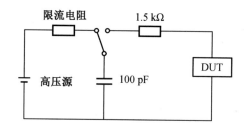

图 5.2 人体模型对敏感电子器件的测试电路

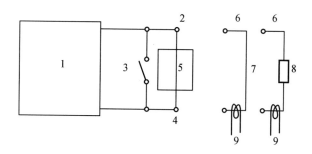

图 5.3 HBM ESD 波形发生器试验电路
1—HBM ESD 波形发生器(100 pF/1.5 kΩ);2,4— 接线端;3— 开关;5— 受试元器件;6— 放电负载;7— 短路电缆;8— 电阻 R = 500 Ω;9— 电流传感器

HBM ESD 典型的短路电流波形如图 5.4 所示,该图为通过 500 Ω 电阻放电的典型电流波形。

这里应当指出的是,上述的标准人体模型主要用于对电子器件的静电敏感度的测试。而在一些特殊行业中,根据行业的特点采用的人体模型应有所不同。如对电爆火工品进行静电敏感度测试时,根据 MIL—STD—1512 标准,采用的人体模型的参数为电容 500 pF、电阻 5 kΩ。而在汽车制造行业中,人体模型通常采用的参数为电容 330 pF、电阻 2 kΩ。

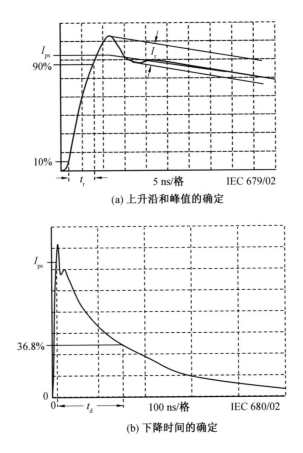

(a) 上升沿和峰值的确定

(b) 下降时间的确定

图 5.4　HBM ESD 典型的短路电流波形

$I_{ps}$— 放电电流峰值；$I_r$— 最大的振荡电流峰峰值，应小于 $I_{ps}$ 的 15％，且脉冲开始 100 ns
后不应观察到；$t_r$— 脉冲上升时间，2 ～ 10 ns；$t_d$— 脉冲衰减时间，(150±20) ns

## 5.1.2　人体－金属模型

　　人体－金属模型也称场增强模型，用来模拟带电人体通过手持的小金属物件，如螺丝刀、钥匙等，对其他物体产生放电时的情形。当带电人体手持小金属物件时，由于金属物件的尖端效应，因此其周围的场强大大增强，再加上金属物件的电极效应，导致放电时的等效电阻大大减小。因此在同等条件下，它产生的放电电流峰值比单独人体放电的要大，放电持续时间短。

　　最初在建立人体－金属模型时仍采用与人体模型相同的单 RC 电气模型，放电电容与人体模型的一样仍取 150 pF，而放电电阻却比人体模型的要小，取 500 Ω。随后经过一系列改进，国际电工委员会在 1984 年发布的静电放电测试标准 IEC－801－2 中首次采用人体－金属模型。标准中规定模型的基本电网络为单 RC 结构，放电参数 R 和 C 分别取 150 Ω 和 150 pF。

　　除此之外，该标准还对放电网络的放电电流波形提出了要求，当放电电压分别为

2 kV、4 kV、8 kV、15 kV 时,用带宽不低于 100 MHz 的测量系统进行测量时,测得它对特定的低阻抗接地靶放电的电流波形应具有标准中所给出的典型波型(图 5.5)的主要特点。

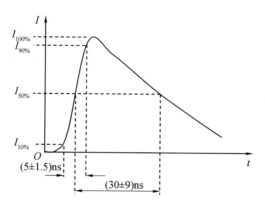

图 5.5　IEC－801－2 规定的放电电流波形

随着测量仪器的测量精度及带宽的不断提高,当用带宽超过 1 GHz 的测量系统对手持金属工具的人体进行系统的静电放电实验时,发现用带宽为 100 MHz 的测量系统不可能观测到真实波形,即在放电电流中有一上升速度很快,峰值很高的初始尖脉冲,尖脉冲之后的放电电流则与用带宽为 100 MHz 的测量系统测得的放电电流相差不大。经研究这一上升速度很快的初始尖脉冲与放电人体的手、前臂及手持的小金属物体对自由空间有大约 3～10 pF 的无感电容有关。当人体带电时,这一电容也被充电到人体带电电压水平,而放电时,由于这一电容值很小、无感,因此能产生上升时间很快(小于 1 ns)的初始放电电流尖脉冲。而后续的放电电流则是人体的体电容放电形成的,其电容值以及放电回路中的电阻和电感较大,因而产生的放电电流的上升时间较慢、峰值较小。根据这一现象,显然在建立人体－金属模型时采用单 RC 电气结构是不合适的,因此人们提出了双RLC 电气结构,图 5.6 所示为双 RLC 人体静电放电模型。

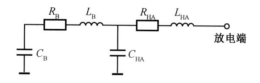

图 5.6　双 RLC 人体静电放电模型

图中 $C_B$、$R_B$、$L_B$ 分别为人体电容、电阻及电感,$C_{HA}$、$R_{HA}$、$L_{HA}$ 分别为手、前臂及手持的小金属物件的电容、等效电阻及电感。1991 年的 IEC－801－2 标准及其他一些标准中在模拟人体金属放电时均采用了这一电气模型。1995 年发布的 IEC 61000－4－2 标准中的模型参数为 $C_B = (150 \pm 15)$pF、$R_B = (330 \pm 33)\,\Omega$、$L_B = (0.04 \sim 0.2)\,\mu H$、$C_{HA} = 3 \sim 10$ pF、$R_{HA} = 20 \sim 200\,\Omega$、$L_{HA} = 0.05 \sim 0.2\,\mu H$。除此之外,与旧版的 IEC－801－2 标准一样,新版的标准也对模型的放电电流波形做出了要求,即放电电压分别为 2 kV、4 kV、6 kV、8 kV 时,用带宽不小于 1 GHz 的测量系统测出的放电网络的放电电流波形应与标准中给出的参考波形相吻合。

2008 年,IEC 发布了新版的 IEC 61000－4－2:2008 标准,主要内容包括一般性介绍、名词术语、测试级别、ESD 模拟器、测试设置、测试程序、测试结果评估和测试报告。另外,在所述标准的附录 B、附录 C 中给出了一些相关的解释性说明和模拟器校准电流靶的结构细节。图 5.7 所示为 IEC 61000－4－2:2008 标准规定的人体－金属模型静电放电的短路电流波形。

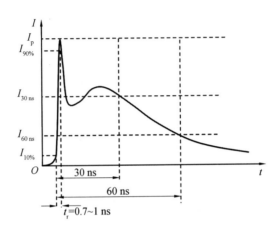

图 5.7　IEC 61000－4－2:2008 标准规定的人体－金属模型静电放电的短路电流波形

近年来,我国的电子行业已经开始重视电子系统的防静电测试,将静电放电抗扰度试验作为电子系统电磁兼容试验和测试的一项重要内容。我国等同采用了 IEC 61000－4－2:2008 标准的内容,2018 年发布了 GB/T 17626.2—2018 标准。

总之,在人体－金属放电过程中,包含高速、低速两种放电模式。高速放电模式与手、前臂及手持小金属物件的"自由电容"相联系,它产生的初始放电电流尖脉冲的上升速度很快,峰值很大,可产生强烈的电磁脉冲。因为它速度快,持续时间短,往往许多电子设备的 ESD 保护装置还没有来得及动作便已被侵入,造成设备的损伤,因此也较难防护。不过由于与之相联系的放电电容容量较小,其放电中释放的能量也较小,因此它造成的损伤往往是软损伤或形成随机干扰。而低速放电模式则与人体电容相联系,在放电时释放的能量较大,易引起意外爆炸及电子器件、系统的硬损伤等。这两种放电模式各具特点,人体－金属放电模型应能全面地反映出这两种不同的放电模式。

### 5.1.3　机器模型

机器模型用来模拟带电导体对电子器件发生的静电放电事件。机器模型的基本电路模型是,200 pF 的电容不经过电阻直接对器件进行静电放电。机器模型可模拟导体带电后对器件的作用,如在自动装配线上的元器件遭受带电金属构件对器件的静电放电,也可模拟带电的工具和测试夹具等对器件的作用。机器模型的电路原理如图 5.8 所示。

机器模型的电路配置与人体模型相同,不同的是机器模型包括 200 pF 的放电电容以及阻值尽可能低的放电电阻。机器模型可以看作是"最严酷"的人体模型。

　　机器模型静电放电模拟器研制开发过程中,由于电路很难做到足够低的电感,因此各种机器模型静电放电模拟器的差别很大。比对元器件机器模型和人体模型,测试结果表明,元器件对机器模型静电放电比人体模型静电放电更敏感。

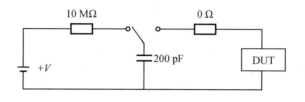

图 5.8　机器模型的电路原理

## 5.1.4　带电器件模型

　　随着器件生产和装配的现代化,对器件的大部分操作都是由自动生产线完成的,人体接触器件的机会相对减少,电子器件本身在加工、处理、运输等过程中可能因与工作面及包装材料等接触、摩擦而带电,当带电的电子器件接近或接触导体或人体时,便会产生静电放电。在生产线上带电器件静电放电对敏感电子器件造成的危害相当突出。通常用带电器件模型(CDM)来描述带电器件发生的静电放电现象。此模型是 1974 年由斯皮克曼(Speakman)等人最先提出的。带电器件模型描述的放电过程是器件本身带电引起的,所以带电器件模型失效是造成电子器件损坏、失效的主要原因之一。

　　实验证明,带电器件在带电时,大部分电荷都分布在金属管脚上,而在非金属的封装上仅带有少量的电荷。例如对某典型的 16 针双列直插(DIP)器件进行测试时,发现管脚上的电荷是可移动的,因而在放电时其放电电阻比较小。最初在模拟带电器件时采用单 RC 电气结构,其中 C 为带电器件的对地电容,它的容值与器件的管脚排列形式、封装结构及器件放置时的方位等因素有关,一般仅为几皮法;而 R 则为放电时器件内部放电通道的电阻,一般仅为几欧姆。

　　当用该模型对地放电时,得到的放电电流波形呈现出窄的单脉冲形状。后来考虑到 R 的值比较小,放电时管脚的电感对放电的影响不能忽略。因此,加上电感后现行采用的放电模型(图 5.9)是单 RLC 电气结构。其模型参数取值要根据器件的具体情况来确定。用该模型电路对地放电时,得到的放电电流波形为迅速衰减的正弦波。

　　CDM 的概念提出很长时间了,但建立一台 CDM ESD 测试仪很难,这是因为放电路径的寄生参数对 CDM ESD 脉冲影响很大。寄生参数与被试设备(DUT)尺寸大小以及放电头有关。目前有两种通用的 CDM ESD 测试仪器:一种是基于普通 CDM 的测试仪,这种仪器直接对被测试的静电放电敏感器件(ESDS DUT)进行测试,称作非插槽式(non-socketed)CDM 测试;另一种是将 DUT 元件放置在插槽中,通过插槽对 DUT 进行充放电,称作插槽式(socketed)CDM。

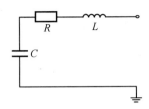

图 5.9　带电器件模型的电气结构

## 5.1.5　家具模型

家具静电放电指的是在计算机房或实验室内那些易于移动的家具,如椅子、小的仪器搬运车等,在摩擦或感应带电后对其他仪器设备产生的放电过程。对于家具 ESD 的研究最早是在 IBM 公司进行的。该公司为了加强其产品的防 ESD 能力,分别对三种形式的静电放电进行了研究,即人体 ESD、人体－金属 ESD 和家具 ESD。通过研究与比较,他们认为在同等的放电电位下,家具 ESD 产生的放电电流的峰值要比另外两种形式的 ESD 产生的电流峰值大,因此其造成的危害也就比较严重。

原则上说,任何家具都可能因某种原因而带电,但是那些体积较大,不易移动的家具,如大的文件柜、工作台等,带电和对其他电子设备产生 ESD 的机会都很小。因此对于家具静电放电的研究主要是针对容易移动而且在敏感的电子设备附近经常用到的那些家具进行的,其中最常见的有直背椅、转椅、小型搬动车、工具箱等。在建立 ESD 家具模型时仍采用与带电器件模型相同的 RLC 电气结构,如图 5.10 所示。其中 $C$ 为家具模型的储能电容,$R$ 为放电电阻,$L$ 为回路电感。在放电参数中储能电容 $C$ 为最重要的模型参数,在给定带电电压时,它决定了带电家具所储存的静电能量的大小。表 5.1 中给出了测量到的几种典型家具在自由空间和接近地面时电容的量值。其中近地电容是在选取家具与地面耦合电容最大时得到的电容值。

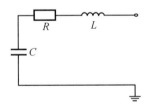

图 5.10　家具模型的电气结构

表 5.1　家具的电容值

| 家具 | 自由空间电容 /pF | 近地电容 /pF |
| --- | --- | --- |
| 直背椅 | 62 | 112 |
| 转椅 | 75 | 94 |
| 小型搬动车 | 130 | 145 |
| 工具箱 | 37 | 39 |

由表 5.1 可以看出,靠近地面时家具的电容值要比它在自由空间的电容值大许多。其实,除了家具本身的形状、结构及其离地面的高低之外,影响家具电容的因素还有很多,如家具的取向,家具附近有无其他物体等。在建立家具放电模型时,考虑到最坏情况,一般取电容的值为 150 pF。另外,由于家具带电时,电荷主要分布在家具上的导体部分,因此家具放电的放电电阻要比人体的小,而电感则相应地要大。在模型中通常取 $R = 15 \ \Omega$,$L = 0.2 \sim 0.4 \ \mathrm{mH}$。

# 5.2　静电放电辐射场数值模型

ESD 过程有时是一个瞬时大电流的过程,其电流脉冲的上升沿非常陡。对于人体 — 金属模型,ESD 短路电流的上升沿可小于 1 ns。对于带电器件模型,其上升沿更短。因此静电放电过程必然会产生强烈的电磁辐射。

本节从理论和试验两方面讨论 ESD 产生的电磁场。目前的 ESD 电磁场解析计算法中,常用的模型有长导体模型、球电极模型、偶极子模型和改进的偶极子模型。

## 5.2.1　长导体模型

长导体模型主要是模拟实际放电回路中可能有长的电流通道。当 ESD 电流通过长的直导线(如接地电缆)时,电缆附近区域的电磁场可以用该模型来计算。

David Pommerenke 在实测中发现,ESD 的电流波形中,第一尖峰基本不受接地电缆的影响,接地电缆只影响第二个缓变的脉冲。第一尖峰过后的场主要由电缆内的缓变电流引起,由于缓变脉冲的频率范围较低,其近场区的范围也比较大,因此在 1.5 m 处的电磁场仍然表现出近区场的特点,电场和磁场的波形差异很大。

以上事实说明,放电开始前集中分布在放电电极上(即人手臂前端和小金属物)的电荷在放电开始后的瞬间被中和,形成火花电流的第一尖峰,之后分布在放电体上其他地方(如人体)的大量电荷开始转移到放电火花处并补充到火花电流中,形成第二个缓变脉冲。如果这样的假设成立,那么电缆中的传导电流和放电火花隙的传导电流波形将不相同。对于人体 — 金属模型,放电火花隙的传导电流波形为典型的双峰波形,电缆中的传导电流波形仅仅只有缓变脉冲,而没有第一尖峰。由于缓变脉冲的前沿比较缓,一般大于 20 ns,持续时间往往超过 100 ns,因此其频率比较低,可以认为在接地电缆中电流处处相等。电缆附近的场主要由导线中的传导电流产生,磁场只存在环向分量,电场只存在垂直分量,其中磁场占主要成分,为低阻抗场。设导线中的电流为 $i(t)$,采用柱坐标系,如图 5.11 所示,则电场和磁场由下列方程组确定:

$$\frac{H(\varphi, t)}{r} + \frac{\partial H(\varphi, t)}{\partial \Phi} = i(t - r/c) + \varepsilon_0 \frac{\partial E(z, t)}{\partial t} \tag{5.1}$$

$$\frac{\partial E(z, t)}{\partial r} = \mu_0 \frac{\partial H(\varphi, t)}{\partial t} \tag{5.2}$$

$$H(r,t) = H(z,t) = E(r,t) = E(\varphi,t) = 0 \qquad (5.3)$$

上面的方程组可以确定电缆附近的电磁场,其中 $\varepsilon_0$、$\mu_0$、和 $c$ 分别为空气中的电容率、磁导率和光速。

对于比较远的区域,长导体模型不再适用。当电缆中的电流变化比较快时,如其中波长短于电缆长度的频谱成分不能忽略时,电场除垂直分量外,还有水平分量,长导体模型也需要修正,此时长导体可以看作许多偶极子电流元的线性叠加,采用偶极子模型,沿导体及其镜像导体积分来得到电磁场值。

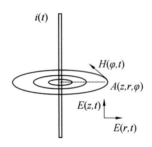

图 5.11　长导体模型

## 5.2.2　球电极模型

球电极模型是由 Y. Tabata 在 1990 年提出来的。把 ESD 的两个放电电极等效为两个相邻的带不同电荷的球,把 ESD 过程中的场看成是由这两个球上的电荷产生的,而两个球上的电荷在放电过程中是衰减变化的,所以他把这个过程中的场看成静电场的波动和变化。当对地放电时,地面可以用一个镜像金属小球来等效,如图 5.12 所示。

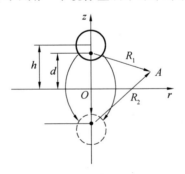

图 5.12　球电极模型

如果两个相互靠近的电极上带有不同的电荷,则其电荷在电极上呈现非均匀体分布,相互靠近的球面上的电荷更密集。图 5.12 中 $d$ 表示两个电极上电荷重心距离的一半。当球体积比较小时,也可以近似认为电荷重心的距离等于球心的距离,即 $2d=2h$,$h$ 是球心到径向轴的距离。因为球间距比较小,所以还可以认为电极连线中点水平面($z=0$)附近场点 $A$ 与两个电极的距离相等($R_1=R_2$),都近似等于场点的径向坐标 $r$。球电极模型的计算表达式如下:

$$E_r = \frac{dqk^3}{\pi\varepsilon_0}\cos\left[\frac{1}{(kr)^3} - \frac{1}{(kr)^2}\right]\mathrm{e}^{-(\gamma t-kr)} \tag{5.4}$$

$$E_\theta = \frac{dqk^3}{2\pi\varepsilon_0}\sin\left[\frac{1}{(kr)^3} - \frac{1}{(kr)^2} - \frac{1}{kr}\right]\mathrm{e}^{-(\gamma t-kr)} \tag{5.5}$$

$$E_\varphi = 0 \tag{5.6}$$

式中，$k$ 为波数，$k = \gamma/c$，$c$ 为光速，$\gamma$ 为电极上电荷的衰减系数。假设放电前电极上的静电荷为 $q_0$，放电开始时刻为零时刻，则电极上任意时刻的电荷为

$$q(t) = q_0\mathrm{e}^{-\gamma t} \tag{5.7}$$

球电极模型能够比较好地计算 ESD 过程中近区电场，但它忽略了电流产生的场，也不能够正确计算远区场特别是辐射场分量，而且也没有给出磁场的计算式。

### 5.2.3　偶极子模型

ESD 电磁场偶极子模型最早是 Wilson P. F. 在 1991 年提出来的，他认为 ESD 过程中的电磁场主要是由 ESD 火花所产生的，而 ESD 火花可以简化成位于无限大且导电的接地平板上的电小尺寸、时变线性偶极子，于是平板上半空间的电磁场就可以看成是偶极子和它的镜像偶极子产生的，为简单起见，采用柱坐标系，如图 5.13 所示。

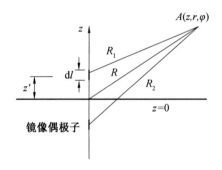

图 5.13　偶极子模型

偶极子长度 $dl$ 取为放电间隙的长度。利用推迟势，可以计算出空间任意观察点 $A(z, r, \varphi)$ 处的电磁场为

$$\boldsymbol{H}(z, r, \varphi, t) = \boldsymbol{a}_\varphi \frac{\mathrm{d}l}{4\pi}\sum_{j=1}^2 \frac{r}{R_j^3}\left[i(t - R/c) + \frac{R_j}{c}\frac{\partial(t - R/c)}{\partial t}\right] \tag{5.8}$$

$$\begin{aligned}
\boldsymbol{E}(z, r, \varphi, t) = {} & \boldsymbol{a}_r \frac{\mathrm{d}l}{4\pi\varepsilon_0}\sum_{j=1}^2 \frac{r(z \mp z')}{R_j^2}\left[\frac{3Q(t - R/c)}{R_j^3} + \frac{3i(t - R/c)}{cR_j^2} + \frac{1}{c^2 R_j}\frac{\partial i(t - R/c)}{\partial t}\right] \\
& + \boldsymbol{a}_z \frac{\mathrm{d}l}{4\pi\varepsilon_0}\sum_{j=1}^2 \left\{\left[\frac{3(z \mp z')^2}{R_j^2} - 1\right]\left[\frac{Q(t - R/c)}{R_j^3} + \frac{i(t - R/c)}{cR_j^2}\right]\right. \\
& \left. + \left[\frac{(z \mp z')^2}{R_j^2} - 1\right]\frac{1}{c^2 R_j}\frac{\partial i(t - R/c)}{\partial t}\right\}
\end{aligned} \tag{5.9}$$

在上面的式子中，$\varepsilon_0$ 是空气电容率；$c$ 是光速；$i(t)$ 是偶极子上的时变电流，近似认为

$i(t)$ 在偶极子上处处相等,电流方向为 $z$ 轴正向;$Q(t)$ 是对电流的积分:

$$Q(t-R/c)=\int_0^t i(t'-R/c)\mathrm{d}t' \tag{5.10}$$

对导体放电时,放电火花靠近导体表面,可以认为偶极子及其镜像与地面距离为零,即 $z'=0$,则

$$R_j=R=(z^2+r^2)^{1/2} \tag{5.11}$$

Wilson P. F. 认为,由于放电导体表面电阻率很低,火花隙不能像自由空间偶极子那样保持住电流 $i(t)$ 产生的电荷积累,因此偶极子模型中电流时间积分项可以忽略。观察点 $A(z,r,\varphi,t)$ 的电磁场就简化为

$$E(z,r,\varphi,t)=a_r\frac{\mathrm{d}l}{2\pi\varepsilon_0}\frac{rz}{R^2}\left(\frac{3i(t-R/c)}{cR^2}+\frac{1}{c^2R}\frac{\partial i(t-R/c)}{\partial t}\right)$$
$$+a_z\frac{\mathrm{d}l}{2\pi\varepsilon_0}\left[\left(\frac{3z^2}{R^2}-1\right)\frac{i(t-R/c)}{cR^2}+\left(\frac{z^2}{R^2}-1\right)\frac{1}{c^2R}\frac{\partial i(t-R/c)}{\partial t}\right] \tag{5.12}$$

$$H(z,r,\varphi,t)=a_\varphi\frac{\mathrm{d}l}{4\pi}\sum_{j=1}^2\frac{r}{R_j^3}\left[i(t-R/c)+\frac{R_j}{c}\frac{\partial(t-R/c)}{\partial t}\right] \tag{5.13}$$

根据此模型,只要知道放电电流 $i(t)$,就可以求出电场和磁场空时分布。所以,偶极子模型可以方便地计算远区的 ESD 辐射场。

但是偶极子模型也存在一些缺陷,该模型计算得到的仅仅是放电电流产生的电场,与真实的 ESD 电场时空分布不符。在真实 ESD 放电时,放电开始以前电场并不等于零,尤其是在放电点附近,静电场非常强,放电开始后,才逐渐衰减到零。

## 5.2.4 改进的偶极子模型

Wilson P. F. 的偶极子模型可以很好地计算远区的辐射场,但是由于忽略了静电荷的作用,因此不能够正确计算出 ESD 产生的放电点附近的电磁场,而 ESD 电磁场主要是对近区的电子设备和器件产生危害。所以,我国学者于 2003 年提出了一种改进的偶极子模型。这里仍用图 5.13 所示的柱坐标系。电场和磁场的表达式为

$$E(z,r,\varphi,t)=a_r\frac{\mathrm{d}l}{2\pi\varepsilon_0}\frac{rz}{R^2}\left(\frac{3\int_0^t i(t'-R/c)\mathrm{d}t'-3Q_0}{R^3}+\frac{3i(t-R/c)}{cR^2}+\frac{1}{c^2R}\frac{\partial i(t-R/c)}{\partial t}\right)$$
$$+a_z\frac{\mathrm{d}l}{2\pi\varepsilon_0}\left[\left(\frac{3z^2}{R^2}-1\right)\left(\frac{\int_0^t i(t'-R/c)\mathrm{d}t'-Q_0}{R^3}+\frac{i(t-R/c)}{cR^2}\right)\right.$$
$$\left.-\frac{r^2}{c^2R^3}\frac{\partial i(t-R/c)}{\partial t}\right] \tag{5.14}$$

$$H(r,t)=a_\varphi\frac{\mathrm{d}l}{2\pi}\frac{r}{R}\left(\frac{i}{R^2}+\frac{1}{cR}\frac{\partial i}{\partial t}\right) \tag{5.15}$$

如果知道火花电流,则可以利用它们求解从近区到远区整个场域的电磁场时空分布。

# 5.3　静电放电模拟器

5.1 节分析了 ESD 电路模型,其实建立 ESD 模型的一个最主要的目的就是根据模型来设计、制作相应的静电放电模拟器。尽管静电放电源的电路模型非常简单,但是要制作出既能反映出真实 ESD 过程的主要特点,又要具有很高的放电重复性的 ESD 模拟器是一件非常复杂的工作。一般的 ESD 模拟器都是利用集总参数电路实现其功能的。但是 ESD 本身是一个瞬变过程,涉及频率超过 1 GHz 的高频成分,因此在模拟器中集总器件的布置、寄生参数以及接地线与放电电阻的几何尺寸、形状都会对放电波形产生严重的影响。另外,在 ESD 模拟器中有静电高压发生器,又有控制和测量部分的低压电路,所以为了保证放电电流波形满足一定的要求,在设计、制作 ESD 模拟器时,首先必须解决其本身的电磁兼容性问题。另外,在用 ESD 模拟器对静电敏感器件或系统进行检测时,若采用的放电方式不同,则要求的模拟器的结构及放电电极的形状也不相同。同时,在进行 ESD 敏感度和抗扰度试验前要对 ESD 模拟进行校准,使其放电电流波形参数满足相应的标准要求。

## 5.3.1　静电放电模拟器的放电方式

在使用 ESD 模拟器对 ESD 敏感器件、系统进行检测时,采用什么样的放电方式一直是一个引起争论的问题。总体来说,ESD 模拟器所采用的放电方式可分为两种,即空气放电方式(又称非接触式放电)和电流注入方式(又称接触式放电)。

### 1. 空气放电方式

用 ESD 模拟器对被测物体进行测试时,使模拟器的放电电极逐渐接近被测物体,直到电极和被测物体之间形成火花击穿通道导致放电发生为止。空气放电方式的特点是放电是由外部空气击穿形成火花通道而触发的,因此在设计 ESD 模拟器时不需要内部的高压继电器来触发放电。另外,在采用此种放电方式时,为了减小电极的电晕效应,放电电极的顶端一般都被做成球状。

最初,空气放电方式被认为是静电测试的最佳方法,在许多 ESD 测试标准中被普遍采用。原因是人们认为它能真实地模拟实际中的静电放电过程。但是在静电测试过程中最关键的问题是过程的可重复性,没有重复性或重复性不好的测试是不可靠的甚至是没有任何意义的。随着对 ESD 过程及其模拟、测试技术研究的深入,人们逐渐发现采用空气放电方式作为一种主要的 ESD 测试方法有致命的弱点,即放电重复性极差。由于空气放电方式涉及外部火花通道的形成过程,温度、湿度以及模拟器放电电极接近被测物体的速度等因素都会引起放电过程的显著变化。试验表明,随着放电电极接近被测物体速度的变化,放电电流的上升时间可由小于 1 ns 变化到大于 20 ns。而当保持接近速度恒定时也不能得到恒定的电流上升时间,在一定的电压、速度组合下,模拟器的放电电流的上升时间的起伏仍可达到 30%。为了得到恒定的放电电流上升时间,有人提出采用固定放电电极与被测物体之间的间距,逐渐增高放电电极的电位来引发 ESD。采用这种方式时,虽然能稳定放电电流的上升时间,但是得到的上升时间却比实际的 ESD 过程中的放电电流的上升时间要长得多。因此这种方法虽能获得较好的放电重复性,但却反映不出真实 ESD 过程中所包含的高频成分。基于上述原因,空气放电方式逐渐被电流注入(接触式放电)方式所替代。

**2. 电流注入放电方式**

电流注入方式指的是在放电之前,先将 ESD 模拟器的放电电极与被测物体的敏感部分保持紧密的金属接触,之后由模拟器内部的高压继电器触发静电放电。电流注入方式与空气放电方式相比最大的不同就是用内部高压继电器触发装置替代了空气放电方式中难以驾驭的空气击穿过程。其放电的重复性很好,也能反映实际 ESD 过程的主要特点。现行的主要 ESD 检测标准,IEC 61000－4－2:2008 标准把这种放电方式作为主要的试验方法,为了紧密的金属接触,放电电极的顶端应做成锥尖状。

虽然电流注入方式已被人们广泛地采用,但是它也有缺点。如当被测设备的敏感部分被封装在非金属材料制成的壳内,而壳上的孔缝很小,放电电极不能进入壳内与敏感部分形成紧密的金属接触时,这种放电方式便不能实施。在这种情况下,仍需采用空气放电方式。另外,接触式放电方式与实际情况下 ESD 过程还是不同的。

## 5.3.2　常见的静电放电模拟器

**1. NSG 435 ESD 模拟器**

NSG 435 ESD 模拟器是由瑞士 SCHAFFNER 公司制造的多功能 ESD 模拟器,外观如图 5.14 所示。

NSG 435 ESD 模拟器采用集总参数的放电网络和内部电池供电,体积小,易于操作测试。该模拟器采用先进的微处理控制技术和测量系统,可通过 5 个多功能输入键设置放电功能及放电参数。其基本放电网络满足 IEC 61000－4－2:2008 标准,由 150 pF 的充电电容和 330 Ω 的放电电阻构成串联电路,放电网络也可更换,它还备有 150 pF、15 Ω 的家具模型放电网络及 IEC－801－2 标准所规定的 150 pF、150 Ω 和美国国家标准 ANSI－C63.16(1991 版)所规定的 180 pF、330 Ω 的人体－金属模型放电网络及配套的放电电极。更换放电网络和放电电极可做到一机多用,因此 NSG 435 ESD 模拟器具有多重模拟功能。

NSG 435 ESD 模拟器在接触放电时,可设置的放电电压范围为 0.2 ～ 9 kV,而在空

图 5.14　NSG 435 ESD 模拟器

气放电时为 0.2 ～ 16.5 kV。无论采取哪种放电方式,在放电时均可使用单次或重复放电,在接触放电时,重复放电的最大重复频率为 10 Hz,在空气放电时为 25 Hz。使用时,若闲置时间超过 30 min 可自动关机,并且内部寄存器对开机前的功能、参数设置进行储存。不足的是可设置的最高放电电压较低,使它的使用范围受到了一定限制。

### 2. ESS－200AX ESD 模拟器

日本 Noiseken 公司生产的 ESS－200AX ESD 模拟器,外形结构如图 5.15 所示。该模拟器可输出正、负极性电压 0.2 ～ 30 kV,误差为 ±5％,配有接触放电和空气放电的放电电极,放电次数和放电间隔可根据用户需要进行设置。该模拟器可选择扫描方式和编程方式,内置时钟、日历和温湿度传感器,与打印机连接后,可现场打印测试的内容。放电网络更换方便,可实现不同模型的静电放电。

从结构上讲,其储能电容、放电电阻、高压继电器与放电电极靠得很近,使得放电的重复性很高,满足 IEC 61000－4－2:2008 标准的要求。

图 5.15　ESS－200AX ESD 模拟器外形结构

### 3. NS 61000－2A ESD 模拟器

NS 61000－2A ESD 模拟器是上海三基公司生产的 ESD 模拟器,其技术性能满足 IEC 61000－4－2:2008 标准要求,外观如图 5.16 所示。该模拟器的输出电压为 ±(0.5 ～ 30 kV),模型为电容 150 pF、电阻 330 Ω 的人体－金属模型,可用于绝大多数电气与电子设备的静电放电抗扰度试验,且试验结果有可比性和重复性。

图 5.16　NS 61000－2A ESD 模拟器外观

### 4. ESS－606A 模拟器

ESS－606A 模拟器是 Noiseken 公司生产的基于人体模型和机器模型的 ESD 模拟器,其测试对象主要是数字 IC(集成电路) 器件。该模拟器能模拟人体带电,最高电压为 6 kV,集成电路测试板有 24 脚和 48 脚,用来连接 IC 器件,符合 MIL－STD－883D 和 EIAJ ED－4701 标准的要求。图 5.17 所示为 ESS－606A 模拟器外观。

图 5.17　ESS－606A 模拟器外观

目前,这种功能的模拟器很多。例如,美国 Oryx 仪器公司生产的 System11000 和 System700 两种模拟器,能对 IC 器件进行人体模型和机器模型的 ESD 模拟测试。System11000 测试的器件管脚范围为 128pins ～ 512pins,System700 测试的器件管脚范围为 2pins ～ 144pins。该公司生产的基于 CDM 模型的 ESD 模拟器,能测试 IC 器件的 CDM 敏感性水平。 其测试管脚范围为 2pins ～ 200pins,电压范围为 ± 25 V ～ ± 4 000 V(最小电压间隔为 10 V)。符合美国 ESD 协会标准(草案)DS5.3.1 和电子器件工程师联合会标准 JEDEC C101－A 的要求。EST883 静电放电模拟器能测试从二极管、三极管到各种 IC 的静电放电敏感度,放电网络为 100 pF、1.5 kΩ,电压输出为 0 ～ 20 kV 连续可调,输出电压示值的允许偏差小于 ± 1%,电压显示分辨率为 10 V,其输出电压和波形符合标准 MIL－STD－883D 和电子器件工程师联合会标准 JEDEC C101－A。

## 5.3.3　静电放电模拟器的校准

在使用 ESD 模拟器对 ESD 敏感器件或电子设备进行敏感度和抗扰度试验前要对 ESD 模拟器进行校准,使其放电电流波形参数满足相应的标准要求。下面以采用人体－金属模型的 ESD 模拟器为例介绍其校准要求。

### 1. 校准结果

具有可比较的静电放电校准结果是十分重要的,尤其当测试使用的 ESD 模拟器来自不同的制造商,或测试预计会持续一个很长的时间时。重要的是,在评估中重复性是一个重要的推动因素。ESD 模拟器应在规定的时间间隔内,在有认可的质量保证体系下进行校准。

### 2. ESD 模拟器校准所需的测试设备

标准 GB/T 17626.2—2018 中规定 ESD 模拟器校准所需设备如下。

(1) 有足够带宽的示波器(不小于 2 GHz 模拟带宽)。

(2) 同轴电流靶－衰减器－电缆链。

(3) 能够测量 15 kV 以上电压的高压计。可能需要使用一个静电电压表来避免带载的输出电压。

(4) 安装在垂直校准平面的同轴电流靶,靶到其安装平面的任何边缘的距离至少有 0.6 m。

(5) 衰减器需要有足够的功率。

### 3. 接触式放电方式下 ESD 模拟器校准的程序

ESD 模拟器电流波形校验装置如图 5.18 所示。电流靶应安装在图 5.18 中垂直校准平面中心。ESD 模拟器的放电回路电缆(接地线)应连接在平面中心底部低于靶 0.5 m 处。接地线应在电缆中心向后拉,形成一个等腰三角形。校准时,接地线不应平放在地板上。

按照如下步骤验证 ESD 模拟器的放电电流波形及其参数是否符合标准规定(放电电流波形图如图 5.7 所示,放电电流波形参数见表 5.2),然后记录放电电流波形的形状及其参数。

(1)ESD 模拟器在表 5.2 中规定的每个试验等级下进行正、负极性各放电 5 次,存储每次结果,要求所有 5 次放电均应满足标准要求。

(2)测量每个放电电流波形的 $I_p$、$I_{30\,ns}$、$I_{60\,ns}$、$t_r$。

(3)检查 $I_p$、$I_{30\,ns}$、$I_{60\,ns}$、$t_r$ 是否满足表 5.2 规定的要求。

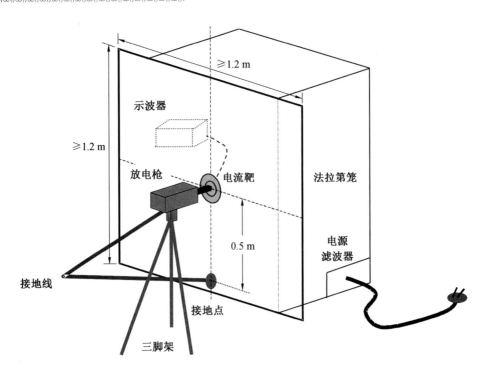

图 5.18　ESD 模拟器电流波形校验装置

表 5.2　放电电流波形参数

| 试验等级 | 放电电压 $U/kV$ | 初始放电电流峰值 $I_p(\pm15\%)/A$ | 上升时间 $t_r(\pm25\%)/ns$ | 30 ns 处电流 $I_{30\,ns}(\pm30\%)/A$ | 60 ns 处电流 $I_{60\,ns}(\pm30\%)/A$ |
|---|---|---|---|---|---|
| 1 | 2 | 7.5 | 0.7～1 | 4 | 2 |
| 2 | 4 | 15 | 0.7～1 | 8 | 4 |
| 3 | 6 | 22.5 | 0.7～1 | 12 | 6 |
| 4 | 8 | 30 | 0.7～1 | 16 | 8 |

# 5.4　静电放电试验

## 5.4.1　静电放电敏感度试验

　　易被静电放电损害的电子元器件称为静电敏感元器件。组成电子系统的分系统、部件、元器件的电磁敏感性的定量描述,即敏感度是一个较为复杂的问题,其敏感度既与部件、元器件本身性质有关,也与系统对电磁环境的响应有关。电子元器件的静电放电敏感度依照其敏感电压阈值进行分类,敏感电压阈值主要与其产品结构(尺寸与形状)、构成材料、环境条件和 ESD 模型有关。

目前,国际上将静电放电导致元器件失效的模式主要分为三类:一是由人体静电放电导致的元器件失效(HBM);二是在自动生产线上带电金属对元器件放电导致的失效(MM);三是元器件本身因静电感应或其他因素带电对周围金属物体放电导致的失效(CDM)。下面介绍基于常用 ESD 模型的元器件静电放电敏感度分级。

**1. HBM 静电放电敏感度分级及试验方法**

(1)HBM 敏感度分级。

目前,我国的电子行业应用最多的是基于 HBM 的静电放电敏感度测试,标准有 GJB 1649《电子产品防静电放电控制大纲》(等效采用 MIL－STD－1686A)、GJB 128B—2021《半导体分立器件试验方法》等。GJB 1649、GJB 548B—2005、GJB 128B—2021 对微电子器件的静电放电敏感度分级见表 5.3 ~ 5.5。

表 5.3　器件的 HBM ESD 敏感度分级(GJB 1649)

| 敏感级别 | 电压范围 /V | 敏感级别 | 电压范围 /V |
| --- | --- | --- | --- |
| 0z | ＜ 50 | 1C | [1 000,2 000) |
| 0A | [50,125) | 2 | [2 000,4 000) |
| 0B | [125,250) | 3A | [4 000,8 000) |
| 1A | [250,500) | 3B | ≥ 8 000 |
| 1B | [500,1 000) | | |

表 5.4　器件的 HBM ESD 敏感度分级(GJB 548B—2005)

| 敏感级别 | 电压范围 /V | 敏感级别 | 电压范围 /V |
| --- | --- | --- | --- |
| 0 | ＜ 250 | 2 | [2 000,4 000) |
| 1A | [250,500) | 3A | [4 000,8 000) |
| 1B | [500,1 000) | 3B | ≥ 8 000 |
| 1C | [1 000,2 000) | | |

表 5.5　器件的 HBM ESD 敏感度分级(GJB 128B—2021)

| 敏感级别 | 电压范围 /V | 敏感级别 | 电压范围 /V |
| --- | --- | --- | --- |
| 0 类 | ＜ 250 | 2 类 | [2 000,4 000) |
| 1A 类 | [250,500) | 3A 类 | [4 000,8 000) |
| 1B 类 | [500,1 000) | 3B 类 | [8 000,16 000) |
| 1C 类 | [1 000,2 000) | 非敏感类 | ≥ 16 000 |

(2)HBM 敏感度试验方法。

人体模型的敏感度试验方法比较成熟,国内外有关的标准较多,不同的标准因为规定的使用条件不同,所以施加的电压不同。

①GB/T 4937.26—2023/IEC 60749－26:2018《半导体器件 机械和气候试验方法 第 26 部分:静电放电(ESD)敏感度测试 人体模型(HBM)》依据元器件和微电路对规定的

HBM ESD 所造成损伤或退化的敏感度,建立了元器件和微电路的 ESD 测试、评价和分级程序,给出了能够复现 HBM 失效的测试方法。规定试验电压分为 4 个等级 7 个测试电压:

　　a. 等级 0,0A 的测试电压为 $U < 125$ V, 0B 的测试电压为 $125$ V $\leqslant U < 250$ V;

　　b. 等级 1,1A 的测试电压为 $250$ V $\leqslant U < 500$ V, 1B 的测试电压为 $500$ V $\leqslant U < 1\,000$ V, 1C 的测试电压为 $1\,000$ V $\leqslant U < 2\,000$ V;

　　c. 等级 2 的测试电压为 $2\,000$ V $\leqslant U < 4\,000$ V;

　　d. 等级 3,3A 的测试电压为 $4\,000$ V $\leqslant U < 8\,000$ V, 3B 的测试电压为 $5U \geqslant 8\,000$ V。

　　②GJB 1649 的附录 A 规定试验电压分为 4 个等级,具体电压等级见表 5.3;关于试验的管脚组合,见表 5.6。

表 5.6　集成电路试验时被使用的管脚组合

| 管脚组合 | A 端<br>(下列管脚一次接到 A 端,其他管脚悬空) | B 端<br>(所有各类同名管脚连在一起接到 B 端) |
|---|---|---|
| 组合 1 | 除 $V_{ps1}$ 外的所有管脚[注] | 所有 $V_{ps1}$ 管脚 |
| 组合 2 | 所有输入和输出管脚 | 所有其他的输入－输出管脚 |

注:对各类电源脚和地脚,重复管脚组合 1 的试验(例如,$V_{ps1}$ 是 $V_{DD'}$、$V_{CC'}$、$V_{SS'}$、$V_{BB'}$、地、$V_{S'}$、$V_{REF'}$ 等)。

　　利用表 5.6 进行敏感度试验时应注意:除了被试器件接地引线连接到 B 端外,每个引线分别连到 A 端,除了正在被试的那根引线和接地引线外,所有其他引线悬空;每根引线分别连到 A 端,相对于每一不同的所有名为电源供电的引线组合(如 $V_{SS1}$ 或 $V_{SS2}$ 或 $V_{SS3}$ 或 $V_{CC1}$ 或 $V_{CC2}$)连接到 B 端,除了正在被试验的一根引线和电源供给引线或引线组合外,所有引线悬空;每个输入和每个输出引线分别连接到 A 端,相对于所有其他输入和输出引线的组合被连接到 B 端,除了正在被试验的输入或输出引线和所有其他输入和输出引线组合外,全部引线悬空。

　　③MIL－STD－883E《微电子器件试验方法》、MIL－STD－750《半导体分立器件试验方法》、GJB 128B—2021 规定的试验电压等级与 GJB 1649 相同。MIL－STD－750 规定的管脚连接见表 5.7。

表 5.7　半导体分立器件静电放电试验管脚组合

| 器件类型 | 结／极性 | 器件类型 | 结／极性 |
|---|---|---|---|
| 双极型晶体管(NPN) | E＋对 B－ | 双极型晶体管(PNP) | E－对 B－ |
| 面结型场效应晶体管(N 沟道) | G＋对 S－ | 面结型场效应晶体管(P 沟道) | G－对 S－ |
| MOS 型场效应晶体管<br>(N 或 P 沟道) | G 对 S(两个极性) | 防护栅场效应晶体管(P 沟道) | G 对 S(两个极性) |
| 整流管 | A－对 K＋ | 闸流管 | A－对 K＋ |
| 单结型管 | G 对 $B_1$(两个极性) | 达林顿管 | E 对 B(两个极性) |

续表5.7

| 器件类型 | 结／极性 | 器件类型 | 结／极性 |
|---|---|---|---|
| 小信号二极管 | A 对 K（两个极性） | | |

④ANSI/ESD STM5.1—2007详细说明了元器件人体模型静电放电敏感性测试。规定 HBM ESD 放电电压等级为250 V、500 V、1 000 V、2 000 V、4 000 V、8 000 V(可选)。试验设置如图 5.3 所示。该标准规定试验的管脚组合见表5.8。

表 5.8　所有数字、模拟和混合集成电路的管脚组合

| 管脚组合 | 单独接至端 A | 接至端 B(地) | 悬浮管脚(不连接) |
|---|---|---|---|
| 1 | 除了连接至端 B 的管脚，一次接一个管脚 | Vps(1) 第一个电源管脚 | 除了受试管脚外的所有管脚和 Vps(1) |
| 2 | 除了连接至端 B 的管脚，一次接一个管脚 | Vps(2) 第二个电源管脚 | 除了受试管脚外的所有管脚和 Vps(2) |
| $i$ | 除了连接至端 B 的管脚，一次接一个管脚 | Vps($i$) 第 $i$ 个电源管脚[1,2,…,$i$] | 除了受试管脚外的所有管脚和 Vps($i$) |
| $n-1$ | 除了连接至端 B 的管脚，一次接一个管脚 | Vps($n-1$) | 除了受试管脚外的所有管脚和 Vps($n-1$) |
| $n$ | 所有非 Vps($i$) 管脚，一次接一个管脚 | 除了连接至端 A 的管脚外，所有其他非 Vps($i$) 管脚 | 所有 Vps($i$) 管脚 |

表 5.8 中，管脚组合($n$)是管脚组合的总数。Vps($i$) 指的是芯片上或包装内名为电源供给或者接地的管脚组合，例如 $V_{CC}$、$V_{SS}$、$V_{dd}$、模拟地、数字地等管脚有金属性连接(2 Ω 以内)。如果管脚是经由芯片基座进行电阻性连接的或者相互绝缘(大于 2 Ω)，那么测试时将这些管脚看作独立组合。例如，如果有两个名为 $V_{CC}$ 的管脚，在芯片或包装内不是 2 Ω 之内的金属性连接，那么它们应看作独立不同的 Vps($i$) 组合。供给其他管脚电流或者作为接口的管脚应作为电源管脚，例如 $V_{CC}$、$V_{dd}$、GND、$V_{SS}$、$V_{ee}$、$+V_S$ 以及 $-V_S$ 都可当作电源供给管脚。将偏移调整、补偿、时钟、控制、地址、数据、$V_{ref}$、空脚(NC)、输入输出等管脚看作是非电源管脚。例如，编程电源管脚，通常称为 $V_{pp}$，应看作是非电源管脚，因为它不供给其他任何管脚电流，也不作为其他任何管脚的接口。

(3)几点说明。

① 关于人体模型的国内外测试标准较多，最新的标准与原先标准有比较多的改进。在进行人体模型静电敏感度试验时，应根据试验内容和要求选择较好的试验标准。

② 试验分为多个管脚组合时，最好先按照航天工业标准《静电测试方法》的敏感临界通路确定方法确定敏感通路。这样可以只在选定的最敏感的管脚对上进行试验。

③ 器件试验可以参照表5.7 和表5.8 在相应的引线上施加电压。对于无极性元器件，一般可不必考虑试验电压的连接极性。

④ 元器件试验的关键设备(硬件)可参照 ANSI/ESD STM5.1—2007 的要求。

## 2.MM 静电放电敏感度分级及试验方法

(1)MM 敏感度分级。

基于 MM 模型的元器件 ESD 敏感度分级方法,国内的标准目前还没有完善。这里给出了 ANSI/ESD STM5.2—1999 基于 MM 的元器件敏感度分级方法,见表5.9。

表 5.9 MM ESDS 元器件敏感度分级

| 敏感类别 | 电压范围 /V |
| --- | --- |
| M1 | ＜ 100 |
| M2 | ［100,200) |
| M3 | ［200,400) |
| M4 | ≥ 400 |

随着科技的发展,人们发现 MM 模型放电模式所造成的电子元器件损害在放电模型机理与代表方面存在局限性,近年在欧美有逐渐弃用的趋势。

(2)MM 敏感度试验方法。

基于机器模型的静电敏感度测试标准参考 ESD STM5.2—1999《静电放电敏感度测试 —机器模型—元器件等级》和 IEC 61430—3—2《静电效应模拟方法—机器模型—元器件测试》。典型的 MM 试验电路如图 5.8 所示。

标准规定的试验电压等级为 100 V、200 V、400 V。

关于试验的管脚组合,与 ANSI/ESD STM5.1—2007 中规定的人体模型元器件测试管脚组合相同,见表5.8。

## 3.CDM 静电放电敏感度分级及试验方法

(1)CDM 敏感度分级。

为了表征器件本身带静电并快速放电的电路特性,以及半导体器件的 ESD 敏感度,相关标准组织或机构制定了带电器件测试模型,以规范 CDM 模式下的 ESD 测试模型和 ESDS 等级标准。国际上比较经典的有美国固态技术协会(JEDEC)标准"JESD 22 — C101"和美国静电放电协会标准"ESD STM5.3.1—1999"。上述标准的测试模型均利用电场感应 CDM 模式解决了直接充电 CDM 模型易造成被测器件损害等一些技术问题。

JESD 22—C101 标准描述了建立 CDM ESD 耐受阈值的统一方法。所有带封装的半导体元器件、薄膜电路、表面声波组件、光电组件、混合集成电路和包含任何这些元器件的多芯片模组都可根据该标准进行评估。该标准中描述的测试方法也用于评估被运输的晶圆或裸片,但在测试时,这些元器件必须被组装到类似于最终应用的封装中。对于无封装的裸片不适用于本标准。该标准给出了基于 CDM 的元器件敏感度分级方法,见表5.10。

表 5.10　器件 CDM ESDS 分级(JESD 22－C101)

表 5.10　器件 CDM ESDS 分级(JESD 22－C101)

| 敏感级别 | 电压范围 /V | 敏感级别 | 电压范围 /V |
|---|---|---|---|
| C0A | ＜125 | C2 | [500,1 000) |
| C0B | [125,250) | C3 | ≥1 000 |
| C1 | [250,500) | | |

ESD STM5.3.1—1999 定义的元器件是指电阻、二极管、晶体管、集成电路或混合器件等,给出的 CDM 分级见表 5.11。

表 5.11　器件 CDM ESDS 分级(ESD STM5.3.1—1999)

| 敏感级别 | 电压范围 /V | 敏感级别 | 电压范围 /V |
|---|---|---|---|
| C1 | ＜125 | C5 | [1 000,1 500) |
| C2 | [125,250) | C6 | [1 500,2 000) |
| C3 | [250,500) | C7 | ≥2 000 |
| C4 | [500,1 000) | | |

由于传统的带电器件测试模型存在几种不同的版本标准,因此测试结果有一定的差异性。为了确保从每个半导体制造商那里获得有关其器件 CDM 鲁棒性水平的一致数据,需要统一的方式来测试整个电子行业的 CDM,而不会因为拥有多个测试标准而产生一些不一致的情况。近年来,ESDA 发布了 ANSI/ESDA/JEDEC JS－002—2018 标准版本;该标准是在 JEDEC JC－14.1 封装器件可靠性测试方法委员会和 ESDA 标准委员会的指导下制定的,内容由 ESDA 和 JEDEC CDM 组成的联合工作组(JWG)开发,以解决上述问题。该标准给出了基于 CDM ESD 的元器件敏感度测试、评估和分级方法,还制定了技术报告和标准操作规范,给出的 CDM ESDS 分级见表 5.12。

表 5.12　器件 CDM ESDS 分级(ANSI/ESDA/JEDEC JS－002—2018)

| 敏感级别 | 电压范围 /V | 敏感级别 | 电压范围 /V |
|---|---|---|---|
| C0a | ＜125 | C2a | [500,750) |
| C0b | [125,250) | C2b | [750,1 000) |
| C1 | [250,500) | C3 | ≥1 000 |

注1. 使用"C"前缀表示 CDM 分类级别。

2. 分类测试条件不等于测试仪的实际设定电压。

3. 对于 1 000 V 以上的测试条件,电晕效应可能会限制实际的预放电电压和放电电流,具体取决于器件封装的几何结构。

(2)CDM 敏感度试验方法。

基于带电器件模型的静电敏感度测试标准参考 ESD STM5.3.1—1999《静电放电敏感度测试－带电器件模型－元器件等级》和 IEC 61430－3－3《静电效应模拟方法－带电器件模型－元器件测试》。

标准规定的试验电压等级为 125 V、250 V、500 V、1 000 V、1 500 V、2 000 V。

CDM 元器件敏感度测试程序如下。

从任一电压等级开始测试。如果元器件失效,则降低电压等级进行测试,直到找到元器件耐受电压;如果元器件通过了起始电压等级,则升高电压等级进行测试,直到元器件失效或者达到最高充电电压。

即使测试过程中元器件不失效,CDM 测试也应看作是破坏性实验。值得注意的是,如果元器件包装、制造工序、设计或者材料发生变化,就应按照标准重新对元器件进行敏感度测试。甚至应用不同包装的同一芯片重新进行测试。

## 5.4.2　静电放电抗扰度试验

电气和电子设备的静电放电抗扰度试验是电磁兼容抗扰度试验中重要的试验项目之一。目前,国际上使用的标准是 IEC 61000－4－2:2008,"Electromagnetic compatibility (EMC) － Part 4－2:Testing and measurement techniques － Electrostatic discharge immunity test",我国制定的国标 GB/T 17626.2—2018《电磁兼容 试验和测量技术 静电放电抗扰度试验》等与 IEC 61000－4－2:2008 标准相同。该标准规定了电气和电子设备遭受直接来自操作者和对邻近物体的静电放电时的抗扰度要求和试验方法,还规定了不同环境和安装条件下试验等级的范围和试验程序。其目的是建立通用的和可重现的基准,以评估电气和电子设备遭受静电放电时的性能。此外,它还包含从人体到靠近关键设备的物体之间可能发生的静电放电。

### 1.试验模拟器

IEC 61000－4－2:2008 标准规定的试验模拟器采用的模型为人体－金属模型,模拟器的试验电流波形参数及电路模型参见 5.1.2 节有关内容。

### 2.试验电压及试验结果分类

IEC 61000－4－2:2008 标准规定对电气和电子设备进行试验时施加的电压分 5 个等级,见表 5.13。接触放电时,试验电极与受试设备相接触,放电由模拟器内部的开关来控制。空气放电时,由放电电极靠近受试设备之间的放电火花间隙来控制。

表 5.13　试验等级

| 接触放电 | | 空气放电 | |
|---|---|---|---|
| 等级 | 试验电压 /kV | 等级 | 试验电压 /kV |
| 1 | 2 | 1 | 2 |
| 2 | 4 | 2 | 4 |
| 3 | 6 | 3 | 8 |
| 4 | 8 | 4 | 15 |
| ×* | 特定 | ×* | 特定 |

注:"×*"可以是高于、低于或在其他等级之间的任何等级。该等级应在专用设备的规范中加以规定,如果规定了高于表格中的电压,则可能需要专用的试验设备。

### 3. 试验配置

试验由试验 ESD 模拟器、受试设备和以下列方式对受试设备直接、间接放电时所需的辅助设施组成。

（1）对导体表面和对耦合平面的接触放电。

（2）在绝缘表面上的空气放电。

试验可分为两种：一种是在实验室进行的形式（适应性）试验；另一种是在最终安装条件下对设备进行的安装后试验。优先选用的方法为第一种，受试设备应根据制造厂家的安装说明书（如果有的话）进行布置。

① 对实验室试验的配置。要求实验室的地面应设置接地参考平面。参考平面最好采用一种最小厚度为 0.25 mm 的铜或铝的金属薄板，其他金属材料虽可使用，但至少要有 0.65 mm 的厚度；参考平面的最小面积为 $1 m^2$，实际尺寸取决于受试设备的尺寸，应保证每边至少伸出受试设备或耦合板之外 0.5 m，并将它与保护地系统相连。受试设备与实验室的墙壁和其他金属性结构之间的距离最小为 1 m，并与接地系统相连。静电放电模拟器的放电回路电缆应与接地参考平面连接。对受试设备进行间接放电时所用的水平耦合板和垂直耦合板应采用和接地参考平面相同的金属和厚度，而且经过每端设置一个 470 kΩ 的电阻电缆与接地参考平面连接，当电缆置于接地参考平面上时，这些电阻器应能耐受住放电电压且具有良好的绝缘，以避免对接地参考平面的短路。

② 对台式设备的配置。须包括一个放在接地参考平面上高 0.8 m 的木桌。放在桌面上的水平耦合板（HCP）面积为 1.6 m×1.8 m，并用一个厚 0.5 mm 的绝缘衬垫将受试设备和电缆与耦合板隔离。垂直耦合板（VCP）面积为 0.5 m×0.5 m，试验时距离受试设备为 0.1 m。水平耦合板和垂直耦合板通过接有 2 个 470 kΩ 的电缆连接到接地参考点上。若受试设备过大而不能保持与水平耦合板各边的最小距离为 0.1 m，则应使用另一块相同的水平耦合板，与第一块短边侧距离 0.3 m。此时需将桌子扩大或使用第二张桌子，两块水平耦合板可分别通过带电阻电缆接到接地参考平面上。图 5.19 所示为台式设备 ESD 试验配置示意图。

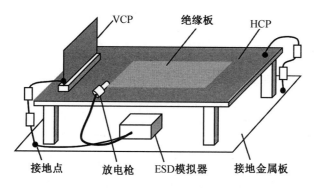

图 5.19　台式设备 ESD 试验配置示意图

落地式设备 ESD 试验配置示意图如图 5.20 所示。受试设备和电缆用厚度约 0.1 m

的绝缘支架与接地参考平面隔开。

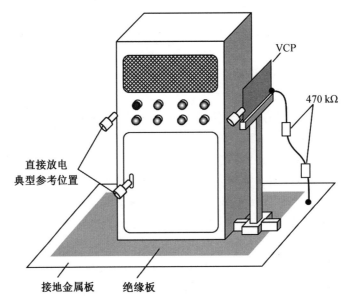

图 5.20　落地式设备 ESD 试验配置示意图

③ 对安装后的试验配置。应将接地参考平面铺设在地面上并保持与受试设备约 0.1 m 的距离,该平面应当是厚度不小于 0.25 mm 的铜或铝板,也可使用其他金属材料,但其最小厚度为 0.65 mm,条件允许时接地参考平面应宽约 0.3 m、长约 2 m。接地参考平面应连接到保护接地系统上,若不能连接,而受试设备又有接地端时,则应连接于此点。静电放电模拟器的放电回路电缆应接到靠近受试设备接地参考平板的某个点上。当受试设备安装在金属桌上时,应将桌子通过每端接有 2 个 470 kΩ 的电缆连接到参考平面上,防止电荷聚集。

### 4. 试验程序

(1) 实验室条件。

① 气候条件。在空气放电试验的情况下,气候条件应在下述范围内:

a. 环境温度:15 ℃ ～ 35 ℃;

b. 相对湿度:30 % ～ 60 %;

c. 大气压力:86 kPa(860 mbar) ～ 106 kPa(1 060 mbar);

受试设备应在其指定的气候条件下工作。

② 电磁环境条件。实验室的电磁环境不应影响试验结果。

(2) 受试设备的考核。

应对试验程序和软件进行选择,使受试设备进行所有正常的运行方式。对于适应性试验,受试设备应在由初步试验所确定的最敏感方式下连续地运行(程序循环)。如果要求有监测设备,为了减少出现故障误指示的可能性,应对监测设备进行去耦。

（3）试验的实施。

试验应按照试验计划,采用对受试设备直接和间接放电的方式进行。它包括：

a. 受试设备典型工作条件；

b. 受试设备是按台式设备还是按落地式设备进行试验；

c. 确定施加放电点；

d. 在每个点上,是采用接触放电还是采用空气放电；

e. 所使用的试验等级；

f. 符合性试验中在每个点上施加的放电次数；

g. 是否还进行安装后的试验。

① 对受试设备直接施加的放电。此种放电仅施加于操作人员正常使用受试设备时可能接触的点和表面。试验电压应从最小值到选定的试验电压值逐渐增加,最后的试验电压不应超过产品的规范值,以避免损坏设备。静电放电发生器应保持与实施放电的表面垂直,采用单次放电方式,在预选点上,至少施加十次单次放电(最敏感的极性)。在接触放电的情况下,放电电极的顶端应在放电开关之前接触受试设备；在空气放电的情况下,放电电极的圆形放电头应尽可能快地接近并触及受试设备。

对于表面涂漆的情况,应采用以下操作程序：

若设备制造厂家未说明漆膜为绝缘层,则发生器的电极头应穿入漆膜,以便与导电层接触；若厂家指明漆膜是绝缘层,则应只进行空气放电。这类表面不应进行接触放电试验。

② 对受试设备间接施加的放电。对放置于或安装在受试设备附近的物体的放电,应用静电放电发生器对耦合板接触放电的方式进行模拟。

在受试设备每侧的一些点上,至少对受试设备下面的水平耦合板施加 10 次单次放电(以最敏感的极性),静电放电发生器应垂直地置于与受试设备相距为 0.1 m 处。

对垂直耦合板放电时,静电放电发生器的放电电极应置于耦合板一个垂直边的中心,至少施加 10 次单次放电(以最敏感的极性)。通过调整耦合板的位置,使受试设备四面不同的位置都受到放电试验。

### 5. 试验结果和试验报告

根据 2 中试验结果的分类对受试设备的试验结果进行确认和评价。一般地,如果设备在整个试验期间显示其抗干扰度,并且在试验结束后仍能满足技术规范中的功能要求,则表明试验合格。对于验收试验,试验程序和试验结果说明必须在专门的产品说明中加以描述。

# 第6章　静电危害的形成及分析

从 20 世纪中期开始,各个工业部门相继进入高速发展阶段,特别是随着石油、化工技术的发展,包括橡胶、塑料、化纤在内的各种高分子合成材料不断被开发并获得日益广泛的应用。但这些材料绝大多数都是高绝缘性能的,在生产和使用这些材料的过程中极易产生和累积静电;而生产规模的不断大型化、生产工艺的不断连续化以及生产速度的不断高速化,进一步加剧了静电带电现象。这就使得在工业领域中由静电所引起的危害越来越突出,在许多行业中,静电及其危害成了阻碍提高生产率的主要矛盾。在微电子技术领域,因静电危害每年损失上百亿美元;在弹药、电爆火工品及易燃易爆气体、粉尘存在的"静电危险场所",因静电危害造成许多燃烧、爆炸等恶性事故;在航天、航空方面,静电危害曾导致机毁人亡、火箭发射失败、卫星发生故障。本章在前面内容的基础上,介绍静电危害发生的条件及静电危害的预测与分析。

## 6.1　静电及静电放电效应

### 6.1.1　静电的力学效应

在积聚有静电荷的物体周围存在着静电场,静电场可以使电介质极化,在库仑力的作用下,悬浮在空气中的尘埃被吸附在物体上污染环境,影响产品质量。在半导体器件生产车间,由于尘埃吸附在芯片上,因此集成电路特别是超大规模集成电路的成品率会大大下降。静电吸附力作用给纺织工业造成很大危害,如在抽丝过程中,静电力的作用会使丝漂动、黏合纠结;在织布过程中,橡胶辊轴与丝纱摩擦产生静电,导致乱纱、挂条、缠花、断头等,降低了针齿梳理能力,影响产品质量和生产效率;在粉体加工行业中,静电力作用使筛孔变小或堵塞,气力输送管道不畅通,球磨机不能正常运行;在印刷行业和塑料薄膜包装生产中,静电的吸引力或排斥力影响正常的纸张分离、叠放,使塑料膜不能正常包装和印花,甚至出现"静电墨斑",使自动化生产遇到困难。

## 6.1.2　静电的强电场效应

静电荷在物体上的累积往往使物体对地具有高电压,在附近形成强电场。很强的静电场会导致 MOS 场效应器件的栅氧化层击穿,使器件失效。一般 MOS 器件的栅氧化膜的绝缘击穿强度为 $0.8 \sim 1.0 \times 10^6$ kV/m,而 MOS 器件的栅氧化膜厚度为 $10^{-7}$ m,当电路设计没有采取保护措施时,即使栅氧化膜为致密无针孔的高质量氧化层,也会在 100 V 的静电电压下被击穿。对于有保护措施的电路,虽然击穿电压可以远高于 100 V,但危险静电源的电压可以是几千伏,甚至几万伏。因此,高压静电场的击穿效应仍然是 MOS 电路的一大危害。另外,高压静电场也可以使多层布线电路间电介质击穿或金属化导线间电介质击穿,造成电路失效。需要强调的是电介质击穿对电路造成的危害是过电压或强电场而不是功率造成的。因为绝缘材料雪崩击穿需要一定的时间,所以击穿电压是电脉冲上升时间的函数,这种危害(失效)机理常常导致潜在的危害,使设备或电路的可靠性降低。

## 6.1.3　静电放电的热效应

一般说来,静电火花放电或刷形放电都是在纳秒或微秒量级完成的。所以说 ESD 过程是一种绝热过程。放电瞬间,回路通过数安培的大电流使空气隙电离、击穿、发光、发热,形成局部的高温热源。这种局部的热源可以使易燃易爆气体燃烧、爆炸;也可以使火炸药、电雷管、电引信等各种电发火装置意外发火,引起爆炸事故。

在微电子技术领域,ESD 过程是静电能量在 $1/10$ $\mu$s 时间内通过器件电阻释放的,其平均功率可达几千瓦。如此大功率的短脉冲电流作用于器件上,足以在绝热情况下,使硅片上微区熔化,电流集中处使铝互连局部区域发生球化,甚至烧毁 PN 结和金属互连线,形成破坏性的"热电击穿",导致电路损坏失效。

## 6.1.4　静电放电的电磁脉冲效应

静电放电过程是电位、电流随机瞬时变化的电磁辐射过程。无论是放电能量比较小的电晕放电,还是放电能量比较大的火花式放电,都可以产生电磁辐射。这种近场 ESD/EMP 对各种电子装备、信息化系统都可以造成电磁干扰。在航空、航天、航海领域和各种现代化电子装备中形成 ESD 电磁辐射危害已是众所周知的。

ESD 电磁干扰属于宽带干扰,从低频一直到几个吉赫兹以上。其中电晕放电出现在飞机机翼、螺旋桨及天线和火箭、导弹表面等尖端或细线部位,产生几兆赫兹到 1 GHz 的电磁干扰,使飞机、火箭等空间飞行器与地面的无线通信中断,导航系统不能正常工作,使卫星姿态失控,造成严重后果。另外,电晕放电产生的噪声,也会对某些家用电器和电信号检测工作造成电磁干扰。

沿面放电和火花放电都是静电能量比较大的 ESD 过程,其峰值电流可达几百安培,可以形成电磁脉冲(EMP)串,对微电子系统造成强电磁干扰及浪涌效应,引起电路错误翻转或致命失效。即使采取完善的屏蔽措施,当电路屏蔽盒上发生静电火花放电时,ESD 的大电流脉冲仍会在仪器外壳上产生大压降,这种瞬时的电压跳变,会使被屏蔽的内部电路出现感应电脉冲而引起电路故障。另外,日本人通过模拟实验已证实,ESD 产生的磁场也能够使控制设备发生误动作,影响设备的正常工作。

### 6.1.5 静电放电对人体的电击效应

当带电人体接近接地导体或机器设备等较大金属物体时会形成火花放电,相反的情况是当人体接近带有高电压的导体时,也会形成火花放电,这两种静电放电都会使人体受到电击。由于静电放电的能量很小,因此还未见过生产工艺过程中的静电电击直接造成人员丧生的报道。但电击往往会使操作人员产生恐惧情绪而使生产效率下降,在一些比较危险的操作场所,静电电击引发的诸如高空坠落等"二次事故",则有可能造成人员的伤亡。

# 6.2 静电危害的分类与实例

## 6.2.1 静电危害的分类

静电危害按其形成危害的客体种类和危害的后果及发生危害的行业或专业领域的不同可有三种分类方法。

根据国内外文献报道,导致静电起电并造成危害的物质主要是固体、人体、液体、粉体和气体混合物。图 6.1 所示为各种客体造成静电危害的比例。这也是静电危害的第一种分类方法。这种分类方法和比例是针对全社会不同行业、不同生产条件下发生静电危害情况的综合统计结果。不同行业、不同生产领域,产生静电危害的主要客体可能是液体(如石油化工行业),也可能是气体混合物(如煤气、液化气生产、转运行业),因此图 6.1 所示比例并不反映某一具体行业发生静电危害的情况。

静电危害的第二种分类方法是根据危害的后果、性质来划分的。一般可分为人体遭受电击,形成火灾、爆炸等恶性事故及影响生产和干扰电子设备(简称生产障害)等三种危害形态。图 6.2 所示为两次社会调查得出的三种静电危害形态所占的比例。从这两次调查得到的静电危害比例数的变化情况可以看出,随着科学技术的高速发展,高分子材料的大量使用,计算机等信息化设备的广泛应用,生产障害(含 ESD,EMP 对各种电子设备的电磁干扰等静电危害)与静电电击和静电引起火灾、爆炸等事故相比,其比例数有了大幅度的变化,由原来的 17.6% 增加到 36.4%,在三种危害形态中所占比例最高。

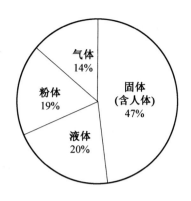

图 6.1 各种客体造成静电危害的比例

　　静电危害的第三种分类方法是按照不同行业、不同专业生产领域划分的。对于静电引起火灾爆炸等恶性事故来说,以石油、化工、橡胶、印刷、造纸、粉体加工和弹药、电爆火工品等生产领域最为严重;就工艺种类而言,以输送、装卸、搅拌、喷射、开卷和卷缠、涂敷、研磨等工艺过程事故最多。据日本自治省防卫厅对全国火灾调查统计,在这些行业中因静电放电引起的火灾事故每年大约有 100 起。其中粉体带电造成的事故比例最高。实际上日本防卫厅的报道,没有包括弹药、电爆火工品生产和使用中的静电危害。美国人在1950 年前后就报道因人体静电和电磁辐射在海军武器实验室连续几次发生电雷管(MK112、MK113、MK114)意外爆炸事故。

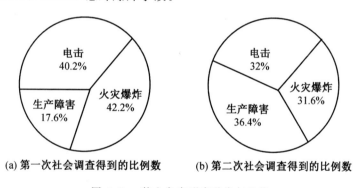

(a) 第一次社会调查得到的比例数　　　　(b) 第二次社会调查得到的比例数

图 6.2 静电危害形态种类与比较

## 6.2.2 静电危害的实例与分析

　　对于静电危害及其后果已有比较充分和具体的认识,现举出若干实例,并简单分析其产生的原因。

### 1.罐车在气动装料中发生的事故

(1) 事故概要。

　　在干燥的冬季铁路油罐车采用气动输送装置装填塑料粉末,输送管道是外壁涂有金属层的聚乙烯管。开始装料后不久,输送管内的粉末被点燃。

（2）事故原因分析。

在气动输送过程中,粉末粒子与输送管内壁发生着十分频繁的接触－分离过程;又由于塑料粉末和聚乙烯输送管都是电阻率很高的绝缘材料,加之又是在相对湿度较低的干燥冬季,因此粉末和输送管道都会产生并累积很强的静电。当输送管内表面电荷密度达到一定值时,就可能发生表面放电,引起粉末与空气的混合物燃烧。此外,聚乙烯管外壁上所涂的金属层加剧了管的内壁的带电程度。因为理论和实验表明,当绝缘体紧贴一块接地的导电基板时,在绝缘体的表面上就可能形成比没有导电基板时更高的电荷密度。显然,在本例中聚乙烯管外涂敷的金属层就起到了这种作用。

**2. 筛选引燃火药的燃爆事故**

（1）事故概要。

在制作花炮的筛药车间里,操作工筛选好白光药之后,又将约 40 kg 引燃药倒入筛内进行筛选,当筛中最后剩 5 kg 左右余药时,筛子突然起火,操作工衣装被点燃,当其向车间门口跑动时,衣装所带火种又将已筛好的白光药点燃,最后引起引燃药爆炸,导致操作工丧生、工房和设备全部烧毁的惨剧。发生事故时操作工穿防静电鞋(鞋底电阻为 $8 \times 10^8$ Ω),水泥地坪材料的体积电阻率为 $10^4 \sim 10^6$ Ω·cm。

（2）事故原因分析。

引燃药中含硫黄、硝酸钾等易起电的活性材料。当操作人员用机械筛筛选引燃药时,由于药剂的不同组分之间、药剂与铜制筛网之间不断地接触－分离,因此在药剂和筛网上就会产生并累积较强的静电。特别是在药剂瞬间通过筛孔时属剥离起电,会使带电程度加剧。另外,由于铜筛网距手动金属传动杆仅有 1.5 mm,其间击穿电位为 $5 \sim 6$ kV(相当低),因此带电的筛网与金属传动杆间就很容易形成放电通道。于是当药剂和筛网上累积的静电电位达到一定值时,就会在传动杆间发生静电放电且放电火花的能量大于引燃药粉的最小点火能,从而点燃引燃药剂。

值得指出的是,在本事故中,静电放电也可能是在带电筛网和作为操作者的人体之间发生的。因为操作人员的鞋子和地坪电阻都比较低,在一定程度上人体就相当于一个接地体,故带电筛网也可能对人体放电,并产生足以点燃药剂的放电火花。

**3. 加油站的静电燃爆事故**

（1）事故概要。

某加油站向一塑料油桶注油。油桶置于磅秤上,桶口放置一铁皮偏眼漏斗。当装至 10 kg 时,突然漏斗至阀门扳手约 5 cm 处冒出火柱并伴有噼啪声响。操作工随即关闭阀门,但未完全关紧,仍有少量油溢出,致使火势增大,整个发油管和上面的油槽局部着火,浓烟滚滚,酿成一场大火。共烧毁储油罐六个,各种油品 6 t,电动机一部和室内全部电气设备,70 cm³ 的水泥结构库房严重受损。

（2）事故原因分析。

经查,该加油站的油槽、发油管(由聚乙烯软管外加一金属护套构成)、漏斗及磅秤均未进行静电接地,而塑料油桶又是绝缘的。打开油阀加油时,油在槽内油的压力作用下经发油管垂直往漏斗灌注,落差大、速度快、冲击力大,因而在铁质漏斗上产生较强的静电;由于和漏斗接触的塑料桶口高度绝缘,漏斗上的静电荷无法泄漏,因此就累积起很高的静电电位,对发油管的金属护套发生放电,引燃汽油蒸气而爆炸。同时,汽油经油管向漏斗灌注时因落差较大,使得空气中油气浓度增大,燃爆的危险也就相应增大了。

事故后在加油站现场进行的模拟装油实验表明,当落差为 14 mm 时,漏斗上的静电电位为 0.8 kV;当落差为 47 mm 时,漏斗上的静电电位升高到 1.5 kV;而当落差为 61 mm 时,漏斗上的静电电位更高达 2.2 kV。这说明,上述的事故原因分析是正确的。

### 4.液化石油气的燃爆事故

(1)事故概要。

某液化石油气公司灌瓶装车间大转盘生产线上,操作人员发现上灌枪处的五秤位灌枪位置不正并有漏液现象,随即用右手握持油管,左手去端正灌枪,恰在此时,突然爆起火球,此后又引起车间内液化气钢瓶着火和爆炸,造成重大损失。

(2)事故原因分析。

在排除了人为明火、电气火花诸因素后,根据现场生产工艺及操作过程,认为静电放电火花最有可能是本次事故的引火源。经分析,现场的静电发生源有:液化石油气液体在灌枪内以 11.9 m/s 的速度高速流动,因接触 — 分离或摩擦而使灌枪产生大量静电荷;当液化石油气由灌枪出口处泄漏时,因高速喷出也会产生大量静电荷;灌枪上的空气管使用的是普通聚乙烯塑料管,当压缩空气在管内流动时将产生静电;操作人员的衣装、手套、鞋与周围物体相摩擦也将产生静电并使人体带电。同时,液化石油气的泄漏现象,一方面使静电荷大量产生,另一方面泄漏出的液体迅速气化并与空气相混合,从而很快形成一定的爆炸浓度,一旦有引燃火花,就有发生燃爆的危险。

值得注意的是,现场使用的灌装枪都没有进行专门可靠的静电接地。前已述及,灌枪上的空气管是普通的聚乙烯软管,而灌枪的油管则是普通橡胶管,电阻很高;虽然胶管内有一层金属丝网,但在连接时没有使其牢靠地与两端金属头相连,不能保证电气导通。事实上,灌枪是靠有时与钢瓶的接触而自然接地的,这样的接地是缺乏保障的,致使在生产中灌枪有时可能与大地导通,而多数情况下则是与地绝缘。综上所述,由于灌枪接地不良,因此枪上产生的静电荷无法导走,累积到一定程度时,就会对钢瓶发生静电放电,放电火花引燃液化石油气与空气的混合物。由此可见,带电灌枪对钢瓶的放电是本次事故的直接引火源。

### 5.人体静电引爆丙酮蒸气的事故

(1)事故概要。

在某化工厂,操作工人从内贴聚乙烯衬里的桶中,连续提出氰尿酰氯,并通过入孔投入丙酮槽中。操作工身着刚洗过的合纤工作服和橡胶长筒靴,并戴合纤手套。正在操作时发生了爆炸。

(2) 事故原因分析。

操作工穿用的合纤工作服和手套都是易起电材料,在其正常活动和操作时,内衣和人体皮肤、内衣和外衣,以及外衣与工装、设备或工件之间都会发生频繁的接触－分离和摩擦,使衣装和手套产生较强的静电,从而人体也因感应而带电。又因为人穿着高绝缘的橡胶鞋,人体静电不易泄漏,致使人体静电电位累积得很高,达到一定程度时,就会在入孔投料时发生人体对入孔的静电放电,放电火花引燃入孔附近的丙酮蒸气与空气的混合物而成灾。

### 6. 人体静电引爆炸药药粉的事故

(1) 事故概要。

在某厂生产起爆药(氮化铅)的倒药工序中,操作工倒药后去取药盒,当他的手刚要触及药盒时,突然发生放电火花而引起爆炸,致使其手被炸伤,并摧毁工房部分玻璃窗和墙壁。当时工人是穿绝缘底胶鞋并在普通橡胶地坪上操作的。

(2) 事故原因分析。

这是一起由人体静电引起的爆炸事故。由于操作人员穿着绝缘底胶鞋并在电阻很高的普通橡胶地坪上进行倒药作业,因此其身体上会产生并累积相当高的静电。当他靠近药盒时就在盒上产生了感应电荷,在人手触及药盒前的瞬间,人体电荷和感应电荷之间产生火花放电,点燃了空气中的药粉与空气的混合物。

### 7. 人体静电引燃脱漆剂蒸气的事故

(1) 事故概要。

某宾馆客房,油漆工按油漆施工程序,用脱漆剂清除房间踢脚线上的陈漆。清除过程中,有部分脱漆剂洒落在打蜡木地板上,工人遂蹲下用蘸有酒精的面纱擦拭地板,同时把不带电的闭路电视信号线和地灯控制线整理好,当其转身欲整理电话线而手尚未触及电话线时,脚前突然起火,并迅速蔓延,引起盛放于两只大桶内的脱漆剂和两只小桶内酒精的燃烧。

(2) 事故原因分析。

脱漆剂是一种可燃液体,含纯苯 55%、丙酮 30%、酒精 15%,且其挥发性也很强。故在使用过程中,房间中存在大量的易燃蒸气,尽管当时窗户是打开的,但易燃蒸气比重大,沉积于地板上方空间不易散发,致使局部地方蒸气与空气混合物的浓度达到了爆炸浓度极限。另外,房间内虽不存在明火和产生电火花的条件,但却可能发生静电放电火花。首先,油漆工在蹲下去时的体重压力使其胶底鞋与打蜡地板发生紧密接触,而当他转身收拾电话线时,鞋底又与地板快速分离,这一动作使人体产生很高的静电电位,并可能发生火花放电引燃可燃气体而成灾。其次,工人用沾有酒精的棉纱擦拭地板时也可能会产生静电并引燃。那么,这两个因素究竟哪个占主导地位? 为此,在事故后的现场进行了模拟实验,普通胶底鞋与木地板摩擦数次,带电为 3 kV,运动鞋为 5.8 kV,皮鞋为 2.4 kV;但用棉纱与木地板摩擦时,地板静电电位仅为 0.1 kV 左右。由此可断定,主要是人体静电的放电火花引燃了脱漆剂。

通过以上数例可以看出,固体、液体、气体都可能发生静电放电,人体静电灾害也很普遍。

# 6.3 静电危害的形成

## 6.3.1 形成静电危害的基本条件

了解静电危害发生的条件对于防止静电危害和研究防护措施是十分必要的。从 6.2 节列举的危害实例和分析中不难看出构成静电危害的基本条件,总结如下。

① 产生并累积起足够的静电,形成了"危险静电源",以致局部电场强度达到或超过周围电介质的击穿场强,发生静电放电。

② 危险静电源存在的场所有易燃易爆气体混合物并达到爆炸浓度极限,或有电爆火工品、火炸药之类爆炸危险品,或有静电敏感器件及电子装置等静电易爆、易损物质。

③ 危险静电源与静电易爆、易损物质之间能够形成能量耦合并且 ESD 能量等于或大于前者最小点火能或静电敏感度。

形成静电危害的这三个条件是缺一不可的,只要控制其中一个条件不成立,就不会有静电危害发生。

### 1.放电火花的引燃机理

(1) 可燃蒸气、气体与空气混合物的引燃。

关于火花放电引燃可燃蒸气、气体与空气混合物的机理,存在着两种理论,即链式反应理论和纯热学反应理论。

① 链式反应理论。近代物质燃烧的基本理论认为,燃烧是一种活性基(或称游离基)的链式反应。最初的游离基可经热分解、电离、光照或机械作用而产生,它是一种不稳定的、瞬变的中间物,可以很快与助燃物质(如氧)化合,并放出能量,以维持游离基的再分解,然后再与氧化合,使燃烧连锁式地发展下去,直至终止。

如前所述,气体的放电过程是电荷的转移过程。在电离区,电场力的作用使自由电子的运动加速,从而使气体分子发生碰撞电离,质量较轻的气体(如 $H_2$)的电子被打出而带正电荷,质量较重的气体(如 $O_2$)容易捕获电子而带负电。于是分子团被离子化,自由原子(如 O 和 H)及游离基(OH)增多,随着放电电流的增大,在火花放电范围内形成的自由原子和游离基的数量也在增加。这些活化了的粒子能扩散到可燃混合物内,并引发了燃烧的链式反应。

② 纯热学反应理论。放电过程中对可燃物的引燃机理,也可用放电瞬间在放电通道中能建立起空间点状热源来加以解释。在这种引燃机理的热力学模型中,火花放电可用

瞬间作用的点状热源所代替,该热源所分解出的热量能把一定半径的球形容积内的气体加热到某个极高的温度,如达到可燃物的燃烧温度,于是就发生燃烧反应。反之,如果所建立起的热点能量,很快通过热传导和辐射而耗散,使热点周围的气体温度达不到燃烧反应的温度,则可燃物不会发生燃烧反应。当放电中止后,如果在热点半径所决定的球形区域内温度下降不大,且所耗散的能量又很快由燃烧所补充,则会使燃烧继续下去,以致酿成火灾。

(2)可燃粉尘与空气混合物的引燃。

粉尘与空气混合物的引燃和可燃蒸气、气体与空气混合物的引燃相似,其区别仅在于前者的引燃实际上包括两个阶段:在第一个阶段,点火源的热量先使粉体物质分解并形成蒸气,再形成蒸气与空气的混合物;在第二个阶段,点火源引燃已形成的可燃混合物。由于粉体的固体颗粒被加热和升华需要一定的时间,因此粉尘与空气混合物引燃时,较之可燃蒸气、气体与空气混合物要有一个较长的滞后时间,并且在这一过程中所消耗的能量,往往要比点燃气体与空气混合物消耗的能量大几十倍。此外,对于含有大粒径粒子的粉尘,因大粒子可起到热的屏蔽作用,可阻止火焰的传播,故能提高混合物的引燃能量,亦即减小粉尘与空气混合物的爆炸危险性。

综上所述,静电灾害形成的根本原因在于放电通道上所释放的静电能可以成为可燃物引燃或引爆的点火源。在各种放电类型中,火花放电和刷形放电属高温放电,即这些放电所释放的能量较大且较集中,有关资料表明,其火花柱中心温度可达上万度,外侧温度也可达数千度,因而有较大的引燃能力,酿成静电灾害的可能性较大。相反,电晕放电属低温放电,因为这种放电一般能量很小,放电间隙以氮分子的光谱为主体,发热量很小,除对氢气和二硫化碳外,一般不会发生引燃。

**2. 物质燃爆的性能参数**

静电危害不仅与静电源参数有关,而且与周围物质的性能参数密切相关。某种气体混合物或粉尘与空气形成的气体混合物在 ESD 刺激下能否燃烧、爆炸与许多因素有关,其中最主要的是这种气体混合物的最小点火能及爆炸极限,这两个参数是决定燃爆与否的最重要的参数,它们与防止静电危害的关系也十分密切。

(1)最小点火能。

最小点火能是指在常温常压下,将可燃性物质与空气混合,在最敏感的条件下(即各种影响因素,诸如可燃性物质的性质和浓度、电极的形状和火花间隙、电路参数等均处于各自最敏感的条件)引燃该混合物所需的最低能量。在生产工艺过程中,从安全角度考虑,静电放电火花能否点燃可燃性混合物需要解决两方面的问题,一是确定该物质的最小点火能,二是确定现场工艺条件下可能出现的最大静电放电能量。然后将二者加以比较,若后者比前者小得多,则现场工艺对静电来说是安全的;反之,若二者接近或甚至后者比前者大,则有发生燃爆危害的危险,必须采取防范措施。可见最小点火能这个参数对于判断静电危险、保证安全生产是十分重要的。

最小点火能的测量方法比较复杂,而且对于同一种可燃性混合物来说,采用的方法不同,所得到的最小点火能往往会有较大的差异。例如,最早(1914 年)测定甲烷的最小点火能时采用的是断路感应火花法,所得数值高达 32 mJ;后来采用压电发生器时所得数据仅为 1 mJ;而采用积聚型一次击穿放电法测得的甲烷的最小点火能更低,为 0.5 mJ。目前应用较多的是电容器放电火花法,此法可将 95% 以上的能量消耗于发火过程中,且这种方法与静电火花放电的机理基本相同,因而比较准确、可信。最小点火能的计算公式为

$$W_m = \frac{1}{2}CU^2 \tag{6.1}$$

式中,$W_m$ 是电容器的放电能量;$C$ 是电路的静电电容;$U$ 是放电时的火花电压。

各种可燃物质的最小点火能有所不同。例如,饱和烃及其衍生物的最小点火能大多是在 0.2 mJ 数量级,但乙炔的最小点火能只有 0.019 mJ,二硫化碳更低,只有 0.009 mJ。正如前面所提到的,粉尘因其引燃过程分为两个阶段,所以最小点火能要比可燃气体或蒸气大得多,一般为 10 ~ 100 mJ。表 6.1 和表 6.2 分别给出了可燃性气体和蒸气的最小点火能,以及起爆药和火炸药的最小点火能。

表 6.1　可燃性气体和蒸气与空气混合物的最小点火能

| 物质名称 | 最小点火能 /mJ | 物质名称 | 最小点火能 /mJ |
|---|---|---|---|
| 二硫化碳 | 0.009 | 甲烷 | 0.47 |
| 氢气 | 0.02 | 环乙烷 | 0.525 |
| 乙炔 | 0.019 | 四氢呋喃 | 0.54 |
| 硫化氢 | 0.068 | 苯 | 0.55 |
| 氧化乙烯 | 0.087 | 丁酮 | 0.68 |
| 甲醇 | 0.215 | 醋酸乙烯酯 | 0.70 |
| 环丙烷 | 0.24 | 氯化丙酮 | 1.08 |
| 丙烯 | 0.282 | 乙酰酮 | 1.15 |
| 乙烯 | 0.285 | 异辛烷 | 1.35 |
| 丙烷 | 0.305 | 乙酸乙酯 | 1.42 |
| 丙醛 | 0.325 | 2,2-二甲基丙烷 | 1.57 |
| 乙醚 | 0.33 | 异丙烷 | 2.0 |
| 乙酸甲酯 | 0.40 | 乙胺 | 2.4 |
| 二甲氧基醚 | 0.42 | 氨 | >1 000 |

注:表中所列数据对应于该物质与空气的最敏感的混合浓度。

可燃性物质的最小点火能除与实验方法和装置有关外,还受到诸如与之混合的气体的种类、混合物的浓度以及温度和压强的影响。

另外,由于发生放电时,放电电极具有一定的吸热作用,因此实际发生引燃的能量要大于有关可燃性物质的最小点火能。

表 6.2　起爆药和火炸药的最小点火能

| 药品名称 | 最小点火能 /mJ |
|---|---|
| 二硝基重氮酚(DDNP) | 12 |
| 斯蒂芬酸铅 | 0.9 |
| 特曲拉辛(TATB) | 10 |
| 氮化铅 | 7 |
| 雷汞 | 25 |
| 黑索金 | 180(密实状态)，10(悬浮状态) |
| 钝化黑索金 | 2 600(密实状态)，15(悬浮状态) |
| 梯恩梯(TNT) | 3 000(密实状态)，3(悬浮状态) |
| 强棉火药 | 3 400(密实状态)，100(悬浮状态) |
| 黑火药 | 9 500(密实状态)，12 500(悬浮状态) |
| 结晶氮化铅 | 0.004 |
| 无烟火药 | 12(未浸石墨、100 目) |
| 硝化甘油 | 300 |
| 硝化纤维素 | 62 |
| 发射火药 | 110 |

(2) 爆炸极限。

易燃易爆气体或蒸气与空气的混合物，或者粉尘与空气的混合物，其浓度必须在一定范围内遇到火源时才发生爆炸。这个能够爆炸的浓度范围称为该种气体混合物的爆炸浓度极限，简称爆炸极限。能发生爆炸的最低浓度称为爆炸下限，能发生爆炸的最高浓度称为爆炸上限。

为什么会有爆炸极限存在呢？这和燃烧爆炸的本质及化学反应过程有关。现以人们最熟悉的煤气(即一氧化碳与空气的混合物)为例，当一氧化碳在空气中的浓度低于12.5% 时，即使有火源也不会发生燃烧和爆炸，因为可燃物质比例小，其热能不足以维持正常燃烧所需要的温度。当一氧化碳浓度达到 12.5% 时，遇到火源能够轻度爆燃；随着一氧化碳浓度的增高，燃烧逐渐强烈，当浓度增高到 29.5% 时，燃烧最强烈，这时一氧化碳在空气中燃烧的反应式为

$$2CO + O_2 + 3.76N_2 = 2CO_2 + 3.76N_2$$

如果一氧化碳恰好全部燃烧完，它在混合物中所占体积是 29.5%。即这样的浓度比例燃烧最彻底，反应最强烈。如果浓度再增加，则燃烧逐渐减弱，当浓度增加到 74% 以上时，会因为氧气不足，使燃烧难以发生，所以对于这种气体混合物，12.5% 是爆炸下限，74% 是爆炸上限。

气体、蒸气与空气混合物的爆炸极限可按下式近似计算：

$$A_{min} = \frac{1}{4.76(N-1)} \times 100\% \tag{6.2}$$

$$A_{\max} = \frac{4}{4.76N + 4} \times 100\%$$  (6.3)

式中,$A_{\min}$ 是爆炸下限;$A_{\max}$ 是爆炸上限;$N$ 是可燃性气体或蒸气的 1 个分子完全燃烧时所必需的氧原子数。

如果爆炸性混合物由多种可燃气体组成,则爆炸极限可按下式估算:

$$A = \frac{1}{\dfrac{H_1}{A_1} + \dfrac{H_2}{A_2} + \dfrac{H_3}{A_3} + \cdots} \times 100\%$$  (6.4)

式中,$A$ 是多种气体混合物的爆炸极限;$A_1$、$A_2$、$A_3$ … 是各种气体的爆炸极限;$H_1$、$H_2$、$H_3$ … 是各种气体在可燃气体总量中所占的百分数,$H_1 + H_2 + H_3 + \cdots = 100$。

例如,80% 甲烷、15% 乙烷、4% 丙烷、1% 丁烷的混合气体的爆炸下限,可根据各自的爆炸下限(5.0% 甲烷、3.0% 乙烷、2.1% 丙烷和 1.5% 丁烷)按下式求出,即

$$A = \frac{1}{\dfrac{H_1}{A_1} + \dfrac{H_2}{A_2} + \dfrac{H_3}{A_3} + \dfrac{H_4}{A_4}} \times 100\% = \frac{1}{\dfrac{80}{5.0} + \dfrac{15}{3.0} + \dfrac{4}{2.1} + \dfrac{1}{1.5}} \times 100\% = 4.2\%$$

(6.5)

影响爆炸极限的因素主要是混合物的含氧量、温度和压力等。混合物的含氧量增加时,其爆炸极限范围随之扩大。例如,氢气与空气混合物的爆炸极限范围为 4.0% ～ 75.0%,而与氧气混合时则扩大为 4.0% ～ 94.0%;氨与空气混合时的爆炸极限范围仅为 15.0% ～28.0%,但与氧气混合时激增为 15.0% ～ 79.0%。因此,在混合物中掺入氮、二氧化碳等不可燃气体,降低混合物的含氧量,可缩小爆炸极限范围。温度升高时,燃烧速度加快,一般会导致爆炸极限范围扩大;但远没有含氧量的影响明显。压力增大时爆炸上限显著提高。例如,甲烷的爆炸上限在 1 个标准大气压时为 15%,在 50 个标准大气压时为 29.4%,在 100 个标准大气压时为 45.7%。还应注意,当压力降低至一定程度时,爆炸上、下限会重合,使得爆炸极限范围缩小成一点,这一压力称为临界压力。显然,当压力低于临界压力时混合物将不再发生爆炸。此外,如果燃爆是在容器中发生的,则容器的尺寸对爆炸极限范围也有影响。容器直径越小、爆炸极限也越小,当直径小到某个一定值时,燃爆就不再发生,这一直径称为临界直径。

粉尘与空气的混合物也存在一定的爆炸极限范围,其浓度单位以 $g/m^3$ 表示。可燃性粉尘的爆炸上限值一般都很高,如糖的爆炸上限为 $1.35 \times 10^4 \, g/m^3$,实际环境中不可能达到,因此粉尘的爆炸上限可不考虑。另外,粉尘的爆炸下限虽也很高,但不能排除生产厂房内到达爆炸下限的可能性,特别在有关设备的内部或十分接近这些设备的地方,有时会形成浓度相当高的粉尘混合物,因此粉尘的爆炸下限必须予以考虑。一般来说,粉尘爆炸下限值受粉尘颗粒度、含水量和灰分、点火源强度等因素的影响。

通常把爆炸性混合物(气体及粉尘)出现的或预期可能出现的且数量达到足以要求对设备的结构、安装和使用采取预防措施的场所,称为爆炸危险场所。对于可燃性气体而言,将其爆炸危险场所的区域分为如下三个等级。

0 区:指在正常情况下,爆炸性气体(含蒸气和薄雾)混合物连续地、短时间频繁地出

现或长时间存在的场所。

1 区:指在正常情况下,爆炸性气体(含蒸气和薄雾)混合物有可能出现的场所。

2 区:指在正常情况下,爆炸性气体混合物不会出现或仅在不正常情况下偶然短时间出现的场所。

此处,正常情况指设备正常启动、停止,正常运行与维修。

### 3. 火炸药、电爆火工品的静电感度

(1)静电感度的基本概念和分类。

静电感度是指在给定的试验条件下,火炸药、电爆火工品等被试品对静电放电刺激量的敏感程度。通常用全发火概率(不同强度的静电放电刺激水平的概率)曲线,即"S"曲线来表示。但有时也可以采用一定发火概率点上的静电能量和静电电压来表示。目前,国内外标准多用 50% 发火概率下的静电能量或 50% 发火概率下的静电电压来表示试品的静电感度。

静电感度一般分为相对静电感度、绝对静电感度和真实静电感度。

相对静电感度是为了比较各种试品静电感度值的相对大小,依据标准的试验方法,统一测试各种待测样品,根据其相对静电感度值排列出各种被测物质的静电敏感顺序。如1972 年美国陆军颁布的静电感度军事标准 MIL－STD－23659C,就以人体静电放电模型($C_B=500\ pF,R_B=5\ k\Omega$)为基础进行 ESD 试验。它是根据电容器 $C_B$ 上储存的静电能量(即放电回路中消耗的总能量)求出每种试品的静电感度,这种静电感度称为相对静电感度。

绝对静电感度是指在各种 ESD 模型中挑选最敏感的电路参数,选择最敏感的试验条件来进行静电感度试验。也就是说,使各种参数和条件都处于静电最敏感的情况下,以期用最小的 ESD 能量激发试品,求出静电感度值。这种实验数据具有普遍意义。但是,如何保证各种试验条件均处于最敏感的情况,不仅需要做大量的试验工作,而且有时在实际工作中无法达到这种要求。

真实静电感度正是为了克服上述两种静电感度存在的问题,提出的一种新的静电感度概念和试验方法。这种方法以电爆火工品上实际消耗的静电能量来统计计算其静电感度。这种静电感度值是反映每种试品对静电放电的真实敏感程度,具有普遍适用的意义。

静电感度除了按概念和适用条件的不同区分为相对静电感度、绝对静电感度和真实静电感度之外;还按照放电回路储能元件的不同分为电容性放电的静电感度值和电感性放电的静电感度值;以及按照放电形式的不同分为火花放电式静电感度试验方法和电弧放电式静电感度试验方法(这种方法也称接触分离方法或拉弧试验方法)。除此之外,相对于固定电极结构的静电感度试验方式,还有一种模拟运动的带电体接近火炸药或电爆火工品引起静电放电的现场状态的渐近电极式静电感度试验方法。不同的试验方法,代表了不同的 ESD 模型,所得的静电感度值亦有所不同。

（2）火炸药的静电感度。

ESD是火炸药意外爆炸事故的主要危害源之一，因此火炸药静电感度也是静电防护工作中的重要技术指标。火炸药静电感度在60年代标准中就有规定。美国三军手册中，推荐了预测起爆药、传爆药和主装药的不同静电感度试验方法和仪器。起爆药的静电感度是使用Wyatt的接触分离式静电感度仪。传爆药的静电感度鉴定试验，是使用美国海军地面武器中心的固定火花隙式（针－板电极形式）静电感度仪。主装药的标定性试验是由美国海军武器中心和印第安角海军军械站渐近式静电感度仪完成的。

我国原兵器部所属单位，结合实际情况，以模拟人体静电放电为主要对象，选择（500±5%）pF的放电电容器和0.12 mm的放电间隙，采用针－板放电形式，对国产部分起爆药进行了静电感度试验，试验数据见表6.3所示。

**表 6.3　部分起爆药剂静电感度**

| 敏感排序 | 起爆药名称 | 粒度 /μm | 试验结果 | | | |
|---|---|---|---|---|---|---|
| | | | 50% 发火电压 /kV | 标准偏差 /kV | 试验间隔 /kV | 50% 发火能量 /mJ |
| 1 | D·S共晶起爆药 | 120～200 | 1.04 | 0.092 | 0.05 | 0.295 |
| 2 | 沥青三硝基间苯二酚铅 | 10～49 | 1.12 | 0.10 | 0.05 | 0.342 |
| 3 | 二硝基间苯二酚铅 | ＜100 | 1.14 | 0.052 | 0.10 | 0.355 |
| 4 | 二硝基间苯二酚铅氮化铅共晶 | ＜100 | 1.16 | 0.09 | 0.05 | 0.367 |
| 5 | 三硝基间苯二酚铅（正盐） | 20～150 | 1.20 | 0.114 | 0.05 0.10 | 0.393 |
| 6 | 三硝基间苯二酚铅（正盐） | 48×200 | 1.25 | 0.038 | 0.05 | 0.423 |
| 7 | 氮化银 | — | 1.31 | 0.195 | 0.10 | 0.468 |
| 8 | 三硝基间苯二酚铅（碱式盐） | 50～200 | 1.36 | 0.038 | 0.05 | 0.504 |
| 9 | 粉末氮化铅 | — | 1.56 | 0.184 | 0.10 | 0.664 |
| 10 | 三硝基间苯二酚铅钡共晶 | 300～400 | 1.83 | 0.028 | 0.05 | 0.960 |
| 11 | 羧甲基纤维素氮化铅 | ＜100 | 2.04 | 0.308 | 0.10 | 1.14 |
| 12 | 苦味酸铅、硝酸铅乙酸铅共晶 | 假密度1.36 | 3.52 | 0.310 | 0.20 | 0.88 |
| 13 | 糊精氮化铅 | 50 | 4.73 | 0.849 | 0.20 | 0.60 |

（3）电爆装置的静电感度。

电爆装置的静电感度是电爆装置的基本性能参数之一。它反映电爆装置在生产、储存、运输和使用中抗静电危害的能力大小，是电爆装置静电放电安全性的重要量度，也是做好弹药、导弹及其他兵器静电安全防护的重要依据。

　　20 世纪 50 年代到 60 年代,电爆装置就在常规弹药和导弹等兵器上使用,曾发生电雷管意外爆炸的偶然事故。但当时人们对静电放电是引起事故的原因还认识不足。在 20 世纪 70 年代初期,压电引信用火花式电雷管 LD－1 和薄膜式电雷管 LD－2 发生偶然爆炸事故,经对事故的研究分析,才进一步认识到静电问题的严重性。要解决因静电放电而引起的偶然事故,必须从产品的设计和工艺等方面解决电爆装置的抗静电问题,可在电爆装置的生产和使用中采取静电安全防护措施。当时提出了测定电爆装置的静电感度问题,建立了电爆装置静电感度试验仪器和静电感度试验方法。1979 年,科研人员参照 MIL－I－23659B(AS) 标准研制出 JGY－50 静电火花感度仪,国防科工委在 1987 年到 1990 年先后发布了 GJB 378—87 感度试验用升降法、GJB 344—87 钝感电起爆器通用设计规范、GJB 345—87 引信用电起爆爆炸元件的鉴定试验和 GJB 376.11—90 电爆火工品试验法、电爆火工品静电感度试验等标准。使电爆装置静电感度试验仪器、试验方法有了统一的规范,规定了引信用电起爆爆炸元件鉴定时必须进行静电感度试验,并对钝感电起爆器的静电感度提出了具体指标。感度仪的使用和标准的建立为新定型电爆装置的静电感度数据测试及其静电安全性的评估提供了技术手段和统一方法。图 6.3 所示试验电路适用于表 6.4 给出的二十多种电爆装置静电感度实验数据。

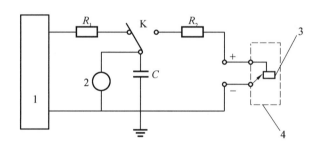

1—直流高压电源；2—静电电压表；3—被测样品；4—爆炸箱
$R_1$—充电电阻；$R_2$—串联放电电阻；K—高压开关；C—电容器

图 6.3　人体 ESD 模型电爆火工品静电感度试验电路

　　在上述试验中:储能电容为 $C=500\ \text{pF}$、限流电阻为 $R=5\ \text{k}\Omega$。表 6.4 静电感度栏中的数据分两种:带小数点的为 50％ 发火电压;带“＞ 或 ＜”号的是以某一试验电压检验试品能否通过 ESD 试验的数据。

　　在这种模拟人体静电的相对静电感度试验中,以 500 pF 电容模拟人体对地的电容、5 kΩ 电阻模拟人体放电时的电阻,试验数据代表了电爆装置对人体静电放电的敏感程度,即相对人体 ESD 的静电感度。人体静电电压在一般情况下很少超过 25 kV,故在此电压作用下不发火的电爆装置被认为对人体静电是安全的;否则是不安全的。它们的不安全程度可由 50％ 发火概率下的静电电压感度值相互比较得出。由于人体静电是电爆装置最主要和最经常碰到的危险静电源,因此用相对人体的静电感度评估电爆装置的静电安全性是非常有价值的。但是,人体 ESD 电阻值一般远小于 5 kΩ,能够通过上述 25 kV ESD 试验的电爆装置,并不能保证对人体静电绝对安全,在实际生产过程中经常出现的

"反常发火"现象,就是由此造成的。另外,在电爆装置的生产、运输、储存和使用过程中还会遇到其他的静电源,如金属工装、机器和容器等在接地不良时就成为绝缘导体,可带上很高电压的静电,而且放电电阻很小,放电能量非常集中,可能构成最危险的静电源。再如包装弹药的塑料筒等高绝缘性材料物品,其电阻率很高,勤务处理过程中很容易带电,通常静电电位可高达数万伏,在一定的条件下可形成沿面放电,也可能形成电爆装置的危险静电源,所以仅用相对于人体 ESD 的静电感度不能全面地评价电爆装置对静电放电的安全性。

表 6.4  电爆装置静电感度试验数据

| 序号 | 类别 | 型号名称 | 电阻 /Ω | 发火技术条件 | 安全电流 /mA | 静电感度 /kV 脚—脚 | 静电感度 /kV 脚—壳体 |
|---|---|---|---|---|---|---|---|
| 1 | 火花式 | LD－1 电雷管 | ≥ 2 MΩ | 195 pF,3 000 V | — | － 6.49 | 1.36 |
| 2 | | 24－1 电雷管 | | | | | 7.10 |
| 3 | 薄膜式 | J－206－2 电雷管 | 50 ～ 100 | 3 200 pF,350 V | | 5.58 | 3.21 |
| 4 | | 玻半电雷管 | 20 ～ 100 M | 195 pF,3 000 V | | — | 3.20 |
| 5 | 导电药式 | LD－3 电雷管 | 100 k | 1 500 pF,500 V | — | — | 0.47 |
| 6 | 桥丝式 | ЭД－k－13 电雷管 | 5 ～ 9 | 0.2 μF,60 V | — | 7.73 | 18 通过 |
| 7 | | 801－4 电雷管 | 5 ～ 9 | 0.2 μF,60 V | 30 | 12.60 | 4.47 |
| 8 | | J－206 电雷管 | 6 ～ 13 | 3 200 pF,450 V | 30 | 13.90 | 5.60 |
| 9 | | ЭД－202 电雷管 | — | — | 50 | 18.30 | 7.10 |
| 10 | | QD－32 电雷管 | 16 ～ 32 | 0.5 μF,90V | — | > 25 | 7.31 |
| 11 | | JL－1 电雷管 | 1.5 ～ 3.5 | 20 V | 50 | > 15 | > 25 |
| 12 | | DB－035 电雷管 | 0.5 ～ 1 | 100 | > 25 | 2.08 | |
| 13 | | 302 电雷管 | 1.5 | 30 μF,20 V | 200 | > 25 | > 20 |
| 14 | | 耐高温电雷管 | 1.5 | 500 mA | | > 25 | > 25 |
| 15 | | 东三点火器 | — | — | | > 25 | > 25 |
| 16 | | ПП－9 | 0.15 ～ 0.8 | 6 V | 500 | > 25 | — |
| 17 | | 302－红 | — | — | 500 | > 25 | > 20 |
| 18 | | 302－陀 | — | — | | > 25 | > 20 |
| 19 | | 302－燃 | — | — | | > 25 | > 20 |
| 20 | | Jz－235 电发火管 | — | — | | > 25 | 2.08 |
| 21 | | 65－1 电点火具 | 1 ～ 3.5 | 500 mA | > 25 | | |
| 22 | | 68－1 电点火具 | 0.15 ～ 0.8 | 6 V | 100 | > 25 | — |
| 23 | | 小电嘴电发火管 | 1.4 ～ 1.8 | 200 | < 25 | 5.00 | |
| 24 | | DD－17 电发火管 | 12 ～ 15 | < 25 | 1.78 | | |
| 25 | | DF－1.2 电点火管 | — | — | 25 | < 12 | |
| 26 | | yj－钝感发火管 | — | — | — | > 25 | > 25 |
| 27 | | 可燃性底火 | 0.5 | > 25 | > 25 | | |
| 28 | | J5510－00A 电爆管 | — | — | 1A | 6.45 | 4.36 |
| 29 | | J5510－00D 电爆管 | — | — | | | 5.77 |

由于高压放电的特殊规律,在试验中规定使用的电阻,其阻值并不确定,在高电压放

电时阻值变化很大,甚至发生击穿,使其损坏,再加之有些试验样本量取得很小,因此其静电感度数据是粗略的或者是初步的,在评价其对人体静电安全性时,只能作为参考。

(4)电爆装置真实静电感度。

在上述相对静电感度试验中,尽管用改变电容和放电回路串联电阻阻值的方法,可以模拟不同金属设备的静电源,来测定电爆装置的静电感度。但不论是电爆装置相对于人体的静电感度,还是相对于某种金属设备的静电感度,它们都是用静电源放电时所具有的静电能量(或电压)来表示的。其中不仅包括了电爆装置消耗的能量,而且还包括了串联电阻吸收的能量、开关损耗的能量和电容器的高频损耗。由于各种损耗和电阻器电阻值的随机变化,该测试方法不能明确给出电爆装置消耗的能量。这种数据只能代表在某种特定条件下电爆装置的静电感度,所以称为电爆装置的相对静电感度。它们在评估电爆装置静电安全性时,只能解决电爆装置对某种静电源放电敏感程度的排序问题,不能作为电爆装置静电安全界限的依据。为此,军械工程学院静电技术研究所于1989年研制了桥丝式电爆火工品真实静电感度的测试方法并通过了部级技术鉴定,且于1993年获得国家发明专利。该方法以静电放电过程中实际消耗在电爆装置上的静电能量为依据,统计评价试品静电感度数据,反映了电爆装置对静电放电的真实敏感程度,可作为评估电爆装置静电放电安全性的真实依据。表6.5所示为该所测试的JD−11等五种电爆火工品的真实静电感度数据。

表 6.5　电爆火工品的真实静电感度数据

| 序号 | 型号名称 | 电阻 /Ω | 发火条件 | 安全条件 | | 50% 发火能量 /mJ |
| --- | --- | --- | --- | --- | --- | --- |
| | | | | $I$/mA | $t$/s | |
| 1 | JD−11电点火具 | 1.25 ～ 2.25 | 700 mA | 180 | 5 ～ 10 | 1.73 |
| 2 | JD−1电点火具 | 0.15 ～ 0.80 | 6 V | 150 | 300 | 12.0 |
| 3 | DD−4.5电点火管 | 2.5 ～ 4.5 | 400 mA | 50 | 300 | 1.00 |
| 4 | DD−17电点火管 | 12 ～ 17 | 500 mA | 25 | 30 | 0.225 |

## 6.3.2　电子行业的静电危害

静电放电可以改变半导体器件的电性能,使它降级或损坏。静电放电也会扰乱电子设备的正常操作,引起设备故障或损坏。静电荷还会在无尘室引起麻烦。带电表面能够吸引污染物,使它们在环境中移动困难。若硅晶体或器件的电路部分沾染了灰尘,就会造成电路不可预料的缺陷并影响其产品质量。

随着电子系统体积的小型化和运算速度的高速化,电子器件对静电的敏感度越来越高。如今ESD在各方面影响着工业生产率和产品的质量。尽管人们在过去几十年中付出了巨大的努力,ESD仍然对产品的产量、成本、质量、可靠性和利润诸方面产生不可忽视的影响。有人指出ESD对电子工业造成的损失每年高达数十亿美元。损坏的器件从价值几分钱的二极管到价值数百美元的集成块。如果考虑维修、运输、劳动力和管理的成本,损失更加巨大。从制造到使用各个环节,静电都能对器件造成危害。如果对周围环境不加以控制或控制措施不得当,危害就会发生。表 6.6 给出了因静电危害造成的电子产品的平均损失情况。

在我国的电子工业中,半导体器件的 ESD 损伤也十分严重。例如,对上海市多个器件厂和仪器厂进行的调查结果表明,平均有 4%～10% 的 MOS 器件因 ESD 损伤而失效,因 ESD 失效造成的仪器返修损失更为可观。可见,对半导体器件的静电损伤及防护进行研究具有很大的现实意义。

表 6.6　静电放电造成电子器件损失情况

| 部门 | 最低损失率 | 最高损失率 | 平均损失率 |
| --- | --- | --- | --- |
| 器件制造厂 | 4% | 97% | 16%～22% |
| 分销商 | 3% | 70% | 9%～15% |
| 承销商 | 2% | 35% | 8%～14% |
| 用户 | 5% | 70% | 27%～33% |

**1. 电子产品静电危害的特点**

(1) 普遍性和随机性。

只要电子元器件接触或靠近超过其静电放电敏感电压阈值的带电体,就有可能发生静电放电损伤,而由于静电可以在任何两种物体接触分离的条件下产生,因此电子元器件的静电放电损伤有可能在产品从加工制造到使用维护的任一环节、任一步骤时发生,具有很大的普遍性和随机性。

(2) 隐蔽性。

在电子器件的制造和使用过程中,常常需要人的操作。一般情况下,人体在操作过程中常常会带上静电,其静电电位常常会达到 1～2 kV。发生静电放电时,人体一般并无感觉,而电子元器件却在人们不知不觉中受到损伤。电子产品在生产线上,器件由于带电也会发生静电放电,会在不知不觉中使器件受到损伤。

**2. 电子器件静电损伤的失效类型**

一般将电子器件静电损伤的失效类型分为突发性失效和潜在性失效。

突发性失效是指,当电子器件暴露在 ESD 环境中时,电路参数可能明显发生变化,它的功能可能丧失。ESD 可能引起金属熔化,造成断路或短路或绝缘层击穿等,使器件的电路遭到永久性破坏。这类失效一般可以在装运之前的成品测试中检查出来。如果 ESD 发生在检测之后,损伤情况只能在以后的使用过程中暴露出来。据有关统计资料表明,在受静电损伤的半导体器件中,突发性失效约占失效总数的 10%。

潜在性失效是指,当器件暴露在 ESD 环境中时,可能引起器件性能的部分退化,但是并不影响它发挥应有的功能。然而,器件的生命周期却大大缩短。如果产品或系统中使用了这类器件,则可能提前报废,对这种失效的修复花费昂贵。这种类型是由于带电体所带静电电位或存储的静电能量较大,或静电放电时电路中有限流电阻存在,因此一次静电放电脉冲可能不足以引起电子元器件的完全失效,但它会在元器件内部造成轻度损伤。这种损伤具有累加性,随着所遭受的静电放电脉冲次数的增多,会使器件的静电损伤电压阈值逐渐下降,或使元器件的参数缓慢变坏,在某一不可预测的时刻发生失效,丧失工作能力。这种失效事先难以检测,也不可能进行应力筛选,故只能任其在元器件工作寿命中发生,造成电子元器件本身、组件或整机设备的可靠性降低。据有关统计资料表明,潜在性缓慢失效占电子元器件静电放电失效总数的 $90\%$,因此其危害性甚大。

使用合适的检测设备可以相对容易地确定突发性损伤,一般的检测过程即可胜任。然而,利用现有的技术很难检测出器件的潜在性失效,尤其当器件已经安装在系统中之后,检测将变得更加困难。

### 3. 造成器件静电危害的基本 ESD 事件

一般来说,器件的 ESD 损伤由下列三种情况之一造成:直接对器件的静电放电,带电器件对其他导体的静电放电和场感应放电。静电放电敏感器件(ESDS)对静电放电的敏感程度由器件对放电能量的消散能力和对电压的耐受能力衡量,这称为器件的 ESD 敏感度。

(1)带电体对器件的静电放电。

ESD 事件常常发生在带电导体(包括人体)对 ESDS 的放电过程中。一般的静电危害是人体或带电导体直接对 ESDS 放电造成的。人走过地板后,电荷就会在人体上积累。当手指尖触摸 ESDS 器件的引线时,就会对它放电并引起危害。与此类似,金属物体,例如金属工具或工具夹也会对电子器件发生放电现象,对器件造成损伤。

(2)带电器件对其他导体的静电放电。

静电放电敏感器件在操作过程中,或者与包装材料、机器表面接触后,就会累积静电荷。当器件在包装盒中移动或震动时就会发生这种情况。这种放电情况涉及的电容和能量不同于人体对 ESDS 器件的放电情况。在某些情况下,CDM 事件比 HBM 事件所造成的危害更大。

大规模使用自动装配线似乎可以解决 HBM ESD 的危害问题。然而,器件在自动化设备的装配过程中更易遭到损伤。器件在生产线中滑行时带电,如果再与插头或其他导体表面接触,就会对金属物体瞬时放电。

(3)电场感应放电。

感应场可以直接或间接地对器件造成危害。因为任何带电体周围都存在静电场。如果 ESDS 器件进入静电场范围,就会因为感应而带电。如果器件在电场区域内接地,电荷转移到地的过程称为 CDM 事件。如果器件远离电场然后再接地,就会发生第二种 CDM 事件,不过此时从器件上发生转移的电荷极性与前者相反。

#### 4. 电子器件静电放电损伤失效机理

静电放电造成电子器件损伤的失效机理包括：热二次击穿、金属导电层熔融、电介质击穿、气体电弧放电、表面击穿和体击穿。其中，热二次击穿、金属导电层熔融和体击穿主要取决于放电电流或功率，电介质击穿、气体电弧放电和表面击穿主要取决于放电电压。

对于集成电路和半导体分离器件而言，上述各项失效机理都有可能出现。薄膜电阻器的静电放电失效主要表现于金属化层熔融和气体电弧放电。压电晶体的静电放电失效机理主要表现为体击穿。除这些致命失效机理外，封装前的芯片上和大规模 MOS 集成电路内，因封壳内盖板和衬底之间气体电弧放电所产生的附着于芯片上的正电荷导致的暂时失效，也归因于气体电弧放电的失效机理。

(1) 热二次击穿。

热二次击穿又称雪崩击穿。由于半导体材料的热时间常数通常比静电放电脉冲的持续时间长，因此静电放电产生的热量几乎不会从功率耗散面积上向外扩散，因而在器件内可以形成大的温度梯度。局部结温可以接近材料的熔融温度，通常导致热点扩大，然后由于熔融而短路，这种现象称为热二次击穿。

在反偏压条件下，所加的大部分功率由结中心处吸收。在正向偏置条件下，在器件体内可消耗较大的功率，结的失效要求更大的功率。通常 eb 结比其他结的尺寸要小，所以对于大多数双极型晶体管，其 eb 结比 cb 结在更小的电流下就退化。反向极性的静电放电脉冲，在电压超过击穿电压以前只有很小的电流流过。在击穿时，因热点聚集和电流集中导致结发热。在二次击穿点上，因电阻率减小，电流迅速增加，形成熔融通道，使结毁坏。这种失效机理是一种与电流或功率相关的过程。

(2) 金属导电层熔化。

当静电放电的瞬变过程使元器件的温度升高到足以熔化金属化层或使键合引线烧熔时，引起失效。通过理论计算可以得到使各种材料失效的电流，它和截面积及电流的持续时间有关。然而，理论上假定互连材料具有均匀的截面积，事实上保持截面积均匀是困难的。由于截面积不均匀，因此在某些部分的电流密度增大，在金属化层上形成热点。在金属导电层跨越氧化层台阶处，其横截面积减小，就可能发生这一类失效。高频情况下，由于结的分流作用，产生此类失效需要的功率比在低频情况下使结破坏的功率大一个数量级。

(3) 电介质击穿。

加在绝缘区两端的电压超过电介质固有的击穿电压强度时，就要发生电介质击穿。这种失效主要是电压而不是功率造成的。根据脉冲能量的大小，可以导致元器件全面退化或有限的性能降低。例如，如果在穿通的过程中脉冲能量不足以使击穿的电极材料融化，则该元器件可以在电压击穿后恢复。然而，这种事故之后，通常会呈现出较低的击穿电压或增大的漏电流，但元器件却没有发生致命的失效。但是，这种类型失效能引起潜在缺陷，若继续使用则会导致失效。绝缘层的击穿电压是脉冲上升时间的函数，这是因为绝缘材料的雪崩击穿需要时间。

MOS晶体管或MOS电容器由ESD引起的主要损伤机理之一是栅氧化层击穿。当加在栅氧化层上的电压超过电介质的耐压时就会发生栅穿失效。一旦发生栅击穿，当存在足够大的静电能量时，击穿点就会出现短路。由于铝栅MOS器件的栅必须覆盖源和漏，即栅金属与源、漏扩区边缘重叠，并且该处存在薄栅氧化层与厚栅氧化层交接的台阶。又因为两次不同速率的氧化工艺造成台阶处存在应力集中，甚至存在微裂缝，因而导致该处电介质击穿强度下降，所以台阶处最容易发生ESD击穿。

（4）气体电弧放电。

如果元器件中未被钝化的薄层电极之间间距很小，气体电弧放电能使元器件的电性能降低，也会引起金属汽化并常常使金属离开电极。在熔融和熔断时，金属聚拢而流动，或沿电极方向而断开。在间隙处存在细小的金属球，但尚不足以引起桥接。对没有钝化层覆盖的薄金属电极，短路不会成为一个主要问题。

厚度为 $0.4~\mu m$、间距为 $3.0~\mu m$ 的薄金属电极的声表面波带通滤波器，曾经发现存在因静电放电而引起工作性能降低的情况。对于有钝化层、易出现反型界面的有源结的大规模集成电路来说，封装件内的气体电弧放电能使正电荷附着在芯片上，使表面出现反型，引起失效。对于采用非导电性盖板的器件，特别容易发生这种失效情况。但是，采用石英盖板的紫外线可擦除可编程只读存储器，由于紫外线可通过石英盖板中和气体电弧放电产生的积聚电荷，因此能减弱这种失效。

（5）表面击穿。

对于垂直结，表面击穿被认为是表面处的结空间电荷区域变窄，引起局部雪崩倍增的过程。由于表面击穿与多种因素有关，如几何尺寸、掺杂程度、晶格不连续性或表面平整度等，因此表面击穿期间消耗的损失功率通常是无法预计的。表面击穿的毁坏区域使结周围有大的漏电流通路，从而使结的作用消失。这种效应与电介质击穿一样，属于电压敏感效应，与脉冲上升时间有关，在热效应没有发生而电压超过表面击穿电压阈值时，通常会发生表面击穿。表面失效的另一种模式是在绝缘材料周围发生电弧，它类似于金属层的气体电弧放电，只是它发生在金属和半导体之间。

（6）体击穿。

体击穿是在结区因局部高温致使结的参数变化形成的。由于局部高温会使金属层熔化或杂质扩散，因此结参数发生很大变化，通常的结果是形成与结并联的电阻通路。这种效应通常发生在热二次击穿之后。

## 6.3.3　人体的静电电击危害

工频电流作用于人体时，依据人体对电流的反应，一般将电流对人体的作用分为摆脱阈值，感知阈值和室颤阈值。静电放电作用于人体时，由于放电脉冲的时间非常短，故不存在摆脱阈值，但存在感知阈值、疼痛阈值。国际电工委员会在IEC479-2中给出了干燥手握大电极条件下，感知阈值和疼痛阈值与电量和充电电压的关系。但国际电工委员会只给出了电容充电电压最高为 1 000 V 时，人体对电容放电电流的感知阈值和疼痛阈值。然而人在地毯上行走就可以带上数万伏的静电电压。为此,必须研究高电压静电放电对人体作用的感知阈值和疼痛阈值。1997年军械工程学院报道了人体受高电压电容器放电电击的感知阈值、疼痛阈值和人体带电对接地导体放电电击的研究结果。

### 1. 静电放电对人体电击的感知阈值

实验时,先给高压电容器充电,然后通过高压开关对人体放电,调整电压,直到人刚好感觉到有电刺激时,记录对应的最大电压。对每一个实验对象在同一电容器放电时,测试五次以上,然后取平均值,以确定实验对象在此电容器放电条件下的感知阈值。对同一个实验对象用同一个电容器放电时,典型的结果见表6.7。

表 6.7 对同一个实验对象用同一个电容器(500 pF)放电时的感知阈值

| 实验序次 | 1 | 2 | 3 | 4 | 5 | 6 | 7 | 8 | 9 | 10 | 均值 |
|---|---|---|---|---|---|---|---|---|---|---|---|
| 感知电压 /kV | 1.18 | 1.15 | 1.60 | 1.12 | 1.17 | 1.15 | 1.14 | 1.13 | 1.15 | 1.13 | 1.15 |
| 感知电量 /$\mu$C | 0.59 | 0.58 | 0.58 | 0.56 | 0.59 | 0.58 | 0.57 | 0.57 | 0.58 | 0.57 | 0.57 |
| 感知能量 /mJ | 0.35 | 0.33 | 0.34 | 0.31 | 0.34 | 0.33 | 0.32 | 0.32 | 0.33 | 0.32 | 0.33 |

当放电条件相同时,不同人的感知阈值有一定的差别,这主要取决于人的个体差异。男性的感知阈值高于女性,随着年龄的增加,感知阈值也在增加。感知阈值与身高及体重也有明显的关系,身体高大、体重大的人感知阈值亦大。

### 2. 静电放电对人体电击的疼痛阈值

研究静电放电对人体的作用,不仅要研究人体对脉冲电击的感知阈值,更重要的是研究人体对脉冲电击的疼痛阈值。疼痛阈值是指对人体加冲击电流不引起疼痛时,电量或比能量的最大值。比能量是指单位体电阻消耗的能量,即 $I^2t$,其中 $I$ 为电流有效值,$t$ 为持续时间。这里所说的疼痛是指人不愿意再次接受的痛苦。当脉冲电流超过疼痛阈值时,会产生蜜蜂刺痛或烟头灼痛的痛苦。

确定疼痛阈值需要相当高的电压对人体直接放电,虽然这种电击实验不会引起生命危险(实验中采取了相应的安全措施),但是由于在生理上产生使人痛苦的电击以及心理上对高压电的恐惧,因此实验难度比较大。实验程序与感知阈值实验相同,所不同的是ESD电击直至使人体产生难以忍受的疼痛时,记录产生疼痛时所对应的放电电压。实验结果见表6.8。

表 6.8 人体 ESD 电击疼痛阈值

| 放电电容 /pF | 100 | 200 | 500 | 1000 |
|---|---|---|---|---|
| 疼痛电压 /kV | 25 | 14 | 6.0 | 3.1 |
| 疼痛能量 /mJ | 31.3 | 19.6 | 9.0 | 4.8 |
| 疼痛比能量 /($\times 10^{-6}$ A²s) | 62.6 | 39.2 | 18.0 | 9.6 |
| 疼痛电量 /$\mu$C | 2.5 | 2.8 | 3.0 | 3.1 |

由表 6.8 可知,在 ESD 电流流经四肢,且接触面积较大的条件下,对于小电容放电,疼痛阈值亦主要取决于放电电量,约为 $3~\mu C$。从比能量的观点考虑,疼痛阈值为 $9.6\times 10^{-6}\sim 62.6\times 10^{-6}~A^2 s$,对应的放电能量为 $4.8\sim 31~mJ$。达到上述量级的电击,使整个手臂有通电感觉,同时手剧痛,整个手臂不由自主地震颤。感知阈值、疼痛阈值与电量和 ESD 电击电压的关系,如图 6.4 所示。

图 6.4 中横坐标表示 ESD 电击电压,纵坐标表示放电电量(单位为 $\mu C$),两组斜线分别是电容和能量的分度线。从左上到右下的斜线表示放电能量,从左下到右上的斜线表示电容。1 000 V 以下的数据参考了国际电工委员会的结果。曲线 A、B 分别表示年长者和年轻者的感知阈值,曲线 C 表示疼痛阈值。只要知道任意两个参数,即可在图上找到相应的点,并判断是否可能产生感知或疼痛效应。

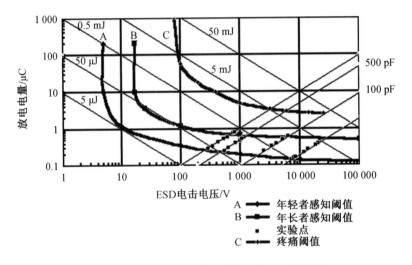

图 6.4 人体 ESD 电击的感知阈值和疼痛阈值

### 3.带电人体对接地导体放电时的生理反应

为了全面考察静电放电对人体的作用,不仅要研究带电体对人体放电时的效应,而且要研究带电人体对接地导体放电时的生理效应。

实验的基本方法是用静电高压电源对人体充电,以模拟人体自然带电形成的人体静电,然后断开电源,使静电带电的人体对接地金属体放电。充电时串联 100 MΩ 的高压电阻,以限制充电电流,确保实验对象的安全。实验分三组进行,第一组是人穿泡沫塑料底拖鞋站在水磨石地板上,人体对地电容为 90 pF,对地泄漏电阻为 $10^{13}~\Omega$。第二组是实验对象站在 2 cm 厚的泡沫塑料上,对地电容为 70 pF,泄漏电阻为 $10^{14}~\Omega$。第三组实验是实验对象穿泡沫塑料底拖鞋站在 $1.0\times 2.0~m^2$ 的接地金属板上,并且在实验对象附近放置一块接地金属板,以模拟人体周围存在接地导体的情况,此时人体对地电容为 200 pF。实验时环境条件是:RT 为 18 ℃,RH 为 25%。实验结果见表 6.9。

表 6.9　带电人体静电放电时的反应

| 对地电容 /pF | 电压 /kV | 放电能量 /mJ | 电量 /μC | 生理效应 |
|---|---|---|---|---|
| 90 | 1.0 | 0.045 | 0.09 | 没有感觉 |
| | 2.0 | 0.18 | 0.18 | 手外侧有感觉，但不疼痛 |
| | 2.5 | 0.28 | 0.225 | 放电部位有针刺感、轻微冲击感但不疼痛 |
| | 3.0 | 0.41 | 0.27 | 有轻微和中等针刺感 |
| | 4.0 | 0.72 | 0.36 | 手指轻微疼痛，有较强的针刺痛感 |
| | 5.0 | 1.1 | 0.45 | 手掌乃至手腕前部有打击感 |
| | 6.0 | 1.6 | 0.54 | 手指剧痛，手腕后部有强烈电击感 |
| | 7.0 | 2.2 | 0.63 | 手指、手掌剧痛，有麻木感 |
| | 8.0 | 2.9 | 0.72 | 手掌乃至手腕部有麻木感 |
| | 9.0 | 3.6 | 0.81 | 手腕剧痛，手部严重麻木 |
| | 10 | 4.5 | 0.90 | 整个手剧痛，有电流流过感 |
| | 11 | 5.4 | 0.99 | 手指剧烈麻木，整个手有强烈的电击感 |
| | 12 | 6.5 | 1.1 | 整个手有强烈的电击感 |
| | 15 | 10 | 1.4 | 整个前臂有电击感，疼痛 |
| | 20 | 18 | 1.8 | 整个手臂有电击感，剧烈疼痛 |
| 70 | 2 | 0.14 | 0.14 | 没有感觉 |
| | 3 | 0.32 | 0.21 | 手外侧有感觉，但不疼痛 |
| | 5 | 0.88 | 0.35 | 手指轻微疼痛，有较强的针刺痛感 |
| | 10 | 3.5 | 0.70 | 手掌乃至手腕部有麻木感 |
| | 15 | 7.9 | 1.1 | 整个手有强烈的电击感 |
| | 20 | 14 | 1.4 | 整个手有强烈的电击感，疼痛 |
| 200 | 0.5 | 0.025 | 0.10 | 没有感觉 |
| | 1.0 | 0.10 | 0.20 | 放电手指有感觉，但不疼痛 |
| | 3.0 | 0.90 | 0.60 | 手指疼痛，手掌有麻木感 |
| | 5.0 | 2.5 | 1.0 | 整个手有强烈的电击感 |
| | 10 | 10 | 2.0 | 整个前臂有电击感，疼痛 |
| | 15 | 22 | 3.0 | 整个前臂有电击感，剧烈疼痛 |

在表 6.9 中，人体电容为 90 pF，电压为 $2.0 \sim 12$ kV 的结果参考了国标 GB 12158—90《防止静电事故通用导则》和日本《静电安全指南》等资料。由表 6.9 可以看出，当人体对地电容相同时，静电电击的强度随静电电压的升高而增加。当人体对地电容不同时，静电打击的强度主要取决于静电放电的电量。人体有明显感觉的静电放电电量约为 $0.3$ μC。

无论带电导体对人体放电还是人体静电对接地导体放电，若用静电电压表示，3 kV

电压是发生电击的电压界限。

### 4.带电体是绝缘体时人体的电击界限

带电绝缘体对人体放电情况与金属导体不一样。但是在大多数情况下,静电电位 30 kV 以上的带电绝缘体向人体放电时,会感觉到静电电击。考虑到放电状态特别不均匀,绝缘体的局部有电导率高的部分,或者绝缘体里面或附近有接地体时,带电电位约为 10 kV 或带电电荷密度约为 $10^{-5}$ C/m$^2$,可作为发生静电电击的一个界限。

### 5.静电放电电击造成的恐慌

虽然在日常生活中,静电放电电击对人体造成的伤害较弱,一般不会致死。但静电放电电击会给人造成一定的痛苦。如果对静电放电不了解,误将静电放电电击理解为工频电击或微波感应电击,就会造成心理恐慌。下面的例子充分说明了这一点。

某住户搬迁新居后,发现其屋内处处"有电"。从椅子上起来,摸门把手被电击,摸水管被电击,甚至摸抽屉上的钥匙孔都被电击。从外面回家时,开门时被电击。为此,住户要求开发商进行维修,开发商想尽了办法,并重新铺设了接地装置,不能解决问题。将整栋楼的电源切断,电击现象仍发生。给住户心理造成了巨大伤害。后来怀疑是附近的微波站的辐射造成的,经过请微波工程人员检测,其屋内微波辐射不超标,但问题仍然存在。住户强烈要求更换住房,开发商感到非常为难。专门请专家去查找问题根源,帮助解决问题。

通过测试发现,该住户穿用的拖鞋属于绝缘材料,对地泄漏电阻很高,住户沙发表面,床单,衣服多为化纤材料或毛织品,再加上此房屋所在的城市,冬季非常干燥,室内有暖气,室内的空气湿度很低。人员活动时产生很高的静电电位。带电人体接近接地导体或其他具有一定体积的导体时,就会发生人体静电放电,使人的手指感觉到电击。也就是说,并不是处处"有电",而是静电带电的人体与导体之间的静电放电使人感到处处有电击。

只要采取适当的防静电措施,如增加室内湿度,地面铺设防静电材料并穿防静电鞋,尽量选用纯棉或防静电织物等措施,完全可以消除居室中的静电电击现象。

## 6.3.4 航天器的静电危害

20 世纪 60 年代初,随着地球同步轨道航天器的运行,国内外航天器发生了多起在轨异常和故障,严重干扰了航天器的正常工作。

美国国家地球物理数据中心统计了 1971 年至 1986 年间 39 颗地球同步或准静止轨道卫星的在轨异常,表明因受空间环境影响而造成故障的占到了总数的 70%。美国空间环境中心对从 1965 年起的 300 多个卫星异常或故障进行分析与评价,指出其中三分之一左右是由变化的空间环境造成的。对我国早期 6 颗地球同步轨道卫星的故障原因进行统计,结果表明由空间环境引起的故障占总故障数的 40%。通过对国内外航天器的在轨异常与故障进行分析表明,在所有卫星在轨故障的主要原因中,空间环境位于首位,是最主要的因素之一。图 6.5 所示为空间环境下航天器表面放电现象。

图 6.5 空间环境下航天器表面放电现象

静电放电是空间电磁环境效应的重要组成部分,静电放电可能对航天器中的电子设备、电爆火工品、计算机控制系统、电源系统及航天器的结构／材料造成影响。电弧放电和高压放电可以直接导致各种控制系统、电子设备、电源系统的故障,甚至是仪器、结构／材料的破坏;静电放电引起的电磁辐射也可能对航天器上各类设备及系统的正常工作造成干扰。

卫星充放电效应通常会产生灾难性的故障,严重影响卫星安全运行。如 1973 年,美国国防通信卫星 DSCS－Ⅱ(9431)因电缆表面充电电压超出电缆击穿阈值,导致通信系统供电电缆击穿,卫星失效(图 6.6)。

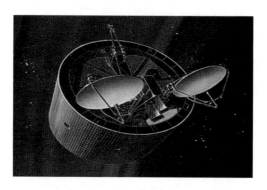

图 6.6 DSCS－Ⅱ卫星电缆击穿故障

日本先进地球观测卫星(ADEOS－Ⅱ)通过极区时,高能电子引起的内带电效应烧毁了太阳电池阵和卫星主体间的部分供电电缆(图 6.7),导致卫星功率从 6 kW 下降到 1 kW,卫星大部分功能丧失。

法国通信卫星 Telecom－1B 放电电流(瞬时值达几十安培)耦合到卫星内部,导致卫星主备份姿控计算机均发生故障,卫星失效(图 6.8)。

表 6.10 中列举了多个国家和地区的航天器因静电放电而出现的故障情况,可以看出,空间静电放电对航天器的威胁由来已久,并普遍存在于各类航天器之中。

图 6.7 ADEOS－Ⅱ卫星电源线烧毁故障

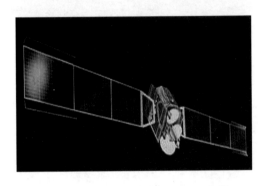

图 6.8 放电脉冲干扰 Telecom－1B 卫星姿控计算机

表 6.10 静电放电使卫星发生故障统计表

| 序号 | 卫星名称 | 故障情况 | 损伤部位 |
|---|---|---|---|
| 1 | 美国 DSCS－Ⅱ（9431）卫星 | 通信系统能源中断,卫星失效 | 能源系统 |
| 2 | 日本 ADEOS－Ⅱ卫星 | 太阳电池阵和卫星主体间的电缆烧毁 | |
| 3 | 阿拉伯卫星通信组织 Arabsat 1－A 卫星 | 能源系统发生故障,转为备份星 | |
| 4 | 欧空局 MARECS－A 卫星 | 太阳电池阵烧毁、功率下降,卫星服务中止 | |
| 5 | 欧空局 Meteosat－F1 卫星 | 能源系统发生故障 | |
| 6 | 日本 ETS－6 卫星 | 太阳电池基底击穿,功率下降 | |
| 7 | 加拿大－美国 CTS 卫星 | 电源二极管失效,一根电源母线烧毁 | |
| 8 | 美国 DSCS－Ⅱ（9432）卫星 | 能源系统连续异常,卫星失效 | |
| 9 | 欧空局 Meteosat－F2 卫星 | 能源系统发生故障 | |

续表6.10

| 序号 | 卫星名称 | 故障情况 | 损伤部位 |
|---|---|---|---|
| 10 | 法国 Telecom 1A 卫星 | 通信故障,转为备份星 | 电子系统 |
| 11 | 美国 Telstar 401 卫星 | 姿控系统故障 | |
| 12 | 美国 Intelsat K 卫星 | 动量轮控制电路故障 | |
| 13 | 加拿大 Anik E－1 卫星 | 陀螺仪故障 | |
| 14 | 加拿大 Anik E－2 卫星 | 主备份姿控系统均发生故障,卫星失效 | |
| 15 | 美国 Telstar 401 卫星 | 姿控系统故障 | |
| 16 | 美国 Intelsat K 卫星 | 动量轮控制电路故障 | |
| 17 | 日本 BS－3A 卫星 | 60 min 遥测记录丢失 | |
| 18 | 澳大利亚 AUSSAT－A3 卫星 | 姿控系统遥测开关故障 | |
| 19 | 美国 FLTSATCOM 卫星 | 发生 5 次逻辑错误 | |
| 20 | 澳大利亚 AUSSAT－A2 卫星 | 姿控系统故障 | 电子系统 |
| 21 | 澳大利亚 AUSSAT－A1 卫星 | 姿控系统故障 | |
| 22 | 美国 Intelsat 511 卫星 | 姿控系统故障 | |
| 23 | 法国 Telecom－1B 卫星 | 主备份姿控系统故障,卫星失效 | |
| 24 | 美国 Intelsat 510 卫星 | 姿控系统故障 | |
| 25 | 加拿大 Anik D－2 卫星 | 消旋控制系统故障,通信中断 | |
| 26 | 美国 NATO－3A 卫星 | 姿控系统故障 | |
| 27 | 美国 TDRS－1 卫星 | 控制系统故障 | |
| 28 | 美国 TDRS－3 卫星 | 姿控系统处理器电路故障 | |
| 29 | 美国 TDRS－4 卫星 | 姿控系统故障 | |
| 30 | 美国 TDRS－5 卫星 | 姿控系统故障 | |
| 31 | 美国 SBS 1 卫星 | 姿控系统电路故障 | |
| 32 | 美国 DSCS－Ⅱ(9443)卫星 | 逻辑错误 | |
| 33 | 美国 NATO－3C 卫星 | 姿控系统故障 | |
| 34 | 加拿大 Anik B－1 卫星 | 热控涂层性能下降 | 功能材料 |
| 35 | 美国 Landsat－3 卫星 | 传感器污染加重 | |
| 36 | 日本 GMS－3 卫星 | 加速计异常、红外可见扫描辐射计故障 | 敏感部件 |
| 37 | 美国 GOES－6 卫星 | X 射线扫描仪故障 | |
| 38 | 美国 GOES－4 卫星 | 辐射计和大气探测器失效 | |
| 39 | 美国 SCATHA 卫星 | 数据丢失,磁场探测器和等离子体分析仪均发生故障 | |
| 40 | 美国 Viking Lander 1 卫星 | 质谱仪工作异常 | |

近年来,随着我国在轨卫星数量及种类的增加,带电效应引起的故障已经开始凸显,

带电效应已成为导致我国卫星在轨故障的重要因素。

2008年,我国研制的尼日利亚卫星的太阳帆板驱动机构(SADA)100 V功率环与负线环间发生严重放电事件,破坏了卫星的供电电路,引起整星失效,归零分析和地面验证试验表明"产生高压放电的最大可能是SADA空环在轨积累电荷所致"。SADA功率环充放电现象如图6.9所示。

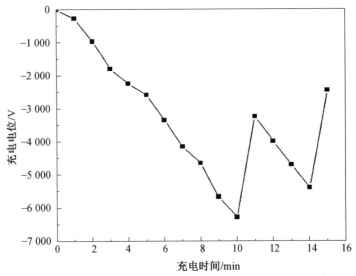

图 6.9　SADA 功率环充放电现象

充放电效应产生的空间电磁干扰是卫星产生故障的重要原因,我国的FH-1(01)卫星在轨运行期间,由于充放电效应使工作于定向测控方向的主备份测控放大器先后失效,只能占用2路通信用全向转发器,影响了卫星效能的发挥。同时,其步进衰减器电路和电缆回线受充放电产生的电磁干扰,多次发生转发器增益挡跳变故障。BD-1等卫星太阳帆板驱动电路控制方向的寄存器受到空间电磁干扰,多次发生太阳帆板复位和逆转故障,严重影响了能源系统的供给。

2004年,FY-2(04)卫星发生了天线消旋机构失锁故障。研究表明,卫星外部主体结构玻璃钢(图6.10)在GEO磁暴环境中,表面产生可达5 000 V的高充电电位,导致了

频繁的放电(放电频率 5 ~ 6 次 /min),造成天线消旋机构失锁,其放电波形如图 6.11
所示。

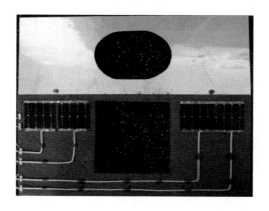

图 6.10　FY－2(04)卫星外部主体结构

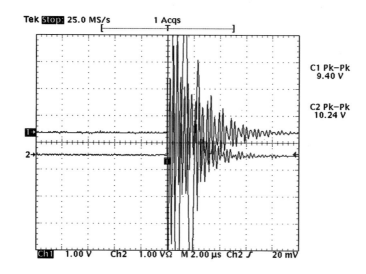

图 6.11　FY－2(04)卫星玻璃钢表面放电波形

2004 年,CAST968 平台的 TC－2 卫星姿控计算机电路板采用了高绝缘材料,由于内
带电使电路板产生放电,放电脉冲损坏了计算机中 RAM 器件,因此姿控计算机无法正常
工作。

2002 年 FY－1C(03) 卫星太阳电池阵测温系统采用了低电平电路,由于对在等离子
体环境中卫星结构电位漂移认识不足,测温信号完全淹没在结构电位中,因此测温系统无
法工作。

# 6.4  静电危害的预测与分析

对静电危害性的大小和能否发生静电危害做出预测和判断,是一项十分重要而又困难的工作。因为静电放电是一个随机过程,在某一环境下能否发生静电放电? 如有可能形成静电放电,那么能否对静电敏感物质造成损伤或引起燃烧爆炸等恶性事故? 这涉及许多因素,有时无法定量做出鉴定。但是,对于熟悉静电起电和放电规律,了解静电危害机理及防护技术的人员来说,根据前面介绍的"形成静电危害的三个基本条件"及气体混合物(或粉尘)的爆炸浓度极限、物质的静电敏感度,是可以预先判断某一具体条件下的静电危害性的。尤其是当某些关键条件满足时,对于有无发生静电危害的概率,就可以肯定性地回答"是"或"不是"了。

## 6.4.1  静电危害的预测

静电危害的预测应依据形成静电危害的三个基本条件,按顺序逐项分析、判断,预测是否构成静电危害。在分析、判断过程中,只要基本条件中有一条不满足,即可确定静电危害不会发生。如果三个基本条件都成立,这说明有发生静电危害的可能性,应该采取防护措施。一般来说,分析、判断过程要有一定的测试工作相配合,以便进行定量分析。

静电危害预测的一般方法,可以从基本条件 ① 出发进行分析判断,也可以从基本条件 ② 开始进行分析。究竟从哪一个基本条件开始分析,要看现场条件和测试手段而定,遵照"由易到难,由简到繁"的原则进行。下面从基本条件 ① 开始分析,给出一般预测方法的思路和程序。

形成静电危害的基本条件 ① 是说:"所预测的现场产生并积累足够的静电,形成了'危险静电源'以致局部电场强度达到或超过周围介质的击穿场强,发生静电放电"。这里关键的问题是能否形成危害静电源,最容易判断的条件之一是环境的相对湿度(RH)。众所周知,静电起电和周围环境的相对湿度密切相关。当环境相对湿度在 50% 以上时,或更保守些,当环境相对湿度在 65% 以上时,几乎不能形成静电危害源。不必再做其他分析,就可以预测该环境不会发生静电危害。如果相对湿度在 50% 以下,甚至在 30% 以下时,这种干燥环境很容易产生静电。对于能否形成危险静电源,还要分析静电起电的物体是静电导体还是静电非导体,以及起电率($I$)、静电泄漏电阻($R_{泄}$)或电荷半衰期,分析能否形成足够高的静电电压($V = IR_{泄}$)。若可以形成足以造成危害的静电电压,那么根据带电体的性质、与接地体或其他导体之间的距离、放电电极的形状等条件,就可以判断电场强度($E$)是否达到起晕电场或是电介质击穿场强($E_b$)。换句话说,如果能够形成静电放电,那么就要判断静电放电的类型和能量大小。然后根据形成静电危害的基本条件 ②(若基本条件 ② 不成立,则静电危害不存在),针对被预测场所中存在什么物质? 如果是静电敏感器件或电磁敏感的电子装置,那么就要根据形成静电危害的基本条

件 ③ 并对照 6.3.2 节的内容和半导体器件静电敏感度及分类,分析能否形成静电危害（如使器件造成损伤或使整机受到电磁脉冲干扰等）;如果是电爆火工品、火炸药之类爆炸危险品或易燃易爆气体混合物并达到爆炸浓度极限,那么对照 6.3.1 节静电感度和最小点火能量（或最小引燃能量）,判断是否满足形成静电危害的基本条件 ③,从而预测能否发生燃爆性静电危害。

将形成静电危害的三个基本条件分别用"条件 ①""条件 ②""条件 ③" 代表。上述预测静电危害的一般方法（或思路）可以用逻辑图 6.12 表示。

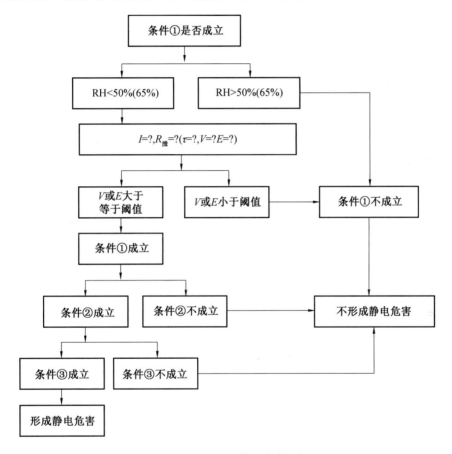

图 6.12 预测分析静电危害逻辑图

具体的静电危害预测方法如下所述。

**1. 根据静电引燃的危害界限预测**

带电体放电时究竟能否成为危险的点火源,最好能根据放电发生前的带电状态进行判断。正如前面所述,当静电放电能量大于可燃物质量的最小点火能时,就有可能引起燃爆,因此静电引燃的危害界限是用静电放电的能量表征的。虽然 4.5 节介绍过一些放电能量的估算方法,但在一般情况下,试图在物体发生放电前测算其放电能量是比较困难的。因此,如果能换算出相当于该放电能量的容易测量的其他带电状态量,如带电体的静电电位或静电电量,以此作为静电引燃的危害界限,这对于静电危害的预测无疑是十分方便的。不过应注意,用带电体的静电电位或静电电量表征静电引燃的危害界限,需要区分导体和电介质两种情况。

(1) 带电导体的危害界限。

带电导体发生放电时,一般是将所储存的静电能一次性地全部释放出来。因此,当导体储存的静电能量等于周围可燃物质混合物的最小点火能时,则应认为存在燃爆的危险。所以产生燃爆危害的界限可以考虑为相当于储有最小点火能量的带电电位和带电电量。

设可燃性物质混合物的最小点火能为 $W_m$,则带电导体的危险电位 $U_D$ 和危险电量 $Q_D$ 分别由关系式 $\frac{1}{2}CU_D^2 = W_m$ 和 $\frac{Q_D^2}{2C} = W_m$ 确定,即

$$U_D = \sqrt{2W_m/C} \tag{6.6}$$

$$Q_D = \sqrt{2CW_m} \tag{6.7}$$

式(6.6)和式(6.7)可作为预测导体静电危害的重要依据。其方法是:先根据带电导体的电容量和周围可燃性物质混合物的最小点火能量,按式(6.6)计算出危险电位 $U_D$,然后测量带电导体的实际静电电位 $U$;将二者加以比较,若 $U \geqslant U_D$,即可判断为有发生静电危害的危险。当然,在实际应用以上两式确定 $U_D$ 和 $Q_D$ 时,还要考虑一定的安全系数。

举例来说,当带电人体(人体对地电容取 100 pF)周围存在着汽油蒸气与空气的混合物时(其最小点火能量为 0.2 mJ),按式(6.6)和式(6.7)可分别求出这种情况的危险电位 $U_D = 2 \times 10^3$ V,危险电量 $Q_D = 2 \times 10^{-7}$ C;当周围存在着氢气与空气的混合物时(其最小点火能量为 0.019 mJ),则人体的危险电位和危险电量分别下降为 632 V 和 $6.3 \times 10^{-8}$ C。

(2) 带电电介质的危害界限。

前已述及,带电电介质发生放电时,其上电荷及储存的静电能不能一次性地全部释放,而只是随机地释放其中的一部分。因此,要像导体那样,确定用电位或电量表征的引燃危害界限是不可能的。但是,通过大量实验发现,静电电位达到 30 kV 的带电电介质在空气中发生放电时,其每次放电能量可达数百微焦($\mu$J),这足以引燃许多可燃性物质与空气的混合物。参考这一结果,可提出如下一些引燃危害界限,作为预测电介质静电危害的参考。

① 当周围可燃性物质与空气混合物的最小点火能 $W_m$ 等于或大于 200 $\mu$J 时,带电电介质的危险电位 $U_D = 15$ kV(同时要求带电电介质背面 0.15 m 内无接地导体)。

② 当 $W_m$ 小于 200 $\mu$J,而大于数十个 $\mu$J 时,带电电介质的危险电位 $U_D = 5$ kV,而危险电荷面密度 $\sigma_m = 1$ $\mu$C/m$^2$。

③ 当 $W_m$ 为数十微焦时,带电电介质的危险电位 $U_D = 1$ kV,而危险电荷面密度 $\sigma_m = 0.1$ $\mu$C/m$^2$。

④ 无论周围可燃性物质与空气混合物的最小点火能 $W_m$ 为多少,只要带电电介质的危险电荷面密度达到 100 $\mu$C/m$^2$,就有引燃的危险。

⑤ 轻质石油产品装油时,其危险油面电位 $U_D = 12$ kV;油品取样器的危险电位为 4 kV。

⑥ 悬浮的带电粉尘形成空间电荷云时,发生静电放电而引燃引爆的危害界限可用危险电场强度 $E_D$ 表示。当可燃性粉尘的最小点火能 $W_m < 1\,000\ \mu$J 时,危险电场强度 $E_D = 0.8$ kV/cm;当 $W_m$ 为 $100 \sim 1\,000\ \mu$J 时,$E_D = 1.7$ kV/cm;当 $W_m > 1\,000\ \mu$J 时,$E_D = 3 \sim 5$ kV/cm。

⑦ 直径 3 mm 以上的接地金属球接近带电电介质时所发生的放电有引燃的危险。

⑧ 用手掌接近带电电介质时,如果手部有离子风感觉,则该电介质的静电放电可能成为引燃源;若用手掌接近带电电介质时,不仅有离子风,还有明显的电击感,则该电介质引起燃爆的危险性非常大。

必须强调指出,由于电介质的静电带电和放电特性都比较复杂,因此在预测带电电介质的引燃可能性时,必须十分重视现场运行经验,以便随时对上述的判断准则进行修正。要特别注意,当遇到下列各种情况时,带电体的危险电位和危险电量值要比以上所给出的数值小或小得多。这些情况包括:

① 带电状态非常不均匀时或带电量和带电极性容易发生变化的场所;
② 在电介质中有局部电阻率很低的部分,且该部分又是带电的;
③ 当带电电介质内部或附近有接地导体时;
④ 当带电电介质发生负极性放电时;
⑤ 当带电体与对置电极的条件发生变化时。

(3) 带电人体的危害界限。

虽然在做粗略估算时可将人体等效为导体处理,但进一步的研究表明,带电人体的静电放电特性和引燃特性与导体有所不同。首先,当带电人体对接地体发生放电时,只有人体静电能比周围可燃性物质混合物的最小点火能大很多时,人体放电才可能引燃该混合物;其次,在一定的电极条件下,带电人体发生引燃放电时,人体电位居主要影响因素,而人体电容的影响则不大。有关实验指出,对于最小点火能量为 0.39 mJ 的天然气与空气的混合物来说,人体的危险电位为 6 kV。

### 2.根据接地电阻或电阻率预测

在工业生产中,工装、设备、人体及被处理的物料等是否会发生引燃性静电放电,与这些物体泄漏静电的能力有直接关系。因此,可以用接地电阻值或物料的电阻率作为大致标准预测静电危害发生的可能性。能引起静电燃爆灾害的危险接地电阻 $R_D$ 或物料的危险电阻率 $\rho_{VD}$ 及 $\rho_{SD}$ 的估算,都是基于如下一些经理论计算和长期实践所确定的数据。在一般工业生产中,可能引起静电放电引燃的最低静电电位为 300 V;在火炸药工业中,可能发生引燃性静电放电的最低静电电位为 100 V;在大多数工业生产中,静电起电电流不会超过 $10^{-6}$ A;在极端情况下,最大静电起电电流不会超过 $10^{-4}$ A。

(1) 工装、设备、人体的危险接地电阻。

取上述电位的最小值(100 V)和起电电流的最大值($10^{-4}$ A),按 $R = U/I$ 计算的 $R =$

$10^6$ Ω。这就是说，当接地电阻在 $10^6$ Ω 以下时,可保证在任何情况下物体上的静电都能安全地泄漏;换言之,在任何情况下,工装、设备、人体的危险接地电阻值 $R_D = 10^6$ Ω。类似地,若取 $U = 100$ V、$I = 10^{-6}$ A,按 $R = U/I$ 计算的 $R = 10^8$ Ω。表明:在一般情况下,工装、设备、人体的危险接地电阻值 $R_D = 10^8$ Ω。将生产中的实际接地电阻值与 $R_D$ 相比较,即可预测静电危害发生的可能性。

(2) 物料的危险电阻率。

根据与上面相同的原理,可得出在火炸药生产中,物料的危险电阻率为 $\rho_{VD} = 10^4$ Ω·m 和 $\rho_{SD} = 10^6$ Ω/□;在一般工业生产中,物料的危险电阻率为 $\rho_{VD} = 10^6$ Ω·m 和 $\rho_{SD} = 10^8$ Ω/□;对于某些静电起电较少、危险性较小的场所,物料的危险电阻率可放宽到 $\rho_{VD} = 10^{10}$ Ω·m 和 $\rho_{SD} = 10^{11}$ Ω/□。

(3) 轻质油品的危险电阻率。

对于油品等液体物料,常用电导率表征其导静电的能力。轻质油品的危险静止电导率 $\gamma_D = 5 \times 10^{-11}$ S/m。静止电导率是指油品处于静止的、不带电的自然状态下具有的电导率。

### 3. 根据带电体的尺寸预测

在有些情况下,带电体表面能否发生足以引燃的静电放电,还与带电表面的尺寸或表面涂层的厚度密切相关。以下讨论两种情况。

(1) 带电塑料表面的危险面积。

某些电气仪表或设备的塑料外壳,因表面受到摩擦或受到小颗粒的撞击而带电。在预测静电放电的引燃危险时,塑料外壳的尺寸颇为重要。一般来说,塑料外壳的面积越大,其发生放电时引燃的危险性也就越大。这主要是因为,大型外壳累积的静电电量和能量较大,而且越是面积大的外壳,越容易与覆盖在其上或紧固在其上的接地金属件绝缘。把带电塑料壳刚好可以产生可燃性放电的最小面积称为危险面积。当然,周围的可燃性物质不同时,由于最小点火能不同,因此危险面积的数值也不同;换言之,危险面积是针对某一种可燃性物质而言的。表 6.11 给出了带电塑料表面对于几种可燃性物质的危险面积。

表 6.11　带电塑料表面对于几种可燃性物质的危险面积

| 可燃性物质的种类 | 危险面积 /cm² |
|---|---|
| 甲烷与空气的混合物 | 80 |
| 丙烷与空气的混合物 | 60 |
| 乙烯与空气的混合物 | 20 |
| 氢气与空气的混合物 | 5 |

根据表 6.11,对于给定的某种可燃性物质,如果带电塑料表面的面积大于或等于相应的危险面积值,则应判断为有发生静电引燃的危险。

（2）固定设备或可移动设备的危险面积。

对于气体爆炸危险场所 1 区和 2 区中的固定设备或可移动设备来说，若这些设备上具有外露的静电非导体（如设备的表面本身或设备的部件），则外露静电非导体的表面积大于某一临界值时，就存在静电引燃的危险；反之，若小于此临界值，则一般无静电引燃危险。将此临界表面积称为静电引燃的危险面积。固定设备或可移动设备的危险表面积见表 6.12。

表 6.12　固定设备或可移动设备的危险表面积

| 环境条件 | 危险表面面积 /m² |
| --- | --- |
| Ⅰ 类或 Ⅱ 类 A 组及 B 组爆炸性气体 | 100 |
| Ⅱ 类 A 组及 B 组爆炸性气体，且设备上外露的静电非导体周边具有接地导体作为边界 | 400 |
| Ⅱ 类 C 组爆炸性气体 | 20 |
| Ⅱ 类 C 组爆炸性气体，且设备上外露的静电非导体周边具有接地导体作为边界 | 100 |

（3）容器表面绝缘性涂料的危险厚度。

在很多情况下，需要在导电材料制成的容器外表面涂覆绝缘性涂料。实验发现，涂层的厚度与静电放电引燃之间存在某种联系。涂层厚度越大，则绝缘涂层表面的电场强度越容易被导电材料容器上的感应静电所增强，到一定程度时，绝缘涂层上就会发生具有引燃能力的刷形放电。把刚好可以发生引燃性放电的绝缘涂层的最小厚度称为危险厚度。同样，危险厚度也总是针对周围某种可燃性物质而言的。例如，对于乙烷与空气的混合物，绝缘涂层的危险厚度为 2 mm；而对于氢气与空气的混合物，绝缘涂层的危险厚度仅为 0.2 mm。

**4. 根据带电体的放电形态预测**

在 4.4 节曾介绍过静电放电的几种主要形态（类型）。作为点火源的静电放电的引燃能力，除与放电能量、带电电位等因素有关外，还与放电的形态有关。亦即，有的放电形态发生时容易成为点火源，而有的放电形态尽管带电电位高、放电能量也大，但成为点火源的概率却很小。理论和实践都表明，成为点火源的概率较高的放电形态依次是火花放电、沿面放电、刷形放电；而成为点火源的概率较小的放电形态则是电晕放电。

由于放电形态与电极的形状和尺寸密切相关，因此就能根据带电体和接地体的形状预测静电放电的形态，并进一步预测引起燃爆危害的可能性。例如，当带电体和接地体的形状都比较平坦时，就容易发生引燃概率较高的火花放电和刷形放电。而当接地体是直径较小（如小于 3 mm）的球形时，则容易发生引燃概率很低的电晕放电；但当球形物体的直径较大时（如大于 3 mm），放电形态又转变为刷形放电。

还需指出，由高压直流电源造成的电晕放电与由静电感应引起的电晕放电，二者的引燃能力有很大的差别，前者比后者要大若干倍。同时，实验和实践都已证实，在接地针尖、锥类及细导线上发生的电晕放电,不会引燃最小点火能量大于 0.2 mJ 的可燃性气体。

### 5.根据生产工艺的特点预测

在生产过程中,各种物料或工件与其他加工机械、设备、人体之间,不可避免地发生着接触—分离或摩擦。按照静电起电理论,接触—分离的次数越频繁、程度越剧烈、参与接触—分离的两种物料在静电系列中相隔越远,则一定物料或工件静电起电量越大,从而引起燃爆的危险性也越大。不同的生产工艺使物料工件受到的接触—分离作用也不同。因此,根据不同生产工艺的接触—分离作用特点,就可预测物料或工件的带电程度,并进而预测引起静电危害的可能性。

静电危害预测的实例:某化工厂精馏车间不慎造成二硫化碳($CS_2$) 外漏,在车间地坪上形成了一块面积约为 60 m$^2$ 漏液区。操作人员迅速关闭 $CS_2$ 采样阀门,制止了泄漏,然后用拖布清扫地坪上的残液,并用水冲洗漏液区。当时正值冬季,为保暖,车间门窗均被关闭。操作工身穿劳动布上衣、化纤织物裤子和普通橡胶底鞋。试分析上述事件能否酿成静电危害。

首先,从引燃性静电放电方面预测。操作工在急速清扫时会产生大量静电,其所穿用的橡胶鞋底,电阻率可达 $10^{11} \sim 10^{17}$ Ω·cm,很难泄漏人体静电,因而可使人体静电电位累积到很高的数值而发生静电放电。另外,被处理物料 $CS_2$ 的最小点火能为 $W_m = 0.015$ mJ。因此,如果假定带电人体发生静电放电,则放电火花可引燃 $CS_2$ 的危险电位按式(6.6)计算仅为 387 V(人体电容取 200 pF)。根据以上对人体带电的分析,如此之低的危险电位是非常容易达到的。事实上,在模拟操作工清扫地坪的实验时,可在人体上检测到 $1 \sim 1.5$ kV 的静电电位,远远高于 387 V 的危险电位。由此可见,操作工发生静电放电并引燃 $CS_2$ 蒸气与空气混合物的可能极大。

其次,再从周围环境方法预测。被处理物料 $CS_2$ 是一种可燃性液体,其蒸气与空气混合物的爆炸极限是 $1.2\% \sim 44\%$,其爆炸下限相当低。而 $CS_2$ 的挥发性又极强,不溶于水(在水中的溶解度仅为 0.2%),蒸气的比重大(是空气的 2.62 倍)。根据这些特点又考虑到室内与户外空气不能流通,可推知,在与地面靠得近的空气层中,$CS_2$ 蒸气的浓度相当高;换言之,$CS_2$ 蒸气与空气的混合物会很容易地进入爆炸极限。

根据以上分析,可以判断上述事件引起静电燃爆危害的可能性极大,必须采取一定的防静电措施。

## 6.4.2 静电危害的分析

预测静电危害虽能做到防患于未然,避免许多重大损失,但预测不可能是绝对准确的。由于对静电的产生和静电放电引燃的机理尚未充分研究清楚,而且采取的防护措施还远远不够完善,加之静电危害发生的实际环境和条件往往是十分复杂多变的,因此准确地预测静电事故的发生是相当困难的。事实上,就目前的水平来看,预测静电危害的准确率还是比较低的。因此,一旦发生了静电事故,就需要进行认真的分析和确认。分析静电危害的目的或必要性有以下几个方面：通过分析可以查明事故的直接原因，从而可以有针对性地采取防护措施，以防止类似的事故重复发生；可加深对引起静电危害的各种条件和因素的认识，对以往的防护措施是否正确及其实际效果进行检验，以便使防静电措施更趋完善；有时因情况比较复杂，虽不能从分析中确认引起事故的直接原因，但却可以发现各方面的隐患，这对于制定全面而系统的防护规范仍是有益的。

### 1. 点火源的分类及形成特点

在分析燃爆等灾害事故时，首要的一点是应确认点火源的种类。在许多情况下，静电放电火花往往很难与其他火种加以区别，这就需要认真仔细地分析、比较各类火种的形成及引燃特点，看看有无充分的根据排除掉其他火种引燃的可能性，从而确认所分析的事故是否属于静电事故。

能够引起燃爆灾害的火种（点火源）常见的有如下几种：操作人员带入的火种、机械摩擦发热产生的点火源、金属撞击产生的火花、电气点火源、雷电点火源、静电放电火花等。其中，电气火种、金属撞击火花等较容易与静电火花相混淆，以下简单介绍它们的形成特点。

（1）电气点火源。

由电荷通过电力线路或电气设备形成的火种统称为电气点火源，又分为以下四类。

① 导体过热类点火源。在电力线路和电气设备运行过程中，长时间过载或发生短路导致发热而形成的火种称为导体过热类点火源。此类点火源的形成特点是：形成点火源的过程较长，一般需几分钟到几小时；形成过程中常伴有绝缘物烧焦的气味；在引燃前一般没有火花；这类火种引燃能量大，若为电力线路过热形成的火种则波及面较广。

② 电火花类点火源。在电气设备正常运行和正常投切过程中，在各类电气事故中常伴随产生电弧或电火花，统称为电火花类点火源。其形成特点是：形成火种的时间短、速度快；在形成过程中无异味；火种伴有强烈火花。形成原因主要有：带负荷操作开启式开关、电焊机焊接、半开启式熔断器内熔体熔断、带负荷的导线故障性断线、绝缘击穿引起相间短路或接地等。

③ 动态过电压引起的绝缘击穿类点火源。在工业生产中，电感性用电设备和电容性用电设备的存在，使得在进行投切操作时，引起过渡过程，产生动态过电压。这种过电压持续时间短，但幅值较大，容易引起绝缘击穿并产生电火花，称为动态过电压引起的绝缘击穿类点火源。其特点是：形成时间短、速度快、易引起燃爆事故。此类点火源主要是投切操作引起的。

④ 油浸式电器爆炸形成的点火源。油浸式变压器、电容器、多油开关等，在发生短路或其他故障时，容易引起爆炸。一旦爆炸，油的飞溅和流动将快速酿成火灾，称为油浸电器爆炸形成的点火源。

（2）金属撞击火花。

由金属撞击（碰撞或摩擦）引起的火花分为以下三种类型。

① 钢铁碰撞、摩擦产生的火花。这类火花实际上是从钢铁表面飞溅出来的高温金属

颗粒。由于这些小颗粒在高速运动中容易冷却,因此引燃能力较小。

② 其他金属碰撞、摩擦产生的火花。对于其他一些金属,特别是铝、镁、钛等,受到撞击所溅出的金属颗粒(火花)本身温度就相当高,而它们通过空气时很容易发生氧化,所以其温度会进一步提高,引燃能力较强。例如,钢铁管道外壁涂的含铝漆层,在受到外力撞击时就会发生剧烈放热的"铝热反应",导致火花温度高达 3 000 ℃。

③ 含硅或石英的材料撞击产生的火花。对于一些含有硅或石英成分的材料,如砂石、花岗石、水泥等,在受到外力撞击时,可能因岩石的晶体破碎而产生高能火花,引燃能力也很强。但若物体的表面被润湿,则不易发生各种撞击火花。

**2. 静电危害的分析方法**

凡疑为静电引燃引爆的危害,除按常规进行一般的事故调查分析外,还应依照事故的复杂程度,分别按以下两种情况进行分析和确认。

(1) 较简单的事故。

① 通过对有关的运转设备、物料性能、人员操作以及环境情况的分析,推测可能带有静电的设备、物体的种类及其带电程度;从中确定发生放电的物体及放电的类型。

② 收集和测定必要的相关技术参数,估算可能的放电能量。

③ 参考 6.4.1 节中所提出的有关静电危害的界限,对是否属于点火性静电放电做出倾向性意见;或对较为简单明显的情况做出相应的结论。

(2) 较复杂的事故。

对于较为复杂的情况,一般应进行如下五个程序和内容的静电事故的分析,才能做出相应的结论。这五个程序和内容是:现场调查、模拟测试、残骸分析、故障再现、综合分析。当然,很多情况下,应根据实际需要和可能,选取上述的全部内容或部分内容;特别是故障再现,并不是在任何条件下都能实现的。

① 事故现场的调查分析。

事故现场的各种痕迹,可靠地记录了造成事故的原因和破坏的过程。因此对现场的调查是进行事故分析的前提和基础。现场调查的方式包括:听取当事人汇报、勘查事故现场、收集事故遗留物等。现场调查的主要任务是:根据现场调查所获资料,分析引起燃爆的可能的点火源,初步确定事故的性质;如果其他点火源有充分的根据予以排除,则可确认为静电事故。另一个任务是判断引燃的发生部位(即起火点),收集与事故直接原因有关的残骸件。

现场调查时的侧重点有以下几个方面。

事故发生前的操作工序的操作方式或操作时的情况,如操作时间的长短,操作时的流量、流速、压力、温度,特别是物料或工件被摩擦、剥离、挤压、粉碎、筛选、喷涂、喷溅等的程序;操作工序中各设备的连接情况,如设备的接地、中间接口的连接、接点的氧化或腐蚀情况等;操作人员的情况,如人员所在位置、操作时的动作或活动情况、着装情况等。

对被加工的物料或工件进行调查。包括:物料的组分、性质、状态、燃烧性能、电阻率、在静电序列中的位置、爆炸极限;物料操作前所处的位置,运输、储存的情况及时间的长短等。

对事故前的工作环境进行调查。包括：环境温度、相对湿度、通风状况、场所的危险等级；气体的挥发程度、喷出或泄漏的情况，粉体的悬浮状态、颗粒的大小等；其他可能引燃引爆的外部火源。

② 模拟测试。

由现场调查分析得出的结论仅是初步性的，还缺乏可靠的依据，为进一步准确认定静电事故的性质，需进行模拟实验，以确定是否存在静电累积和放电引燃的实际条件。模拟实验可分为完全模拟和局部模拟。

完全模拟是根据现场的勘察和事故前后的调查，模拟事故前的整个操作工艺，重新进行操作，并在关键部件接入静电测试仪表测得所需参数。经计算后，分析判断整个工艺中静电的累积能否导致放电火花以及放电火花的能量能否成为点火源。亦即判读危害有无可能是静电引起的。

在操作工艺和操作方法比较复杂的情况下，进行完全模拟是很困难的，也是不现实的。为此，可采用局部模拟，即在专门的实验室或有条件的场所，模拟工序中经分析认为最有可能产生静电的部位或环节，并进行静电测试。根据测试结果和计算结果，确定事故现场是否存在形成静电危害的实际条件。

③ 残骸分析。

事故残骸件上的各种痕迹，真实地记录了事故的起因和发生过程，是静电事故的直接物证。残骸分析的根本目的是确定点火源的所在部位，为确定事故原因进一步提供可靠的依据。为了达到这一预期目的，应准确地对众多残骸件进行选择。

残骸分析分为宏观分析和微观分析。宏观分析是用肉眼或放大镜对残骸的表面状态进行观察，根据观察结果分析判断火花放电的部位。由于放电过程中会形成碳及化合物，因此放电部位表面往往呈黄、灰或黑色；有时局部的高温熔融作用也会使放电表面呈深蓝色。

宏观分析虽然比较直观、简单、迅速，亦不需要专门设备，但有时残骸经过燃烧后往往会把放电部位的宏观特征予以掩盖，因此有必要对残骸进行微观分析。微观分析就是借助于扫描电子显微镜、X 射线能谱仪等仪器去寻找残骸件上是否存在火花放电微坑。这种微观缺陷只有高电压、瞬时大电流为其特征的静电火花放电才能造成，因而是判断事故直接原因的重要依据。但必须注意严格区分火花放电微坑与其他一些因素在残骸件上可能造成的微坑，如电器短路微坑、爆炸微坑、腐蚀坑、机械碰撞坑等，否则就可能得出错误的结论。火花放电微坑是高电压、瞬时大电流情况下发生火花放电时，在放电部位表面形成的高温熔融微坑，其形貌类似于火山爆发时形成的火山口。坑的大小在几微米到几百微米之间，通常是孤立存在，分散分布。微坑周围可能出现烧蚀、熔流、熔球等熔融特征。而其他因素造成的微坑则具有不同的特征，如烧蚀坑的形貌无任何规律，面积较大、尺寸大小不一。此外，在做微观分析时，对残骸正确取样也很重要，因为不可能把尺寸很大的残骸件的所有部位都取来进行分析。有两点可以作为取样的依据：一是根据宏观分析的结果取样，即只在那些局部表面颜色发黄、发黑、发蓝和有微小凹坑的部位取样；二是根据静电放电的条件取样,例如对于导体来说,边缘棱角、充有介质的间隙、狭缝等部位即为容易发生静电放电的部位。

④ 故障再现。

故障或形成某种严重危害的前期特征(即事故苗头)的复现,是验证上述分析结论的最有力证据。故障复现试验一般分两种情况进行:一种是可以满足出事前的环境条件,在完全相同的设备上,保持"等尺寸、等状态"情况下进行试验,使其故障复现。另一种是无法满足出事前所有条件,只能通过部分相似或全部相似的模拟实验使故障复现。

⑤ 综合分析。

在以上四步的基础上,综合所有测试数据和有关资料,应用静电的基本原理进行分析,然后对事故做出结论,并提出今后的防静电措施。

**3.静电危害分析方法举例**

某炼油厂操作工在对 2 000 m³ 储油罐中的甲苯进行测温操作时,突然发生着火,幸而扑救及时,未造成重大损失。

为明确事故原因,安技人员首先对事故现场进行调查和分析。事故过程是:操作人员将金属制的测温器从油罐中提至油罐口(量油口)时突然发生起火,火焰从量油口喷出,接着罐壁的焊缝又部分炸开。事故发生的现场情况是:油罐及其周围无明火、无电气操作造成的电气短路火花、无高温物体,亦未发生雷电现象。在听取操作人员叙述情况中,了解到此种操作工具和方法已沿用多年,但以前尚未发生过类似事故。

经过对事故现场的调查分析,初步归纳了如下几条认识:引起本事故的点火源有两种可能性,一是静电放电火花,二是金属撞击火花,其他火源均可排除。在对测温器进行上提操作的过程中,测温器上会产生和累积一定的静电,如果操作速度和提升材料等都对起电有利,则测温器上有可能累积起可作为点火源的静电电量(甲苯的最小点火能为2.27 mJ);甲苯蒸气与空气混合物的爆炸极限下限仅为 1.2%,在油罐中油面上部空间很容易达到或超过此浓度,因而存在着引燃的危险环境。从事故过程可明显看出,引燃部位在量油口处,亦即带电的测温器在此处发生引燃放电的可能性极大。过去多年按此种方法和工具操作均未发生过事故,可能是因为各种有利于放电引燃的因素不容易同时都具备,且放电能量也并不大,亦即实际上发生静电引燃的概率比较小,但并不能说,这类事故总不会发生。综上所述,可初步认为,本事故由静电引燃的可能性很大,但需进一步通过模拟实验加以确认。而且需提供证据,排除撞击火花引燃的可能性。

首先,为此进行了撞击火花引燃的实验。其方法是使钢管与电动砂轮进行摩擦,并使产生的大量密集火星(撞击火花)垂直射向砂轮下方储有少量汽油的容器中,每次历时30 s。虽然多次实验均未引燃,同时有关资料也证明钢铁撞击时产生的火花 —— 高温金属颗粒,一般是难以引燃的。至此,就完全排除了其他火源引燃的可能性,而只剩下静电引燃的因素了。

其次,对测温器的静电放电引燃进行了模拟测试。在与事故油罐有相似条件的场所,采用同样的甲苯和测温器进行测温操作。不断改变操作速度和测温器的提升等条件,用静电电位计测量测温器在上提到量油口时的静电电位,并以此静电电位和测温器的电容量为依据推算其静电放电的能量,发现在使测温器带电的各种条件都比较有利的情况下,测温器与油罐口发生静电放电的能量可达到甲苯最小点火能的两倍。可见,本事故中具有充分引燃甲苯蒸气的静电放电条件。

为使证据确凿、结论正确,事故分析者又对现场收集到的残骸件 —— 测温器做了电子显微镜观察,发现测温器下端部外表面上,特别是在边缘棱角处有大量形如火山口的高温熔融微坑,证明该测温器曾发生过多次的静电火花放电。通过上述现场调查分析、模拟测试和对残骸件的微观分析,得出本事故是由静电放电引起燃爆,且引燃火源在测温器部位的结论。基于以上的工作,还可有针对性地提出完善的防静电措施,以避免类似事故的重复发生。

# 第7章 静电危害防护技术

在现代工业生产中涉及面很广、发生次数又相对频繁的静电危害,给设备财产带来难以估量的巨大损失,更给操作人员的生命安全造成严重的威胁,已成为制约工业生产高速发展的重要因素。因此,采取各种行之有效的措施以防止和消除静电危害,是人类顺利进行生产活动的重要保证之一。

## 7.1 防静电危害的一般原理

对于不同的对象,静电作用的效果不同,形成的危害也不同。在易燃、易爆气体混合物存在的危险场所和有电爆装置的地方,静电危害常常导致火灾和爆炸事故发生;对于通信、数据处理等电子系统,静电的危害表现为瞬态电磁干扰,使系统不能正常工作;在印刷、纺织、自动化包装等工业部门,静电危害成为生产的障碍(有人称为障害)。另外,在不同的环境、不同的工业部门,产生静电危害的"危险静电源"也不同,有的是人体静电形成了危害;有的是机器设备带电造成危害;还有的是粉尘、火炸药本身既是静电带电者,又是静电放电的敏感物质。显然,针对不同的环境、不同的对象,应该有不同的防静电危害的技术和措施。但是,任何环境和对象,静电放电的基本规律是一样的。所以,无论具体防护措施有多大差异,都遵循着静电防护的一般原理,即静电安全防护的共同原则。

### 7.1.1 确立静电安全防护原则的依据

确立静电安全防护原则的最基本依据是形成静电危害的三个基本条件。因为只有这三个基本条件同时满足时,才能形成静电危害。换言之,只要其中任何一个条件不具备或被破坏,就不会形成静电危害。因此,静电危害的防护或消除也正是从控制这三个条件着手的。另外,静电危害的作用机理和特点、危险静电源与静电敏感物质之间的能量耦合途径与模式,也是确立静电安全防护原则和静电防护措施的重要依据。

### 7.1.2 静电安全防护原则

依据三个基本条件有三条静电安全防护原则。第一条是控制静电起电量和电荷积聚,防止危险静电源的形成;第二条是使用静电感度低的物质,降低场所危险程度;第三条是采用综合防护加固技术,阻止 ESD 能量耦合。

遵照上述三条静电安全防护原则,为防止静电危害,可采取如下防护对策。

**1.控制静电起电率防止危险静电源的形成**

危险静电源的形成是因为物体的静电起电率(单位时间物体上电荷的增加量)大于物体的电荷消散速率(单位时间物体上泄漏电荷和通过空气中和的电荷总量),导致物体电荷总量不断累积形成了静电带电体。静电起电率与电荷消散速率相比越大,带电体上累积的电荷越多,对地电位越高,这种静电源就越危险。所以,有效地控制静电起电率是防止静电危害的基本对策之一。

减小静电起电率的主要办法如下。

(1)减少物体间的摩擦。

(2)控制物体之间的接触分离速度和次数,同时使运动物体的速度缓慢变化。

(3)缩小接触分离物体间的接触面积,减小接触压力。

(4)不要急剧剥离处于紧密接触状态的物质。

(5)物体表面应保持清洁、光滑的状态。

(6)合理搭配使用"摩擦带电序列"中位置靠近的材料。

(7)纯净气体避免混入杂质等异物微粒。

**2.增大电荷消散速率防止电荷积聚**

由防护对策 1 的讨论可知,增大电荷消散速率,可以减少静电电荷的积聚,当电荷消散速率等于或大于静电起电率时,就不会形成危险静电源。

增大电荷消散速率的主要办法如下。

(1)提高环境的相对湿度。当相对湿度增加到 50% 时,一般物体的静电带电量明显减少;当相对湿度在 65% 以上时,几乎所有物体的表面电阻率都减小,提高了物体的电荷泄漏速率。

(2)静电导体或静电亚导体合理地静电接地和搭接,使物体保持有电荷泄漏的良好通道。严禁静电危险场所存在绝缘导体。

(3)使用导电材料或防静电材料代替静电非导体,或使用抗静电剂,使物体表面电阻率减小,电荷能够通过接地装置很快泄漏。

(4)使用离子风等静电消除器,中和带电体上的电荷,以提高电荷的消散速率,使危险静电源不能形成。

**3.采用抗静电的电爆火工品和元器件降低场所危险程度**

在有些情况下,防护对策 1、2 无法完全实现,应该考虑使用抗静电的电爆火工品和元器件,以防止静电造成危害。

### 4. 控制气体混合物浓度防止爆炸事故发生

存在易燃易爆气体混合物的危险场所,应严格控制气体混合物的浓度,使其不在爆炸浓度极限范围。如通过通风、降低生产速率等办法减少易燃易爆气体,使其与空气混合后低于爆炸浓度极限。这样,即使有静电危险源,也不会发生燃烧、爆炸等恶性事故。

### 5. 采用抗 ESD 设计和防护加固技术提高电路抗电磁干扰能力

在电路研制中,采用抗 ESD 设计并综合运用接地、搭接、屏蔽、滤波等静电防护加固技术,使电路和整机具备抗静电放电产生的电磁脉冲作用,消除静电放电对电子装置的危害。

### 6. 加强静电安全管理

静电安全管理是贯彻上述原则、对策的基本保证,也是各行业防静电危害工作中最基本的要求。只有加强静电安全管理工作,才能使各项防护原则和有关规范、标准贯彻实施,使防护器材和设施得到维护保养,确保静电危害彻底消除。

本节原则性地介绍了静电防护的一般原理和防护对策,后面几节将按不同形态物料静电的工艺控制、基本防护技术和特殊对象的防静电危害问题,依次进行讨论。

# 7.2　工艺控制法

工艺控制是对工艺过程、工艺条件及在工艺中参与接触的材料采取适当的措施,以避免或减小静电的产生量。工艺控制法的基本原理基于静电起电量与材料的带电序列和摩擦条件之间的关系(第 3 章)。其基本措施有两条:一是对参与接触、摩擦的有关材料,应尽量选用在带电序列中位置较为邻近的材料,或对产生正、负电荷的物料加以适当组合,使最终的起电量达到最小;二是在生产工艺的设计上,对有关物料应尽量做到接触面积、接触压力较小,接触 — 分离的次数较少,分离或运动的速度较慢。

工艺控制法应用广泛、方法灵活多样,是消除静电危害的主要方法之一。以下针对工业生产中被处理物料形态的不同而分别加以介绍。

## 7.2.1　固体静电的工艺控制法

第 3 章讨论了静电起电的基本原理,固体的静电起电方式有许多种,但是最主要的一种是接触 — 分离(摩擦)静电起电方式。在工业生产中,绝大多数情况下,因物体间相互摩擦、碰撞,即接触 — 分离而引起静电起电。因此,下面结合固体物料在某些生产工艺中的接触 — 分离、相互摩擦情况,具体讨论静电起电量的控制技术。

**1. 输送过程的静电起电量控制**

用皮带输送固体物料时,皮带及皮带轮应使用导电或防静电材料制作,或在皮带上涂以导电性涂料并将其静电接地。在某些情况下,还可以考虑采用位于摩擦带电序列中段的材料制作输送设备,以减小物料起电量。同时,应控制皮带或辊的运行速度,一般应使皮带速度降至不使皮带上的被输送物发生震动为度。另外,操作时不应使运行速度急剧变化。

在皮带驱动中,为减小静电起电量,应使用导电三角带取代普通平板带;另外,应注意不要使皮带因过载而打滑、拧劲或脱落;皮带与皮带罩不要接触。有条件时尽量采用金属的齿轮和链条等驱动方式,以保证静电安全。

**2. 倒运和包装的静电起电量控制**

在静电危险场所对货物进行倒运和包装时,应尽量使用金属或其他导电材料制作的容器或台车,并将其静电接地。同时,适当延长倒运时间、减小货物处理量,控制倒运速度以减小静电起电量。

在包装、打包和装袋等作业中,特别是自动化包装生产线上,所使用的包装材料应选用与被处理物料在摩擦带电序列中相距较近者或防静电材料,不宜使用易起静电的材料。装袋时应尽量避免剥离动作;若无法避免,则应控制剥离速度,限制静电起电量。

**3. 涂敷和印刷中的静电起电量控制**

当黏合剂、溶剂、合成树脂等液状物被涂敷在纸张、织物或塑料、橡胶等聚合物薄膜上时。涂敷时的摩擦作用会使绝缘的薄膜带上静电,同时挥发大量的易燃、易爆气体。为减小静电起电量,应控制被涂敷物体的运行速度,使其比较缓慢,且速度不应有突然变化,并注意通风换气。另外,涂料中不要混入杂物特别是胶状溶解性物质,条件允许时尽量采用产生静电少的水性涂料。辊筒应采用导电材料并静电接地。

在干燥条件下使用油性油墨时,油墨带电后因斥力作用而形成的微粒有时也可能成为火灾的原因。在聚酯或聚乙烯薄膜、玻璃纸上进行印刷时,高绝缘的印刷面上所带静电往往会发生火花放电,有可能引起油墨溶剂着火。应控制印刷速度,适当减小辊子压力,采用水性油墨,以减小静电起电量。

## 7.2.2　粉体静电的工艺控制法

**1. 粉体粉碎和分选中的静电起电量控制**

粉体是特殊状态下的固体,一般由整块固体经研磨等工序加工而成。它和固体的静电起电规律基本一样,但粉体具有分散性和悬浮性等特点,既易静电起电,又易燃爆,所以控制粉体生产工艺中的静电起电量更为重要。为减少静电的产生,在用锤、球和砂等工件粉碎固体时,应减小粉体的粉碎量和粉碎速度。对形状不规则的固体,不应进行剧烈的破碎,而应先将其破裂成适当的颗粒之后再缓慢加以粉碎,粉碎时应避免杂物混入粉体物料中。还可根据摩擦带电序列选择粉碎机的粉碎工件材料,使其与被处理物料在序列中相距较近。

分选过程中,粉体之间、粉体与筛分机之间和旋风分离器之间也会发生摩擦和冲击而产生静电。为减小静电应减小筛分量和筛分速度,并对筛子和机器定期进行清扫,不使其积聚粉体。还应选用在摩擦带电序列中与被处理物料靠近的材料制作筛子,或采用导电材料制作筛子和分选机,并将其静电接地。

### 2. 粉体输送时的静电起电量控制

(1)气力输送时的控制。

粉体在气力输送时,管道材质应与被输送的粉体在摩擦带电序列中相距较近,如果被输送物料是几种物质的混合物,则管道材料应选用摩擦带电序列中位于混合物各组成成分中间的物质。条件允许时,尽量采用静电导体材料的管道并静电接地。输送速度要控制在规定值以下,输送管道的直径应尽量大。管道中尽量减少弯曲和收缩部位,如果无法避免,则应尽量使其变化趋缓。管道内壁要平滑,不应在管内装设网格之类的障碍物,否则会增大静电起电量。被输送的粉体不应堆积于管壁上,应采用空气振动法对管壁进行定期清扫。气力输送系统中,严禁外来金属导体混入而成为对地绝缘的导体。

(2)料斗输送时的控制。

采用料斗对粉体进行输送时应使料斗和漏斗的壁面接近于垂直状态,以减少摩擦面积;斗壁上亦不应有任何阻碍粉体下落的障碍物;壁面要定期清扫,为避免设备、工装带电,最好选用导电或防静电材料。例如,选用导电材料制作料斗或漏斗,并将其静电接地。

(3)皮带输送的控制。

皮带输送时,输送带不应发生异常振动,也不应使粉体发生飞散和悬浮。粉体的输送状态应保持均匀、无急剧变化,避免输送带的某些部位出现粉体堆积。输送带表面要进行定期清扫。输送带要采用防静电材料制作。

### 3. 粉体倒运、投料和装袋时的静电起电量控制

粉体在倒运、投料和装袋时应连续操作,避免快速状态下,一次性投入大量粉体或运输大量粉体。装袋时应将袋口张大,以免粉体与袋子之间产生摩擦。由袋中取出或倒出物料时,不应剧烈抖动袋子,亦不应使袋子与人体或其他设备发生摩擦。

### 4. 粉体捕集时的静电起电量控制

粉体捕集一般可分为布袋过滤器捕集和旋风过滤器捕集。使用布袋过滤器捕集粉体时,滤布应采用静电产生少的织物,最好使用防静电织物。当附着的粉体将孔眼堵塞时,不应一次性剥离,应经常性地及时清除。过滤器的面积应足够大,同时要防止对大量粉体

进行局部捕集。

使用旋风分离器捕集粉体时,应尽量降低风速。分离器内壁上不应有凸起物或其他障碍物。应定期清扫,防止粉体局部附着于内壁而引起捕集状态出现急剧变化。

**5. 粉体干燥和喷射中的静电起电量控制**

粉体干燥时,不要使其过于干燥,也不要长时间连续干燥。粉的流动速度及风量、风温应根据具体情况进行调节。对流动速度应予严格控制;风量应保持恒定,避免导致风量急剧变化的操作。干燥机和袋式滤粉机的侧壁应定期清扫,避免附着大量粉体。

**6. 其他方面的静电起电量控制**

粉体加工的整个工艺过程中,应尽量避免利用或形成粒径在 $75\ \mu m$ 以下,或更小的微细粉尘。因为粉尘颗粒越细小,燃爆的危险性就越大,越容易发生氧化反应和放出热量;粉尘越细,其爆炸浓度的下限和最小点火能越小;细小的粉尘下落速度慢,容易在空气中长时间悬浮,增大了燃爆的危险性。因而通过各种工艺条件控制微细粉尘的形成,对于防止静电放电引爆十分必要。

粉体经过输送最后进入料仓或收集器时,由于粉粒的聚集和堆积,可使带电程度大为增加,加之有时粉粒可能带有正、负不同的电荷,因此发生静电引爆的可能性要比输送过程大。料仓内存在三种静电放电的可能:一是粉粒的锥形表面与料仓壁之间;二是粉粒表面与上部进料管之间;三是可能带有不同极性电荷的粉粒表面的不同部位之间。为防止在料仓内发生静电引燃引爆,除采取相应的综合防护措施外,大型料仓内部不应有突出的接地导体。采用顶部进料时,进料口不得伸到仓内,应与仓顶取平;用测量探头测量舱内料位时,应避免使探头成为突出的接地体。当料仓直径在 $1.5\ m$ 以上时,且工艺中粉尘粒径多半在 $30\ \mu m$ 以下时,应使用密封料仓,用惰性气体或其他不活泼气体置换空气。

## 7.2.3　液体静电起电的工艺控制法

液体静电起电的实质是液体和固体、液体和液体之间的接触－分离作用使正、负电荷分离。所以控制液体的静电起电量,仍然是对接触材料的选择及对接触压力、分离次数和分离速度的控制。在液体物料中,烃类液体占很大的比重,下面主要针对这类物料讨论静电起电量的控制问题。

**1. 过滤器、管道、容器的选择**

烃类液体一般通过泵、管道输送到各种储油罐中,然后再通过装油站台或码头,装车或装船送到用户手中。为了控制烃类产品的污染、保证其质量,在产品的生产、储运、使用过程中都必须使用过滤器。所以过滤器、管道和容器是经常与烃类液体接触的设备,是主要的静电产生源。所以,对于过滤器的材质(织物或非织物)应根据摩擦带电序列选取静电产生量少的。过滤器是由多层滤层组成的,可以根据正负相消的原理,选择不同材质,进行合理组合,使静电起电量最小。过滤材料(织物)的组织或编织方法对起电性能也有很大影响,应尽量选用起电量小的有正方形孔隙的平纹织物,避免使用具有45°斜线空隙的斜纹织物。国内外的研究表明,滤芯材质采用传统的绸毡和纸时,静电起电量较大,而采用塔夫龙喷涂的金属网筛分离器可显著降低静电起电量;将过滤器的内部结构由原来的纤维与纸质分开的二级滤芯,改成纤维与纸组合的单级滤芯,可以增加过滤后带电的滞留时间,从而减小静电危险。条件允许时,应在过滤后通过足够长的输送管道再注入容器,可减少静电。

液体输送管道应采用防静电材料制作。用软管输送易燃液体时,应使用导电软管,或内附金属丝、网的橡胶管,且在连接处注意保证静电的导通性。管道的弯头和变径部位要尽量少;管道内壁应保持光滑,无突出物;管道内不应装设金属网格等。

在输送过程中虽然烃类液体容易起静电,但由于管道内充满液体而无足够的空气,因此一般不具备燃爆条件。可是当把已带电的液体注入储存容器(包括油罐、铁路槽车、汽车油罐等)时,由于液面上部空间存在可燃性蒸气与空气的混合物,因此有发生燃爆的危险。静电荷主要源于管道输送系统,但燃爆危险则主要存在于可形成爆炸性混合物的储存容器中。为防止静电事故,应采用密封型的球型罐或浮顶罐;罐壁应保持光滑。在使用小型便携式容器灌装易燃性液体时,应用静电接地的导电容器。

**2. 限制流速控制静电起电量**

实验表明,液体的流速越高,静电起电量越大。限制流速是减少静电起电量最有效的方法。限制流速的方法不仅可以在输送管道中实行,也可以在灌装容器时实行。无论输送、灌装的液体电介质种类如何,灌装方法如何,也无论管道和容器采用何种材质,在输送、灌装的初期,均应将液体流速限制在 1 m/s 以下。在以后的过程中,仅当具备或满足下述条件时,才能将流速提高到指定值。当用导管灌装时,其前端开口处要完全浸入液体中;当从容器底部灌装时,液体要高出入口上部一定高度;当容器为浮顶罐时,要使浮顶完全浮在液面上,管道内残存的油、水和空气等应完全排出。

降低流速有助于减少静电的起电量,但这与现代工业生产的高速装运相矛盾。为此,规定各种场合下不致引起灾害的最大流速,将液体的实际流速限制在最大流速以下。最大流速的确定,要视液体的性质、种类,管道的材质、长度、输送、灌装的方式以及周围环境的危险状况等因素综合考虑。现给出一些研究结果供参考。

(1)德国物理技术研究院(PTB)研究结果表明,烃类油品用管道输送时,其安全流速应满足

$$v \leqslant 0.8\sqrt{1/d} \tag{7.1}$$

式中,$v$ 是油品的流速,单位 m/s;$d$ 是管道直径,单位 m。

由式(7.1)可计算出不同管径输送油品时所允许的最大流速。

烃类液体中应避免混入其他不相容的第二相杂质(如水),应减少和排除管道中的积水。当管道内明显存在第二物相时,其流速应限制在 1 m/s 以内。

(2)对于非烃类液体的流速限制。二硫化碳或乙醚之类危险性特别高的液体,若输

送二硫化碳的管径不大于 24 mm、输送乙醚的管径不大于 12 mm,则流速应限制在 1.0 ～1.5 m/s;输送脂类、酮类和醇类等液体,流速不超过 10 m/s。

（3）由液体的电导率确定最大流速。电导率为 $\gamma \geqslant 10^{-5}$ S/m 的液体,最大流速不超过 10 m/s;电导率为 $10^{-9}$ S/m $\leqslant \gamma \leqslant 10^{-5}$ S/m 的液体,最大流速不超过 5 m/s;电导率为 $\gamma \leqslant 10^{-9}$ S/m 的液体,比较复杂,但最大流速一般可取 1.2 m/s。

（4）油罐车在顶部灌装时的最大注入速度应满足

$$v' \leqslant 0.25\sqrt{\gamma L}/d' \tag{7.2}$$

式中,$v'$ 是注入速度,单位 m/s;$d'$ 是注入管的直径,单位 m;$L$ 是油罐车在 1/2 高度处横截面的对角线长度,单位 m,并且 2.9 m $\leqslant L \leqslant$ 7.2 m。

若取 $L$ 分别为 2.9 m 和 7.2 m、$\gamma$ 取 0.8 pS/m,则按式(7.2)计算出的最大流速见表 7.1。

表 7.1　油罐车顶部灌注时的最大流速

| 注入管直径 /mm | $L = 2.9$ m 时的最大流速 /(m·s$^{-1}$) | $L = 7.2$ m 时的最大流速 /(m·s$^{-1}$) |
| --- | --- | --- |
| 80 | 4.8 | — |
| 100 | 3.8 | 6.0 |
| 150 | 2.5 | 4.0 |
| 200 | 1.9 | 3.0 |
| 250 | — | 2.4 |

式(7.2)和表 7.1 适用的条件是顶部灌装且注入管伸至罐底。当底部灌装时,注入速度相应地减少约 18%,同时罐车及注入管要正确静电接地,系统内不允许有绝缘导体;过滤器下游的停留时间至少 100 s;油品不含游离水或胶状物。

**3. 应用静电缓和器控制静电起电量**

与粉体缓和器类似,液体也可以用缓和器控制静电起电量。缓和器应加装在输送管道末端或液体排放口前适当的位置,用以泄漏液体的静电。实际上就是在输送管道上加一段管径被扩大的区域,如图 7.1 所示。

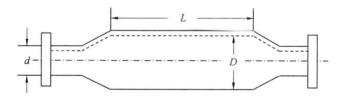

图 7.1　缓和器的结构

图 7.1 中,$d$ 是输送管道的直径,$D$ 是缓和器管段的直径,$L$ 是缓和器管段的长度,一般情况下,缓和器的直径可数倍于输送管的直径。由于其直径比输送管的直径大,因此进入缓和器的带电液体的流速大大减小了。这就使得液体有足够的时间向大地泄漏静电,从而减少了液体的带电量。例如在油品进入储罐之前的区域加装缓和器,油品进入油罐

就不会产生静电危害。

缓和器的内径和长度的确定,主要是基于带电液体在缓和器内流经的时间,称为缓和时间。显然,缓和时间越长,液体所带的静电泄漏就越充分。但从防静电危害的角度考虑,并无必要将液体所带的静电全部泄漏掉,一般能泄漏原有值的 $60\% \sim 70\%$ 就已不致构成危害;如果要求泄漏掉原有值的 $95\%$,则缓和时间为

$$t=3\tau=3\varepsilon_0\varepsilon_r\rho=3\varepsilon_0\varepsilon_r/\gamma \tag{7.3}$$

式中,$t$ 是缓和时间,单位 s;$\tau$ 是液体的放电时间常数,单位 s;$\varepsilon_0$ 是真空的电容率,$8.85\times10^{-12}$ F/m;$\varepsilon_r$ 是液体的相对电容率;$\rho$ 是液体的电阻率,单位 $\Omega\cdot m$;$\gamma$ 是液体电介质的电导率,单位 S/m。

例如,轻质油品的 $\varepsilon_r$ 约为 2,$\gamma$ 约为 $10^{-12}$ S/m,则 $\tau\approx 9$ s;当缓和时间为 $t=3\tau$ 时,由电荷的流散规律 $Q=Q_0 e^{-t/\tau}$ 可知,$Q=5\%Q_0$,即油品从缓和器流出时,所带静电荷有 $95\%$ 被泄漏,剩余 $5\%$ 已不致构成危害。

实用缓和器直径可取

$$D=3d \tag{7.4}$$

式中,$D$ 是缓和器的直径,单位 m;$d$ 是输送管道的直径,单位 m。

缓和器的长度按下式计算

$$L=\tau v=\varepsilon_0\varepsilon_r v\gamma \tag{7.5}$$

式中,$L$ 是缓和器的长度,单位 m;$v$ 是流体的流速,单位 m/s。其余各量意义同式(7.3)。

用于输送管道末端的缓和器的尺寸可按以下公式确定:

$$D=d\sqrt{2v} \tag{7.6}$$
$$L=2.2\times10^{-11}\varepsilon_r/\gamma \tag{7.7}$$

由式(7.5)和式(7.7)可以看出,当液体的电导率很低时,缓和器的尺寸将变得太大而不便采用。所以缓和器仅适用于电导率介于 $10^{-9}$ S/m 至 $10^{-12}$ S/m 的液体电介质。

### 4.防止液体喷射、飞溅,减小液体静电起电量

液体喷射、飞溅时很容易产生静电,所以在输送和灌装过程中,应采取各种措施防止液体的飞散喷溅。

(1)改变灌注方式控制静电起电。

大型容器(如油罐车),灌注烃类液体时,应采取从底部进油的方式,将注油管由底部水平伸入罐内接近中心的部位。

(2)改变注油管头的形状控制静电起电量。

灌注烃类液体时所使用的各种鹤管头的形状对静电起电也有影响。采用何种鹤管头效果最佳,应根据液体的流速、落差、容器条件及液体的性质,由实验确定。但长期的运行经验表明,45°切口管、T形管和锥形管头都能不同程度地降低油面静电电位。在注油鹤管的末端加装变流板也可对防止液体喷溅控制静电起电量起到良好的作用。

(3)液体调和、搅拌过程静电起电量的控制。

烃类液体在进行搅拌、混合时,因喷射、飞溅、沉降等作用而产生大量的静电。实验表

明,当空气呈细小气泡状混入油品时,起电量约增大一百倍。所以,油品的调和方式应采用循环机械搅拌与管道调和。在泵循环中,又分罐底进、罐底出的喷嘴循环和罐顶进、罐底出的液位移动全量循环。由于油品是从罐顶引进,在喷射、飞溅过程中不可避免地要与空气接触产生大量静电,因此应尽量采用底进底出的喷嘴循环方式。

**5.取样、测尺的静电起电量**

烃类液体产生大量静电时,金属制作的取样器或检尺、测温工具就会在操作中带上或感应出静电,这些工具一旦靠近罐壁就会发生火花放电。因此,应严禁在罐装、循环、搅拌等生产过程中进行取样、检尺或测温现场操作,而必须令设备停止工作、静置一段时间,使静电充分泄漏后,才能进行上述操作。从设备静止下来停止工作到允许进行取样等现场操作所需的时间称为静置时间。静置时间的长短取决于容器内液体的电导率和液体的容积。液体电导率、容积和静置时间的关系见表 7.2。

表 7.2　液体电导率、容积和静置时间的关系　　　　min

| 液体电导率 /($S \cdot m^{-1}$) | 容器的容积 /$m^3$ | | | |
|---|---|---|---|---|
| | $< 10$ | $10 \sim 50$ | $50 \sim 5\,000$ | $> 5\,000$ |
| $> 10^{-8}$ | 1 | 1 | 1 | 2 |
| $10^{-12} \sim 10^{-8}$ | 2 | 3 | 20 | 30 |
| $10^{-14} \sim 10^{-12}$ | 4 | 5 | 60 | 120 |
| $< 10^{-14}$ | 10 | 15 | 120 | 240 |

例如,铁路槽车的体积一般为 50 $m^3$,油品电导率为 $10^{-7} \sim 10^{-13}$ S/m,由表 7.2 可得静置时间为 $1 \sim 3$ min,一般规定 2 min 以上,这时罐体应静电接地。

另外,取样器、测温器及检尺等工具应优先考虑用铜制作,并在操作时可靠接地。取样绳应具有一定的导静电能力,并使其不受污染。总之,应尽量采用防静电工具。

**6.储罐液面静电电位的控制**

带电体电量不变而增大电容时,可使带电体的电位降低,从而可以达到防止静电危害的目的。增大电容的方法是在带电体附近安放接地体,如对于油罐内的带电液体,可在罐内液面上方各处悬吊接地的金属丝或含有导电纤维的细绳。

## 7.2.4　气体静电的工艺控制法

**1.高压空气静电起电量的控制**

纯净的气体是不会带电的,所以输送或喷出高压空气时,事先应用空气过滤器对其中夹杂的油雾、水雾、管锈和粉尘等杂质进行捕集去除后,再进行输送。气体流量要小、压力要低,混入空气中的杂质微粒往往是灰尘或铁锈等,输送管和喷出管要可靠静电接地;对于一些需移动的设备,应采用可挠金属管或导电胶管使设备静电接地。

**2.高压水蒸气的静电起电量控制**

与高压空气一样,高压水蒸气喷出时的静电也和杂质有关,也要求水蒸气纯净、喷出量小和喷出压力低。一般应使喷出压力限制在 0.98 MPa 以下。喷嘴应选择产生静电少的材料制作,条件允许时,尽量选用孔径较大的喷嘴。向物体喷出水蒸气时,喷嘴与物体的距离不宜太近。

**3.可燃气体的静电起电量控制**

为减少静电的产生,氢、乙炔、丙烷、城市煤气等可燃气体,应注意在工艺上做到防静电的控制,具体如下。

(1)使用前应清除输送管、储气瓶、软管等内部的锈和水分等杂质;对于气体出口处和容易泄漏喷出的法兰处更应注意清扫、保持洁净。

(2)防止泄漏。需要经常对管道的阀门、法兰等设备进行维修。有条件时宜装设气体泄漏自动检测报警器,以便在偶然泄漏时能及时处理。也可安装高压气瓶安全罩。

(3)保证管道和容器有良好的静电接地,尽量使用接地的金属管。

(4)控制气体的流速。如在管道中输送乙炔时,其流速应限制在 2 m/s 以下。对于最小点火能很小的氢气,还要防止其高速喷出时形成的静电起电和冲击波所产生的高温引燃氢气自身的危险。

**4.液化石油气的静电起电量控制**

液化石油气是一种比煤气的危险性还要大的可燃气体。其最小点火能低于 0.3 mJ,爆炸浓度范围为 1.5% ~ 9.5%,自燃点约为 430 ~ 446 ℃。为控制起电量,防止液化石油气的静电放电引燃、引爆,应采取以下措施。

(1)采取各种检查、维护措施,防止容器、设备、管道、阀门等处泄漏或高速喷射液化石油气。

(2)进行储罐进液、倒罐、灌瓶等操作时,必须限制液化石油气液相的流速:烃泵入口管段的液相流速一般应小于 1 m/s,出口管段的液相流速为 1 ~ 2 m/s。气相的液化石油气在管道中的流速应控制在 8 ~ 12 m/s。

(3)储配站内液化石油气容器、设备、管道等均应静电接地。对于橡胶管或其他非金属管道,可在其上面缠绕间隔不大于 5 cm 的金属丝,并可靠接地。用于连接液化石油气容器、设备、管道的法兰,应采用铜片或铝片进行跨接。

(4)液化石油气压缩机应使用导电皮带。罐装间的罐装枪及称量钢瓶的秤应单独静电接地。

(5)检修液化石油气的储罐、残液罐及其他设备时,不得使用高压水或高压蒸汽冲洗,防止液化石油气、水、水蒸气等与储罐或设备的内壁发生剧烈摩擦。

(6)新建储配站或经过全面检修的储配站在采用抽真空置换进气的工艺进气时,进气前系统内含氧量应小于 40%；进气时应先缓慢地充入气相，当储罐压力缓慢升为正压且压力大于 $4.9 \times 10^4$ Pa 时，再充入液相。严格控制静电起电量。

### 5.二氧化碳灭火器使用中的静电起电量控制

二氧化碳气体从灭火器中喷出时，带有大量的静电既可点燃可燃气体，又可对操作者造成静电电击。这种电击虽不会直接危及操作人员的生命安全，但电击所引起的反应却足以使操作者的灭火作业暂时中断，从而延误宝贵的灭火时间。特别是在高空灭火时，操作者被电击时不自觉的肌肉反应可能会使身体失去平衡而坠落，造成间接伤害（又称二次事故）。为减少二氧化碳气体的静电危害，可采取如下措施。

（1）在灭火器喇叭口内二氧化碳膨胀喷口处注入一种导电的防冻剂。该防冻剂由甲醇或乙二醇的水溶液组成，且其中加有一定量的氯化钙。这种水溶液不仅电导率较高，而且冰点很低，可在整个排气期间都保持液态，这样就能在整个喇叭口的内表面形成一导电水膜，显著地减少二氧化碳喷射时的静电起电量。

（2）对灭火器的喷射口加以改进，去掉定向喇叭口，而只用一个呈尖刀形小孔的排放喷嘴。这样，可以减少喷嘴与固态二氧化碳粒子的接触机会，减少静电起电量。

（3）有条件时，灭火器瓶和操作者应同时静电接地。

# 7.3　静　电　接　地

虽然在生产工艺中可以采取一些措施尽量减少静电的产生量，但要完全不产生静电几乎是不可能的。更何况在很多情况下，加工物料和加工工艺的复杂性，导致采用工艺控制法减少静电产生的效果往往是不够理想的。为此，若能设法加快静电的泄漏，则虽然发生着静电的产生过程，但也有可能防止带电体上的静电荷累积到足以致害的程度。接地就是泄漏静电的方式之一，也是工业生产中最常用的防止静电危害的方法。

## 7.3.1　静电接地的类型

静电接地是指用导线将一个或多个导体与大地进行电气连接，从而使导体电位接近大地电位的方法。显然，静电接地的目的是为带电体上电荷向大地泄漏提供一条通道，以防止物体上静电荷的累积或静电电位的升高。也就是说，静电接地并不能减少静电荷的产生，但却可以通过泄漏来防止物体带电到危险的程度。接地还具有防止带电体附近的物体受到静电感应的作用。

在工业生产中，静电接地的类型大体有三种，即直接接地（简称接地）、跨接（亦称搭接）、间接接地。

### 1.直接接地

在可能发生静电燃爆的危险场所内，将金属物体与大地做导通性连接，以消除金属物体与大地的电位差,称为直接接地。必须注意,在危险场所通常存在不止一个金属物体,此时为了消除各金属物体之间的电位差,并消除这些物体之间可能发生的可点燃性放电,需要将所有金属物体都进行直接接地。而且,对于相距较远的大型设备来说,一般不允许将它们串联以后再接入接地回路,而必须采用逐个直接接地的方法。

**2. 跨接**

当静电危险场所存在多个彼此相距很近的小型金属物体时,可将这些金属物体串联起来,然后再将其中一个物体进行直接接地,这种金属物体间的连接方式称为跨接,跨接与直接接地的区别如图7.2所示。图7.2中,用导线把管道上的法兰盘连接起来的方式是跨接,而把其中的一个法兰盘用导线与大地相连的方法是直接接地。

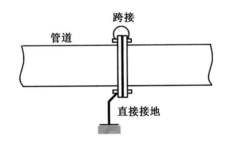

图 7.2    跨接与直接接地的区别

跨接的目的是使导体与导体之间及导体与大地之间都保持等电位,防止导体与导体之间及导体与大地之间的电位上升。此外,当有杂散电流时,跨接还可为其提供泄漏通道,避免在断路处发生电火花,造成事故。

**3. 间接接地**

如果静电危险场所存在的物体不是金属导体而是静电导体或静电亚导体,则不能采用直接接地的方法。此时,应用导电胶液将静电导体或静电亚导体表面的局部或全部与金属导体紧密黏合,然后再将金属导体进行接地,这种连接方式就是间接接地。

必须注意,在进行间接接地时,非金属的静电导体或静电亚导体与金属导体紧密黏合的面积应大于 $20\ cm^2$。同时,为了使这两者之间的接触电阻尽量小(接触电阻一般应控制在数欧姆以下),还要在两者之间加设特性变化小的金属箔、导电性涂料或导电性软膏,这些材料除了减小接触电阻外,还可以避免金属导体与静电导体或静电亚导体之间产生摩擦。

## 7.3.2    静电接地的对象和范围

**1. 接地对象**

进行静电接地时,应明确哪些物体可通过静电接地有效地泄漏静电,哪些不能或效果甚微。否则,盲目地进行静电接地,不仅收不到预期的效果,有时还可能适得其反。

静电接地实际上是使物体所带电荷向大地泄漏的一种措施。因此,仅当物体具有电荷泄漏特性时,静电接地才是有效的。一般来说,金属、非金属的静电导体和静电亚导体都具有转移电荷的特性,可使电荷很快泄漏,电阻率大于 $10^{10}$ $\Omega\cdot m$ 的材料,即静电非导体(绝缘体)基本上不具有转移电荷的能力。另外,物体的表面电阻率对带电体的静电泄漏起着十分重要的作用,因此在考查静电接地对象时,应充分注意其表面电阻率。一般来说,当物体的表面电阻率小于 $10^{11}$ $\Omega/\square$ 时,该物体就具有一定的转移电荷的能力,即可视作静电导体或静电亚导体。物体上电荷能否转移到大地,还与该物体所处的状态及与静电泄漏电阻大小等有关。所以,根据以上讨论,可将静电接地的对象归纳为以下几点。

(1)金属导体一般是直接接地的对象,活动的金属导体或特殊的金属导体有时需要间接接地。

(2)金属导体以外的静电导体和静电亚导体以及表面电阻率在 $10^{11}$ $\Omega/\square$ 以下的物体是间接接地对象。

(3)非静电导体或表面电阻率在 $10^{11}$ $\Omega/\square$ 以上的物体,一般不能作为接地对象。

(4)人体作为一种特殊的静电导体,既是直接接地对象(如使用腕带接地),也是间接接地对象(如通过防静电鞋和防静电地面等达到静电接地的目的)。

**2.接地的范围**

(1)确定接地范围的原则。

在燃爆危险场所,凡属于下列情况之一者,均需进行静电接地。

① 有可能产生静电或带电的金属导体。

② 有可能受静电感应的金属导体。

③ 两个以上的金属导体因为绝缘体的支撑或混于绝缘体之中而与大地绝缘时,应将各个金属导体接地,或将它们跨接后接地。

④ 两个以上的金属导体相互间是绝缘的,且与大地也绝缘,则必须将它们跨接后予以接地。

⑤ 有可能产生静电或带电的金属导体以外的静电导体和静电亚导体,应间接接地。

相反,属于以下情况者,则不应或不需要另做静电接地。

① 当金属导体已与防雷接地、电气保护接地、屏蔽接地等安全接地系统有连接时,则不必另做静电接地。

② 当金属导体间已有紧密的机械连接,且在任何情况下接触面都不会呈绝缘状态时,不必另做静电跨接。

③ 金属导体的一部分埋设于地下,与埋设的建筑物的钢铁基础,或与金属结构有跨接时,不必另行静电接地。

(2)应采取静电接地的工艺设备。

① 凡是用来加工、储存、运输各种易燃粉体、液体、气体的设备,如储存池、储气罐、产品输运装置、封闭的运输装置、排注设备、混合器、过滤器等均需接地。

② 工厂及车间的氧气、乙炔等管道必须连接成一个整体后予以接地。其他所有能产生静电的管道和设备,如油料输送设备、空气压缩机、通风装置和空气管道,特别是局部排风的空气管道,都需连接成整体并予以接地。

③ 注油漏斗、浮动罐顶、工作站台等辅助设备均应接地。油桶或油壶装油时,应与注油设备跨接后接地。

④ 汽车油罐车和铁路油罐车在装油前,应与储油设备跨接并接地;装卸完毕后应先拆除油管,然后再拆除跨连线和接地线。汽车油罐车在路面上行驶时也应设法接地。油轮的壳体应与水保持良好的导电性连接;装卸油时也应遵守先接地后接油管和先拆油管后拆地线的原则。飞机加油时,油箱、管道、阀门、泵、储油设备等均应相互连接起来,并予以接地;飞机上所有金属部分都要连接机壳,机壳的各部分亦应有良好的电气连接,飞机降落时应先接地以泄放静电。

⑤ 在固体和粉体作业中,压延机、上光机,各种辊轴、磨、筛、混合器等工艺设备均须接地。

### 7.3.3 静电接地系统的各种电阻

被接地物体上电荷向大地泄漏的通道主要由接地体和接地线组成。接地体是直接与大地接触的金属导体或金属导体组;用来连接被接地物体(该连接点又称接地极)和接地体之间的导线称为接地线,它们共同组成如图 7.3 所示的静电接地系统。在静电接地系统中,涉及接地电阻、静电接地电阻和静电泄漏电阻等概念,明确这些概念的含义和各种电阻取值的范围,是取得良好静电接地效果,防止静电危害的重要前提。

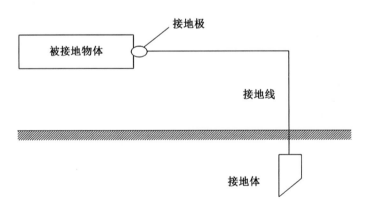

图 7.3　静电接地系统

**1. 各种电阻的定义**

(1)接地电阻。

接地电阻是指作为接地体的金属导体本身的电阻加上接地体与大地之间的电阻。因为金属导体本身的电阻很小,所以接地电阻主要是指接地体与大地之间的电阻。该电阻是指泄漏电流从接地体向周围大地流散时土壤所呈现的电阻,又称流散电阻,其值等于接地体对地的电位与通过接地体流入大地的电流之比。接地电阻(约等于流散电阻)可表示为

$$R_e = U/I_e \qquad (7.8)$$

式中,$R_e$ 是接地电阻,单位 $\Omega$;$U$ 是接地极对地的电位,单位 V;$I_e$ 是通过接地体流入大地的电流强度,单位 A。

通过接地体流入大地的电流向地中做半球形扩散。靠近接地体处面积小、电阻大;离接地体越远、面积越大,电阻也越小。实验表明,在距离 2.5 m 长的单根接地体 20 m 以外处,呈半球状的球面积已经很大,该处电阻趋近于零;换言之,已可认为该处的电位为零,电位为零的地方即是静电接地中的"地"。

接地电阻的大小,一般取决于接地体本身的材料和尺寸,以及周围土壤的电阻率;对于给定的接地体,则主要取决于土壤的电阻率。以下给出几种常用人工接地体流散电阻的简化计算公式。

① 单根垂直接地体(长 3 m 左右)。

$$R_e = 0.3\rho \qquad (7.9)$$

式中,$\rho$ 是土壤的电阻率,$\Omega \cdot m$。

② 单根水平接地体(长 60 m 左右)。

$$R_e = 0.03\rho \qquad (7.10)$$

③ 平板形接地体(水平埋设于地下)。

$$R_e = 0.22\rho/\sqrt{S} \qquad (7.11)$$

式中,$S$ 是平板的面积,$m^2$。

④ 平板形接地体(直立埋设于地下)。

$$R_e = 0.253\rho/\sqrt{S} \qquad (7.12)$$

(2)静电接地电阻。

静电接地电阻是指静电接地系统的总电阻。它包括被接地物体(含人体)与接地极之间的接触电阻、连接接地极与接地体之间的连接物电阻、接地体与土壤之间的流散电阻三部分之和,即

$$R_s = R_J + R_C + R_e \qquad (7.13)$$

式中,$R_s$ 是静电接地电阻,单位 $\Omega$;$R_J$ 是接触电阻,单位 $\Omega$;$R_C$ 是接地极与接地体之间的连接物电阻,单位 $\Omega$。

应该注意,在一般情况下,静电接地电阻与接地电阻在数值上并不相等,仅当对金属物体实施直接接地时,接触电阻和连接物(金属导体)的电阻都很小,可以忽略不计,静电接地电阻与接地电阻才基本相等。对金属物体以外的静电导体或静电亚导体进行间接接地时,静电接地电阻要比接地电阻大得多。

(3)静电泄漏电阻。

静电泄漏电阻是指被研究物体上的观测点与大地之间的总电阻,即电荷从该点泄放到大地所经过的总路程上的电阻。对于已经静电接地的物体来说,静电泄漏电阻不仅包括接地极到大地之间的总电阻 —— 静电接地电阻,而且还包括物体上被测点与接地极之

间的电阻,即由物体本身电阻率和线度大小所决定的那部分电阻。其表达式为

$$R_D = R_m + R_s \tag{7.13}$$

式中,$R_m$ 是被接地物体本身的电阻,单位 $\Omega$;$R_s$ 是静电接地电阻,单位 $\Omega$。

静电泄漏电阻是评价静电接地良好程度的标准,也是判断带电体上的电荷能否顺畅泄漏的主要依据。静电泄漏电阻和静电接地电阻在概念和量值上是有区别的。许多文献资料对静电接地电阻和静电泄漏电阻不加区别,这是不正确的。很显然,在一般情况下,静电泄漏电阻值非但不等于接地电阻值,也不等于静电接地电阻值。仅当金属物体进行直接接地时,因金属物体本身的电阻可以忽略不计,静电泄漏电阻才近似等于静电接地电阻。而对于间接接地的静电导体或静电亚导体,则必须计及被接地物体本身的电阻。

**2. 各种电阻的取值范围及其确定依据**

静电接地的目的是通过接地系统尽快泄漏带电物体上的电荷,使静电电位在任何情况下都不超过安全界限。一般情况下,物体的起电过程总是伴随着静电的消散(若不发生放电,则消散的主要方式就是泄漏),而且当起电与消散达到动态平衡时,即起电电流 $I_g$ 与消散电流(泄漏电流 $I_D$)相等时,带电体上的静电电位达到最大值(饱和值)。

在有易燃易爆气体混合物存在的静电危险场所,一般允许的最大静电电位值,即危险电位约为 300 V;但在火炸药和电爆火工品及半导体器件行业,或最小点火能在 0.1 mJ以下的静电危害场所,其危险电位应降至 100 V。另外,在目前的工业水平下,实际生产中静电起电电流的范围为 $10^{-11} \sim 10^{-4}$ A。假设取危险电位 $U_k = 100$ V、起电电流 $I_g = 10^{-4}$ A(即实际生产中起电电流的最大值),则可得任何情况下带电体的电位都不会超过危险电位的静电泄漏电阻 $R_D$,$R_D$ 的取值范围为

$$R_D \leqslant \frac{U_k}{I_D} = \frac{U_k}{I_g} = \frac{100 \text{ V}}{10^{-4} \text{ A}} = 10^6 \ \Omega \tag{7.14}$$

由式(7.14)可知,如果静电危险场所允许存在 $10^4$ V 的静电电位,那么静电泄漏电阻可以取值不大于 $10^8$ $\Omega$(假设 $I_g$ 仍为 $10^{-4}$ A)。可见,静电泄漏电阻的大小主要取决于下述两个条件:一是静电危险场所允许存在的最高静电电位;二是危险场所可能出现的最大静电起电电流。静电泄漏电阻的取值范围确定后,根据式(7.14)即可确定静电接地电阻 $R_s$ 的取值范围。对于金属物体的静电接地来说,$R_m$ 的值很小,可以忽略不计,静电接地电阻和静电泄漏电阻近似相等;对于金属以外的静电导体和静电亚导体来说,式(7.13)中 $R_m$ 和 $R_s$ 相比,一般不能忽略,这样静电接地电阻的取值范围一般不小于静电泄漏电阻值。总之,静电接地电阻是根据静电泄漏电阻的大小和被接地物体本身的电阻值来确定的。

接地电阻 $R_e$ 的大小正如前面指出的,主要取决于土壤的电阻率,而土壤的电阻率又随着土壤的温、湿度及土壤构成因素而变化,根据我国的自然条件,这种变化的幅度可达三个数量级。为了保证在任何情况下,都能满足 $R_D \leqslant 10^6$ $\Omega$。则接地电阻应为

$$R_e \leqslant 10^3 \ \Omega \tag{7.15}$$

因为有些特殊场所,要求最高静电电位不高于 10 V,所以静电泄漏电阻应不大于 $10^5$ $\Omega$,这就要求接地电阻应为

$$R_e \leqslant 100 \ \Omega \tag{7.16}$$

另外,关于静电接地、雷电接地及工频电气接地的问题,应做如下说明:以单纯防静电为目的的接地电阻值要比防雷电和工频电气接地的电阻值大得多。所以,当防静电、防雷电和工频电气三个接地系统共用一个接地体时,接地电阻应按其中的最小值选取,一般为 $4 \sim 10 \ \Omega$。但是,静电接地系统除可以与另外两个系统共用接地体外,其他部分则不能有任何电气连接。因为雷电流是一种幅值很大的冲击性电流,这时接地系统会呈现出冲击电阻的性质,所以不仅会使静电接地系统损坏,甚至人员和设备也会受到危害。同样,大功率或高电压的工频电气接地系统也存在类似问题。

综上所述,在静电接地系统中,静电泄漏电阻、静电接地电阻和接地电阻是三个含义各不相同的电阻。它们之间的关系和取值范围由式(7.14)～(7.16)来决定。但是,过去的许多规范、标准并未对这三种电阻进行严格的定义和划分。致使读者感到概念不清,取值范围不定。在实施静电接地时不好操作。表 7.3 是各国规范中关于静电接地系统各电阻值的规定。

表 7.3　各国规范中关于静电接地系统各电阻值的规定

| 国别 | 静电接地电阻 /Ω | 接地电阻 /Ω | 静电泄漏电阻 /Ω | 数据出处及说明 |
|---|---|---|---|---|
| 中国 | — | ≤ 100 | — | 《石油部防雷防静电设计标准》(1964):"只为防止静电的接地装置流散电阻不应大于 100 Ω。" |
| | — | 1 000 | $10^6 \sim 10^9$ | 《电机工程手册》:"单纯为了消除导体上的静电,接地电阻 1 000 Ω 即可;宜在绝缘体与大地之间保持 $10^6 \sim 10^9$ Ω 的电阻。" |
| | $< 10^6$ | 100 | $< 10^6$ | 《炼油化工设计手册》:"只用来作为防静电接地装置的电阻允许为 100 Ω""静电荷泄漏的路径电阻在 $10^6$ Ω 以下时,可以认为静电接地了。" |
| | — | ≤ 100 (≤ 10) | — | 《油库防静电危害安全规程》(1988):"仅作为静电接地的接地装置,其接地体的接地电阻应不大于 100 Ω;与防感应雷接地装置共同设置时,其接地电阻不大于 10 Ω。" |
| | — | ≤ 100 (≤ 1000) | ≤ $10^6$ (≤ $10^9$) | 国标《防静电事故通用导则》(1990):"静电导体与大地总泄漏电阻值在通常情况下均不应大于 $10^6$ Ω,每组专设的静电接地体的接地电阻值一般不应大于 100 Ω,在山区等土壤电阻率较高的地区,其接地电阻值也不应大于 1 000 Ω"。对于某些特殊情况,有时为了限制静电导体对地的放电电流,允许人为地将其泄漏电阻值提高到不超过 $10^9$ Ω。 |
| | — | $< 100$ | — | WJ1695—87《黑火药生产防静电安全规程》:"3.4 非用电的大型金属设备必须直接静电接地,接地电阻应小于 100 Ω。" |
| | — | ≤ 100 | — | 《中华人民共和国爆炸危险场所电气安全规程(试行)》1987.12:"工矿的防静电保护接地,其接地电阻值一般不大于 100 Ω。" |

续表7.3

| 国别 | 静电接地电阻/Ω | 接地电阻/Ω | 静电泄漏电阻/Ω | 数据出处及说明 |
|---|---|---|---|---|
| 英国 | $\leq 10^6$ | $\leq 10^6$ | $\leq 10^6$ | 《石油工业电气安全法规》(1976)："单纯从分散静电荷的有害聚积来看，两导体之间的电阻可以高达 $10^6$ Ω 也不要紧"。为了静电保护，对地电阻或两个物体之间的电阻不应超过 $10^6$ Ω |
| | $\leq 10^6$ $\leq 10^6 \sim$ $10^8$ | $\leq 10$ | — | 英国标准 BS5958(1980—1983)："控制静电用的接地电阻，在 0、1、2 类危险场所，固定的金属设备和可移动的金属部件，最大对地电阻为 10 Ω，金属设备有非导电部件，对地电阻应不大于 $10^6$ Ω，用导电的或抗静电的材料制作的物品，最大对地电阻为 $10^6 \sim 10^8$ Ω。" |
| 美国 | $< 10^6$ | $< 10^6$ | — | 《对静电雷击和杂散电流引燃的防护》(1982)："对静电，小于 $10^6$ Ω 的电阻可以视为短路。" |
| | $10^6$ | $10^6$ | $10^6$($10^{10}$) | NFPA—77《静电推荐实用规程》："对静电接地而言，$10^6$ Ω 的接地电阻足够了。""在许多情况下高达 $10^{10}$ Ω 的电阻也会提供足够的漏电通路，然而，当电荷迅速产生时，可能需要 $10^6$ Ω 的低电阻漏电通路。" |
| | $\leq 10^6$ | $\leq 25$ | — | 《美国兵工安全规范》(1981)："危险场所设备的所有导电部分应接地，接地电阻不超过 25 Ω。""穿鞋人员的接地电阻（即穿鞋人的总电阻再加上导电地面的接地电阻）不超过 $10^6$ Ω。" |
| | $\leq 10^6$ | — | $\leq 10^6$ ($10^5 \sim$ $10^4$) | 《防止静电带电引起着火危险指南》2.9 静电接地："对地泄漏电阻 $R$ 不超过 $10^6$ Ω 的导体构成对象物；呈静电接地状态。"7.4.1.2"在危险区域使用的地面；泄漏电阻小于等于 $10^6$ Ω。"7.4.1.21"在特别容易着火的爆炸物中，人体和对象物的泄漏电阻应降为 $10^5 \sim 10^4$ Ω 为好。" |
| 日本 | — | $< 1 \times 10^6$ $< 1 \times 10^3$ | — | 《静电安全指南》(1978 年版)："接地电阻值，在任何条件和环境下都应确切地稳定在 $1 \times 10^6$ Ω 以下，在爆炸环境条件（气温为 20 ℃，相对湿度 50%）下最好不到 $1 \times 10^3$ Ω。" |
| | — | $< 100$ ($< 10$) | $< 10^6$ $10^3$ $< 10^8/10^7$ | 《静电安全指南》(1988 年版)："接地电阻总值要在 100 Ω 以下，设防雷装置的设备，接地电阻要在 10 Ω 以下，对导体与大地连接的任何情况下要保证泄漏电阻小于 $10^6$ Ω，最好为 $10^3$ Ω。"对于人体（采用导电鞋和导电性地板时）泄漏电阻应小于 $10^8$ Ω 或 $10^7$ Ω（点火能小于 0.1 mJ），大于 $10^5$ Ω（保证人接触低电压时安全） |

**续表7.3**

| 国别 | 静电接地电阻 /Ω | 接地电阻 /Ω | 静电泄漏电阻 /Ω | 数据出处及说明 |
|---|---|---|---|---|
| 德国 | $\leqslant 10^6$ $(10^5 \sim 10^4)$ | $(10^5 \sim 10^4)$ | $\leqslant 10^6$ | 德国化学协会《静电防止事故指南》(1962)："本指南所叙述的静电接地系指固体总泄漏电阻小于 $10^6$ Ω 的场所。""静电接地的必要条件是带电部分和地之间的电阻,即使是在最坏的条件下,也不超过 $10^6$ Ω。""对发火感度高的物质,其接地电阻应降到 $10^5 \sim 10^4$ Ω。" |
|  | $\leqslant 10^6$ | — | $\leqslant 10^6$ | 西德化工协会《防静电起火导则》(1972)："由导电到物质组成的物体,其对地泄漏电阻不大于 $10^6$ Ω 者,叫作静电接地。" |
| 澳大利亚 | $\leqslant 10^6$ | $\leqslant 10$ | $\leqslant 10^6$ | 澳大利亚静电规范 AS1020—1984："当导体对地的总电阻不超过 1 MΩ 时,就足以防止静电积累。""导体的接地极电阻应小于 10 Ω。" |
| 苏联 | $\leqslant 10^6$ | 100 $(\leqslant 5 \sim 10)$ | $\leqslant 10^6$ | 《有爆炸危险构筑物的防雷和静电防护》(1973)："漏电电阻不超过 $10^6$ Ω,设备可以认为是静电接地了,接地装置的电阻允许达到 100 Ω。"如果保护接地体同时又作为感应雷防护(共用接地体)时,接地电阻应不大于 $5 \sim 10$ Ω |

因为有些规范对上述三种电阻没有明确定义,所以取值就比较混乱,而有些规范(如苏联规范)定义明确,三种电阻的取值范围也非常清楚,并且符合式(7.14)、式(7.15)和式(7.16)给出的量值关系。但是从表 7.3 中可以看出,各国规范中给出的静电泄漏电阻和静电接地电阻几乎都是 $10^6$ Ω 数量级;而接地电阻由于各规范使用的术语的含义不同,因此存在较大差异,但多数是在 $10^3$ Ω 以下。此外,某些规范指出,在特殊情况下,静电泄漏电阻可增大到 $10^7 \sim 10^9$ Ω,甚至达到 $10^{10}$ Ω。这是为了在特殊危险场所限制静电泄漏电流。在实际生产中,过大的静电泄漏电流的热效应可能成为危险的点火源,引起燃爆灾害事故。同时,静电泄漏电流过大时会对某些电子装置的工作造成威胁,因此可以采用增大泄漏电阻的方法减小泄漏电流,但也不能使泄漏电阻过大,以致静电泄漏过于缓慢而在物体上累积起足以致害的静电,这就失去了静电接地的作用。

## 7.3.4　静电接地的设施和实施方法

不同行业、不同场所,对静电接地的具体要求和方法会有差别,但是基本设施和要求却是相同的,所以本节以弹药的储存和技术处理环境为例,讨论静电接地的基本设施和实施方法。

### 1. 静电接地基本设施

静电接地的基本设施一般包括接地系统(也称接地装置)、导电或防静电工作台、导电或防静电地面。

（1）接地装置。

接地装置主要由接地体、接地干线和接地支线组成。

静电接地所用的接地体，可用一根长度不小于 2 m 的金属导体，水平埋入距地面 0.5 m 以下的土壤中，构成接地体。接地体的选材和最小尺寸为：扁钢 40 mm×4 mm、角钢 25 mm×4 mm 或钢管 $\phi$40 mm、壁厚 3.5 mm。伸入地中的钢筋混凝土建筑物的基础、金属管道和设备等亦可兼作接地体使用。

接地干线应有足够的机械强度，要经久耐用、便于固定。接地干线可采用镀锌的 25 mm×4 mm 的扁钢或 $\phi$8 mm 以上的圆钢。

接地支线可用截面积为 2～10 mm² 的多股裸铜线或铜芯电线，也可用多股不锈钢编织带。

接地体、接地干线、接地支线之间的连接点均应焊接连接或螺栓连接。埋地部分只许焊接。焊接时，其搭焊长度必须是扁钢宽度的二倍或圆钢直径的六倍。用螺栓紧固连接时，螺栓应为镀锌的，其金属接触面应去锈、除油污，加防松螺母或弹簧垫。若被连接的两端为不同材质，则应按电化学序列选用防电化腐蚀的过渡垫片。当接触面受到电化腐蚀时，应及时更换被腐蚀的垫片，确保地线电气接触良好。

（2）防静电工作台。

静电危险场所的工作台，均应为防静电（或导电）工作台。工作台的台面应为防静电材料并可靠接地。

（3）防静电地面。

设置防静电（或导电）地面是泄漏人体与活动设备上电荷的基本措施之一。根据场地、任务性质的不同，可设置不同的防静电地面。一般情况下，普通水泥地（含水磨石地）可作为防静电地面。

在处理各种火炸药的危险场所及存在易燃易爆气体的区域，需设置不发火地面时，防火花与防静电应兼顾。可使用导电胶板、防静电胶板铺盖地面并可靠接地，也可使用不发火的防静电水泥地面或不发火的防静电沥青地面。处理粉体、小粒火炸药和烟火药场所的地面应是无裂缝的整体性防静电地面。

无论使用哪一种防静电地面，都必须保证在任何情况下，其静电泄漏电阻不大于 $10^8$ Ω，个别场所使用的防静电地面，要求静电泄漏电阻不大于 $10^6$ Ω。

在静电危险场所，严禁用普通胶板、塑料板、地板革等绝缘物铺盖地面。禁止在地面上刷绝缘漆之类的涂层。

**2.静电接地的实施方法**

（1）设置接地极（接地端子或接地板）。

被接地的物体应设置接地极作为静电接地的连接点。金属物体（如固定的金属设备、管道和机具、容器等）用焊接或螺栓固定的方法，在物体上直接设置接地极。接地极的材质应该与物体的材质相同。

机器设备和容器的金属外壳及支座上预留出裸露的金属部分或金属螺栓连接部位，都可以作为接地极使用。

防静电工作台和防静电地面使用的防静电（或导电）胶板等非金属物体的接地极，应该按照如下方法设置：面积大于 $20\ cm^2$ 的金属板作为地线直接焊接的接地板，接地板与非金属物体应该紧密接触，接触面之间应用导电胶液粘接。

（2）直接静电接地的实施方法。

直接静电接地是金属导体之间的连接。方法是将接地用导线直接焊接（或螺栓固定）在被接地物体的接地极上，使被接地物体与地线可靠接地。金属设备和器具一般采用直接静电接地方式。

可移动的金属容器可使用接拆方便的接地夹具直接夹在金属容器的接地极上，使被接地物体与接地线在电气上可靠连接。盛装药剂的金属容器在操作前，须先接好地线，装药后应静置 2 min 以上，方能拆除地线，进行搬运。

（3）间接静电接地的实施方法。

可移动的机具通过防静电胶轮使其与防静电地面及大地构成静电通路。对无法直接静电接地或需要间接静电接地的金属设备，可通过防静电地面或其他非金属静电导体进行间接静电接地。

输送粉体火炸药的输送皮带应为防静电或导电橡胶制品，并通过金属支撑物接地。在静电危险场所输送电发火火箭弹的链扳机输送带为木板时，应刷涂防静电油漆，并通过金属轴等支撑物使其静电接地。

（4）人体静电接地方法。

人体静电接地的基本方法是：人穿导电或防静电鞋、袜（不准用绝缘鞋垫）并通过防静电地面使人体与大地构成静电通路；操作人员坐的椅子、凳子应静电接地，不应有绝缘衬垫和绝缘脚。

在特别危险的场所，操作人员还应该穿防静电工作服。技术处理中，人员搬运、操作的裸体弹和工具等，通过人体，防静电鞋、袜和防静电地面使其间接静电接地；或通过防静电工作台使弹体、工具间接接地。必要时，人体应该使用腕带直接静电接地。

（5）跨接（搭接）。

跨接是两个以上相距很近的金属导体之间的电气连接。跨接时，除用导线跨接外，还可采用金属板或不锈钢螺栓进行跨接。跨接后的静电接地与直接接地相同。

## 7.3.5　关于静电接地效果的几点讨论

虽然接地是工业生产中防止静电危害最常用的一种方法，但必须对其防护效果和使用条件有一个正确的估计，如果将其视为万能的"灵丹妙药"，动辄使用，则不仅不能收到良好的防护效果，有时反而还会加剧静电的危害。关于接地效果的问题，在 7.3.1 节和 7.3.2 节中已有多处述及。此处再提出几点，以期引起注意。

### 1.静电接地的局限性

(1)必须注意,接地是将物体上产生的静电泄漏至大地,是防止物体上静电荷累积的有效措施,但对物体产生静电是没有效果的。换言之,接地是防止带电的手段,而不是防止产生静电的手段,所以它不是完全能够防止静电危害的必要条件。

(2)接地并非适用于所有带电物体。如前所述,只对金属导体及静电导体和静电亚导体,才能通过接地有效地泄漏静电。对于电阻率相当高的静电非导体进行接地,要么效果甚微要么还可能产生相反的作用。例如,对于易产生和累积静电的高分子合成材料,若经导体直接接地,则相当于把大地电位引向带电的绝缘体,其结果反而增大了发生火花放电的危险性。因此,对于带电的绝缘体必须采取接地以外的防静电措施。

### 2.防止静电感应的效果

当带电体附近存在受静电感应的导体时,将导体接地可以防止其表面上的带电。但必须注意,就消除静电放电的危险而言,接地只能消除部分危险,而不能消除全部危险,因为当导体不接地时,导体与带电物体之间以及导体与大地之间都存在放电的危险。

### 3.粉体类的接地效果

对于电阻率在 $10^{12}$ Ω·cm 以下的粉体类物质,把它们装入金属管道或容器内并使其与容器充分而紧密地结合,然后将管道或容器接地时(这相当于间接接地),对于防止粉体类带电有一定效果。但对于在空间流动和悬浮的粉体类,采用接地则起不到泄漏静电的作用。特别应当注意,当悬浮的带电粉体移动时,如果其运动受到接地装置的阻碍,则采用此种接地方法反而会产生大量的静电。带电液体在流动时也会产生类似的现象。所以在这种情况下,需采用其他方法防止带电。

### 4.静置时间对接地效果的影响

只有当带电体为电阻率非常低的金属导体时,其上的静电才可在接地的瞬间泄漏于大地;对于电阻率较高的静电导体和静电亚导体,虽然进行了接地,但静电荷的泄漏还需要有一个时间过程。因此,为取得好的接地效果,还应附加静置时间这一措施。静置时间就是在有静电危险的场所生产时,由设备停止操作到物料所带静电消散至安全值以下,允许进行下一步操作所需要的间隔时间。对于可燃性的液体或粉体物质,当其形成或有可能形成燃爆混合物时,在采取静电接地的前提下,都必须设置静置时间,以便为这些物体将其所带危险的静电向大地泄漏提供条件。所需静置时间的长短可参考表7.2。

设置静置时间防止带电的效果,无论是对于直接接地还是间接接地的带电体,都取决于两个因素:一是被接地物体的电阻率越低,设置静置时间防止带电的效果越好;二是带电体同与之贴合的金属导体贴合越紧密,即电气接触越良好,防止带电的效果越好,接触不良时效果将下降。因此,要求金属导体的表面不能涂敷比带电体积电阻率高的涂膜。此外,对于电阻率很高的材料(如 $\rho > 10^{14}$ Ω·cm),虽设置静置时间,但也不能减少带电量。

#### 5. 关于孤立导体的接地

必须强调指出,在具有燃爆危险的场所,在导体(包括金属导体和静电导体)和绝缘体在同一区域分散配置的情况下,为防止静电放电的危害,必须将所有导体进行接地,即实现全系统接地,而不能形成对地绝缘的孤立导体;否则,部分导体的接地反而更容易促成静电放电的发生。例如,当处于绝缘状态的带电人体或物体与接地体接近或接触时,由于它们之间存在很大的电位差,因此容易发生放电。人体在地毯上行走再去触摸门把手会受到电击就是这种情况。相反,接地的人体或物体接近带电的孤立导体时,其间也存在很高的电位差,故也很容易发生放电。例如,烘干的烟火药导入绝缘状态的金属容器后,若人穿导电鞋站在导电地坪上去触摸容器,很容易受到电击;相反,如果在烟火药倒药前先把容器接地,将药倒入后,接地的人体再去触摸容器,就不会受到电击了。

总之,在危险场所如果存在对地绝缘的孤立导体,这些导体因接触或感应而带电后,就会与大地之间形成很高的电位差,容易向周围的接地体放电。而导体放电具有瞬时性,即不论累积了多少电荷都会在瞬间释放完毕,因此孤立导体具有极大的危险性。所以区域内的一切导体都要有效地进行接地。

# 7.4　增　　湿

众所周知,静电现象与温湿度密切相关。尤其是环境的相对湿度对静电起电率和静电泄漏有很大的影响。在北方干燥的冬季,人们处处会感到静电现象给生活带来的影响,但是在潮湿的夏季,人们很难感到有静电现象发生。显然,环境相对湿度的提高,有利于抑制静电的产生和积聚,有利于提高静电的泄漏速率。所以,在各种防静电危害的场所,都应该有选择性地利用增湿的方法控制静电危害。

## 7.4.1　增湿法泄漏静电的机理

相对湿度是指在一定条件下空气被水汽所饱和的程度。当相对湿度提高时,空气中的水汽分子做热运动撞击到物质表面的概率增大,水分子容易被物体吸收或附着在表面,形成一层很薄的水膜(该水膜的厚度约为 $10^{-7}$ m)。由于水分子的强极性性质和高电容率,以及溶解在水中的杂质(如二氧化碳)的作用,因此可以大大降低物体的表面电阻率,显著改善其表面导电性能,进而就可以较迅速地将电荷导走,以达到消除静电危害的目的。

对于利用增湿法防止静电危害,应明确如下几个问题。

(1) 增湿主要是增加静电沿绝缘体表面的泄漏,而不是增强静电通过空气的泄漏。这是因为空气相对湿度的提高并不一定导致空气本身的电导相应提高。有关实验指出,聚苯乙烯所带静电通过干燥空气泄漏的速率反而要比通过潮湿空气泄漏高几十倍。所以增湿的直接目的在于降低带电体本身的电阻率,以有利于静电泄漏至大地。

同样的道理,对于孤立的带电介质来说,虽然空气增湿以后其表面也能形成水膜,但因为没有泄漏静电的通道,所以对消除静电也是无效的,而且在这种情况下,一旦发生放电,能量释放比较集中,放电火花还比较强烈。

（2）电介质表面能否形成连续水膜,主要取决于电介质本身的结构和性质。实验表明,利用增湿加快静电的泄漏,对有些物质有效,对另外一些物质则无效或效果甚微。这是因为,电介质表面能否形成连续水膜,是增湿法泄漏静电的关键。而连续水膜的形成,一方面靠空气中存在较多的水分,另一方面要靠电介质本身具有一定的吸湿能力。有些物质的大分子结构中含有诸如 $-OH$、$-NH_2$、$-SO_3H$、$-COOH$、$-OCH_3$ 等容易吸收水分或与水分子缔结的基团（亲水基）,称亲水性物质。其宏观表现就是这些物质容易被水润湿,容易在表面形成连续水膜。因为对于这些物质,增湿消除静电是有效的,如醋酸纤维素、硝酸纤维素、纸张、橡胶等。相反,另外一些物质中含有不容易与水结合的基团,如 $-CH_2$、$-CH_3$、$-C_3H_5$ 等,称憎水基。若憎水基的排列刚好是朝向物质的表面,则这些物质即使在很高的相对湿度下,表面也不会或很难形成连续水膜,这是因为增湿在它们表面露化而形成的水,至多是以不连续的小水滴的形式存在的,也就是说,这些物质不容易或不能被水所润湿,像聚酯、聚四氟乙烯、聚氯乙烯等就是如此。对于这些物质,增湿就起不到泄漏静电的作用或作用甚微。事实上,除非所形成的水膜的厚度足以克服表面张力的作用而形成连续相,否则就不能有效地泄漏静电。由于各种物质是否含有亲水基以及含亲水基团的种类、数量、排列方式不同,因此增湿对它们产生的消静电的效果有很大的差异。

（3）从静电防灾的角度考虑,增湿对于亲水性物质除能加快静电的泄漏、防止静电的累积外,还能提高爆炸性混合物的最小点火能,这对于安全也是有利的。

## 7.4.2　增湿的方法

在静电危险场所提高空气相对湿度以消除静电危害的方法,称为加湿或增湿技术。一般的加湿方法有两种。一种方法是在工艺处理的场所制造一个人造小气候环境,使局部空间的相对湿度人为地整体提高到所需要的水平。这一般要使用恒温恒湿调节器、加湿器等设备,成本高、费用大。在工艺条件允许的情况下,通过喷入水蒸气或洒水、挂湿布等方法,使场所整体的相对湿度提高,方法简便又比较经济,但不能准确控制相对湿度。另一种方法是局部加湿,即仅仅在某物体表面形成高湿度,以消除静电危害。这种加湿的装置称为高湿度空气静电消除器。

高湿度空气静电消除器的基本原理是:使略高于电介质表面温度的、近于饱和的高湿热空气在电介质表面达到露点而凝水,利用凝结水膜的低电阻率而使电荷导走。同时,水膜很快蒸发掉,带走剩余电荷,使电介质表面恢复正常（水膜可在车间正常湿度下 $1 \sim 2$ s 内蒸发完）。

高湿度空气静电消除器的结构原理如图 7.4 所示。图中,压缩空气从左边螺旋管预热至一定温度后进入蒸发器并在水中鼓泡,生成水蒸气的饱和空气。由于饱和空气生成时,水分不断蒸发,因此其温度略有下降。饱和空气再经螺旋管加热,生成略欠饱和的高湿度热空气,然后高湿度热空气经喷头上的小孔喷向带电介质表面,由于高湿度热空气的温度略高于电介质表面温度,因此一经与电介质接触,就会立刻在表面凝成一层极薄的水雾膜,使电介质上的电荷在水膜形成和消散的过程中得以消散。

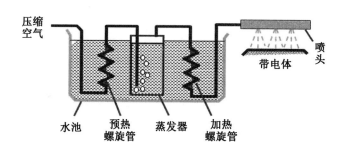

图 7.4　高湿度空气静电消除器的结构原理

## 7.4.3　应用增湿法的注意事项

**1.安全相对湿度范围的确定**

究竟相对湿度提高到多大或多大的范围才能保证不致引起静电的危害积聚,这既与可燃性物质的燃爆参数有关,也与带电体的性质和生产的工艺条件有关,很难一概而论,应根据生产的具体情况和要求确定。不过,从防止静电危害的角度看,在通常的温度下,将空气的相对湿度控制在 65％～75％ 的范围内是比较合适的。大量实验表明,在相对湿度低于 50％ 的环境中,多数带电物体的静电泄漏比较缓慢,防静电效果较差。而只有当相对湿度达到 65％～90％ 时,静电泄漏速度才会加快,防静电效果变得显著。例如,某种粉体在筛选过程中,当相对湿度低于 50％ 时,测得容器内的静电电位为 40 kV;当相对湿度提高到 65％～80％ 时,静电电位降低到 18 kV;而当相对湿度超过 80％ 时,静电电位仅为 11 kV。当然,将空气相对湿度提得过高,无论从费用还是对生产环境造成的不良影响等方面考虑都是不相宜的。因此,在有静电燃爆危险的场所,应将空气的相对湿度提高到 65％～75％。有些文献将安全相对湿度的下限定在 60％,但对某些物质的实验表明,物体的起电量并不是随相对湿度的增加而单调下降的,在某个相对湿度时(大约为 60％),起电量反而会出现最大值。因此,相对湿度的安全值定在 65％ 较适宜。

实验还表明,在不同温度下,为达到安全目的,对相对湿度的要求也不同。例如,在火炸药和电爆火工品生产工房内,不同温度下的安全相对湿度见表 7.4。

表 7.4　不同温度下的安全相对湿度

| 温度 /℃ | 安全相对湿度 /% |
|---|---|
| 10 | 76 |
| 15 | 70 |
| 20 | 65 |
| 25 | 61 |
| 30 | 57 |
| 40 | 52 |

由表 7.4 可以看出,当温度较高时,所要求的安全相对湿度相应降低,而不是绝对大于 65%;当温度相当低时,所要求的安全相对湿度很高。但实际上,温度较低时很难把空气的含水量提高到安全相对湿度要求。这正是北方寒冷的冬季发生静电危害较多的原因之一。因此,为防止静电事故的发生,应适当提高危险场所的温度。

**2.增湿适用范围的确定**

以增湿的方法消除静电,对以下几种情况不适用。
(1)表面不易被水润湿的电介质,如聚四氟乙烯、纯涤纶等。
(2)表面水分蒸发极快的静电非导体。
(3)绝缘的带电介质,如悬浮的粉体。
(4)高温环境中的静电非导体。

## 7.4.4　增湿法的应用举例

在许多工业部门都采用增湿法加快静电的泄漏、防止静电危害。下面以火炸药生产为例,说明增湿的应用与效果。

实验表明,黑火药的静电性能随相对湿度的改变而有很显著的变化。表 7.5 给出了 4♯ 黑火药的含水量、体积电阻率、质量电荷密度与空气相对湿度的关系。

表 7.5　4♯ 黑火药的含水量、体积电阻率、质量电荷密度与空气相对湿度的关系

| 相对湿度 /% | 含水量 /% | 体积电阻率 /($\Omega \cdot m$) | 质量电荷密度 /($\mu C \cdot kg^{-1}$) |
|---|---|---|---|
| 18 | 0.51 | $> 10^{11}$ | 0.58 |
| 30 | 0.62 | $10^9$ | 0.46 |
| 50 | 0.85 | $10^7$ | 0.29 |
| 70 | 0.92 | $10^6$ | 0.14 |
| 90 | 1.10 | $10^5$ | 0.018 |

由表 7.5 中数据可以看出,随着空气相对湿度的提高,黑火药的含水量增加,体积电阻率大致按指数规律衰减,质量电荷密度呈线性下降。据报道,小粒黑火药含水量达到 1.9% 时,静电起电量非常小;而当生产环境的相对湿度大于 60% 时,被加工的黑火药含

水量可达 $0.9\%$，体积电阻率降低至 $10^7\ \Omega \cdot m$，静电泄漏条件相当好。反之，当环境相对湿度低于 $18\%$ 时，黑火药含水量低于 $0.5\%$，体积电阻率大于 $10^{11}\ \Omega \cdot m$，生产设备的电阻率也都在 $10^{10}\ \Omega \cdot m$ 以上，静电泄漏条件很差，从而造成物料和工装设备上的静电大量累积。

此外，相对湿度对生产中所用的工装、工具及人体操作过程中的起电也有很大影响。例如，运输包装用的纯棉制袋在低湿条件下，经装药、倒药、抖动，往往会产生数千伏静电电位；但当相对湿度达到 $65\%$ 时，多次用力抖动袋子，也仅产生约 $100\ V$ 的静电电位。

从一些工厂生产中所发生的爆炸事故分析，有 $85\%$ 的事故是发生在每年 11 月至次年 5 月间的干燥季节，有 $93\%$ 的事故都是发生在干燥、低温、低湿的生产环境中。长期的实践经验证明，在我国北方干燥地区的火炸药、起爆药、电爆火工品的生产工厂，为保证安全生产，工房内必须要采取增湿措施，一般温度应控制在 18 ℃ 以上，相对湿度控制在 $65\%$ 以上。所采用的增湿方法有多种，如安装调温调湿设备、喷雾或喷蒸汽、洒水、悬挂雨幕等。但需注意，某些增湿手段本身也可能产生静电，如用蒸汽喷管向室内喷放蒸汽。

加湿方法消除静电危害效果明显，容易操作，目前已在许多部门得到广泛应用，但也存在不少问题应该注意。第一，有些加湿方法本身也能产生静电，如压缩空气装置喷射蒸汽时就有静电产生；第二，高湿度不仅成本昂贵，而且会恶化生产条件，使操作人员感到潮湿、闷热、不利于工作，同时也增加了机器锈蚀的机会；第三，有些产品出于质量要求，不允许把相对湿度提得很高，有些加工工序则完全不能采用。所以，还必须采取其他消除静电危害的技术措施，以便配合使用，取得更好的防护效果。

# 7.5　静电消除器

前述静电防护技术都有一定的局限性，如静电接地不适用于静电非导体，空气加湿对生产工艺有一定影响，有些情况下为保证产品质量不允许加湿或无法提高环境相对湿度，这时必须采用其他防静电技术。使用电离空气方法消除静电就是一种普遍适用的静电防护技术。这种防护技术的基本原理是：利于空气电离发生器使空气电离产生正、负离子对，中和带电体上的电荷。

能使空气发生电离、产生消除静电所必要的离子的装置称为静电消除器，又可称为静电中和器，简称消电器。消电器具有不影响产品质量、使用方便等优点，因而应用十分广泛。但是，如果对消电器的使用方法不当或失误，则会使消电效果降低甚至导致静电危害的发生，所以必须切实掌握各种消电器的特性和正确使用方法。

消电器种类很多。按照使空气发生电离方法的不同，可分为无源自感应式、外接高压电源式和放射源式三大类。其中，外接高压电源式按使用电源性质的不同又可分为直流高压式、工频高压式、高频高压式等几种；按构造和使用场所的不同，还可分为通用型、离子风型和防爆型三种类型。此外，还有一些适用于管道等特殊场合的消电器。消电器的基本分类方法见表 7.6。

**表 7.6　消电器的种类、特点及消电对象**

| 消电器的种类 | 特点 | 消电对象 |
| --- | --- | --- |
| 无源自感应式 | 结构简单,不会成为点火源,带电体电位在 30 kV 以下时,难以消电 | 薄膜、织物、纸、某些粉末等 |
| 通用型外接高压电源式 | 消电能力强 | 薄膜、织物、纸 |
| 离子风高压电源式 | 作用距离远、范围广 | 配管内、局部空间 |
| 防爆型高压电源式 | 不会成为引火源、结构复杂 | 有防爆要求的场所 |
| 放射源式 | 不会成为引火源,应注意放射线防护 | 密闭空间及不允许有电源存在的场所 |

## 7.5.1　无源自感应式消电器

**1.原理和结构**

无源自感应式消电器是一种最简单的静电消除器,其工作原理如图 7.5 所示。在靠近带电体的上方安装一个接地的针电极,由于静电感应,针尖上会感应出密度很大的异号电荷,从而在针尖附近形成很强的电场。当局部场强达到或超过起晕电场时,针尖附近的空气被电离,形成电晕放电,在电晕区产生大量的正、负离子。在电场力作用下,正、负离子分别向带电体和放电针移动,带电体上的电荷被中和。与此同时,沿放电针的接地线流过电晕电流。如果带电体上不断有静电产生,则电晕放电持续不断,电晕电流也持续不断,消电器可以不断中和带电体上的静电。由于针尖附近的电场依赖于带电体本身的静电电位,因此带电体的电位越高,针尖电极上感应出的电荷密度越大,针尖附近的电场越强,电离出的带电离子数目越多,消电效果越好。而当带电体上的电位降低到一定值后,针尖附近的电场将减弱到不能使空气发生电离,因而就没有消电作用了。可见,无源自感应式消电器对带电电位比较低的带电体不能起到消电作用;而且,即使是带电电位很高的带电体,消电器也不可能把带电体上的电荷全部中和掉,总是残留一定数量的电荷(或电位)。

实际的无源自感应式消电器根据生产工艺的特点和需要,其放电针可沿直线布置成排,也可沿径向布置成圈,或按其他方式排布。放电针的材料也是多种多样的。可将导电布或导电纤维夹在支撑体上做成消电器;也可将切割成锯齿状或波浪状的导电橡胶夹在支撑体上;或将金属纤维、石墨纤维、其他有机导电纤维切成刷状,安装在支撑物上;还有用浸过医用甘油的棉纱芯代替针电极消电器。几种无源自感应式消电器的结构如图 7.6 所示。

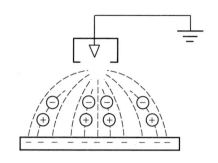

图 7.5　无源自感应式消电器的工作原理

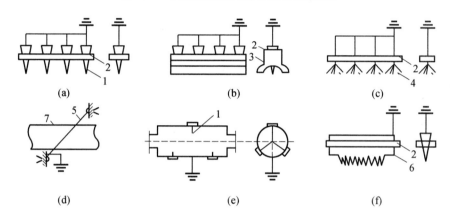

图 7.6　几种无源自感应式消电器的结构

1— 放电针;2— 支架;3— 保护罩;4— 放电刷;5— 放电线;6— 放电锯齿;7— 带电体

### 2. 性能及影响因素

无源自感应式消电器的性能一般用两个指标来衡量,即临界电压和电晕电流。临界电压是能够使放电针产生电晕放电的最低电压。由于放电针上的电荷是由带电体感应而来的,所以临界电压越低,留在带电体上的残留电荷就越少,消除静电越彻底。电晕电流越大,表明带电体上单位时间内被消除掉的电荷越多,消电效率越高。无源自感应式消电器的性能是由多种因素决定的,影响其性能的主要因素包括以下几点。

(1) 放电针的影响。

放电针可由不锈钢丝、铜丝、钨丝或导电纤维及导电橡胶等材料制成。放电针的针尖越细,消电效果越好。放电针的直径一般不超过 $0.5 \sim 1.0$ mm,针尖锥度不应超过 $60°$,针的长度不应小于 $10 \sim 15$ mm。用钨丝制成的消电器消除液体静电时,可以使用直径 $0.1 \sim 0.8$ mm 的放电针。

(2) 放电针与带电体之间距离的影响。

放电针与带电体之间的距离越近,消电效果越好。但这并不是表明,放电针可以无限制地靠近带电体,因为二者相距过近时有可能发生火花放电,这对于静电危险场所来说是不允许的。另外,在很多工艺条件下,如带电体附近的操作空间狭小、带电体本身存在着抖动或振动,这些都不允许放电针安放太近。兼顾以上各种情况,放电针与带电体之间的距离可在 $10 \sim 50$ mm 内选取,最好不超过 20 mm。此外,在选取放电针与带电体距离时,还应考虑到放电针与放电针之间的距离。放电针至带电体的距离与放电针之间的距离之比一般应取 $1 \sim 2$,也可根据生产现场的实际情况,将该比值放宽到 $1 \sim 4$,最终由实验效果确定。

(3)放电针与放电针之间距离的影响。

实验表明,当带电体电位较低时,无源自感应式消电器的针间距离越大,即针数少时消电效果好;反之,在带电体电位较高时,针间距离小、针数多时消电效果好。这是因为,针尖曲率不变时,针尖距离越大,一定长度上的针数越少,带电体在每根针上感应的电荷越多,针尖附近的电场就越强。这样就会使空气很快局部电离、产生电晕放电,即临界电压低,所以消电效果好。而当带电体电位比临界电压高出很多时,电晕电流成了衡量消电器性能好坏的主要指标,这时针数越多,总的电晕电流就越大,消电效果就越好。

(4)带电体极性的影响。

实验表明,带电体所带电荷极性不同时,消电器的效果也不同。当带电体电位绝对值相等时,带正电的带电体将比带负电的带电体使消电器有较低的临界电压和较大的电晕电流,也就是说,带电体带正电时消电效果好。这是因为放电针被感应出的电晕极性正好与带电体的电荷极性相反,带正电的物体在放电针上感应出负极尖电晕,在其他条件完全相同的情况下,负极尖电晕要比正极尖电晕起晕电压低。

(5)保护罩、保护杠及支架的影响。

为保护放电针和防止放电针刺伤人体,消电器一般装有保护罩或保护杠,还要附设支承放电针或放电刷的支架。保护罩或保护杠一般用金属材料制作,于是改变了装置的电容和周围电场分布,从而削弱了放电针附近的电场强度,使临界电压升高和电晕电流减小。因此,金属保护罩或保护杠会使消电效果降低。为此,可改用塑料、有机玻璃等电介质材料制作保护罩(杠)。保护罩的尺寸过小或保护杠距离放电针太近都会降低消电效果。所以保护罩边缘至针尖的间距不应小于 20 mm。此外,消电器的支架增大了消电器与带电体之间的电容,使带电体在其电位降到消电器的临界电压时残留的电荷量增多,消电器性能变坏。支架越大,残留电荷越多,消电器的消电效果越差。所以,利用这种消电器消除静电时,应尽量使用小的支架。

### 3.对无源自感应式消电器性能的评价

必须指出,无源自感应式消电器是非防爆的,在易燃易爆环境中使用时,消电器针尖上出现的电晕火花也有可能点燃爆炸性混合物,从而使消电器本身成为不安全因素。为此,在使用消电器前可对其安全性进行估计,确认安全可靠后再使用。估计方法如下。

设静电危险场所的爆炸性混合物的最小点火能为 $W_{\min}$,消电器与带电体间的电容为 $C$,临界电压为 $U_k$,带电体的电位为 $U$,则在消电过程中静电源释放出的能量为

$$W = \frac{1}{2}CU^2 - \frac{1}{2}CU_k^2 \qquad (7.17)$$

此能量不至引燃爆炸混合物的条件应为

$$W = \frac{1}{2}CU^2 - \frac{1}{2}CU_k^2 \leqslant \alpha W_{\min} \tag{7.18}$$

式中,$\alpha$ 是恒小于 1 的安全系数。

求解式(7.18)可得,消电器安全使用时,带电体的电压应满足

$$U \leqslant \sqrt{\frac{2\alpha W_{\min}}{C} + U_k^2} \tag{7.19}$$

也就是说,当带电体的静电电位不超过式(7.19)所确定的数值时,消电器针尖上的放电火花不会点燃爆炸性混合物。

若已知某静电敏感物质的静电敏感度,也可对带电体安全消电电位做出估计。有关研究指出,当带电体的静电电位低于周围物质的静电敏感度电位的 70% 时,用无源式自感应消电器消除静电也是安全的。

## 7.5.2　外接高压电源式消电器

外接高压电源式消电器与无源自感应式消电器的主要区别在于,有高压电源直接或间接地向放电针供电,在针尖附近安装有接地电极,其结构原理如图 7.7 所示。外接的高电压在放电针尖端附近产生强电场使空气局部高度电离,与带电体符号相反的离子在电场驱动下移向带电体,并与其上的电荷发生中和作用而消电。显然,这种消电器针尖的电离强度不取决于带电体的电位高低,因而从根本上消除了无源自感应式消电器的缺点。

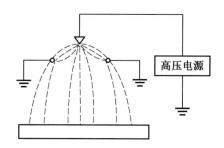

图 7.7　外接高压电源式消电器的结构原理

外接高压电源式消电器按所接高压电源种类的不同,分为直流高压和交流高压两种。交流高压消电器又分为工频交流和高频交流两种。这三种高压消电器的有效电离能力即消电效果以直流最好,工频交流次之,高频交流最差。这是因为,直流高压消电器是在放电针尖端产生与带电体电荷极性相反的离子,直接中和带电体上的电荷。而交流高压消电器是在放电针尖端附近产生正、负离子对,它们随时都在复合,而且频率越高,复合作用越显著,这就导致有效电离能力的降低。另外,现在已有单位研制出利用微机控制的智能化交流高压消电器,可以根据带电体的正、负极性和电位高低自动调节消电器的离子极性和电离强度,以达到最佳消电效果。以下仅介绍使用较广泛的前两种高压消电器。

### 1. 直流高压消电器

直流高压消电器由高压直流电源和电晕放电器组成。放电器是由放电针、支架和保护罩所组成。根据带电体的极性,放电器又分为正电晕放电器和负电晕放电器,当带电体带负电时,高压电源输出的电压极性为正,正电晕放电器发生作用;反之亦然。两只电晕放电器可以单独使用,也可以装置成一个整体,其结构如图7.8所示。其正、负放电针安装在同一保护罩内,中间用绝缘板分开。考虑到带电体带正电时直流高压消电器的消电能力较强,应使负电晕放电针与带正电荷的带电体之间的距离略大于正电晕放电针与带负电荷的带电体之间的距离,前者约为后者的1.2～1.3倍。

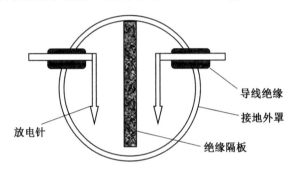

图 7.8　具有两种极性的电晕放电器的结构

由于直流高压消电器产生的是直流电晕,因此其电晕中基本不含带相反符号电荷的离子,所以也基本不存在正、负离子复合的问题,这就使得该消电器具有较好的消电性能。而且电晕作用距离,即电晕放电器与带电体之间的距离也可以增加到 150 ～ 600 mm。

### 2. 工频高压消电器

工频高压消电器采用交流市电(220 V、50 Hz)供电。使用、维修都很方便,是目前工业生产中最为常用的一种消电器,该消电器的工频高压电源由升压变压器供给。

必须注意,由于这种消电器的副边电压高达数千至十几千伏,所以为确保人身安全,在副边必须采用保护装置,以便使短路电流限制在安全范围内,防止操作人员不慎触及放电针时发生电击危险。

工频高压消电器与带电体之间的距离一般不应超过 250 mm;正常工作时宜取 25 ～ 35 mm,条件允许时还可取得更小些。

最后还应指出,工频高压消电器在消电机理方面与直流高压消电器有所不同。直流装置是在放电针尖附近形成与带电体的电荷极性相反的电晕,从而使相反符号的带电离子直接去中和带电体上的静电。而交流装置的放电针尖附近的电晕极性却是周期性变化的,所以在带电体周围产生同时具有相等数量的正、负离子,从而形成一个气体导电层或导电气氛,带电体上的电荷就是通过这层导电气体被传递出去的。

### 3.通用型高压消电器安全性的讨论

上述通用型高压电源式消电器一般是非防爆的,所以不能用于有爆炸危险的场所。其主要原因有三点:第一,这类消电器的放电针尖附近是与环境中可能存在的爆炸性混合物直接接触的,当有源电晕放电的能量较大时,就有可能引爆或引燃;第二,在消电器中,高压电源与电晕放电器的耦合方式有可能引起放电针与带电体或接地体之间发生足以致害的火花放电,如直流高压消电器中,高压直流电源一个输出端接地,并接到放电杆上,另一端直接向放电针供电,这种采用直接耦合的电晕放电器其短路电流较大,发生火花放电时能量也较大,因而有很大的引燃引爆危险性;第三,消电器的高压电源或引线本身有可能发生火花放电,如因为接头处不牢或接地不牢靠引起高压线击穿打火等。

另外,在评价这类消电器的安全性能时,还应考虑上述已提到的因为有高压电源,在使用消电器时必须防止人员触电的危险。此外,高压消电器工作时,由于电晕放电比较强烈,会在空气中产生臭氧和二氧化碳,因此在一定条件下会影响工作人员的健康。为此,应限制高压消电器的输出电压,使空气中的臭氧浓度不超过 $1.0 \times 10^{-4} \sim 2.0 \times 10^{-4}$ mg/L。

## 7.5.3 送风型消电器

送风型消电器又称为离子风消电器,这是一种能将电离了的空气离子用快速气流输送到较远处去消除带电体上静电的有源电晕装置。带电离子随着气流运动构成离子风。该消电器的突出特点是作用距离大,在正常风压下,距消电器 300 ~ 1 000 mm 有良好的消电效果,其作用范围也较大,作用的直径大致等于作用距离。所以,对于同样的带电体,采用送风型消电器所用放电针的数目要少得多。

### 1.工作原理和结构

送风型消电器的基本原理如图 7.9 所示。该消电器主要由高压直流电源、电晕放电器和送风系统所组成。其中,电晕放电器由放电针、电极环和电极电阻组成;送风系统由风源、风道等组成。当高电压加到放电针上时,附近空气发生高度电离,所产生的带电离子被放电针旁的压缩空气以极快的气流速度吹送到较远处的带电体上,进行电中和作用而消电。

送风型消电器的电源采用直流高压电源,可采用多级倍压整流获得,如由 6 V 直流电源高频逆变,最后整流获得 8 kV 左右的直流高压。

电晕放电器由导引环(黄铜制作)、放电针(钨针)、放电针支架(聚氯乙烯制作)和黄铜材料的外套管等组成。安装时,将电晕放电器置于消电器壳体的相应位置,使中心的钨针与高压极板接触,外套管通过导引电阻与地连接。压缩空气由放电针后部吹入,经放电针支架上的空隙通道把针尖周围电离了的空气送出。

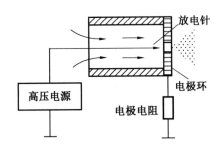

图 7.9　送风型消电器的基本原理

## 2.工作原理和结构

送风型消电器的性能可用离子引出总量或离子引出效率表示。如图 7.10 所示,在直流高压电源和导引电阻 $R$ 上串接检流器 $G_0$ 和 $G_1$;在消电器前方设置收集筒 B,以捕集被气流吹出的带电离子;在 B 上接检流计 $G_2$ 并接地。于是,通过放电针的总电晕放电电流 $I_0$、导引电流 $I_1$ 和通过收集筒的有效电流 $I_2$ 可分别由 $G_0$、$G_1$、$G_2$ 检测出。导引电流是指当压缩空气经过导引环时总有一部分离子会经导引电阻 $R$ 入地,这一电流即为导引电流 $I_1$。显然,该电流对于消除静电是无效的。而收集筒 B 捕集到并通过 $G_2$ 检测出的电流 $I_2$ 才是真正能用来消除静电的有效电流。可见,$I_2$ 越大,$I_2/I_1$ 也越大,$I_1$ 越小,消电器的消电性能越好。所以,$I_2/I_1$ 可反映消电器的质量或消电性能,它称为离子风消电器的离子引出效率,以 $\eta$ 表示,则有

$$\eta = I_2/I_1 \tag{7.20}$$

实验表明,$\eta$ 与多种因素有关,现简述如下。

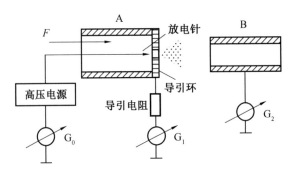

图 7.10　送风型消电器的实验装置

(1)针环间距的影响。

针环间距是指放电针尖与导引环外侧之间的距离。针环间距越大,离子在该电场中停留的时间越长,被导引环吸收的可能性就越大,从而使离子引出效率降低。所以,为保证消电效果,应力求使针环间距小一些;但过小的间距易使针环间发生火花放电,故一般取 $1.5 \sim 2.0$ mm。

（2）气流量和导引环孔径的影响。

当气流量一定时，导引环的孔径越小，则引出效率 $\eta$ 越大；当孔径一定时，气流量增大，$\eta$ 也增加。这是因为，孔径的减小和气流量的增大都会使空气气流速度增加，从而使引出的离子总量增多。一般来说，导引环孔径可取 $2.0 \sim 4.0$ mm，气流速度约为 $100$ m/s，流量约为 $2.5$ m³/h。

（3）针尖电压和电晕电流的影响。

在其他条件固定时，针尖电压提高，电场增强，电晕电流也随之增大，表明放电针处产生的离子数目增多，引出的离子总量和被导引环吸收去的离子量都在增大。但前者增加的速率小于后者增加的速率和产生的总离子增长的速率，所以引出效率反而降低。由此可见，针尖电压不宜过高，一般以 $8 \sim 10$ kV 为宜，消电器正常工作时，单位时间内引出的离子的数量约为十几毫安。

（4）导引电阻 $R$ 的影响。

导引电阻 $R$ 对 $\eta$ 的影响比较复杂。一般来说，$\eta$ 随 $R$ 的增大而提高；但当 $R$ 过大时，由于难以建立电晕，因此必须提高放电针的电压，这对生产现场和装置本身的安全都是不利的。所以，导引电阻 $R$ 既不能太大也不能太小，取 $100 \sim 200$ MΩ 较为合适，或根据具体情况加以权衡，由实验确定。

**3.注意事项**

上述已讲到送风型消电器具有作用距离大、消电区域广、电气部分功耗小（约为一般高压源式消电器的十分之一）、安全性能好（可做成防爆、防光照型）等优点。但是也有其缺点，如结构比较复杂，对气源要求较高等。使用这种消电器时，应注意几点：① 空气要洁净、干燥，最好使用过滤器，使气流干燥、净化，否则影响离子存活寿命，导致消电效率降低；② 环境湿度应保持在 $70\%$ 以下；③ 电晕放电器外的压缩空气的正压力不应低于 $4.9 \times 10^4 \sim 9.8 \times 10^4$ Pa；④ 安装消电器时，带电体附近应无静电导体。

## 7.5.4　防爆型消电器

防爆型消电器是在上述送风型消电器的基础上附加上防爆方法制成的，这种消电器可以应用于一切静电危险场所。目前生产的种类较多，结构比较复杂，一般由防爆高压电源和电晕放电器、电极火花检测器、输出电压监视器、压缩空气压力检测器、异常情况报警器等组成。图 7.11 所示为防爆型消电器的原理框图。其工作原理是：压缩空气直接送至电晕放电器；当压力足够时，压力检测器给出信号，使时间继电器延时动作，并由时间继电器自动启动低压电源开关，低压电源向高压电源供电，高压电源工作后即带动电晕放电器工作。反之，当压力不足或发生故障时，压力检测器发出停机信号，使时间继电器释放、电晕开关断开、电晕放电器停止工作。这样的过程就保证了消电器只在压缩空气正常压力的情况下才能工作，而正常压力的气流可使环境中的爆炸性混合物不与针尖附近的电晕层和高压电源相接触，并且正常压力的空气流的吹入，还能减小放电针尖附近的爆炸性混合物的浓度,从而保证了消电器具有防爆功能。

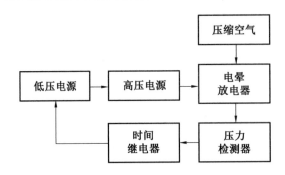

图 7.11　防爆型消电器的原理框图

有些防爆类型的离子风消电器,为了安全可靠还要在上述装置的基础上采取如下措施。

(1) 在延时继电器与低压电源开关之间加设安全栅,防止继电器与电源开关之间的两条电线因交流市电的意外窜入而形成危险的短路电流。

(2) 在电晕放电器和高压电源之间串接一高值限流电阻(200 MΩ),以防止放电针与导引环发生短路形成火花放电。

(3) 把电源置入通风充气的防爆箱内,保证电路工作区内无爆炸性气体存在时才能供电工作。

## 7.5.5　放射源式消电器

### 1.工作原理和结构

放射源式消电器也称同位素静电消除器,它是利用放射性同位素发出的射线使空气电离,产生正、负离子对,中和带电体上的静电。放射性同位素种类较多,放出的射线有 α、β、γ 等。不同的放射性同位素,有不同的半衰期(放射性强度减弱到初值的一半所用的时间),短的只有百分之几秒,长的有 $10^{10}$ 年以上。如消电器中经常使用的天然放射性同位素钋(Po)-210 和镭(Ra)-226 的半衰期分别为 138.38 年和 1 600 年,它们主要发出 α 射线,但也有 γ 射线。α 射线的电离能力很强,一个 α 粒子在空气中每厘米长度上能产生 1 万 个离子对,但是它穿透物质的能力不强,在空气中只能穿透 2.5 ~ 8.6 cm,一层普通写字纸即可吸收它。β 射线的电离能力和穿透能力为中等,γ 射线的电离能力很弱(在空气中每厘米长度上只能产生几对离子),穿透能力很强,照射剂量超过人体允许剂量(每天 8 h 工作条件下,人体最高照射量为 $5 \times 10^{-2}$ C/kg(50 毫仑))时,对人有伤害。所以,消电器中放射源应选择电离能力强、穿透能力差的放射源。

放射源式消电器由放射源、屏蔽框和保护网等部分组成。 放射源一般是厚度为 0.3 ~ 0.5 mm 的片状元件,用紧固件固定在屏蔽框的底部;屏蔽框应有足够的厚度,以防止射线危害;为了防止操作者不慎直接触及放射源,消电器前面应装有保护网。

放射源式消电器利用射线电离空气形成正、负离子对来消除静电。因此,带电体只有处在射线作用范围内才能实现消电。而射线电离空气产生的离子对有一定的存活寿命,即一方面正、负电荷分离,另一方面正、负电荷又吸引复合。当电离和复合这两个相反的过程达到动态平衡时,就在射线的作用范围内维持着一定浓度的正、负离子云。当接地的放射源消电器靠近带电体时(设带有正电荷),在电场力作用下,负离子就会向带电体表面趋近并发生电中和作用。由于部分负离子消耗于中和作用,故消电器附近正离子相对增多,形成对地电位差,并向接地表面迁移,通过消电器的接地通道向大地泄漏。这样就使带电体的静电得到了消除。

由于目前消电器的放射源大多采用 α 射线源,其有效范围一般为 $10 \sim 20$ mm,最大不超过 $40 \sim 50$ mm,作用距离较小,因此使用范围受到限制。为了改善消电器的性能,吸收上述各种消电器的优点,可以将无源自感应式消电器和放射源式消电器及离子风式消电器等综合组成一个"综合性"消电器,来取得更好的消电性能。

### 2.特点及注意事项

使用放射源式消电器时,应注意它的特点和有关问题。

(1)结构简单,使用方便。

(2)不需要外接电源,工作时不会产生电火花,适用于存在易燃易爆物质的危险场所。

(3)电离电流较小,有效作用距离短。

(4)使用中应注意射线对人体的伤害和对周围物质的放射性污染。因此,要严格防放射。

(5)因为放射源受到放射性同位素的半衰期的限制,消电器有一定的使用寿命,应按说明书要求及时更换消电器的放射源。

## 7.5.6　消电器的选择和安装

消电器的选择和安装,直接关系到静电消除的效果和静电危险场所的安全性问题。所以,在防止静电危害的工作中,人们十分重视消电器的选择和正确安装。

### 1.各种消电器的比较与选择

在实际工作中,选用消电器时,主要考虑它的消电效果和现场使用的安全性问题以及适用于什么带电体,同时还要注意经济效益。消电器的消电效果可用电晕电流与带电体上的电压之间的关系表示(对自感应式消电器还应注意其临界电压)。从电晕电流和临界电压角度全面考虑,消电效果最好的是直流高压消电器,其次是工频高压消电器、无源自感应式消电器,高频高压消电器稍差,消电效果最差的是放射源式消电器。消电器的安全性包含两方面的因素,一是防火防爆的安全性好坏,二是对操作者有无放射线的损害。

带电体的状况也是选择消电器时应该考虑的因素。对于板材、薄膜、织物和纸张等表面带电的物体,只要消电能力满足要求,任何一种消电器都可选用;对于悬浮或堆积的带电物体,即属于空间或容积带电的物体,宜选用离子风型消电器;当带电体电荷极性一定时或带电量较大、带电体移动速度很大时,应选择直流高压消电器;在造纸、薄板卷取和橡胶混合工序中的移动带电体,若允许残留部分静电荷,则应选择自感应式消电器或离子风消电器;对于静止不动的带电体,空间位置允许消电器靠近,可选用放射源式消电器。

由上述各种消电器的性能的讨论可知,如果条件允许,最好选择"综合性"消电器,可以克服各种单一工作原理的消电器存在的缺点,达到更好的消电效果,且适用范围广。

**2. 消电器的安装**

对于选择好的消电器进行恰当的安装是非常重要的,若安装不妥,不仅会降低消电效果,有时还会使带电加剧,甚至产生新的危险因素。为此,提出如下几条注意事项。

(1)消电器应尽量安装在带电体的最高电位附近。因此,安装前应对带电体的电位分布进行现场检测。

(2)消电器应安装在消电效率最高(如达到90%以上)的位置。消电效率是指带电体安装消电器前后电位的绝对值之差与安装前带电体的电位之比。

(3)消电器离开静电产生源的距离应大于消电器的设置距离。一般以离开静电产生源 $50 \sim 200$ mm 为宜。

(4)消电器的安装位置和环境原则上应避开以下位置或场所:物体的背面有接地体(图7.12中B)、邻近接地体(图7.12中C)、有其他消电器(图7.12中D)的那些位置;有静电产生源的位置(图7.12中A);易于污染消电器或温度在150 ℃以上和相对湿度在80%以上的环境。

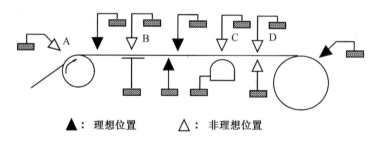

▲:理想位置 △:非理想位置

图 7.12 消电器设置位置的实例

(5)消电器的安装角度应垂直于带电体表面。如在有些情况下,受工艺条件的限制,消电器离开静电产生源的距离无法满足(3)的要求,则在这种特殊情况下,可使消电器偏向静电产生源。

(6)消电器应固定在牢固的支承体或固定不动的机械设备上,并要求可靠地接地。一般不要将消电器的地线连接在机器上,而应直接与机器的地线相连接。

# 7.6 掺 杂

如前所述,为泄漏带电体上的静电,可采取接地和增湿的方法。但接地只适用于带电的金属导体或亚导体,而增湿则只对亲水性的带电介质才有效。那么,在一般情况下,如何才能有效地泄漏电阻率较高的静电非导体所带电荷呢? 这只有靠降低它们的电阻率、提高导电性来解决。理论和实验都表明,对于固体材料,当其电阻率降至 $10^9$ $\Omega \cdot cm$ 或表面电阻率降至 $10^8$ $\Omega/\square$ 时,就可有效地泄漏静电、防止静电的危险累积;至于液体,使其电阻率下降到 $10^{10}$ $\Omega \cdot cm$(或将其电导率增大到 $10^{-8}$ S/m),也可消除静电危险。

杂质对于物质的电阻率有很大影响,有的杂质可增大物质的电阻率,也有的杂质能减小物质的电阻率。向电介质材料中添加能减小物质电阻率的杂质,以改善其导电性能,加快静电泄漏的方法就是防止静电危害的掺杂法。具体掺杂时,有两种可供选择的方法:一种是化学掺杂,即在电介质的表面或内部添加化学抗静电剂,赋予电介质一定的吸湿能力而增大其导电性能;另一种是物理掺杂,即向杂质材料掺入金属、碳等导电性物质而提高电介质的电导率。

## 7.6.1 化学抗静电剂

抗静电剂是一种化学物质,具有较强的吸湿性和较好的导电性,在电介质材料中加入或在表面涂敷抗静电剂后,可降低材料本身的体积电阻率或表面电阻率,使其成为静电的导体或亚导体,加速静电的泄漏。使用抗静电剂是从根本上消除静电危害的方法,所受限制也较少,因此在许多工业部门的静电防灾中得到应用。

早期出现的化学抗静电剂,大多是无机盐和简单的表面活性剂。前者是靠其潮解作用,后者则是因具有能捕集空气中水分子的亲水基而起作用的。总之,它们都是靠吸湿来降低材料电阻率、加快静电泄漏的。近几十年来,又相继发展了无机半导体、电解质高分子成膜物和有机半导体聚合物等新型抗静电剂。工业生产中使用的化学抗静电剂,无论从数量还是从应用范围,表面活性剂类抗静电剂都占有绝对优势,因此以下将主要介绍这类抗静电剂。

### 1.抗静电剂的分子结构

表面活性剂类抗静电剂又称有机抗静电剂。表面活性剂是指能够被吸附在两相界面、并能大大降低相与相之间的表面能和表面张力,从而显著改变界面性质的物质。由于表面活性剂通常是在溶液状态下使用的,因此此处的表面主要是指液体－气体、液体－固体以及液体－液体的表面。

表面活性剂类抗静电剂的分子结构具有如下通式:

R—Y—X

式中,R 为疏水基(或亲油基);X 为亲水基(或憎油基);Y 为连接基。具体来说,抗静电剂的分子主要由两个基团组成:一个是电子分布比较均匀对称,从而不显示极性的基团 R,一般是较长的碳氢链,典型的是 $C_{12}$ 以上的烷基;另一个是电子分布不够对称而显示极性的基团 X,其种类很多,典型的有羧基、羟基、磺酸基和醚键等。这两个基团分置于抗静电剂大分子的两端,其结构示意图如图 7.13 所示。应当注意,两个基团对于强极性物质的水表现出截然不同的物质:非极性基团 R 极难与水分子结合,但却溶于油,故称为疏水基(或亲油基);相反,极性基团 X 却易溶于水,能与水分子结合,但却不溶于油,故称为亲水基(憎油基)。一般来说,表面活性剂的抗静电作用主要是基于亲水基团在界面的定向排列。所以,抗静电剂分子中亲水基团的性能和数量,往往是决定其抗静电性能优劣的重要因素。抗静电剂分子中含有强亲水性基团的,其抗静电性能较好,而含有弱亲水性基团的,其抗静电性能就较差。

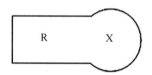

图 7.13　抗静电剂分子结构示意图

### 2.抗静电剂的分类

(1) 按使用对象分。

按照使用对象的不同,可将抗静电剂分为固体用抗静电剂和液体用抗静电剂。前者主要用于塑料、化纤等高分子材料及其制品;后者主要用于烃类液体。也有适用于粉体(如炸药)的抗静电剂。

(2) 按使用方法和目的分。

在固体用抗静电剂中,按使用方法和目的的不同,又可分为以下几类。

① 外用非耐久性抗静电剂。将抗静电剂配置成一定浓度的溶液(一般用水、醇或其他有机溶剂作为溶剂或分散剂),然后采用喷雾、涂敷或浸渍等方法,使之附着在固体材料或制品的表面,可使物体获得一定的抗静电性能。但在洗涤、摩擦和受热时,材料或制品表面吸附的抗静电剂分子层容易脱落,同时表面吸附的分子层还有向内部迁移的趋势,因而抗静电性能不能持久,在使用或储存过程中抗静电性能会逐渐降低或消失。这种非耐久性的外用抗静电剂主要用于化纤和塑料制品在生产加工过程中防止静电的干扰,一旦加工过程结束,抗静电性能基本上就消失了。

② 外用耐久性抗静电剂。外用耐久性抗静电剂不是一般的表面活性剂,而是高分子电解质和高分子表面活性剂。它们可以用通常的方法涂敷在塑料、化纤表面,通过电性相反离子的吸附作用在材料表面形成附着层;也可以用单体或顶聚物的形式涂敷在材料表面,然后经热处理使之聚合而形成附着层。由于用这些方法获得附着层与材料表面有较强的附着力且相当坚韧,所以耐摩擦、耐洗涤、耐热,也不会向内部迁移,抗静电性能比较

持久。

③ 内部抗静电剂。作为内部抗静电剂的表面活性剂具有优良的热稳定性和高效性，并与基体聚合物之间有适宜的相容性。把这种抗静电剂添加到聚合物内部，从而赋予材料耐久性非常好的抗静电性能，所以又称内添加型抗静电剂。添加的阶段或方法也有两种：一种是共聚法，即在生产合成树脂的聚合阶段就将抗静电的单体引入，与形成基体聚合物的单体经过聚合反应，得到具有抗静电性能的聚合物（树脂）；另一种是共混法，是在将树脂加工成制品的过程中把内部抗静电剂掺入聚合物中，使制品获得耐久的抗静电性能。例如，化纤在纺丝之前，将抗静电剂加入基体聚合物的熔体或原液中，然后共同从喷丝孔挤出，制成耐久型抗静电纤维；或塑料在注射或挤出加工时，把抗静电剂添加到熔融状态的树脂组成物中，经喷嘴和模具，得到耐久性抗静电塑料制品。共混法是内部抗静电剂最常用的方法。

### 3. 抗静电剂的作用机理

在物质表面涂敷或向物质内部涂加抗静电剂，会赋予物质一定的抗静电性能，这涉及抗静电剂的作用机理，以下分三种情况加以介绍。

（1）用于固体的外部抗静电剂的作用机理。

在第 3 章讨论固体材料的起电规律时曾指出，物体上静电荷的泄漏途径有体积泄漏和表面泄漏，其中表面泄漏是主要的。这是因为，体积泄漏取决于体积电阻率，表面泄漏取决于表面电阻率，而一般固体材料的体积电阻率约为表面电阻率的 $100 \sim 1\,000$ 倍。换言之，防止带电的作用主要受材料的表面电阻率支配，若能设法降低其表面电阻从而提高表面电导，就能起到防止静电的作用。

首先，当把外部抗静电剂施加到固体材料（如塑料制品或化纤及其制品）的表面时，根据极性相近规则，即表面活性剂的非极性基团与固体材料大分子的非极性基团相互靠近的规则，在表面活性剂种类的选择和施加方法都合适的条件下，表面活性剂的疏水剂 R 就会向材料表面结合、靠近，而亲水基则朝向空气，于是抗静电剂分子在固体材料与空气的界面上形成如图 7.14 所示的定向排列，即形成一个定向吸附的单分子层。因为固体材料表面有亲水基的存在，所以就很容易吸附环境中的微量水分，形成一连续的能够吸附空气中微量水分子的单分子导电层。一般来说，抗静电剂的表面活性越强，越容易在表面迅速形成强大的单分子导电层。当抗静电剂为离子型化合物时，该导电层就能起到离子导电的作用；对于非离子型抗静电剂，吸湿的结果除利用了水的导电性能外，还使得材料表面所含的微量电解质有了离子化的场所。因此，无论是离子型还是非离子型的抗静电剂，都会因单分子导电层的形成而大大降低材料的表面电阻，从而加快了静电的泄漏。

其次，在固体材料表面形成的抗静电剂单分子还能有效地减小静电的产生量，其原因有三个：第一，根据固体材料的接触起电理论，对于两种给定的接触物体，起电量反比于两物体接触的间隙，抗静电剂在固体表面形成的单分子层使固体与摩擦物体之间的距离增大，减小了真正的接触面积，从而减小了静电荷的产生量；第二，抗静电剂单分子层和其吸收的水分的存在，使摩擦间隙中的介电常数较之原来空气的介电常数大为增加，这就削弱

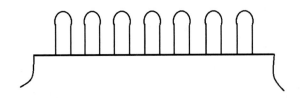

图 7.14　抗静电剂分子的定向吸附

了间隙中的电场强度,也减小了电荷的产生量;第三,抗静电剂朝向固体材料的疏水基团多是碳氢链,而碳氢链是高分子链中最柔软的一种,因而能使材料表面变得柔软平滑,降低了表面的摩擦系数,从而减少了静电的产生。

(2)用于固体的内部抗静电剂的作用机理。

内部抗静电剂一般是在树脂加工过程中添加到树脂组成物中的,由于内部抗静电剂也是表面活性剂,因此它们在树脂中的分布是不均匀的,从而形成一种表面浓度高、内部浓度低的分布。也就是说,内部抗静电剂对树脂内部的导电性并没有很大的改善,而抗静电作用仍然像外部抗静电剂那样依靠它们在树脂表面的单分子层。当树脂组成物处于熔融状态时,如果抗静电剂的添加量足够,则抗静电剂就会在树脂 — 金属的界面形成稠密的定向排列;而树脂固化后,抗静电剂的亲水基朝向空气一侧排列,形成单分子导电层,按(1)中所述的各种机理发挥抗静电作用。

(3)用于烃类液体的抗静电剂的作用机理。

用于烃类液体的抗静电剂一般均为离子型的表面活性剂,其防止带电的机理有两个:第一是离子型表面活性剂的离子性提高油品的电导率、加快静电的泄漏,在油品中加入微量的抗静电剂,即可显著地提高油品的电导率,由于油品静电的泄漏与其电导率密切相关,因此可加快静电的泄漏,防止静电荷的累积;第二是抗静电剂可减小烃类液体的静电的产生量。由偶电层原理分析可知,当液体在管道中流动时,液体和管壁的界面形成偶电层。对于电导率较高的液体(如水),扩散层很薄;但电导率低的液体(如烃类)扩散层就非常厚,可达到液体内部的广大范围,引起电荷的分离和较大范围的分布。而在烃类液体中加入离子性物质时,其偶电层被压迫而变薄,使其电荷的分离、分布都受到限制,液体流动所携带的电荷量也就大大减小了。

**4.抗静电剂的典型应用**

(1)抗静电剂在塑料制品中的应用。

塑料用外部抗静电剂在使用时须经过以下四个工序:抗静电溶液的调配;塑料制品的净洗;涂布、喷雾或浸渍;干燥。

外部抗静电剂在使用时一般用挥发性溶剂或水先调配成 $0.1\% \sim 2.0\%$ 浓度的溶液,在保证抗静电效果的前提下,溶液的浓度以稀一些为好。因为浓度高的溶液发黏,易吸附灰尘。在使用水或醇作为溶剂时,应在其中配入少量对塑料有浸溶作用的溶剂,这样待溶剂挥发后就有一些抗静电剂分子渗入塑料制品表面,提高抗静电剂的附着性;当然对塑料有浸溶作用的溶剂的用量必须严格控制,且应该选择挥发性比所使用的醇的挥发性更强的品种。

为得到均匀密实的抗静电剂涂膜,在涂布前对塑料制品进行预处理是非常必要的,因为制品表面不洁净时,抗静电剂的附着性就很差。净洗可采用水、醇或 1% 左右的中性洗涤剂溶液进行,然后将净洗后的制品置于无尘室内在 50 ℃ 以下干燥,干燥后最好再用醇处理一下。

抗静电剂最简单而有效的处理方法是用棉、法兰绒、毛刷或滚筒直接涂敷于塑料制品表面。喷雾涂敷工效高,能得到均匀的涂敷面,故也常采用;如果喷雾时采用压缩空气,则压缩空气应先行除尘。浸渍法适用于处理形状复杂的成型品和数量较大的小型制品,浸渍加工时应注意使抗静电溶液在制品上分散均匀。

塑料用外部抗静电剂在品种上以抗静电效果良好、附着力强的阳离子型和两性型活性剂为主。阴离子型和非离子型效果差,一般很少使用。主要抗静电剂的品种、用量、处理方法等选择得当,一般可使聚烯烃类塑料制品的表面电阻率从 $10^{16}$ Ω/□ 下降到 $10^{10}$ ~ $10^{8}$ Ω/□。

(2) 抗静电剂在炸药生产中的应用。

把抗静电剂使用在火炸药(包括起爆药、火药、黑火药)上,以防止或减少其在生产、输运和使用中的静电危害,可采用两种方法:一种方法是把抗静电剂配置成一定浓度的水溶液,在火炸药生产的最后一道水洗工序时加入,使药粒表面涂敷上一层很薄的抗静电剂;另一种方法是把抗静电剂溶在有机溶剂内,涂敷在与火炸药相接触的工装、设备的表面。

作为火炸药用的抗静电剂,在选择上应考虑一些特殊的要求。首先,抗静电剂对火炸药的质量不应发生影响,即不影响火炸药的理化性能和爆炸性能。为此,应选用高效抗静电剂,以便加入极少的数量就可有效防止带电。当火炸药长期储存时,抗静电剂对其安定性是否产生不利影响也必须加以考虑。其次,抗静电剂的使用应有利于火炸药趋近于凝聚相和抑制粉尘的形成。因为处于粉尘状态的火炸药在飞扬时易与空气形成燃爆混合物,促成静电灾害的发生。最后,要求抗静电剂无毒性、操作方便,不污染环境。

已有一些将抗静电剂应用于炸药生产工业取得良好效果的例子。如在黑索金沸腾床干燥工艺中,向黑索金加入 0.025% 的代号为 7968 的抗静电剂,然后在相同的条件下,把沸腾床的床身分为 6 个测试点,对加抗静电剂的样品和未加抗静电剂的样品的电位分别进行测试,其结果见表 7.7。

表 7.7 沸腾床各部位黑索金静电电位的测试结果        kV

| 测试点序号 | 1# | 2# | 3# | 4# | 5# | 6# |
|---|---|---|---|---|---|---|
| 黑索金 | 1.0 | 1.0 | 1.1 | 1.4 | 1.2 | 0.8 |
| 加入抗静电剂的黑索金 | 0.2 | 0.1 | 0.1 | 0 | 0.2 | 0.3 |

由表 7.7 可以看出,添加抗静电剂后,黑索金的静电电位降低到原来电位的 37% 以下,甚至为 0。

用非离子型抗静电剂 F68 对起爆药斯蒂芬酸铅和三硝基间苯二酚铅与氮化铅共晶(SD)进行抗静电处理,然后用滑槽法测试起爆药的静电电位,并与不加抗静电剂的起爆药进行对照,其结果列于表7.8中。

表 7.8　起爆药滑槽试验静电电位的测试结果

| 药种 | 药量 /g | 抗静电剂 F68 的含量 /% | 静电电位 /kV |
|---|---|---|---|
| 斯蒂芬酸铅 | 30 | 0 | 2.4 |
| 斯蒂芬酸铅 | 30 | 0.05 | 0.4 |
| 斯蒂芬酸铅 | 30 | 0.10 | 0.2 |
| SD 共晶 | 30 | 0 | 2.4 |
| SD 共晶 | 30 | 0.05 | 0.6 |
| SD 共晶 | 30 | 0.70 | 0.2 |

由表 7.8 中的数据可以看出,加入不同量的抗静电剂,抗静电效果不同,当抗静电剂含量增加到一定量时,药剂的静电起电电位可以降低 1 个数量级以上。

## 7.6.2　导电性填充材料与抗静电制品

导电性填充材料抗静电改性技术,是在材料的生产过程中,将分散的金属粉末、炭黑、石墨、碳素纤维等导电性填充料与高分子材料相混合,形成导电的高分子混合物,并可制成电阻率较低的各种抗静电制品。导电性填充料与高分子混合物制成的抗静电材料及其制品的静电性能,主要取决于导电性填充料的种类、骨架构造、分散性、表面状态、添加浓度,以及基体聚合物的种类、结构和填充料加入聚合物的方法。此外,高分子混合料加工成制品的工艺及制品中的缺陷等也都会影响制品的抗静电性能。导电性填充料技术与化学抗静电剂处理方法相比较,有如下优点:首先,导电性填充材料可以更有效地降低聚合物材料的电阻率,并可在相当宽的范围内($\rho_v = 10^6 \sim 10^{-3}$ $\Omega \cdot m$)加以调节,而化学抗静电剂最多只能将聚合物的电阻率降至 $10^6 \sim 10^{11}$ $\Omega \cdot m$,再往下就非常困难了;其次,化学抗静电剂抗静电的主要机理在于吸湿,因此其制品在低湿度下的抗静电性能变得很差以至完全丧失,而由导电性填充材料获得的抗静电制品,其泄漏静电的机理与吸湿无关,所以即使在很低的相对湿度下,仍能保持良好的抗静电性能。此外,在抗静电性的耐久性方面,导电性填充材料也优于化学抗静电剂。由导电性填充料和高分子材料混合制成的抗静电制品主要有抗静电橡胶制品和抗静电塑料制品,并已广泛应用于电爆火工品、火炸药及石油、化工、制药、煤气、矿山等领域。

**1. 导电性填充料的分类**

导电性填充料可分为金属和炭黑两大类,其中,炭黑的应用价值较高。

(1)金属。

常用的金属填充料从形态上又可分为金属薄片和粒度很细的金属粉末。前者主要是片状镍;后者则有金粉、银粉、电解铜粉、铝粉和铁粉等。

由于铜、铝、铁等金属粉末易氧化而在表面形成氧化膜,并从而使高分子混合料的电阻率显著升高,故实用价值不大。利用金粉或银粉可获得电阻率很低($\rho_v < 10^{-2}$ Ω·m)的高分子混合料及其制品。例如,含金粉的高分子混合料的 $\rho_v$ 约为 $1 \times 10^{-6} \sim 5 \times 10^{-6}$ Ω·m;当银粉在聚合物中的体积含量为 50%～55% 时,混合料的 $\rho_v$ 约为 $10^{-6} \sim 1 \times 10^{-7}$ Ω·m。金和银价高量少,因而使用范围非常有限。

必须强调指出,由导电性填充料与聚合物材料一起制成的混合物及其制品的导电性能,并不仅取决于,甚至并不主要取决于填充料本身的导电性,而主要取决于填充料在聚合物中是否容易形成有利于导电的链式组织的能力。例如,虽然金属的电阻率远低于炭黑和石墨的电阻率,具有较强的导电性,但一般高分散的金属粉末在混合料中难以形成有利于导电的结构化网络;相反,炭黑在聚合物中却具有较强的形成聚集体的能力。因此,在混合物中通常金属的含量要高达 40%～50%,才会使材料的电阻率开始降低;而乙炔炭黑的含量只要达到 20%～30%,材料的电阻率就迅速下降。

采用金属粉作为导电填充料时,其颗粒的大小、状态及形状都会对所制成的混合料的导电性能产生影响。细分散的金属微粒在聚合物混合体中很难形成链式组织,若改用金属小薄片,在混合料中就会在某种程度上形成局部导电骨架,从而显著增加材料的导电性。

(2)炭黑类。

典型的炭黑是由接近纯碳而处于葡萄状组织的胶状实体所组成。这种葡萄状的团组织通常称为聚集体。在导电高分子混合料中,这种聚集体组织或链式组织的存在正是炭黑呈现出高导电性的原因,而炭黑本身电阻率的大小(通常为 $10^{-1} \sim 10^{-3}$ Ω·m 数量级)对混合料的导电性能没有决定性的影响,而只有简介意义。炭黑形成聚集体的能力主要取决于炭黑的蓬松性或称结构性,这种性质可用吸收邻苯二甲酸二丁酯的量(或称吸收值)来量度,吸收值越高,即结构化能力越高,每个聚集体所包含的炭黑颗粒数目越多。例如,高结构炭黑的每个聚集体由 30～100 个颗粒缔合而成。通常以槽法炭黑的结构程度作为标准,热裂法炭黑的结构程度最低,乙炔炭黑的结构程度最高。

此外,炭黑与聚合物的混合料的导电性能还与炭黑的粒径和粒子的表面性质有关,粒径越小,导电性能越好;表面活性基越少,导电性能越好。

综合考虑以上三个因素,用于橡胶和塑料的炭黑填充料以乙炔炭黑为最佳。乙炔炭黑是一种黑色粉状物质,平均粒径为 35～45 nm,比表面积为 55～70 m²/g,其纯度很高,含碳量在 99.5% 以上,其比重为 1.59(氮置换法),视重为 0.02～0.03 g/mol,粉末比电阻为 0.135 Ω·cm。

与金属填充料相比,炭黑不仅能在较低的掺入比率下(一般为 20%～30%)赋予橡胶或塑料制品以优良的抗静电性能,而且对材料的其他物理机械性能(强力、弹性、耐磨性和抗压缩变形性)影响也较小,因而应用十分广泛。

**2.导电性填充料的抗静电机理**

导电性填充料掺入聚合物中所形成的混合料是一种不均匀的分散体系,混合料中填充料颗粒间距、接触点数目及分散程度等,都随填充料的种类、掺和量及填充料与聚合物的相容性而异,所以导电性混合料的导电机理是十分复杂的。事实上,若对混合料的电性能进行测量,则发现其电流－电压特性是非线性的。大量实验事实说明,混合料中主要的是导电过程,可归结为两种:一是依靠链式组织中导电颗粒的直接接触使电荷载流子转移;二是通过导电性填充料颗粒间隙和聚合物夹层的隧道效应转移电荷载流子。以下以炭黑为例加以说明。

(1) 导电性填充料颗粒直接接触的导电机理。

未掺入聚合物前的干炭黑,即电介质是空气时,炭黑颗粒就会以聚集体或链式组织存在。因为任何一个炭黑颗粒由于摩擦或其他原因带上某种符号的电荷后,就会使邻近的其他颗粒感应带电。当颗粒间的范德瓦耳斯力或其他结合力大于静电排斥力时,邻近颗粒间就能保持相互接触;相互连接的这两个带电颗粒再与其他颗粒接近时,按同样道理又可与另一颗粒相连接,如此继续下去就可排列成链状组织或形成聚集体。当把炭黑掺入聚合物进行拌和时,炭黑的聚集体组织会遭到一定破坏,分裂成若干个较小的聚集体。但若将混合料保持在高温下而不再施以搅拌,则借助于布朗运动仍可使体系中各聚集体组织保持接触状态;或当导电填充料掺入量较高时,使炭黑颗粒彼此分开的聚合物黏结膜会变得很薄,以致被局部击穿,而达到颗粒间的真正接触。总之,由于在混合料中形成的这种链式组织,载流子就可沿这些链式组织流动,表现出一定的导电性。

(2) 链式效应传导电荷的机理。

大量实验证明,混合料的电导率并不是随导电填充料的掺入比率的增加而线性增大的,在某个含量范围内,即使炭黑含量的微小变化也会显著影响电导率。当炭黑的掺入比率相当低、明显不足以形成连续接触的网状组织时,混合料仍有一定电导率。之所以如此,就是靠了隧道效应传导电荷。在混合料中任何两个靠近(但并未接触)的导体颗粒都被绝缘的聚合物所分隔,该分隔部分可视作不连续导通的势垒。按照经典理论,载流子(如电子)不可能通过这绝缘物的分隔部分;但按量子力学原理,由于电子表现出明显的波动性,因此它完全有可能透射过该势垒而形成传导,把这种粒子穿透势垒的现象称为隧道效应。只有当势垒宽度很窄,亦即导电颗粒间的距离很小时,隧道效应才比较明显,隧道电流密度与势垒宽度的关系可表示为

$$J = J_0 \exp \left[ -\frac{\pi \chi a}{2} \left( \frac{eEa}{4U_0} - 1 \right)^2 \right] \tag{7.21}$$

式中,$J$ 是隧道电流密度,单位 $A/m^2$;$J_0$ 是常数,单位 $A/m^2$;$a$ 是势垒宽度,单位 m;$U_0$ 是势垒高度,单位 V;$E$ 是间隙内电场强度,单位 $V/m$;$e$ 是电荷;$\chi$ 是与势垒高度及载流子质量有关的常数。

按照上述理论,凡是影响势垒宽度和高度的任何因素,都会影响混合料的电导率,而大量实验事实确实证明了这一点。

### 3. 抗静电橡胶及其制品

导电性填充料最典型的应用是制作抗静电橡胶及其制品,这些制品在静电防灾中发挥着非常重要的作用。

抗静电橡胶是利用橡胶的高弹性和导电性填充料的抗静电性能制成的既具弹性、又具抗静电性能的新型材料。其生产工艺主要包括配方设计、炼胶、压延、硫化等过程。

目前国内生产的抗静电橡胶,其基体聚合物采用丁腈橡胶和乙炳橡胶的比较多,这两种聚合物都具有物理和工艺性能好、价格便宜、货源多的优点,同时前者有很好的耐油性能,后者有很好的耐热性能。所用的导电性填充料一般均为炭黑,特别是综合性能优良的乙炔炭黑。

抗静电橡胶及其制品可按抗静电性能和颜色等进行分类。

(1) 按抗静电性能分类。

① 超导电橡胶的体积电阻率为 $10 \sim 100$ $\Omega \cdot cm$。

② 高导电橡胶的体积电阻率为 $10^2 \sim 10^3$ $\Omega \cdot cm$。

③ 导静电橡胶的体积电阻率为 $10^3 \sim 10^5$ $\Omega \cdot cm$。

④ 防导电橡胶的体积电阻率为 $10^5 \sim 10^8$ $\Omega \cdot cm$。

(2) 按颜色分类。

① 黑色。

② 浅色,又包括浅绿色、铁红色、天蓝色等。

(3) 按用途分类。

① 抗静电胶板,电阻率一般为 $10^5 \sim 10^8$ $\Omega \cdot cm$,用于存在静电燃爆灾害场所的地坪、桌垫。

② 抗静电运输带和三角带,用于危险场所输运物料和动力的传递。其中,抗静电输送带工作面和非工作面的表面电阻率均为 $10^3 \sim 10^5$ $\Omega/\square$;三角带的体积电阻率为 $10^4 \sim 10^8$ $\Omega \cdot cm$。

③ 抗静电轮胎,用作汽车油罐车、危险工房中的运货车的车轮。体积电阻率一般为 $10^5 \sim 10^8$ $\Omega \cdot cm$。

④ 防静电胶底鞋,是在易燃爆场所防止人体带电的重要制品,体积电阻率为 $10^5 \sim 10^8$ $\Omega \cdot cm$。

⑤ 抗静电胶管,可用作可燃性气体、液体的输送管道等,体积电阻率为 $10^4 \sim 10^6$ $\Omega \cdot cm$。

⑥ 导电橡胶海绵片,可用作静电亚导体的间接接地材料、防静电容器的内衬等,体积电阻率为 $10^3 \sim 10^5$ $\Omega \cdot cm$。

⑦ 导静电盒,用来盛放火炸药及电爆火工品的原料、半成品和成品。体积电阻率为 $10^4 \sim 10^6$ $\Omega \cdot cm$。

⑧ 导静电胶液,用作抗静电胶板之间以及胶板与水泥地面之间的粘连,亦可作为某些绝缘制品的表面涂料,或作为孤立导体之间的跨接材料。体积电阻率为 $10^4 \sim 10^8$ $\Omega \cdot cm$。

抗静电橡胶制品因其较低的电阻率而有较强的泄漏静电的能力,在防止易燃爆场所的工装、设备、人体静电的累积方面有显著效果。例如,用抗静电输送带输送煤粉时,较之普通胶带输送,其静电电位可下降到原来的 $5\% \sim 10\%$;在电爆火工品振荡机的平台上,将普通胶板改为导静电胶板,振荡时的静电电位由原来的 $8\ kV$ 降至 $0.2\ kV$;特别对于防止人体静电累积,效果更为明显,在操作人员穿防静电鞋、车间地坪由原来的沥青地面改为防静电胶板后,人在进行剥离操作时,静电电位仅 0.2 kV,而原来高达 15 kV。值得注意的是,防静电胶底鞋和防静电地坪除具有泄漏人体静电的作用外,还具有抑制人体电位的作用,因为在上述情况下,人体对大地的电容将比穿普通胶鞋、站在一般沥青地坪上的电容增大几百至几千倍,这样人体在所带电量不变的情况下,电位也降低几百至几千分之一。

在各种树脂中添加炭黑制成的抗静电塑料制品在防止静电灾害中也得到了极广泛的应用。

## 7.6.3 导电纤维与抗静电织物

导电纤维是指全部或部分使用金属或碳等导电性材料制作的比电阻在 $10^8 \ \Omega \cdot cm$ 以下(优良者在 $10^2 \sim 10^5 \ \Omega \cdot cm$ 甚至更低)、直径在 $100 \ \mu m$ 以下的单纤维。利用混纺或交织的方法在普通化纤织物或其他制品中混入少量导电纤维,即可获得良好的抗静电性能。

### 1. 导电纤维织物的抗静电机理

在化纤织物中嵌入导电纤维之所以能够消除静电,是基于静电的中和和泄漏两种机理,分导电纤维不接地和接地两种情况加以说明。当含有导电纤维的织物由于某些原因(如摩擦)而带电后,导电纤维由于静电感应而带上与织物符号相反的电荷。但因导电纤维曲率半径极小,所以其上将有密度很大的电荷分布,从而在周围建立起强电场而使附近空气发生局部电离,即电晕放电。在电晕区中存在的与织物带电符号相反的离子向织物趋近,与织物所带电荷发生中和,从而消除静电。电晕放电是一种极微弱的放电现象,正如以前曾指出过的,这种放电不可能成为可燃性气体的点火源。电晕放电受导电纤维形状的影响,导电纤维的纤度越细、表面越粗糙或有突起处,越容易发生电晕放电。当然,织物所带静电越强,电晕放电也越容易。

当导电纤维接地时(例如当人体穿着含导电纤维的服装和防静电鞋并站在导电地坪上时),导电纤维仍会因感应电荷激发强电场而发生电晕放电,其中电晕区与带电体符号相反的离子与织物所带电荷中和,而与带电体符号相同的离子则通过导电纤维向大地泄漏掉。

### 2. 导电纤维织物的应用

以导电纤维为基础,利用混纺、混纤、交捻、交编、交织等方法制得的织物被称为第三代抗静电织物,在产业用纺织业中得到了广泛应用。导电纤维织物有如下几个突出优点。

第一,因为导电纤维消静电的机理是基于自由电子的移动,而不像化纤抗静电剂那样依靠吸湿和离子的转移,所以其抗静电性能基本不受环境湿度的影响。实验表明,在相对湿度低于 30% 的条件下,导电纤维织物仍能显示出良好的抗静电性能。第二,较之其他方法获得的抗静电织物(织物的表面抗静电剂整理、基于聚合物内部添加抗静电剂的纤维化学改性),导电纤维织物具有相对好的抗静电性能的耐久性和耐洗涤性。第三,导电纤维的混用率很低,即可使织物获得优良的抗静电性能,一般混用 0.2% ~ 2% 的导电纤维,即可赋予涤纶、锦纶织物以良好的抗静电效果。第四,导电纤维(特别是其中的复合纤维)的物理性能、细度、卷曲状态都与合成纤维相似,因此便于混合加工。上述优点使导电纤维及其制品在防静电工作服、地毯及工业用布方面发挥着重要作用。

防静电工作服绝大部分是以导电纤维织物为面料缝制的工作服,在火炸药、电爆火工品生产、石油、化工、煤矿等易燃爆场所,可有效地减少或消除人体服装上静电的积聚,防止静电放电引起的燃爆灾害事故。

导电纤维制品不仅用于工作服,而且在很多工业生产部门用于抗静电产业用布,主要有:工业输送带、储藏容器、包装材料、平带、V 形带、软管、输运槽、滤布及涂敷、净洗、研磨时的用布或纤维刷。此外,导电纤维制品还可以制作基于电中和原理的静电消除器。

# 7.7   人体静电的防护

人体作为一种特殊的静电导体,在静电防护方面有许多问题需要专门介绍。人体是一切活动的主体,同时人体静电也是静电危险场所中的主要危害源之一。在第 3 章已经对人体静电的定义、人体静电起电放电的规律做了专门的介绍。因为人体静电的特点,就决定了人体静电的防护技术也具有某些特殊性。人体静电防护是个系统工程,只有防护措施完善配套,才能达到预期目的。人体静电的防护系统包括穿防静电工作服的人、穿防静电鞋袜、设置防静电地面,必要时还要设置防静电工作台、防静电座椅、并配上防静电腕带。另外,在静电危险场所,不准脱换衣服,不准拥抱、跑跳,这样才能有效地控制人体静电的危害。

## 7.7.1   防静电鞋和导电鞋

在人体静电防护中最主要措施是保证人体始终静电接地,而鞋就是人体静电接地的关键制品之一。只有使鞋(包括袜子和鞋垫)对地电阻较小,才能保证人体上一旦积聚有静电时,就能够通过鞋和导电性地面顺畅地泄漏到大地。换句话说,只要人体通过鞋和地面与大地构成良好的电气连接,人体上也就不会积聚有静电了。

按照我国国家标准 GB 4385—1984《防静电胶底鞋、导电胶底鞋安全技术条件》的规定,防静电鞋的鞋底电阻值为 $5.0 \times 10^4 \sim 1.0 \times 10^8$ Ω;导电鞋的鞋底电阻值规定不大于 $1.5 \times 10^5$ Ω。对于防静电鞋来说,使用的场所可能既有危险静电源,又有工频交流电,为了使人体能及时消除静电积聚,又防止人体触及工频电源时发生强电击事故,对防静电鞋的电阻值不仅有上限要求,而且有下限要求。导电鞋只能用于没有工频电源等强电击危险的场所,因此导电鞋的电阻值仅有上限规定。

日本《静电安全指南》中规定防静电鞋的电阻值应为 $10^5 \sim 10^8$ Ω,并且在"掌握人体的带电和管理指标"一节中提到:防止人体带电所需要的静电泄漏电阻一般在 $10^8$ Ω 以下,这时人体静电电位在 100 V 以下。但是,在有氢气、乙炔和二硫化碳等最小引燃能量为 0.1 mJ 以下的爆炸性气体混合物、有氧气泄漏且浓度较大或组装、检查半导体元件的场所,静电泄漏电阻应在 $10^7$ Ω 以下,这时才能保证人体静电电位在 10 V 以下。德国的《静电危害性评价和控制》中提到:"对于爆炸性危险场所来说,如果测试时放于鞋外部的电极和放于鞋内部的电极间的电阻小于 $10^8$ Ω,则认为鞋是有导电性的。这个条件也适用于防护手套"。苏联《工业中的静电及防护》中说"抗静电鞋能有效地将人体静电导走,鞋的泄漏电阻必须为 $10^4 \sim 10^7$ Ω,此时必须有导电良好的地面"。英国国家标准 BS5859 中规定,有易燃气体或易燃性粉尘时,抗静电鞋袜或导电鞋袜的电阻值上升到 $10^8$ Ω 时,就应报废。

上述各国标准,虽然语言表述不同,但是对于防护人体静电危害所规定的鞋底电阻值基本相同。对于不同性质和不同等级的危险场所,防静电(导电)鞋的电阻值有所不同。另外,有关标准已明确指出,防静电鞋必须和导电良好的地坪相配合,才能有效地防止人体静电的积聚。

## 7.7.2　防静电(导电)地坪

为了有效地控制人体静电,采用防静电(导电)鞋的同时还要使用防静电(导电)地面,并且只有二者相配合使用才有泄漏人体静电的作用。当然,作为防静电(导电)地面来说,它不仅可以泄漏人体静电,也为活动的机具、工装等设备提供了静电接地的条件。

天然的土地、砖地和水泥地,都可以作为防静电地面使用。在一般情况下,这些地面的静电泄漏电阻值都在 $10^8$ Ω 以下。但是,在实验室、计算机房、工厂或有火炸药、电爆火工品等爆炸危险品的场所,除防止静电危害的要求外,还有防尘、防碰撞火花等要求。因此,研制、生产各种材质的防静电(导电)地面,已成为防静电危害领域一项十分重要的工作。从 70 年代开始,我国有关工厂、院校就已经进行这方面的研究工作。根据实际需要,先后研制成功不发火沥青砂浆导静电地面、水泥砂浆类导静电地面、不饱和树脂防静电地面、聚氨酯导电和防静电地面、黑色橡胶板导电地面、彩色橡胶板导电地面等六大类近 20 个品种。这些产品经过近十年的实践应用,性能稳定,达到了有关标准规定要求,在国内已推广使用。

随着科学技术的发展和不同行业对防静电地坪的要求,目前市场上已有多种防静电地面和导电地面。针对计算机房和某些特殊场所的需要,还生产有不同规格和性能的防静电活动地板及防静电地毯。

不同行业对防静电(导电)地面的静电泄漏电阻值要求不同,在易燃易爆物质存在的危险场所,要求地面的静电泄漏电阻值在 $10^5 \sim 10^8$ Ω,或更小。计算机房防静电地板的静电泄漏电阻分为 A、B 两级,并规定有严格的测试条件,A 级地板的静电泄漏电阻值

的最高限为 $10^8$ Ω；B 级地板的静电泄漏电阻值的最高限为 $10^{10}$ Ω。

实际上各种防静电（导电）地面的静电泄漏电阻值的大小主要取决于使用场所允许的人体静电电压的大小。假如危险场所允许人体静电最高电压为 $10^4$ V，根据目前工业生产水平和人体活动情况，静电起电率为 $10^{-13} \sim 10^{-4}$ A，即最大起电率为 $10^{-4}$ A。那么，现场要求人体对地的静电泄漏总电阻值为

$$R_{\text{泄}} = U/I = 10^8 \text{ Ω} \tag{7.22}$$

这就是说，人体通过防静电鞋与防静电地面对大地的总泄漏电阻值为 $10^8$ Ω，则防静电鞋与防静电地面的静电泄漏电阻值都应该小于 $10^8$ Ω。同样道理，当危险场所只允许人体静电为 10 V 时，由式（7.22）可得导电鞋与导电地面的静电泄漏电阻值都应该小于 $10^5$ Ω。

### 7.7.3　防静电腕带和脚带

在有关工厂装配、操作特别敏感的产品时，如薄膜电雷管、火花隙电雷管、屏蔽导电药电雷管等，或在集成电路生产、包装过程中，因安全电压都规定小于 100 V，所以要求操作者必须戴静电泄漏电阻为 $10^6$ Ω 的防静电腕带或脚带（图 7.15、图 7.16），并可靠接地，使人体静电能顺畅地泄漏，同时保证人身安全。这样可以严格控制人体静电造成的事故和损坏产品。

图 7.15　防静电腕带　　　　　　　　图 7.16　防静电脚带

### 7.7.4　防静电工作服

防静电工作服是防止人体静电造成危害的一种含有导电纤维或抗静电剂的工作服。缝制防静电工作服的布料有以下几种类型。

第一种是不锈钢纤维防静电布，在天然或合成纤维纺织加工过程中，加入少量不锈钢纤维，织成防静电布。这种布料制成的防静电工作服的特点是，可以在人体静电接地的情况下，通过传导和电晕放电消除人体静电。消电效果好，残留电压低，耐洗涤，其消电效果受温湿度条件影响小。

第二种是铜络合纤维防静电布，即在纤维喷丝后经过铜离子络合，使纤维表面镀上一

层铜离子络合物,起导电作用。这种防静电布不耐酸碱腐蚀,耐洗涤性较差。

第三种是碳素纤维防静电布,即导电微粒(一般为导电炭黑)加入纤维原料内,然后喷丝或者涂敷在纤维表面上,使纤维具有电晕放电效应。但是,这种防静电布制成的工作服,残留电压高。

第四种是使用抗静电剂制成的防静电布,即在纤维表面涂敷或在纤维原料中加入抗静电剂,制成易于吸收空气中水分的防静电布,其缺点是空气干燥时,几乎没有抗静电作用,而且不耐洗涤。但是,近期研制成功的抗静电改性剂达到了很好的消静电效果,在干燥环境中仍能保持良好的抗静电性能,其缺点是不耐洗涤。

除了上述几种防静电布料外,目前国内外还不断有新型防静电布研制成功,如防污易去污耐久性防静电布等。

防静电工作服的防静电性能,按照国标 GB 12014—89 的规定:每件防静电服的带电电荷量、耐洗涤性能,必须符合表 7.9 的要求。

表 7.9　GB 12014—89 规定防静电服的防静电性能

| | A 级 | B 级 | 试验方法 |
|---|---|---|---|
| 带电电荷量 | < 0.6 μC/ 件 | | 按本标准附录 A(补充件) 规定方法测试 |
| 耐洗涤时间 | ≥ 33.0 h | ≥ 16.5 h | 按本标准附录 B(补充件) 规定方法洗涤 |

一般来说,制作防静电工作服之前,应首先对防静电布料的防静电性能进行检测,但目前还没有这方面的国家标准。虽有测试方法标准,但国标规定的几种测试方法相关性差,而且同一测试方法不能统一对工作服和布料及试样实施非破坏性测试。给实际工作带来不便。军标 JXUB4—96《防静电工作服及其织物》,给出了防静电工作服和防静电织物的统一测试方法和评价标准,实现了非破坏性的测试。该标准规定的防静电工作服和防静电织物的静电性能是:防静电工作服和防静电织物的摩擦电位、耐洗涤性能,必须符合表 7.10 给出的指标,并依此分类、分级。洗涤方法按 GB 12014—89 附录 B 执行。

表 7.10　防静电工作服及其织物静电性能指标

| 分类 | 耐洗涤性能 | | 摩擦电位 /kV | | 试验方法 |
|---|---|---|---|---|---|
| | 分级 | 耐洗涤时间 /h | 衰减电位 V_{0.5} | 峰值电位 V_p | |
| 特种 | A 级 | ≥ 33.0 h | < 1.0 | < 2.0 | 按附录 A 规定方法进行测试(标准 GB 12014—89 的附录) |
| | B 级 | ≥ 16.5 h | | | |
| 普通 | A 级 | ≥ 33.0 h | < 8.0 | < 10.0 | |
| | B 级 | ≥ 16.5h | | | |

关于防静电工作服的使用要求,标准做出如下规定。

(1)穿用普通防静电工作服应与 GB 4385—1984 中规定的防静电鞋和防静电地面相配套,穿用特种防静电工作服应与 GB 4385—1984 中规定的导电鞋和导电地面相配套。

(2)在含有氢、乙炔、二硫化碳等可燃气体和电爆火工品及其药剂,最小点火能在0.1 mJ 以下的环境和 MOS、GaAsFET、EPROM 等静电敏感的电子元器件的生产、组装、检查等作业现场的人员,应穿特种防静电工作服。

（3）在存在电爆火工品、火炸药、粉尘和易燃、易爆气体混合物等最小点火能在0.1 mJ的静电危险场所和半导体器件生产、组装、检查等作业现场的人员，应穿用普通防静电工作服。

（4）防静电工作服应在进入静电危险场所之前穿好，现场禁止穿脱衣服。

（5）防静电工作服上禁止佩戴任何金属物件。

从上述标准规定内容可以看出，防静电工作服必须和防静电（导电）鞋、防静电（导电）地面配套使用，才能有效地消除人体静电和衣服的静电。这是因为防静电工作服消除人体静电的基本原理是通过导电纤维的电晕放电效应和通过人体静电接地途径传导电荷以消除静电，往往后一种消电途径起主要作用。所以，防静电工作服应该是"三紧式"，即对领口、袖口和下摆，均采用收紧的结构，并且不使用衬里，以保证工作服与人体有紧密接触处，使衣服上电荷可以通过人体向大地泄漏。

总之，人体作为一种特殊的、活动的导体，其静电危害是比较普遍的。只有对人体采取完善的、配套的防护措施，即人体着防静电工作服的同时，必须穿防静电（导电）鞋，地面为防静电（导电）地面，才能收到最佳防静电效果，尤其是鞋与地面的静电性能在人体静电防护中是最关键因素。

# 第8章 电子产品静电防护技术

　　电子产品包括元器件、部件、半成品、电子整机及系统等。自从 20 世纪 70 年代以来，集成电路(IC)特别是大规模、超大规模以及巨大规模集成电路已越来越广泛地应用于电子计算机、广播设备、通信设备、自动控制设备乃至家用电器中，成为这些电子产品的心脏。集成电路的小功耗、低电平、高集成度和高电磁灵敏度，使其承受 ESD 的能力大为下降，极易发生静电干扰和静电击穿等损害，并进而导致了电子整机和系统的故障。另外，在电子产品的加工制造、运输、存储和使用过程中，广泛采用了合成橡胶、塑料、化纤等高分子合成材料制成的工具、器具、铺垫、包装等。这些高绝缘制品极易产生和累积静电，使电子产品在生产和使用环境中的静电带电水平远远超过元器件的静电损害阈值。这两种情况合在一起使产品的静电危害问题变得更为突出。

　　然而，由于电子产品的静电危害较之其他危害具有很大的隐蔽性、潜在性、复杂性，再加上人们的一些片面认识，因此公众甚至电子行业的专业人员对静电危害的估计仍显不足。具体表现在：元器件、设备出现故障后往往首先考虑的是元器件自身的质量或设计、工艺方面的问题，很少有人想到这可能是静电危害造成的。出现这种问题并不奇怪，主要有几个方面的原因。① 人体对 ESD 的感觉是相当迟钝的。人体在 $1 \sim 2$ kV 以下发生放电时基本上是感觉不到的，但这种电压较低的 ESD 可能会使很多敏感器件受损。如 MOS 器件耐压值为 $100 \sim 200$ V，一些新技术的 MOS 器件(垂直 MOS，HMOS)其耐压值仅为几十伏，所以微电子器件和电子整机的静电损害常常是在人们不知不觉中就发生了。②ESD 对元器件和电子整机的击穿损害绝大部分属于一种潜在性的软击穿。这种损伤并不会马上影响其使用功能，而只是使有关参数有所变化，但仍在合格范围内。而随着时间的推移，ESD 再度发生，最终将导致元器件彻底失效或设备报废。所以这种软损伤在初期是极难发现的。③ 元器件失效的原因很多，分析也很复杂，一般要由专门的机构使用较高级的仪器和技术才能做出，否则就很难把静电损伤与其他瞬变过程的过电压造成的损伤区别开来。因为一般单位不具备这种分析技术，所以人们很容易把静电损伤错误地归因于其他损伤，从而掩盖了 ESD 的损害。④ 有人片面地认为，现在很多静电敏感器件的印制线路板在制造阶段已由厂家设计加装了 ESD 保护电路，似乎这样一来元器件就绝对安全了。然而实际上这种保护作用在大电压和脉冲宽度限制的作用下是十分有限的，在使用过程中不注意防护仍会发生静电损伤。

　　鉴于以上情况，更有必要提高对电子产品 ESD 危害的认识，并掌握一些基本 ESD 防护技术。

# 8.1　静电放电对电子产品的能量耦合方式

一般说来,ESD 对电子产品造成危害的能量耦合方式有传导耦合和辐射耦合两种模式。

## 8.1.1　传导耦合

传导耦合途径要求在 ESD 源和敏感设备之间有完整的电路连接。通常有三种耦合通路:① 公共电源;② 公共地回路;③ 信号线之间的近场感应。从本质上讲,传导耦合是一种互阻抗耦合或互导纳耦合。当两个电路共电源或共地时,两个电路间就有共电源阻抗或共地回路阻抗,这时当一个电路中的电流流经公共阻抗时,就会在另一个电路中形成反馈电压,此电压影响该电路的负载,并造成干扰;反之亦然。当两个闭合回路距离很近时,即使没有直接连接,但两个邻近电路之间存在分布电容,所以还存在电容耦合。因此,有的文献把传导耦合又分为三种方式:ESD 能量的直接耦合或 ESD 电流注入造成危害,ESD 能量通过电容(包括分布电容)耦合对电路造成危害及 ESD 能量通过电感耦合对电路造成危害。

## 8.1.2　辐射耦合

辐射耦合是 ESD 产生宽带电磁辐射造成电磁干扰的一种主要方式。如果电子系统或设备封闭在一个无开口、无接头和无不连续性的金属壳体内部(这是一理想的情况),壳体内外也没有导体贯穿,ESD 产生的辐射电磁能量仍有一部分可以直接穿透机壳,耦合到机壳内的电子系统或元件上,如电磁能量首先辐射到屏蔽体或机壳的外表面,产生集肤电流和电荷的聚集,这些电流和电荷就像天线(真实的和等效的)或开口一样,引起电磁场穿透,于是电磁能量就耦合到系统的内部。系统内部的能量可以耦合到电缆或管脚等物体上,进一步引到电磁敏感的元器件上。其耦合程度可用屏蔽外与屏蔽内电场或磁场强度的比来表征,通常以分贝为单位。

实际上的电子装备(如电子方舱、仪器设备的屏蔽壳等)总是有孔洞、缝隙或对外的连线,这些连线常常等效为"天线"。对于一般设备来说,等效"天线"还包括:电缆敷设的线路、导管和导管系统、天线和天线支撑塔、架空电力线、电话线、埋设的管道和电缆、金属栅栏和铁轨、金属小管管线、接地系统等。电磁辐射可以在这些"天线"上感应出电流和电压,并向远处传播,引到与之相接的设备上。所感应的电压和电流除与入射的电磁场强度、时间特性和极化方式有关外,还与其对长导体的入射角度、方位、架线高度、走线方式(垂直、水平)和地面电导率等参数及长导体的负载阻抗有关。这种通过"天线"耦合的 ESD 能量,也称"前门"耦合能量。"前门"耦合使电路输入端的器件受到损伤或输入错误信号破坏系统的正常运行。

电磁能量通过缝隙和孔洞的耦合,称为"后门"耦合。由于屏蔽壳上总是有孔洞和缝隙的存在,因此大大降低了壳体的屏蔽效能。ESD 的辐射实际上是传播的电磁波,根据惠更斯－菲涅耳原理不难解释孔洞的耦合机理,可以把孔洞看作辐射源,当电磁能量入射到壳体的孔洞上时,孔洞辐射源被激励,并在壳体内产生电磁场。该干扰场电磁强度与以下几个因素有关:(1)孔洞处入射的电磁场强度及其时域特性、极化方式和方向;(2)孔洞相对于入射波长的尺寸(若孔洞尺寸为入射波半波长的整数倍,则会大大加强其耦合作用);(3)壳体材料的电特性;(4)孔洞相对于壳体的轴线;(5)入射场的位置及壳体的几何形状。壳体上的缝隙有两种:一种是间隙,这种情况与孔洞的耦合机理类似;另一种是低导电率接缝,即两种不同的金属连接在一起。在这种情况下,电磁场感应的电流在流过不同导电率金属时会产生压降。进入壳体内的电磁能量会被电路拾取,引入元器件内并造成干扰。就电子装备而言,常见的屏蔽不连续形式包括:两个紧密接触的不同的金属体接缝(如衔接、焊接),加有金属衬垫的表面间接接缝或孔隙,设备的通风孔,表头、照明灯、电话等连接导线及各种电缆、水管的出入口。

# 8.2 电子产品静电防护概论

一般来说,静电防护可以分为两个方面和三个目的。两个方面是指安全防护和产品防护,对不同行业有不同的侧重点。例如,对于化工、采矿、粉体加工等易发生燃爆灾害的行业,以安全防护为主;对于电子、通信行业,大量发生的 ESD 对电子元器件的击穿损害和对电子、通信设备的电磁干扰,以产品防护为主。三个目的是:保证人员和生产场所的安全,防止火灾与爆炸;提高工艺成品率;确保产品、成品的可靠性。对于电子产品的静电防护显然以后两个目的为主。另外,从静电危害的两类形式来看,静电防护又可分为对力学效应引起危害的防护和对电效应引起危害的防护,对电子产品而言,以后者为主。

## 8.2.1 电子产品的环境安全电位

电子产品的主要静电危害形式是 ESD 对元器件的击穿进而导致电子整机性能下降或失效;另一种则是 ESD 对电子产品的电磁干扰损害。由此可见,对电子产品进行静电防护的根本目的应是通过各种手段控制 ESD。控制 ESD 有两方面的含义:一是尽量避免 ESD 的发生;二是如果不能避免发生,则应将其放电能量降至所有静电敏感元器件的损坏阈值以下。损坏阈值是指能够使元器件发生 ESD 损坏所需的最小能量。

在生产中要判断 ESD 在什么情况下会对元器件造成损坏,什么情况下不会,需要解决两方面的问题:一是测量以能量表征的元器件的损坏阈值 $W_{min}$;二是确定在现场工艺条件下可能出现的最大 ESD 能量 $W_{max}$。然后将二者加以比较,如果后者比前者小得多,则现场工艺对静电而言是安全的;否则,就有发生 ESD 损坏的可能。但现场条件下带电体(ESD源)放电能量的测量是相当困难的,所以比较实用的方法是根据 ESD 源放电前的带电情况(如所带静电的电位)进行判断。但应注意,这种判断方法对带电导体和绝缘体是不同的。

在第 4 章已指出,导体放电时能量是一次性完全释放,且是按 $W=\frac{1}{2}CU^2$ 计算的。将此能量与元器件的 $W_{min}$ 相比较,即要求 $W\leqslant W_{min}$,由此可推算出带电导体发生放电时不致使器件损坏的安全电位为

$$U_k\leqslant\sqrt{\frac{2W_{min}}{\alpha C}} \tag{8.1}$$

式中,$\alpha$ 为恒大于 1 的安全系数。

对于带电的绝缘体,由于其放电具有明显的脉冲性质,且每次释放的能量又是随机的,因此不可能找出一个像导体那样确定安全电位的公式。由于在电子产品的生产和使用环境中,绝大多数的带电体(ESD源)都是绝缘体,因此使得这个问题更加复杂。根据国内外电子、通信行业静电防护的长期实践经验,目前一般把不致引起所有静电敏感元器件发生 ESD 击穿损坏和不致引起所有电子、通信设备发生明显电磁干扰的环境安全电位定为 100 V。也就是说,在进行 ESD 防护设计时,必须保证环境静电电位在任何情况下都低于 100 V。考虑到 ESD 导致电子产品损坏的机理既有电压效应又有能量效应,但相比较而言,电压效应更突出,危害条件的存在更普遍,所以用环境安全电位作为评估 ESD 危害的指标更有实际意义。

## 8.2.2　电子产品静电防护原理

前已述及,电子产品 ESD 防护的根本目的是要控制 ESD,而要做到这一点,归根到底仍是减少物体上的静电累积量,削弱带电体激发的电场强度。根据第 3 章关于静电起电及其流散、累积规律的讨论,做到如下五条即可达到减少静电累积量的目的,也就是说可以提出如下五条 ESD 防护的基本原理。

### 1. 减少静电的产生量

在电子产品生产或使用过程中,适当选择参与接触、摩擦的材料(如选用在静电系列中相距较近的材料),改变工艺条件(如控制运行速度、减少接触压力)都可减小带电体上静电荷的累积量。

### 2. 加快静电的泄漏

泄漏是静电流散的重要途径,加快静电泄漏也就是加快静电的流散,从而减少带电体上的静电电量。应当注意,对带电导体和绝缘体加快泄漏的方法是不同的:对带电导体,可采用接地的方法导走其静电;而对于绝缘体,则只能设法降低其表面或体积电阻率,使电荷在物体上容易分散并进而泄漏。

### 3. 创造使静电得以中和的条件

中和也是静电流散的重要途径。通常的自然中和量太小，不足以有效地减少物体上静电荷的累积量。所以必须采用人为的方法（利用高压电场或放射性射线）使空气局部高度电离，所产生的大量带电离子就能较快地中和掉带电体上的异号电荷。

### 4. 屏蔽

采用静电屏蔽材料制作的容器盛放静电敏感元器件（SSD），由于外部带电体激发的电场被阻隔在屏蔽容器之外，切断了 ESD 源与 SSD 的耦合通道，因此保护了 SSD 免受 ESD 损害。但必须指出，由于 ESD 能量与 SSD 的耦合途径除传导耦合外还有辐射耦合，因此这里所说的屏蔽不仅包括对静电场的屏蔽，也包括阻断电磁场辐射的电磁屏蔽。也就是说，传统意义上的静电屏蔽只能阻隔静电场对 SSD 的耦合，而不能阻隔 ESD/EMP 对 SSD 的辐射耦合。

### 5. 整平

应尽可能使带电体及周围物体的表面保持平滑和洁净，以减少尖端放电的可能性。

## 8.2.3 电子产品静电防护方法的分类

从 6.3 节可知要形成 ESD 对电子产品的危害，必须同时具备三个条件，即：环境中已出现危险的 ESD 源；环境中存在着 SSD；ESD 源具备放电条件并能将能量耦合到元器件上。只要破坏这三个条件之中的一个就能防止静电危害。因此，相应地就有三种方法：通过合理化设计提高元器件、组件、整机本身承受 ESD 的能力；通过环境控制阻止 ESD 源发生危险的放电；采取措施切断 ESD 源与元器件、整机的耦合通道。后两种方法实际上都和构建一个能够防止 ESD 危害的电子产品生产的环境有关，因而这三种方法可归结为两大类：一是实施电子产品的 ESD 防护设计，二是构建电子产品的 ESD 防护环境。

电子产品的 ESD 防护设计通过改进敏感元器件、组件和整机系统的设计，来提高产品自身对于 ESD 的防护能力，使产品在外部使用环境中可能存在某些不可避免的 ESD 危害时，仍能稳定地工作。实施 ESD 防护设计的基本方法是加装保护电路，但这种方法有很大的局限性，表现在以下几个方面：首先，任何保护电路的保护范围都受最大电压和脉冲宽度的限制，如果超过这一限制，ESD 仍可使元器件受到击穿，并可能损害保护电路本身，进而更大程度地引起元器件功能的退化；其次，在芯片上加装保护电路受到诸如尺寸、成本、技术等方面的制约，因为要制造能通过大电流的二极管和大功率电阻及截面较大铝条，不但技术上困难而且成本也很高；另外，保护电路往往会对元器件产生许多副作用，如增大电路噪声、降低电路增益等，使元器件的正常使用和功能受到影响。

鉴于此，电子产品的 ESD 防护应重点采用第二类方法，即构建电子产品的 ESD 防护环境，实行电子产品的静电防护操作，使敏感元器件、组件、电子整机在生产加工和使用过程中始终处于无 ESD 威胁的环境之中。显然,这类方法的根本目的是控制 ESD,而要控制 ESD,就是要降低物体上静电荷的累积水平,其所依据的基本原理也已在上面论述过。

## 8.2.4 电子产品静电防护的特点

电子产品的 ESD 防护有下列特点。

(1) 需要对产品工作寿命的全过程进行防护。

(2) 需要从设计开始,到加工、制造、使用、维护的所有环节上对产品进行防护。

(3) 需要通过组件或设备中对静电危害最敏感的部件来确定应有的防护水平。

(4) 需要由所有相关人员共同参与实施防护措施,包括硬件和软件两方面的措施。

国家军用标准 GJB1649—93《电子产品静电放电控制大纲》等效采用美国军用标准 MIL-STD-1686B(1988)编制,它比较充分地表达了电子产品静电防护的特点,并且对包括民用电子产品在内的所有电子产品的静电防护均具有指导意义。该标准对电子产品静电防护要求的整体性规定见表 8.1。

**表 8.1 静电放电控制大纲要求**

| 职能部门 | 要素 | | | | | | | | | | | |
|---|---|---|---|---|---|---|---|---|---|---|---|---|
| | 控制大纲计划 | 敏感度分级 | 设计保护(不包括零件保护) | 保护区 | 操作程序 | 保护罩 | 培训 | 硬件标记 | 文件 | 包装 | 质量保证规定检查和评审 | 失效分析 |
| 设计 | √ | √ | √ | √ | √ | √ | √ | √ | √ | √ | √ | √ |
| 生产 | √ | — | — | √ | √ | √ | √ | √ | √ | √ | √ | √ |
| 检查和试验 | √ | — | — | √ | √ | √ | √ | √ | √ | √ | √ | √ |
| 储存和运输 | √ | — | — | √ | √ | √ | √ | √ | √ | √ | √ | |
| 安装 | √ | — | — | √ | √ | √ | √ | √ | √ | √ | √ | |
| 维护和修理 | √ | — | — | √ | √ | √ | √ | √ | √ | | √ | √ |

注:"√"表示考虑,"—"表示不考虑。

表 8.1 给出了电子产品静电放电各控制要素和相关职能部门的关系。所列出的各相关职能部门包括产品的设计、生产、检查和试验、存储和运输、安装、维护和修理(参见表中最左边的竖列)。所列出的控制要素包括静电放电的控制大纲计划、敏感度分级、设计保护、保护区、操作程序、保护罩、培训、硬件标记、文件、包装、质量保证规定检查和评审、失效分析等(参见表头各栏)。

在"职能部门"和"要素"的各个交叉点,凡带有"√"者表示必须作为必要因素由相应的职能部门给予考虑。例如,表 8.1 中左数第 2 列中均为"√"标记,说明各相关职能部门都必须考虑"控制大纲计划"的建立与实施;表 8.1 中左数第 4 列中,只有"设计"部门标记为"√",其余全是"—",说明产品的设计保护问题只由设计部门负责。

# 8.3 电子产品静电防护设计

根据前述对 ESD 危害形成条件的分析可知,防止 ESD 危害的方法可归结为两大类,即实施电子产品的 ESD 防护设计和构建电子产品的 ESD 防护环境。

电子产品的 ESD 防护设计包括电子元器件的防护设计、印制板组件的防护设计、电子整机与系统的防护设计。这项工作涉及比较专业的知识,下面仅做简要介绍。

## 8.3.1 电子元器件的静电防护设计

对 SSD 设置 ESD 保护电路,是防止器件损害的有效方法之一。目前国内外已研制出多种保护电路。这些电路提供的 ESD 防护电压已达 2 kV,而设备的 ESD 防护可达 4 kV 以上。保护电路往往由在一定程度上敏感的 SSD 构成。需要指出的是,保护电路可以降低器件对 ESD 的敏感性,但不能彻底消除。

**1. SSD 器件静电敏感度与其设计结构的关系**

半导体器件的静电敏感度与器件的设计结构有密切关系,主要表现在以下几个方面。

(1)随着工艺水平的提高,集成电路的集成度和运行速度也不断提高,而内部的元器件尺寸进一步缩小,这样就导致 ESD 失效,电压阈值降低,因而高速和大规模、超大规模集成电路更容易受到 ESD 损伤。

(2)MOS 器件在结构上存在非常薄的栅氧化层,而栅电极最易受到 ESD 损伤。

(3)在制造工艺上,大规模集成电路采用多层金属化或多层布线,金属化孔尺寸进一步缩小,并且采用了 n+隔离环结构等,这些措施都降低了器件抗静电损伤的能力。

(4)敏感结构常常靠近输入、输出及电源端,像 MOS 单元的栅或双极器件的 eb 结直接连接在外引出端面,而又没有串联或并联到地端的电阻进行保护,使这些结构极易受到 ESD 损伤。

(5)为了提高 TTL 电路的速度,在输入端引入肖特基二极管,其明显降低了抗静电能力。

(6)硅栅 MOS 电路的 ESD 损伤阈值低于铝金属栅 MOS 电路,输入与输出端相比,输出端对静电更敏感(因无保护网络)。

(7)输入保护网络的类型及位置、工艺质量对 SSD 抗静电损伤有很大影响。

**2. 常见的静电放电防护器件**

(1)二极管。

几乎所有"在芯片上"的输入防护网络都使用了某种 PN 结的形式。在 ESD 瞬变过程中,影响 PN 结特性的因素包括:强电场、大电流密度、高温和非均匀的电流流通,这些会引起二极管特性的显著偏移。因此,防护网络中 PN 结的位置是很重要的。应当强调的是电路设计人员要了解被防护的电压和电流的幅度。同时应清楚地了解有关击穿电压的影响因素、输入电容、结面积及雪崩结在邻近构件上可能产生的影响。

现代 CMOS 工艺在输入防护电路设计上的最新进展是以横向硅可控整流器为基础的新的工艺容差电路。低阻、正向导通状态给大范围的工艺变化提供了设计的稳定性。横向硅可控整流器件对于利用硅化物扩散的从 $2\ \mu m$ 突变结到 $1\ \mu m$ 浅掺杂漏极结的 CMOS 工艺来说是非常有效的。这种防护电路可以用到 CMOS 工艺的 VLSI 器件的设计中去,因为这种器件不直接与正电源相连,所以它的自锁性不是问题。但是,应防止相邻输入端之间的相互作用,这可以借助于使用预防性保护环境来达到。

现代 CMOS 工艺输出端的 ESD 防护技术包括以下两点。

① CMOS 缓冲器的有效设计和配置以达到良好的 ESD 防护。

② 采用一种埋层扩散结构以免除硅化工艺导致的 ESD 性能降低。抑制漏极结处硅化作用和在源极/漏极处突变结的形成,这种器件对于人体模型和机器模型的静电放电有良好的性能。

(2) 电阻器。

电阻器用在 ESD 防护网络中已有多年了。适当使用电阻器,能增强特定网络的输入保护能力。电阻器的两种主要类别是扩散型和多晶硅型。研究表明,使用直接连接到输入结合区的多晶硅电阻器的防护网络比使用扩散型电阻器的网络更敏感。这样,如果电阻器需要作为 ESD 防护网络的一部分,那么应该使用扩散型电阻器。

电阻器的配置应避免出现 $90°$ 转角或任何其他能造成非均匀电流和电场分布的几何图形。

(3) 三层器件(NPN 或 PNP)。

三层器件的层之间的连接及其间距能对输入/输出结构的 ESD 敏感度水平产生较大的影响。源极/漏极扩散的结果或当穿接和扩散型电阻器互相靠近放置时可构成三层器件。因为这些寄生双极型晶体管的运行能被雪崩击穿电压所触发,所以希望超过此击穿电压的情况能够得到控制。一种常用的方法是将漏极结的部分设计成球形结,或用离子注入来削减其击穿电压。

(4) 四层器件(PNPN)。

在大多数 CMOS 和双极型技术中,最重要的防护元器件之一是四层器件。在分立式形式中,这些器件被称为晶闸晶体管(或 SCR)。在大多数 CMOS 或双极型技术中,这些四层结构是经常使用的。然而,集成的 SCR 在防护 ESD 脉冲的损坏方面很有效。通过适当地控制 SCR 的参数(直流触发电压、保持电流等),能获得优良的 ESD 防护网络。

为避免与 PN 结有关的强电场或电流聚集于 PN 结区域,利用静电感应晶体管原理的一种新型的 ESD 防护器件在芯片上得到了应用。这种方法依靠在每个接地基片之下制作一个静电感应晶体管使从基片直接放电的电流减少。此种设计避免了芯片表面上放电电流的横向流动,并且消除了沿放电路径的任何反向偏压结。此外,这种方法节省了芯片面积,并且凭借存在一个多数载流子器件提供了调整功能,因此具有良好的热稳定性。

### 3. ESD 防护网络设计时需考虑的问题

铝金属化层和扩散区之间的接触层在决定输入结构的 ESD 敏感度水平方面起重要作用。通过下述措施可以改善器件的抗 ESD 强度:提供充分的金属层到扩散区边缘的间隙;对铝多晶硅接触层使用多接头片;为避免非均匀电流流过而使用大的环形接触层;如果工艺允许,使用深扩散结。

研究表明,在瞬变电压条件下,对于金属化层的失效来说,主要的参数是电流密度和电压脉冲的周期。例如,$90°$ 转弯会引起转角内非均匀的电流分布。因此,在防护网络中的金属化层避免 $90°$ 转角是有益的。由于在氧化物台阶处的金属化层可能比其他位置上的更薄,因此在进行用于 ESD 防护网络中金属化层的线宽设计时,应注意考虑这些位置处金属化层厚度减小的影响。

各种设计技术已经在降低元器件和组件的 ESD 敏感度中得到应用。扩散型电阻器和限流电流器提供了某些保护,但仅限于它们所能控制的电压范围内。齐纳二极管需要大于 5 ns 的开关时间,不足以快到能够保护一个 MOS 门电路,而且齐纳二极管电路、扩散型电阻器和限流电阻器会降低元器件的性能,这些特性在许多情况下对于被设计的器件来说都是所要考虑的主要问题。

为降低元器件和混合电路的 ESD 敏感度,提出如下注意事项。

(1)MOS 器件的防护电路改进技术是:增加二极管尺寸;采用双极性二极管;串联电阻器;利用分布网络效应。

(2)避免在与外部引线连接的金属导线下面"穿接",否则该元器件易受到外界干扰而成为静电敏感器件。同时,因为穿接是在 N+(发射结)扩散过程中形成的,在该扩散层上面的氧化层较薄,使此区域具有较低的电介质击穿电压。如果在器件制备过程中用深 N 扩散工序,那么应当以深 N 扩散而不是 N+ 扩散用来形成穿接。

(3)应对 MOS 防护电路进行检查,以察看其设计方案是否合理。

(4)在双极型器件上,任何接触层边缘和结之间的距离应等于或大于 70 $\mu$m。

(5)线性集成电路的电容器应与击穿电压足够低的 PN 结并联。

(6)对于双极型器件,设计上应避免在 ESD 事件发生时使 PN 结耗尽区内存在高的瞬时能量密度。采用串联电阻器以限制 ESD 电流或采用并联元件以从关键元件上分流。在易受到损坏的引线和一根或多根电源供电引线之间加上钳位二极管,能借助于保持关键结不进入反向击穿来改善抗 ESD 特性。若无法使结不进入反向击穿,实际上增大结的面积将提高它的抗 ESD 能力,这借助于降低了与结的面积成反比的初始瞬时能量密度。

(7)增加基极接触点附近的发射结周长能改善晶体管的抗 ESD 能力,这减小了关键的发射结侧壁处的瞬时能量密度。增加发射结扩散面积在某些脉冲工作情况下也是有用的。

(8)采用钳位二极管会浪费芯片面积和产生不希望的寄生效应,作为一种替代的方法是用"虚拟发射极"晶体管来改善抗 ESD 能力。"虚拟"晶体管含有一个第 2 发射极,扩散结对基极接触点短路,使基极接触点与正常发射极慎重地隔开,而又不影响晶体管的工作。第 2 发射极在埋层集电极和基极接触点之间提供了一个较低的击穿电压 BVCEO 通路。

(9)尽可能避免金属化层交叠。这些交叠区常常由薄电介质层隔开。例如淀积了第一层金属化层铝以后,电路应不能受到超过 550 ℃ 的高温处理,因为 Al－Si 系统共熔点是575 ℃。因此,电介质层(SiO₂)应该用低温淀积工艺,例如热分解淀积。有两个原因使该层很容易因 ESD 而击穿:通常低温生长的 SiO₂ 层厚度是不均匀的,且有针孔;电介质层薄,因此击穿电压很低。

(10)只要有可能就要避免寄生 MOS 电容器。交叠在低电阻有源区上有金属化层的微电路,对 ESD 是中等敏感的。这种结构包括 N＋保护环上有金属化通路的微电路。N＋保护环用在 N 型外延隔离岛上,以防止 N 型半导体可能反型为 P 型半导体,并减小漏电流。因为 N＋保护环上最后的氧化层比较薄,当金属化层通路在这个环上通过时,会形成相对低击穿电压的寄生 MOS 电容器。

(11)在使用包含对 ESD 一般中等敏感的电介质隔离的双极型器件的微电路和混合电路时要小心。在这些小几何尺寸的双极型器件之间的薄电介质层,容易受到 ESD 作用而击穿,发生失效。

(12)输入防护网络应靠近连接衬垫。换句话说,应避免在芯片周围汇集静电脉冲。

(13)应使用适当宽度的短的多晶硅带连接铝至扩散型电阻器。以避免金属扩散到扩散区接触层。

(14)在静电防护网络设计时,应考虑到要有完整的静电脉冲通道。

## 8.3.2　印刷板组件的静电防护设计

印刷线路板(PWB)是最主要的电子产品组件,它是利用薄的导电线条,在各工序通过各种方法将电路布线图形复制在绝缘基板内部的一种电路,分单面板、双面板和用于复杂线路的多层板。以下从三个方面介绍印制板组件的 ESD 防护设计。

### 1.元器件的选择和控制

印制线路板的 ESD 防护设计首先是应尽可能选用自身带有 ESD 保护电路的 SSD,特别是 CMOS 电路。也就是说,在满足组件功能要求的前提下,应尽量选用静电敏感电压阈值高的元器件,因为印制线路板组件的静电敏感电压值取决于该组件内静电敏感电压值最低的元器件。除实施正确的选型外,对于敏感元器件的控制技术也很重要。在每批印制线路板组件装联之前,对敏感元器件特别是决定组件 ESD 防护能力的关键元器件,应采取质量抽查控制,以保证其静电敏感电压值在设计的要求之内。

### 2.ESD 防护设计的措施

(1)在印制线路板上加装瞬态抑制器,以使危险的过电压在达到敏感元器件之前就被阻止。

(2)对敏感的元器件设置专门的局部屏蔽,如屏蔽片或屏蔽罩。

(3)尽量采用双面或多层印制线路板。相对于单面板,双面板和多层板不仅有一定的屏蔽效果,而且也减少了操作人员与敏感元器件管脚碰触的可能性。

(4)应避免已装联到印制板线路上的 CMOS 器件的输入端被悬空;同时 MOS 器件所有不同的多余输入引线也不能悬空;避免把元器件的引线通到印刷线路板的边缘、连接器或其他人体可能触及的点。

**3.采取防止高频辐射的设计措施**

作为整机系统一部分的印制线路板组件,其功能一方面会受到来自系统工作时发生的高频电磁辐射的影响;另一方面若有 ESD 发生,则因 ESD 总是伴随着电磁干扰辐射,所以也会对组件工作产生影响。实践表明,电子整机系统中靠近印制线路板组件的一些金属构件、面板、紧固装置等一旦发生 ESD,就总是伴随着宽频带电磁干扰辐射,很容易对印制线路板产生电磁干扰。所以,印制线路板 ESD 防护设计必须考虑防电磁干扰的要求。为此,可采取如下一些措施。

(1)在可能的情况下尽量采用多层板。

(2)加设一个边界防护环,使电子整机的面板、紧固装置等金属构件适当接地。

(3)采用接地栅网或等电位平面,使信号系统对地及电源对地的路径减至最短,以最大限度地减小接地电阻,从而快速泄漏掉静电荷。

## 8.3.3 电子整机与系统的静电防护设计

对电子整机或系统来说,比较有效的 ESD 防护方法是采用法拉第筒或笼将整机或系统予以屏蔽,但这将受到成本和本身工作条件的限制。为此可以采取如下一些局部的措施改善设备的 ESD 防护能力。

(1)将所有电缆予以屏蔽,尽量减小其长度。

(2)尽量减小面板和紧固装置上的机械开口以及孔、缝等。

(3)使所有暴露的元器件和金属构件接地。

(4)利用导电衬或类似的零件密封门和面板上的开口。

(5)前面板上的安装零件尽量使用凹式的,以减少 ESD 的可能性。

(6)在设备上提供接地腕带的接头,以方便操作人员接地使用。

(7)接地电路尽量采用对 ESD 不敏感的元器件。

(8)与 ESD 敏感电路连接的设备外接连接器应采用 ESD 保护帽或盖结构。

(9)安装印制线路板组件的面板应采用金属制成件并接地,其上的连接端子应为凹式的。

(10)机内元器件和组件的布置应使 ESD 敏感元器件远离能产生静电场的部件,如排风扇等。

(11)ESD 敏感产品应设置与大地或大系统金属外壳相连接的接地端子。

(12)当设计中含有键盘、控制板、手动控制器或锁键系统时,应做到能使操作人员的人体静电荷直接释放到接地机壳,而使敏感元器件被旁路。此外,还可以考虑采用边界保护环、局部屏蔽等。

## 8.3.4　构建电子产品的静电防护环境

构建电子产品的静电防护环境的根本目的是控制 ESD,具体实施方法一是尽量避免环境中 ESD 的发生,二是若不能避免其发生则应使其能量降至所有 SSD 的损坏阈值以下。目前,一般把不致引起所有 SSD 发生 ESD 击穿损害或不致引起所有电子、通信设备发生明显电磁干扰的环境安全电位定为 100 V。也就是说,在构建电子产品的 ESD 防护环境时,必须保证环境、任何物体的静电电位都要低于 100 V。但这只是一个参考数据。

构建电子产品的 ESD 防护环境的具体措施如下。

(1)采用各种防静电器材。

构建电子产品的 ESD 防护环境有很多具体措施,其中最主要的是在电子产品的加工制造和使用过程中采用各种静电防护器材,以使人体、工装、设备等的带电降低到电子产品的 ESD 损坏阈值以下,从而对其提供保护。

静电防护器材大体上可分为两类:一类是基于静电泄漏的原理,采用电阻率较低的静电导体或亚导体制作的各种防静电产品;另一类是基于静电中和原理,即采用各种静电消除器。如按照电子产品生产或使用中 ESD 源的类型,也可将静电防护器材划分为人体防静电系统、防静电建筑环境及防静电操作系统三大类。关于防静电器材的使用参见8.4 节。

(2)建立静电接地系统。

电子产品生产厂房的静电接地是泄漏静电工艺的重要环节,引入厂房内的静电接电线专供人体、设施、设备及各种工具、器具泄漏静电荷之用。静电接地的原理及基本概念已在前面章节专门介绍过,现仅结合电子工业实际再提出如下要点。

① 电子工业厂房的静电接地系统一般应单独设置,与其他接地系统分开。为此应单独开挖地线坑,埋设接地体,从接地体引入接地主干线到工作区,并在每层工作区构成子系统(例如,可沿墙壁设环扁钢或铝条接地带,其上安装接线柱,子系统可用接地线与主干线相连),供工作区人体、设备、工装静电接地。

② 若实在无条件单独设置静电接地,可采用"一点引出,电阻隔离"的方法,即从电源变电箱在地线处(此处至大地的接地电阻小于 4 Ω)引出电源零线的同时,在同一点经1 MΩ 电阻后再单独引出一根地线作为防静电接地的主干线,然后由此出发进行防静电系统的设计。接出的主干线以后应一直与电源严格分开,各走其道。

无论采用哪种情况的静电接地,都应注意以下几点。

① 严禁将防静电接地地线与电源的零线接为一点。这种接法容易造成电源与防静电之间的干扰,特别是三相负载不平衡时,电源零线有电流存在,该电流可回流至静电接

地的人体和设备、工装上，造成影响。特别是当电源相线与零线短路时，这种情况更危险。

②将电子线路的工作地、干线作为防静电接地线也是不允许的。

③静电接地干线与防雷接地干线间的距离应符合有关规定，防止雷电流反击。

④生产区内各物体应区别不同情况接地。凡落地式设备及烙铁、吸粉器等的外壳应实行硬接地；人体、台式设备、工作台垫必须软接地。

（3）制定并实施严格的防静电操作规程。

管理人员应制定防静电操作规程，对相关人员进行教育和培训。在采购、运输、保管和工序流转过程中，相关人员应具有防静电知识，在装配、校验、检查、包装过程中，应在防静电环境下操作，操作人员应装备人体防静电系统和操作系统，严格按规程操作。

# 8.4　静电防护器材的应用

前面已指出，电子产品的 ESD 防护方法可分为电子整机与系统的静电防护设计和构建电子产品的静电防护环境两大类。前一种方法有很大的局限性，且有一定的被动性；后一种方法能主动地使敏感元器件、组件、整机在生产加工和使用过程中始终处于无 ESD 威胁的环境之中，因而是 ESD 防护最有效、最常用的方法。

构建电子产品的 ESD 防护环境有很多具体措施，其中最主要的措施是在电子产品的加工制作和使用过程中采用各种静电防护器件。按照电子产品生产或使用中 ESD 源的类型，可将静电防护器材划分为人体防静电系统（具体内容详见 7.7 节）、防静电操作系统及防静电建筑环境等几类。

## 8.4.1　防静电操作系统

防静电操作系统是指在电子产品的生产操作过程中满足防静电要求的一切措施、设备、工具、器件和材料的总称。中国航天工业标准 QJ1950—90《防静电操作系统技术要求》把防静电操作系统定义为"根据防静电的要求，为建立保护面积和进行防护性操作所需配置的设施工具的统称"。这里的"保护面积"一词实际指的是一个立体空间区域，即一个旨在把 ESD 电压限制在标准所规定的静电敏感元器件的敏感电位以下，而建成的并装备必要的 ESD 保护材料和设备的特定区域，是一个人为创造的供静电防护操作使用的立体空间。

不同的标准、资料对防静电操作系统提出的配置要求不尽相同，综合各种情况，主要配置有以下 12 种。

### 1.防静电台垫

在操作静电敏感元器件时，工作台上应铺设用防静电材料制成的防静电台垫，使所有与之接触的静电敏感元器件的端子、工具、器具、仪表、人体等都达到基本均一的电位,并通过适当接地使静电迅速泄放。通常是在台垫上装设若干接线端子,用以连接腕带,然后台垫通过 $10^6\ \Omega$ 电阻接入静电接地干线。

制作防静电台垫的主要材料是防静电的橡胶、织物、金属丝编织物等。为使台垫既具有防静电性能,又具有良好的物理、化学性能,很多结构是多层的。防静电台垫种类甚多,下面列举常见的几种。

(1) 单层结构型防静电橡胶台垫。是在橡胶材料中添加适量的炭黑、金属丝或导电纤维,使炭黑粒子等形成导电网络而导走静电。

(2) 三层结构型防静电橡胶台垫。其底层橡胶添加导电炭黑,中层添加导电纤维或直接用防静电织物,顶层添加防静电剂或导电粉末。

(3) 三层结构半导体材料台垫。底层是泡沫塑料或密实的海绵,中层是导电性织物用以接地,顶层则是既耐用又具有很低电阻率的半导体乙烯基材料。

(4) 双层防静电复合台垫。结构分上、下两层,上层电阻率较大,下层电阻率较小,其材料可使用防(导)静电橡胶或塑料。

### 2. 防静电工作台

防静电工作台是一种用于敏感元器件的装配、检验、测试和使用等操作过程中的工作台。台面的基材一般采用三聚氰胺,内部添加导电性填充料,有的还添加阻燃剂,使台面具有防静电和阻燃的双重功能。比较高档的防静电工作台除主工作台外,还有照明、元件箱、工具抽筒等附设设施。

### 3. 防静电塑料包装袋

包装袋储存静电敏感元器件、印制电路板以及半成品和成品的塑料包装袋,具有高绝缘性,在与器件的塑料、陶瓷封装或印制电路板基板、塑料机壳相互摩擦时会产生很强的静电而造成 ESD 损害。为此,必须采用防静电包装袋。通常是在聚烯烃或聚氯乙烯(PVC)中填充炭黑或在聚合物内添加防静电剂,经吹塑制成防静电塑料薄膜,然后粘接成袋。

下面是几种常用的防静电塑料包装袋。

(1) 单面塑料包装袋。在聚烯烃(聚乙烯、聚丙烯)或 PVC 中填充适量炭黑制作而成,使聚合物与炭黑粒子形成聚集体,为泄漏静电形成一个连续通道。由此制成的薄膜的体积电阻率可降至 $10^5\ \Omega \cdot cm$。由于炭黑的添加量相当大,故薄膜呈全黑色,无法识别其中的盛放物,使用不方便。

(2) 双面塑料包装袋。由防静电塑料薄膜(是在聚合物内添加化学防静电剂制成的)与一厚度极薄(约为 10 nm)的金属外层复合而成。这种袋子既能泄放静电,又能起到静电屏蔽作用,由于金属膜极薄,因此具有一定的透明性。

(3) 三层结构防静电包装袋。内层为防静电层,防止元器件在袋内摩擦累积静电;中间层为金属导电层,起屏蔽作用;最外层又是防静电层,防止袋子在储运过程中与外界电介质摩擦累积静电。

化学反应法可以改善塑料膜包装袋的导电性能，使之在塑料薄膜表面形成牢固的金属化合物导电覆盖层。常用的金属化合物有锡、锑、铱的氧化物或铜、银、镍等的硫化物或碘化物，其基本材料可以是 PVC 或聚乙烯（PE）等。化学反应法所得制品的导电层耐久性好，而且其防静电性能几乎不受空气湿度的影响。选用合适的配方和工艺可使塑料薄膜的表面电阻率达到 $10^7$ Ω/□。普通塑料包装袋经硫化剂处理后再用碱处理，可使其表面氧化或硫化进而获得防静电的效果。这主要是因为硫化剂中能电离的磺酸基等与高聚物表面发生化学键合后，可显著提高材料的亲水性，从而达到防静电的目的。这种方法适用于 PE、聚酯类和苯乙烯共聚物薄膜的处理，例如将聚烯烃类薄膜经硫化剂处理后再用碱处理，可制成体积电阻率为 $10^6$ Ω·cm 的防静电制品，该方法突出的优点是完全不损坏包装袋的透明度。此外，目前国内外还正在研究采用表面物理改性法来赋予塑料制品一定的导电性能，如光辐射、超声波、表面处理，高频气体放电处理、热处理等，都呈现出良好的前景。

**4. 防静电硬塑料容器**

在电子产品的生产作业中，各工位、工序之间用于传递和暂时性储放静电敏感元器件和印制电路板的各种容器，如元件盒、含多个元件盒的元件架、能插放印制电路板的周转箱、周转架等一般都是硬塑料制品，使用较多的是 PE 等材料，由于它们具有很高的电阻率，因此在使用中因接触－分离或摩擦会带上很强的静电，一般可达 1～5 kV 或更高。为此，必须对普通塑料制品进行防静电处理或用防静电塑料容器代替普通制品。

赋予塑料制品一定导电性能的方法有以下几种。

（1）外部涂敷化学防静电剂。

改善塑料导电性能的防静电剂一般均属表面活性剂（SSA）。其防静电机理是：利用分子的极化和亲水基吸附空气中微量水分的作用，在塑料制品表面形成极薄的单分子导电层而构成静电泄放通道。

外部涂敷法是将外部用防静电剂配成 0.5%～2.0% 浓度的溶液，然后用涂布、喷雾、浸渍等方法使之附着在塑料周转箱的表面。选择合适的防静电剂可使硬塑料周转箱的表面电阻率下降 5～8 个数量级。但外部用防静电剂在使用中因摩擦等作用而逐渐脱落，同时表面吸附的分子层还有向内部迁移的趋势，致使其防静电性能逐渐降低或消失。近年来开发出了耐久性外部防静电剂，系高分子电解质和高分子表面活性剂，可以用通常方法涂布在塑料制品表面形成附着层。由于附着层与塑料有较强的附着力且坚韧，因此耐摩擦、耐热，也不会内部迁移，防静电性能持久。

外部防静电剂在使用时应与挥发性溶剂或水先配成 0.1%～0.2% 的溶液，涂布前先对塑料盒、箱的表面进行预处理，即用水、醇或中性洗涤剂溶液将制品表面的污迹、尘埃等洗净，然后置于无尘室内在 50 ℃ 以下干燥，涂布时可用棉、毛刷等，也可用喷雾法。

（2）内添加化学防静电剂。

在塑料成型加工中将防静电剂添加到其中，在制品上会形成防静电分子表面浓度高而内部浓度低的分布。防静电剂表面活性越强,就越容易在表面形成强力的单分子层,也就是说,内添加防静电剂主要依靠它们在塑料制品表面的单分子导电层起作用。在使用、存放过程中,摩擦等原因也会导致表面防静电剂单分子层的缺损,但一段时间后,制品内部的防静电剂分子又会不断向表面迁移而使缺损的单分子层得到补充,因此防静电性能逐步得到恢复,这是与外部用防静电剂最大的不同之处。防静电性能恢复所需时间的长短取决于防静电剂分子的迁移速度和添加剂量,当然还与其他更复杂的因素有关。

（3）内添加炭黑。

炭黑具有很低的电阻率,因此可作为防静电塑料制品的填充剂使用。目前,我国电子工业所用的防静电塑料储运器具大部分是内添加炭黑制成的。其存在的问题是:为获得良好的防静电性能,所添加的炭黑量相当大,一般比例为 20% ~ 30% 或更高,这会降低塑料制品的物理机械性能,且制品呈现全黑色,使用不够方便。

目前正在进行用金属氧化物晶体或纳米导电材料作为添加物提供塑料导电性能的研究,具有很高的发展前景。

### 5. 防静电包装盒、条、管

防静电包装盒、条、管主要用于制造半导体元器件和集成电路的工厂对其产品出厂前的包装。这些包装品的材料仍为前述的防静电塑料膜或硬塑料制品。从功能上分,有分立电子元器件(其中又分小功率管、中功率管等多种)的包装盒,还有用于包装集成电路的各种包装条、管。由于集成电路的封装形式各异,即使对于同一形式的封装(如双列直插式),其跨度也有大有小,故包装条、管的形式尺寸也各异,但一般均由加防静电剂的透明塑料制成。

### 6. 防静电物流车及物品存放架

物流车是用于周转元器件、半成品的小车。其车体用金属或防静电塑料制成,车轮应采用导电橡胶制作,按结构不同分为箱式车和多层货架车。物品存放架用于储放元器件、印制电路板、半成品等,其框架和层板均需采用防静电材料制作,架脚要与防静电地坪保持电气上的导通。

### 7. 防静电维修包

在对含 SSD 的电子设备进行维修时,为防止 ESD 损害,现场维修人员应使用防静电的维修组件 —— 防静电维修包。它包括一块可折叠的防静电地垫(尺寸通常为 610 mm×610 mm)、防静电腕带和接地导体。使用时,可利用被维修设备的金属机件作为"地",将腕带和地垫接地后,维修者方可接触设备发生故障的组装件,把它放置于地垫上或转移至防静电安全工作区内进行修理。修理好的组装件重新装入设备中,也应在维修包上进行。

### 8. 防静电工具类

在电子设备的布线作业及元器件的锡焊中,使用最多的是操作简便、温度容易控制的电烙铁。虽然目前已有多种电气互连技术,但手工焊仍占很大的比重。为防止手工焊锡时工具带电产生的 ESD 危害,应采用防静电烙铁和防静电真空吸锡器。

(1)防静电烙铁。

防静电烙铁应进行接地。在烙铁的绝缘手柄上涂敷少量防静电液,为保证持续有效,每隔 2～3 个月应重涂一次。用烙铁焊接时最大的问题是多余电流(漏电流或称浪涌电流)流过元器件时引起的危害,例如 MOS 集成电路在这种情况下可能会发生栅氧化膜击穿或特性恶化。为防止漏电流的危害,一方面是提高烙铁头和电热丝间的绝缘电阻。按日本工业标准,焊接一般的 SSD,要求绝缘电阻在 $10^7$ Ω 以上,焊接 MOS 集成电路时绝缘电阻要达到 $10^8$ Ω 以上。另一方面是要降低烙铁的供电电压,焊接 SSD 时一般应采用 24 V 低压供电(也有用 36 V 的),烙铁头应有良好的接地。更为完善的做法是采用断电焊接,即为烙铁配备断电焊接控制器。若无此装置,可以给烙铁加装一个开关,但同时应再连一只发光二极管或氖灯泡。近年来国外开发出一种金属氧化物压敏电阻浪涌吸收器,可用于吸收烙铁及其他器件产生的操作过程过电压,以保护元器件。

(2)防静电真空吸锡器。

当拆卸印制电路板上的元器件特别是集成电路时,应使用防静电真空吸锡器。该产品由一台小型电动真空泵的主机体和一把专用吸锡烙铁组成。当拆卸元器件时,只需在焊点熔化后按动吸锡开关,气压差的作用就会使焊锡被吸入除锡罐之中。吸锡头的泄漏电阻一般为 $10^5$ Ω。吸锡器有良好接地,对 SSD 提供了静电防护。

### 9. 防静电设备类

(1)防静电清洗机。

装配好的线路板清洗时,由于采用高绝缘溶液进行超声强化、气相、喷洗等过程,因此很容易使静敏器件如 COMS 受到 ESD 损害。为此应使用防静电清洗机。有一种防静电清洗机配有一只专用筐,内部装有接地的导电纤维或导电织物,这实际上相当于一个自感应式消电器(详见 7.5 节),作为放电针的导电纤维靠近带电体时感应出较强的电场而进行电晕放电,电晕区内与带电体极性相反的离子向带电体趋近,并与之发生中和作用而消电。

(2)其他设备。

电子产品加工制造中使用的所有落地式设备(如波峰焊机、贴片机等)必须实行硬接地;所有台式设备(如元器件成型机、手工插装机等)必须通过导电台垫实行软接地。对它们的基本要求是:这些设备的元器件或印制电路板的传送机构必须有可靠的静电泄漏点。

### 10. 离子风消电器

离子风消电器是一种能在较远距离起电中和作用的静电消除器,由高压直流电源、电晕放电器和送风系统组成。当高压施加到放电器针尖上时,附近空气发生电离,所产生的一种符号的离子被压缩空气送至较远处的带电体上进行电中和作用。其形式有台式、吊式、横条吸顶式等。

**11. 杂品类**

（1）防静电贴墙布和贴墙纸。用于制造半导体器件的洁净车间、精密电子产品的装联间。

（2）防静电窗帘。用防静电布料制作,用于洁净车间、精密电子产品的装联车间及计算机房。

（3）防静电清洗液。用于清洗波峰焊的印制电路板。

（4）防静电毛刷。用于擦拭波峰焊的印制电路板。

（5）防静电海绵。用于插装携带 SSD 或用来作为 SSD 的包装衬垫。

（6）防静电胶带纸。波峰焊前用来粘贴印制电路板上的有关部位。

（7）防静电胶液。用于防静电胶板之间的粘接或防静电胶板与水泥地面的粘接,也可用作表面涂料。

（8）防静电涂料(漆)。用于绝缘物体的表面防静电处理,如烙铁手柄的处理。

**12. 温湿度调节装置**

通过调节使工作区内的温度和相对湿度控制在有关标准规定的范围内。

## 8.4.2　防静电建筑环境

防静电建筑环境是指电子产品生产和使用场地中满足防静电要求的地面、墙壁、天花板、门窗等建筑设施,最主要的是防静电地坪。

**1. 防静电地坪**

为有效地使人体静电能通过地坪泄漏于大地,除操作人员穿防静电服、防静电鞋外,其先决条件是地坪必须具有一定的导电性能,即是防静电的。这种防静电地坪也能泄漏设备、工装上的静电及移动操作时不宜使用腕带的人体静电。

普通地坪材料的电阻率都较高,难以泄放人体、工装、设备上的静电。表 8.2 是各种地坪材料的泄漏电阻。

表 8.2　各种地坪材料的泄漏电阻

| 地坪材料名称 | 泄漏电阻 /Ω | 地坪材料名称 | 泄漏电阻 /Ω |
|---|---|---|---|
| 石材 | $10^4 \sim 10^9$ | 沥青 | $10^{11} \sim 10^{13}$ |
| 混凝土 | $10^5 \sim 10^{10}$ | 聚氯乙烯(贴面) | $10^{12} \sim 10^{15}$ |
| 一般涂刷地面 | $10^9 \sim 10^{12}$ | 导电性水磨石 | $10^5 \sim 10^7$ |
| 橡胶 | $10^9 \sim 10^{13}$ | 导电性橡胶 | $10^4 \sim 10^8$ |
| 木、木胶合板 | $10^{10} \sim 10^{13}$ | 导电性聚氯乙烯 | $10^7 \sim 10^{11}$ |

各种地坪材料的导电性能可用材料的体积电阻率或表面电阻率表征,也可用静电半衰期表征。现场测量时一般用表面电阻和系统电阻表征。防静电地坪就是用电阻率较低的材料制作的具有一定导电性能的地坪。其防静电性能参数的确定也是依据两个原则:既要保证在较短的时间内放电至 SSD 的安全电压 100 V,又要保证操作人员的安全。一般说来,地坪材料的电阻率越低,地坪及置于其上的导体越不容易带电。但在被绝缘的导体(包括人体)带电的情况下,地坪电阻率越低反而越容易发生静电放电。此外,地坪导电性能过于好时(如将设备、机器直接放在大的金属板上),则很容易因噪声而导致各种危害。综合考虑以上因素,电子工业厂房的电阻应调节在合适的范围内,通常这个范围是体积电阻率为 $10^6 \sim 10^9$ $\Omega \cdot$ cm,表面电阻率为 $10^5 \sim 10^8$ $\Omega/\square$,表面电阻(又称极间电阻)为 $10^5 \sim 10^{10}$ $\Omega$,系统电阻(又称板对地电阻)为 $10^4 \sim 10^9$ $\Omega$。

电子和通信产业中常用的防静电地坪种类有防静电板材地面、防静电现浇地面、防静电活动地板等。防静电地坪在铺装时一般都需要在找平层中设置金属的接地网,使之良好接地,然后在找平层上进行防静电面层的施工。不同的面层添加的导电材料是不同的,但一般都是无机导电材料,以保持地坪防静电性能的耐久性。

(1)防静电板材地面。

防静电板材地面是在橡胶或塑料等高分子材料中加入炭黑、金属粉或防静电剂,通过充分混合、密炼塑化,再经过压延、冲切而成为具有一定形状、尺寸的板材,然后铺设在基层地面上成为防静电地坪。其中最典型的两种板材是防静电橡胶板和防静电聚氯乙烯贴面板,分别将它们铺装在基层地面上就形成防静电橡胶地坪和防静电 PVC 地坪。

防静电橡胶板的铺装方法是浮铺和粘贴两种。浮铺是将 $5 \sim 10$ mm 厚的胶板直接铺设于地面。其优点是灵活、方便,缺点是胶板接缝处和下面易积聚灰尘。粘贴法是将胶板用导电胶液粘贴于地面上。需要注意的是,如被铺设的基层地面是木板或沥青等绝缘地面,则铺设胶板前必须先在地面上贴铜片或铝片,并使之接地,然后把胶板铺装其上。对于水磨石类非绝缘地面,可不用金属片直接铺装胶板。

防静电 PVC 地坪的铺装程序较为复杂,需要经过基层处理、接地系统安装、胶水配置、PVC 贴面板的铺贴、清洗等工序。

(2)防静电现浇地面。

目前广泛使用的防静电现浇地面,多数是将一般树脂与各导电性物质通过分散复合、层积复合或形成表面导电膜等方式构成的。其中又以导电填充料分散复合法用得较多,这种方法又分为防静电剂型和添加型,前者是树脂中添加化学防静电剂,后者是添加炭黑、金属粉等填料。还有一类现浇地面是将导电性填充料直接与水泥、砂子、石子等常规建筑材料按一定比例混合、搅拌后作为防静电面层,这类地坪称为防静电水磨石地坪。另外,也可直接在基层地面上涂刷防静电涂料。

无论是何种防静电现浇地面,均须在地面下部铺设导电网络,并将其连接至接地导体上。防静电现浇地面由于是现场浇注和自然流平,所以地面无接缝,平整光滑,特别适用于洁净度要求较高的场合。

（3）防静电活动地板。

防静电活动地板是由小块防静电地板粘接在金属活动支架上，按一定图案镶拼而成的防静电地坪。就防静电地板块的材料而言，可以分为金属的和复合贴面的。金属板块的抗静电性能好、强度高、阻燃；但抗震性差、导热快、行走不舒适且成本高。复合贴面板块使用较普遍，其中又分为橡胶、塑料、地毯贴面等数种。

这种地板的防静电机理是基于各种地板块，如防静电橡胶板、防静电塑料板或防静电地毯的防静电性能。静电泄放的路线是防静电贴面 → 支架 → 地面。地板块靠支架支撑，支架能调节上下高度以保证各板块在同一水平面上。目前国内使用的支架一般有活动式联网支架、固定式联网支架及无梁式支架三种。

防静电活动地板的优点是防静电效果好、美观，地板与支架底面间形成的空间可用来自由铺设连接各种管、线或作为空调的静压送风、回风空间。防静电活动地板常用于计算机房和程控交换机房。

**2. 防静电墙面**

工作间的墙面与人体、工件、气流等的摩擦、碰撞，导致使用塑料壁纸或高绝缘涂料涂刷的墙面上也容易产生较高的静电电压并难以泄漏。为此，在电子产品生产和使用的场所应采用防静电墙面，该墙面主要是指使用防静电涂料、防静电贴面或防静电壁布、壁纸等并与适当的接地系统相配合的墙面。

**3. 防静电门**

防静电门是指在门的把手和门体上附加软接地系统的专用门，当带电人体通过该门时可使人体静电缓慢泄漏，既避免了人体遭受静电电击，又使人在进入工作间前泄漏了静电。

# 8.5　电子产品制作过程中的静电防护工程设计

电子产品制作过程中的静电防护就是静电防护计划的实施过程，它是由一个或数个静电工程支持的。因此，电子产品制作过程的静电控制是一个系统工程。这个系统工程以静电技术标准作为依据，以工程设计为硬件，以静电防护的各项管理要求为软件来衡量防静电性能的好坏。

## 8.5.1　系统工程的基本程序

电子产品制作过程中的静电防护作为一项系统工程，其基本程序如下。

静电分析 → 产品的静电防护性能设计 → 静电防电控制工程计划 → 制定管理条例 → 建立静电安全作业区（点）→ 制定静电防护守则 → 静电工程的实施 → 工程竣工验收 →

全员培训 → 安全区启用 → 考核。

## 8.5.2 系统工程的主要内容

### 1. 静电分析

静电分析是制定企业静电防护计划和进行静电放电控制工程设计的重要阶段。静电分析包括对产品进行的分析和对企业环境静电场(源)的分析。

(1)产品分析的内容。

① 对 SSD 及由 SSD 构成的产品进行分析、分级,列出清单,划出分布区,统计 SSD 的流量、流向及库存周转情况。

② 对产品电路进行分析,凡器件栅信号输入端处理以及源极、漏级处理均应处于合理状态。

③ 对产品结构中可能存在的静电互联或感应状况做出分析处理。

④ 对成套设备在实际使用中可能存在的静电互联或感应状况做出分析处理。

⑤ 对产品的测量或试验设备在使用中本身的静电放电或静电防护要求做出分析和处理。

(2)环境静电场(源)的分析内容。

① 将 SSD(或含 SSD 的产品)的生产、存储、流经场(点)中可能存在的静电源(包括感应静电场)的范围、大小、性质、存在时间等主要数据列入静电档案。

② 对 SSD(或含 SSD 的产品)的生产作业环境和存放库房的温度、湿度及其年变化状况进行统计分析,找出规律与恶劣点。

③ 对企业在产品变更中有可能存在的静电源应做出正确估计。

④ 对企业在大环境变更中有可能造成的静电源及时做出分析。

### 2. 产品的静电防护性能综合设计

首先应指出,此处的综合设计不同于 8.3 节中电子产品的 ESD 防护设计,那里主要是对 ESD 保护电路的设计,而产品的静电防护性能综合设计则包括系统设计、电路设计、结构设计、包装设计和工艺设计等。

(1)设计文件。

① 在电路原理图或逻辑图中,对于已采用了输入端保护网络同时进行了直接接地的 SSD,应在规定位置标出静电警示符号。

② 对涉及 SSD 的明细表、装焊图、外购件汇总表、调试检验说明、物资器材清单等文件应在规定位置标出静电警示符号,提醒操作者、管理人员、采购人员注意并作为妥善保护静电敏感器件的依据。

③ 在产品技术说明、维修指南或安装操作说明的有关部位要做出静电警示标记,避免 SSD 产品处于非保护状态。

④ 包装设计图纸的有关部位也要做出特别标记。

（2）工艺文件。

静电防护是电子产品生产过程的重要环节,防静电工艺是电子装联工艺的主要内容之一,静电防护的工艺文件是基本文件。

静电防护的基本文件工艺主要有:企业静电防护的专业工艺规程、静电安全作业区（点）的操作卡、检验卡及静电作业岗位的器件配置明细表等。与之呼应的工艺文件有:装配卡、工艺控制流程图、工艺文件目录、计量器具明细表及其他生产技术文件。

静电防护的基本文件及其他相关文件中的有关条款都是企业进行静电安全管理的技术法规,具有同等重要的地位。

① 工艺文件目录及其他相关文件中,在有关静电防护的文件和防静电条款的明显位置应标注防静电符号,以提醒使用人员注意。

② 在静电防护的专业工艺规程和防静电守则等专业文件的封面或首页应标注静电警示符号。

③ 结合新建、扩建、技术改造采取相应的技术措施,一次性完成静电防护的整套设施建设,涉及的施工安装图必须明确技术要求,竣工时必须作为工程验收条件之一。

④ 静电工程的配置器材应该是定点厂生产的,以确保静电防护的效果。

⑤ 工艺文件中涉及防静电的检查、测试条款时,应明确仪器、设备的防静电要求,有时也需要指定仪器、设备。

⑥ 静电防护的生产技术文件包含对所使用的静电控制防护器材的检查和测试文件。

（3）标准化。

制定和贯彻执行 ESD 控制的标准,积极推行有关静电防护的国外先进标准。对设计文件、工艺文件进行标准化审查时,涉及的防静电条款应重点予以审查。

### 3. 静电工程的设计、施工与验收

（1）工程设计的内容。

① 根据生产环境分析资料和产品的静电防护特性,确定静电控制方案及防护途径。

② 依据工艺方法及要求选择静电防护器材和静电监测与测试仪器,分别列出分类清单和器材管理方案,并推荐生产厂家。"清单"一般包含器材名称、规格、数量、价格、生产厂家,并注明主要技术参数;静电防护器材、静电监测和测试仪器的管理方案中,应明确类别和分项明细表,规定归口管理部门,使静电器材的供应与管理正常化。

静电工程设计是一条安全作业生产线（作业点）或一个静电机房的全方位立体化设计,绝不仅仅是"地板"或"桌垫"的设计。它应包含环境设计,安全门泄放效应设计,墙壁、窗户、地面的防静电设计,人体静电效应设计,工件、工具、设备、仪器的消静电设计及 SSD 与含 SSD 的产品的静电保护设计。凡需要防静电的电子产品都必须进行防静电工程设计,避免因某个环节的失误而导致损失,甚至造成前功尽弃的严重后果。

（2）工程验收。

防静电工程的竣工验收一般要达到如下标准。

① 静电安全作业区或生产线应具有明显的静电区域界线和静电警示符号标记。

② 经验收测量，工程所有项目应满足防静电标准。

③ 工程安装全部满足图纸要求。

④ 具有静电防护监控手段。

⑤ 工程工艺性好，操作方便。

⑥ 技术方法和实施指导文件完整且具有可执行性。

⑦ 操作和管理人员经培训考核合格。

⑧ 具有管理条例。

**4. 静电防护管理**

企业产品生产过程中的静电防护绝不是临时性的突击工作或权宜之计，它是厂长领导下的重要工作环节。静电防护的计划、技术、物料、资金、资料等均应纳入企业的正规管理渠道。

静电防护的设计、工艺文件应纳入企业科技档案管理；防静电条例、制度等也应纳入企业有关管理档案。

企业的静电管理条例主要包括下列文件。

（1）静电控制方面的企业标准。

（2）静电防护守则。

（3）关于静电防护职能的规定。

（4）静电防护器材的供应与管理方法。

**5. 全员培训与考核**

企业静电防护的全员培训主要指以下对象。

（1）新进厂工作的职工。

（2）第一次接触及操作 SSD 或产品的某些工序的人员。

（3）与 SSD 有关的采购、设计、操作及管理人员。

（4）可能进入静电安全作业区的电器、仪器、设备等的维修人员及其他人员。

凡参加培训的人员都必须经考核合格后才可上岗。静电安全培训的内容根据培训对象的不同而有所区别，企业可参照表 8.3 组织进行。

表 8.3 企业 ESD 培训指南

| 培训人员 | 培训大纲 | | | | | | | | | | |
|---|---|---|---|---|---|---|---|---|---|---|---|
| | 静电原理与静电危害 | 器件损坏与失效分析 | 静电防护途径与方法 | 防静电器材分类与性能 | 产品的接地防护设计 | 静电工程设计 | 环境分析技术 | 地线知识 | 防静电守则 | 静电敏感产品的包装与运输 | 企业静电防护计划 |
| 工艺人员 | · | · | · | · | · | · | · | · | · | · | · |

续表8.3

| 培训人员 | 培训大纲 | | | | | | | | | | |
|---|---|---|---|---|---|---|---|---|---|---|---|
| | 静电原理与静电危害 | 器件损坏与失效分析 | 静电防护途径与方法 | 防静电器材分类与性能 | 产品的接地防护设计 | 静电工程设计 | 环境分析技术 | 地线知识 | 防静电守则 | 静电敏感产品的包装与运输 | 企业静电防护计划 |
| 设计人员 | • | • | • | — | • | — | — | — | • | • | • |
| 管理人员 | • | — | — | — | — | — | — | — | • | — | • |
| 采购、物管人员 | — | • | — | • | — | — | — | — | • | • | • |
| 操作、检验人员 | • | • | — | • | — | — | — | — | • | • | • |
| 现场安装维修人员 | • | — | — | — | — | — | • | • | • | — | • |
| 其他涉及人员 | • | — | — | — | — | — | — | — | • | — | • |

# 第9章 航天器静电防护技术

## 9.1 航天器静电防护技术概述

航天器带电效应很早就引起了人们的注意,在航天器设计、空间实验、空间电子器件及航天器抗静电防护方面都是必须要考虑的。NASA 在广泛的基础理论、仿真分析和地面试验研究的基础上,制定并颁布了通用的"卫星抗带电控制设计和防护指南"(NASA－TP－2361)、"飞行器在轨内带电效应防护技术指南"(NASA－HDBK－4002)作为卫星设计阶段抗带电设计的指导性纲领。由于航天器带电及其危害与具体航天器的结构、运行环境、材料、电子线路的敏感度和有效载荷等有关,对不同型号的航天器,其带电防护大纲的要求是有差异的,所以 ESA 也制定了自己的"卫星带电标准"(ECSS－E－ST－20－06C)。各航天公司如 TRW、Hughes 等,在 NASA 指南基础上制定了适合自身使用的设计规范,有效地提高了航天器带电效应防护设计水平。

在航天器带电防护设计过程中,所采用的带电效应防护方法可分为被动防护和电位主动控制。被动防护是指通过结构设计、材料选择、接地设计等方法,对航天器带电效应进行控制,将航天器带电危险减至最小。电位主动控制是采用粒子发射装置,通过指令控制喷射带电粒子降低整星表面电位,将整星表面电位保持在安全水平。

早期航天器抗带电设计均采用被动防护方法,这是因为早期受航天器技术限制,一方面使用的电子设备体积较大,对精度要求不高,航天器自身冗余设计基本能够满足抗带电任务需求;另一方面,尚未掌握航天器充电的机理和发生放电的规律,不具备主动干预航天器带电行为的能力。

随着微电子电路、新型复合材料等新技术和新材料在空间的应用及高压供配电部件的使用,对静电防护的要求越来越高,仅靠被动防护措施已无法保证航天器圆满完成任务。20 世纪 90 年代后期,电位主动控制技术逐渐发展成熟,此项技术可将航天器电位控制在安全水平,从而有效避免各部件因表面带电效应导致的性能衰退或故障。

目前,航天器抗带电设计都采取主被动防护措施兼顾的设计方法。

## 9.1.1　被动防护技术

航天器带电的被动防护主要是通过材料选择、接地设计、屏蔽等措施,对航天器带电效应进行有效控制,降低航天器带电危害。

航天器所用材料的特性(包括二次发射系数、背散射系数、光电子发射率、电导率和介电常数等)将对带电效应产生影响。不同材料的电荷储存能力不同,为避免不等量带电,在航天器防带电设计时,需要通过材料特性的匹配选择,保证材料在满足功能要求的同时,使航天器表面的电位差低于放电阈值。为此,NASA 在空间环境及其效应研究计划(SEE)中,全面测试了材料的光电子、二次电子、背散射电子和辐射电导率等参数。这些材料特性参数的获取对确定带电电位、电势梯度、充电速率和放电阈值起着关键作用。保证了在航天器设计阶段能够合理选择材料,将带电效应的潜在威胁降至最低。

接地也是常用的整星防带电设计方法,在航天器研制过程中,将材料选择与接地相结合,是保证航天器充电电位最小化的重要方法。NASA 航天器带电评估和控制指南(NASA－TP－2361)及 ESA 卫星带电标准(ECSS－E－ST－20－06C)中都详细规定了接地标准:卫星上所有表面直接暴露于等离子体环境的导电单元必须通过电气接地系统连接在一起;所有暴露于空间等离子体环境的薄导电表面必须电气接地于公共卫星结构地;导电表面上的任意一点与接地点的距离必须小于规定值;所有电气地及电子地必须直接连接到卫星结构地。

屏蔽技术是保证卫星上电子仪器设备安全的重要防护措施。NASA 在总结地面验证试验结果和长期飞行设计经验后指出:表面屏蔽优先,避免单个屏蔽;总的屏蔽要求是,卫星结构必须具有最小开口,尽量减少设备内部的电缆布线,应用最短的接地线并减少平行线根数。

为避免航天器内部电子器件受航天器外部放电脉冲的影响,NASA 航天器带电评估和控制指南 TP－2361 指出,所有屏蔽都应该提供对表面放电相关的电磁场辐射至少40 dB 的衰减。屏蔽应使用良好接地的金属网孔和金属板,从而使航天器内部结构处于对电磁干扰相对密封的环境。应该尽可能减少开口、孔洞和裂缝的数量,以保持屏蔽的完整性。

对于处于航天器外部的电缆的屏蔽,TP－2361 中指出:应该由铝或铜等导电良好的金属薄片或金属带制作,避免使用金属化的塑胶带对电缆进行屏蔽保护。当屏蔽层从外部延伸进入航天器结构时,应该对其进行合理的接地。导线上的编织防护层都应该焊接到总防护层上,并与航天器结构地连接,不应该采用传统的方法,即通过一个接插插脚连接到航天器内部位置。此外,TP－2361 还指出电连接器等组件都应该进行电防护,并且所有的屏蔽防护罩要与航天器系统共同的结构地进行电连接。

充放电产生的电磁脉冲干扰通常从电源线、信号线和地线阻抗网络进入航天器电子系统。针对这种特点,国外通过采用电源线和信号线的合理屏蔽及接地设计,减弱或消除电源线和信号线上的传导干扰。国外为消除充放电干扰,还综合考虑了过压防护技术和接地技术,研制了放电防护装置,可有效避免放电脉冲带来的危害。SEE 和其他 NASA 计划支持的地面测试数据显示:将卫星外部进入星内的导线和遥感探测部件连线以及其他电子部件进行隔离,可有效避免外部放电脉冲耦合进入卫星内部。

　　NASA Glenn 研究中心和俄亥俄空间研究所试验表明,在信号频谱允许的条件下,应该在卫星接口电路输入端抑制寄生脉冲电流干扰信号,并采用雪崩二极管或快速限幅二极管进行过压限幅保护。在卫星接口电路端使用过压保护技术也是一种有效方法,过压保护电路应尽量靠近所要保护的电路,并缩短连接电缆长度,保证接口电路抗干扰技术的有效性。

## 9.1.2　电位主动控制技术

　　在 20 世纪 70 年代,航天器因表面充电电位过高出现的多次故障就已经引起了人们的广泛注意。1973 年,美国空军的 DSCS－9431 卫星因放电导致通信单元供电丧失,最终完全失效。此后,美国 NASA 和空军开始联合开发航天器电位主动控制技术。

　　1973 年,ATS－6 地球同步轨道卫星在开展 Cs 离子推进器推力性能试验时,发现当推进器工作时,卫星表面电位可以得到有效控制。随后,各科研机构相继开发了多种卫星电位主动控制技术,如等离子体发射技术和电子发射技术等,并在空间进行了实际搭载测试。

　　1979 年 4 月发射的 SCATHA/P78－2 卫星搭载了三种电位主动控制装置,包括电子枪和能够发射热电子的热丝,以及能够单独发射 Xe 离子或混合发射 Xe 离子与低能电子的等离子体发射装置,如图 9.1 所示。试验表明,发射荷电粒子束,可以有效泄放或中和卫星表面累积的电荷。

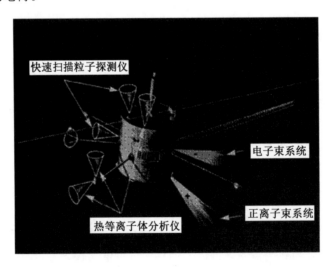

图 9.1　SCATHA/P78－2 卫星电位主动控制试验

1995 年,DSCS－Ⅲ 卫星也开展了发射氙气等离子体法的电位主动控制技术在轨验证试验。飞行试验结果再次验证了 SCATHA/P78－2 卫星的试验结果。1996 年发射的极轨 Polar 卫星采用 PSI(Plasma Source Instrument)对卫星的结构电位进行了有效的控制。PSI 以氙气为工质,其工作原理是将氙气离子化,形成中等浓度的等离子体,并喷射出去,在卫星表面与环境等离子体间建立电荷自由移动的通路,也即等离子体桥。图 9.2所示为 PSI 电位主动控制效果。

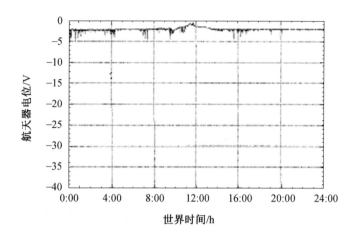

图 9.2　PSI 电位主动控制效果

　　无论是早期的 SCATHA/P78－2 卫星电位主动控制试验结果,还是后来的 DSCS、Polar 等卫星对电位主动控制技术的实际应用效果,均证明了发射等离子体法的电位主动控制技术是切实可行的。在电位主动控制器研制方面,NASA 的 PSPOC 和 AFGL 的FMDS 电位主动控制装置是最为成功的。

　　航天器电位主动控制是以保证实现航天器功能为牵引的,只要能确保航天器任务的顺利完成,具体采用哪种电位控制方法,取决于任务成本。因此,除上述发射等离子体法电位主动控制技术外,发射离子法也是常用的电位主动控制技术。

　　2000 年发射的 Cluster 卫星采用的电位主动控制装置称作 ASPOC。ASPOC 以金属钨为发射电极,金属铟为工质。工作电压为 4～9 kV,功耗为 0.5 W,喷射的离子能量为5～9 keV,电流为 5～50 $\mu$A。图 9.3 所示为 S/C－1(未控制)和 S/C－2(控制)的结构电位对比。

　　从实际使用效果来讲,尽管发射铟离子的 ASPOC 电位主动控制技术获得了成功,但因其长期使用会带来铟离子电镀污染效应,不适用于长期任务。因此,发射等离子体法是电位主动控制的最佳方法。国外经验表明,以低能等离子体发射装置与表面电位监测装置组成的航天器电位控制系统,是最有效及最经济的主动防护手段,当航天器电位达到预定的警戒电位时,自动启动电位控制系统,将航天器电位控制在接近于 0 V 的低电位。

　　近年来,航天器电位主动控制技术开始向小型化、模块化、低功耗和智能化方向发展。最具代表性的是美国电推进实验室(EPL)研制的 SHIELD(图 9.4),此装置包括内置的表面电位传感器和智能化等离子体源,SHIELD 技术指标见表 9.1。通过自动电位

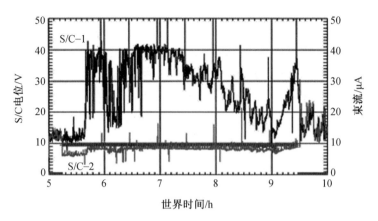

图 9.3　Cluster 卫星结构电位在轨测量结果（S/C－1 未控制，S/C－2 控制）

传感器监测航天器表面电位，并将危险充电状态信号传递给控制系统，通过控制系统分析并启动等离子体源，利用低能电子和离子束流控制航天器表面电位。

等离子体源　　　　　SHIELD单元　　　　工作状态

图 9.4　SHIELD 实物图

**表 9.1　SHIELD 技术指标**

| 功率 /W | 30 W（最大工作功率 50 W,60 s 冷启动时间） |
|---|---|
| 总线电压 | 28＋6 VDC |
| 气体工质 | Xe,流量控制 0.03 mg/s |
| 离子电流 /mA | 最大到 10 mA |
| 电子电流 /mA | 最大到 1 000 mA |
| 离子能量 /eV | 10 ～ 20 eV |
| 电子能量 /eV | ≤ 1 eV |
| 工作寿命 /h | 15 000 |
| 开 / 关次数 | 10 000 |
| 质量 | 6.3 kg(包括 1.8 kg 的 Xe) |
| 尺寸 | 17.8 cm × 27.9 cm × 12.7 cm |

# 9.2　航天器带电抑制方法

如前所述,航天器带电抑制方法分为两类:主动式和被动式。主动式是通过命令抑制;被动式是自主的,没有抑制。航天器带电抑制方法见表9.2。

**表 9.2　航天器带电抑制方法**

| 抑制方法 | 类型 | 物理原理 | 说明 |
|---|---|---|---|
| 尖角法 | 被动式 | 场致发射 | 需要高电场;尖角的离子溅射;能减缓航天器导电性结构地的带电,但对电介质无效,引起不等量带电 |
| 热灯丝发射法 | 主动式 | 热电子发射 | 限制空间电荷电流。仅用于减缓导电性地的带电,会引起不等量带电 |
| 导电栅网法 | 被动式 | 防止形成高场强 | 周期性表面电位 |
| 局部表面导电涂层法 | 被动式 | 提高电介质表面电导率 | 抑制电介质表面带电。涂层的导电性会逐步发生变化 |
| 高二次电子发射系数法 | 被动式 | 二次电子发射 | 仅适用于抑制能量位于$(\delta(E)=1)$交汇点的初始电子 |
| 电子束发射法 | 主动式 | 电子发射 | 仅用于减缓导电性地的带电,会引起不等量带电 |
| 离子束发射法 | 主动式 | 低能量离子返回 | "热点"中和;对导电性地和电介质表面均有效;能量足够大的离子可作为二次电子产生器;除非电荷交换,否则无法减缓能量低于离子发射能的电位 |
| 等离子发射法 | 主动式 | 发射电子和离子 | 比单独发射电子或离子更有效 |
| 蒸发法 | 主动式 | 蒸发会吸附电子的极性分子 | 对导电和非导电的电介质表面均适用;不适用于深层带电;可能产生污染 |
| 金属基电介质法 | 被动式 | 增加电介质表面导电性 | 抑制电介质深层带电;使用时必须注意材料均匀性;需要研究金属基电介质的电导率和控制 |

主动式带电抑制方法可以分为两种。方法1为发射电子,方法2为接收离子。方法1是采用装置吸取航天器结构地的电子,并将电子发射到空间,该方法能有效减少航天器结构地的负电荷,但是无法抑制电介质的表面电位。结果,导致在航天器导电性结构地与电介质之间发生不等量带电,这种不等量带电可能会造成比之前更大的风险。另外,当发射大电流、高能量电子束时,航天器的电位屏蔽可能会覆盖附近的表面,如长杆的表面,导致电流在表面之间传导。方法2是正离子到达带有负电位的航天器,该方法能够有效减缓整个航天器的带电问题,因为离子会中和负电荷,所以对电介质表面或导体均有效。正离

子可能会有选择地进入负电位较高的"热点"区域。此外,如果这部分离子具有足够的能量,其撞击表面的作用就如同二次电子发射器,二次电子会受到表面负电位的排斥而离开,会带走一部分负电荷。因此,方法2能有效减少航天器的不等量带电问题。其缺点是,长期使用可能会消耗整个航天器表面的涂层。建议在具体防护中将两种方法结合使用。下面对表9.2列举的部分航天器带电抑制方法进行讨论。

## 9.2.1　尖角法

带电表面锋利的尖角突出会产生非常高的电场 $E$。尖角电场强度 $E$ 与 $r^{-2}$ 成比例,这里 $r$ 是尖角的曲率半径。在足够高的电场下,电子的场致发射会降低与尖角相连附近导电表面的负电位。场致发射电流密度 $J$ 由 Fowler—Nordheim 方程给出

$$J = AE\exp(-BW^{3/2}/E) \tag{9.1}$$

式中,$A$、$B$ 是常数;$W$ 是功函数。

这是一种方便、被动的方法,不需要指令或控制。它的缺点是,电子发射仅吸收航天器导电性结构地的电子,因此正如表9.2所述,会引起不等量带电问题。另一个缺点是,离子的溅射会造成尖角钝化,降低场致发射的效率。因为尖角的高场强容易吸收环境正离子,正离子碰撞尖角表面,会撞出一些尖角处材料的原子。

缓解离子溅射的方法较多。一种方法是通过陶瓷涂层保护尖角,涂层可以阻止离子溅射,因为涂层内部离子碰撞穿越截面比电子的大得多。当离子达到尖角时,其速度已经很小。另一种方法是将尖角用筒仓包围起来(图9.5)。电荷和离子在缓解地磁场中旋转,在电离层的地磁场是很强的,离子的旋转比电子具有更大的回旋半径。结果,部分离子可能只会碰撞筒仓,而不会触及尖角。筒仓有助于长时间保持尖角的锋利。

图 9.5　从尖角发射电子

## 9.2.2　热灯丝发射法

热灯丝发射法(图9.6)中,电子由热灯丝发射,一般灯丝材料都具有高熔点。由热力学方法可以得出发射电流密度 $J$ 为

$$J = AT^2\exp(-W/kT) \tag{9.2}$$

式中,$A$ 是常量;$W$ 是功函数;$kT$ 是热能量。

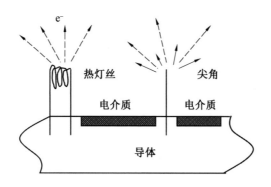

图 9.6　从热灯丝发射电子

接近或高于材料熔点时,中子和离子被蒸发。离子电流密度 $J^+$ 与方程中电流密度 $J$ 形式相同,但是所取常数不同。

在热灯丝抑制带电中,热灯丝发射电子,但不会熔化(如果灯丝正在熔融,可能会落入其他类型的发射范畴,如离子发射或等离子体发射)。由于电子发射能够降低航天器结构地的带电水平,而不会降低电介质表面的带电水平,因此可能会引起不等量带电问题。另外,因为热电子的能量较低,发射电流可能受到灯丝附近空间电荷饱和的限制。

## 9.2.3　导电栅网法

经常讨论的另外一种方法是采用一个导电栅网覆盖非导电表面。这种方法也存在一定缺点,尽管导线栅网能够保证该区域电位的均匀性,但在表面区域和栅网之间的周期性电压可能会扩展。这种方法非常方便,属于被动式,它仅用于部分情况,不建议用于大多数情况。

## 9.2.4　局部表面导电涂层法

局部表面导电涂层的使用解决了9.2.3节提到的周期性电压的问题,该方法较为有效且方便。局部表面导电涂层材料包括正钛酸锌、阿洛丁和氧化铟。Frederickson 等已经讨论了许多航天器聚合物材料的特性。

有两种观点:① 在电子、离子和原子(特别是氧原子)轰击时,包括电导率在内的表面材料特性会随着时间逐渐变化,这方面需要开展进一步的测试和研究;② 金属原子进入聚合物的晶格结点空隙将产生金属化聚合物,这种金属化聚合物在不同用途下往往是不均匀的。

## 9.2.5　高二次电子发射系数法

高二次电子发射($\delta_{max} \geqslant 1$)系数仅适用于一定能量范围的初始电子(典型值大于

1 keV），超出该范围，二次电子发射减小至小于平均值（$\delta(E) < 1$），此时无法提供带电防护。一个典型的例子就是在 SCATHA 卫星上镀有铍－铜合金表面的 SC10 长臂，表面材料的 $\delta_{max} = 4$。在运行 114 天时，空间等离子体环境变为磁暴（$kT \gg 1$ keV·s），长臂上的电位突然发生三次方跳变，从接近于零电位迅速跳变为千伏数量级负高压。

## 9.2.6 电子束和离子束发射法

总体来说，单纯的电子束发射不能有效地降低航天器的负电位，这是因为从电子束发射设备到电介质表面是电气隔离的，电介质表面并不受影响；相反，来自带高负电位航天器的低能正离子的发射则能有效地降低表面电位。在 SCATHA 卫星上已经观测了该方法的使用情况（图 9.7），并采用计算机进行了仿真。

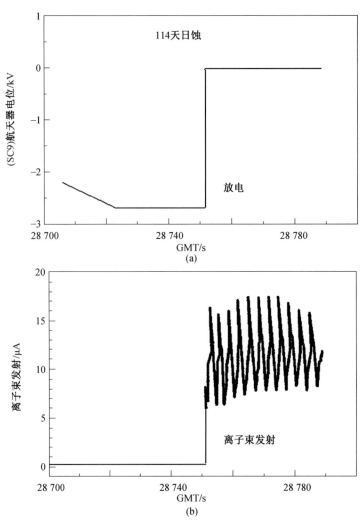

图 9.7　从充电至约－3 kV 的 SCATHA 卫星发射 $Xe^+$（50 eV）

对这种似乎矛盾结果的一种物理解释是,低能离子受航天器负电位的吸引,不会移动太远,并会被迫返回航天器(图 9.8)。这种方法能有效地缓解不等量带电,甚至不会产生离子诱发的二次电子,因为离子由于吸引作用会自动朝着带更高负电荷的表面聚集。

作为一种推论,如果系统中没有其他措施,单独发射离子的方法并不能很好地缓解带电,因为当航天器势能 $e\varphi$ 小于或等于离子的发射能 $E_i$ 时,带电缓解过程会停止。

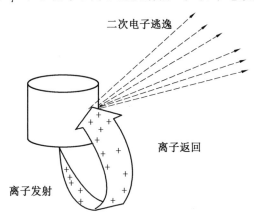

图 9.8　从高度带负电的航天器发射正离子,离子返回

例如,如果表面电位较低的航天器(如 $-100\,V$)发射较高能量正离子(如 $200\,V$),离子将会逃逸,不会返回带负电的航天器表面。此时,航天器表面电位不能下降至低于 $-100\,V$,人们已经观测到这种现象。

然而,如果系统中有其他的抑制措施,这种现象就会改变。设想离子发射点附近的中性气体分子较丰富,正离子 $A^+$ 会和低能(热)中性分子 $M$ 交换电荷,形成低能离子,即

$$A^+ + M \longrightarrow A + M^+ \tag{9.3}$$

式中,$M^+$ 是从热中性分子 $M$ 产生的低能离子。电荷交换截面取决于样本种类和所含能量。通常,截面随着离子能量的下降而变化。电荷交换率取决于离子密度。

## 9.2.7　蒸发法

极性分子(如水)很容易吸附电子。这就是在干燥的冬天从地毯上走过以后,再去摸门把手时会产生静电火花的原因,但是潮湿的天气不会发生静电火花。一些极性分子,如 $SF_6$ 气体,比水更容易吸附电了。$CCL_4$ 分子也很容易吸附电子,在蒸发时,当液滴中电子的库仑力超过表面张力时,带电液滴会分裂成一些小的液滴。

$$CCL_4 + e^- > CCL_3 + CL^- + \Delta E \tag{9.4}$$

Murad 提出了一种通过在航天器表面喷涂极性分子液体微珠的方法控制带电。极性液体微滴吸附航天器表面的电子,受到表面电位的排斥而蒸发,并带走大量多余的电子,因此减小了表面电位。这种方法的优点在于,对于金属和电介质具有相同的带电抑制效果,从而能够降低不等量带电。与离子和等离子体释放法不同,长久使用这种方法不会破坏航天器的抗静电涂层。这种方法并不适于电介质深层带电,同时也不适于表面严重污染的航天器。

## 9.2.8　星内静电放电防护新技术

空间环境中有大量 $0.1 \sim 100$ MeV 的高能电子。空间高能电子穿过航天器屏蔽层，会在航天器内部材料表面或者电介质材料内部沉积，形成电场进而产生放电，即航天器内带电效应。星内静电放电的评估与防护一直是中高轨道航天器设计中备受关注的重点问题之一，NASA、ESA 等都专门制定了相应的规范和标准。

航天器存在大量的电路板，这些电路板上的保形涂层（三防漆）都是绝缘的，在空间高能电子环境下，这些电路板表面很容易累积电荷从而形成强电场。为了解决这一问题，20 世纪 80 年代，美国研究人员提出了研制一种导电的防护涂层的设想。2004 年，波音公司开发了一种电导率可控的保形涂层材料，验证试验结果表明，使用该涂层并有效接地的样品具有良好的静电放电防护能力。

兰州空间物理研究所通过在常用三防漆内加入导电聚合物 —— 聚苯胺纳米颗粒的方法获得了导电率可控的防护涂层材料，并在电子加速器中验证其内带电防护效果，旨在为星内静电放电防护提供一种新的方法。

### 1.防护涂层制备

星用电路板上广泛使用了保形涂层（三防漆），其具有防水、防潮、防尘"三防"性能和耐冷热冲击、耐老化、耐盐雾、耐臭氧腐蚀、耐振动、柔韧性好及附着力强等优良性能。在长期的在轨使用过程中也表现出了良好的空间环境适应性。因此，在保持三防漆原有优点的基础上，通过添加导电物质提高其抗内带电性能，是一种可行的方法。综合考虑空间环境适应性及在三防漆中的溶解性能等因素，使用掺杂聚苯胺（Polyaniline，PAN）的纳米颗粒作为添加的导电聚合物材料。

（1）PAN 制备。

通过反相微乳液聚合法制备 PAN，其制备过程如图 9.9 所示。

制备过程的原理是：在向微乳液中滴加过硫酸铵之前，苯胺以盐酸盐的形式溶解在 W/O 微乳液中的微小水滴中（图 9.10），这个水滴中的苯胺含量决定了最终形成的聚苯胺粒子的尺寸，由于每个水滴中所含苯胺量有限，因此形成的聚苯胺粒子可以很小。加入过硫酸铵水溶液时，过硫酸铵分子扩散进含有苯胺的水相，在盐酸作用下，发生氧化聚合反应，形成聚苯胺。在每一个微小水滴中，所发生的过程与溶液法合成聚苯胺的情况类似。每一个微小液滴相当于一个微反应环境，因此可以制备出纳米级的聚苯胺粒子。

使用上述方法制备的 PAN 纳米颗粒 $D_{50}$ 在 300 nm 左右（图 9.11）。

（2）防护涂层材料制备。

在三防漆中加入少量稀释剂，再加入已制备好的 PAN 纳米颗粒，搅拌均匀即可得到防护涂层材料。

采用常用的 MC313C 聚氨酯三防漆，以二甲苯和十二烷基苯磺酸钠为稀释剂，逐渐加入 PAN 纳米颗粒，发现 PAN 纳米颗粒在 5% 以下时均可表征较好的扩散性。防护涂

① 

$H_2N$—(苯环)— + HCl

② + $H_2O$

② 
→ 反应 → 破乳 → 过滤 → 水洗 → 干燥
①

图 9.9 PAN 制备过程

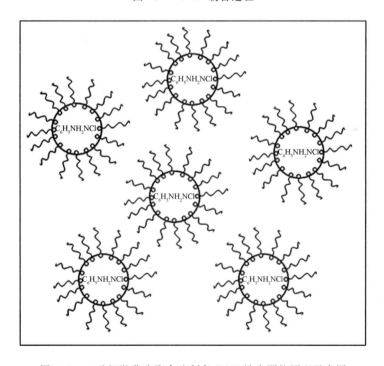

图 9.10 反相微乳液聚合法制备 PAN 纳米颗粒原理示意图

层材料的电阻率随着加入的 PAN 纳米颗粒的增加而降低,在 PAN 含量为 5% 时,电阻率可下降 4 个数量级(表 9.3)。

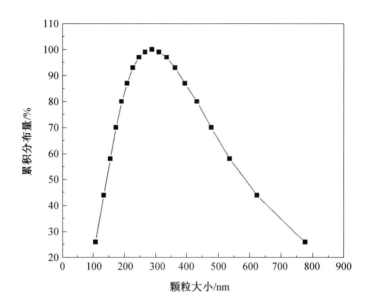

图 9.11　PAN 纳米颗粒 $D_{50}$ 测试结果

表 9.3　电阻率测试结果

| 样品 | 电阻率 /(Ω·m) |
| --- | --- |
| MC313C 三防漆 | $1.76 \times 10^{17}$ |
| 添加 5%PAN 的三防漆 | $1.16 \times 10^{13}$ |

### 2. 抗内带电效果验证

通过试验验证按照上述方法制备的防护涂层材料的内带电防护效果。试验时,将裸露的和涂有不同涂层的 FR4 电路板样品置于模拟空间高能电子环境中,对比其相同时间内的放电次数,以验证其抗内带电效果。

(1)试验样品。

取 3 块 50 mm×50 mm×2 mm 且材料、结构相同的 FR4 电路板样品(图9.12),进行如下处理。

① 分别用丙酮、乙醇溶剂清洗。放入含有 3% 的硅偶联剂的乙醇溶液中进行超声处理,用乙醇漂洗 3 次,悬挂放置 24 h,自然晾干。

② 取两块样品涂上 MC313C 聚氨酯三防漆,再将其中一块涂上添加 5%PAN 的防护涂层,编号为 1♯,另一块编号为 2♯,未涂三防漆样品编号为 3♯(图9.13)。

(2)试验条件及方法。

试验中采用卫星内带电效应模拟试验设备(图9.14)模拟空间高能电子环境。试验设备包括 ILU-6 高能电子加速器、电子散射板和真空室三部分。样品置于真空室内,试验时由电子加速器发射的高能电子束流,经过散射板散射后进入真空室使样品充电。

真空室内的三块样品放置在内带电监测器(IDM)中。IDM 由试验测试盒和测量回

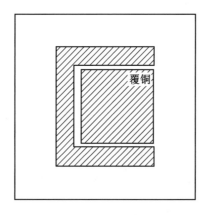

图 9.12　FR4 电路板样品结构

(a) 1#样品　　　　　　　　(b) 2#样品　　　　　　　　(c) 3#样品

图 9.13　试验样品

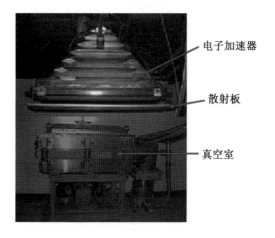

电子加速器

散射板

真空室

图 9.14　卫星内带电效应模拟试验设备

路两部分组成,其中测试盒如图 9.15 所示,其尺寸为 260 mm×135 mm×40 mm,包括用于 8 个独立测试样品的电磁隔离间,盒体上覆有 10 $\mu$m 厚的铜箔。测试盒放置于真空室内并与真空室的电子入射窗口平行。IDM 测量回路如图 9.16 所示,放电信号测试电缆通过 SMA 接头接至示波器,可以利用示波器同时测量三块样品的放电在回路中 50 Ω 电阻上的放电波形。

验证试验时,卫星内带电效应模拟试验设备采用的试验条件如下。

真空度优于 $1 \times 10^{-2}$ Pa;电子能量为 1.2 MeV;束流密度为 80 pA/cm²;辐照时间为 4 h。

图 9.15　内带电监测器(IDM)测试盒

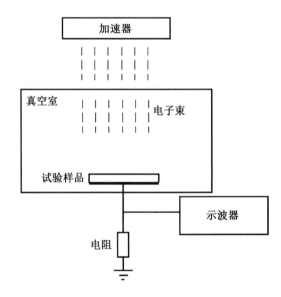

图 9.16　IDM 测量回路

（3）试验结果。

首先按照上述试验条件对未放置试验样品的 IDM 进行了本底测试,未发生放电现象,测试结果见表 9.4。

表 9.4　IDM 本底放电测试结果

| 试验时间 /h | 试验样品放电次数 / 次 |
| --- | --- |
| 0.5 | 0 |
| 1.0 | 0 |
| 1.5 | 0 |
| 2.0 | 0 |

续表9.4

| 试验时间 /h | 试验样品放电次数 / 次 |
| --- | --- |
| 2.5 | 0 |
| 3.0 | 0 |
| 3.5 | 0 |
| 共计 | 0 |

完成本底测试后,针对三块样品开展了验证试验,试验结果见表9.5。

表 9.5　样品放电试验结果

| 样品序号 | 样品名称 | 放电次数 |
| --- | --- | --- |
| 1♯ | 5％ 聚苯胺涂层 FR4 板 | 1 |
| 2♯ | 覆聚丙烯酸类三防漆 FR4 板 | 7 |
| 3♯ | 未防护 FR4 板 | 17 |

从试验结果可以看出,1♯ 样品的放电次数明显少于 2♯ 和 3♯ 样品,说明导电防护涂层对星内静电放电具有良好的防护效果。

## 9.2.9　大型低轨道载人航天器电位主动控制新技术

航天器作为一个整体运行在空间中,其结构相对于空间等离子体存在一个电位。由于航天器结构相对空间相当于一个电容器,在空间带电环境作用下会收集电荷,结构电位将随之漂移。对于采用了高压能源系统的大型航天器,该结构电位会更高。

采用高压大功率太阳电池阵的低轨航天器,将会产生太阳电池阵工作电压 90％ 左右的结构电位,当太阳电池阵上裸露的正电极电位高于等离子体电位时,将从等离子体环境中吸收电子,会引起航天器结构电位(相对于空间等离子体)的升高,在很小的暴露区域上将产生比较大的收集电流,导致高压太阳电池阵电流收集增强效应的发生。同时,尺寸较大的航天器,其结构切割地磁场也会在航天器的两端产生感应电势,这两种电位叠加在一起会使大型航天器结构具有较高的电位,从而对舱外活动中的宇航员生命、空间交会对接、航天器热控系统和能源系统的安全产生重要影响,因此必须对大型低轨道航天器结构电位进行控制,以保障航天器各项任务的完成。

国际空间站太阳电池阵供电电压为 160 V,在不采取任何电位控制措施的情况下,其本体电位会达到 $-120 \sim -140$ V,对空间站和航天员的安全造成极大威胁。而在国际空间站运行过程中发现其表面电位通常不会超过 $-25$ V,但当空间站穿过地球阴影区时,在数秒内充电至 $-70$ V 左右,发生"快速充电事件"。因此,专门研制了等离子体接触器主动电位控制系统,通过向空间喷射等离子流产生电子电流通路使之维持在 $-40$ V $\sim$ 0 V 的安全范围内。国际空间站受到切割磁感线产生的电势约为 20 V,若要控制国际空间站电势在 40 V(绝对值)的安全电压,电位主动控制器空心阴极等离子体接触器将结构电位控制在 20 V 以下。

### 1. 电位主动控制原理

在低轨等离子体环境中,存在大量低能量高密度等离子体,电子的密度和温度与离子的近似相等,然而由于电子的质量比离子的质量要小很多,因而电子的运动速度远大于离子的运动速度,同样时间内达到航天器表面的电子数要远大于离子数,最终使卫星的表面带上一定大小的负电位,负电位的存在会减小电子电流而增大离子电流,直到系统的收集净电流为零,此时各电流达到动态平衡。

根据 Mott — Smith 和 Langmuir 轨道运动限制理论(Orbital Motion Limited Theory,OML),暴露于空间等离子体中高压太阳电池金属表面的电子收集电流 $I_e$ 和离子收集电流 $I_i$ 的密度可分别由以下公式表示。

电子电流密度为

$$j_e = \begin{cases} j_{eo}\left(1 + \dfrac{eV}{KT_e}\right)^{\alpha}, & V > 0 \\[2mm] j_{eo}\exp\left(\dfrac{eV}{KT_e}\right)^{\alpha}, & V \leqslant 0 \end{cases} \tag{9.5}$$

离子电流密度为

$$j_i = \begin{cases} j_{io}\exp\left(\dfrac{-eV}{KT_i}\right), & V \geqslant 0 \\[2mm] j_{io}, & V < 0 \end{cases} \tag{9.6}$$

式中,$j_{eo} = \dfrac{1}{4}\bar{v}_e e n_{eo} = \dfrac{1}{4}en\sqrt{\dfrac{8KT_e}{\pi m_e}}$,$j_{io} = \dfrac{1}{4}\bar{v}_i e n_{io} = \dfrac{1}{4}en\sqrt{\dfrac{8KT_i}{\pi m_i}}$。在电子电流的计算公式中,$\alpha$ 表征正电极有效吸收面积随其电位的增长系数。

航天器采用了高压大功率太阳阵,由于电子质量小,运动速度快,因此最初达到高压太阳阵表面的充电电子电流密度大于离子电流密度。充电过程达到平衡后,为了保证进出太阳阵表面的电子和离子数目一样多,在轨高压太阳阵表面充负电位面积(相对于空间等离子体环境)一般大于表面充正电位的面积。此时,太阳阵表面充正电位部位的收集电流为

$$I^+ = A^+(j_e + j_i) = A^+ \times \left[j_{io}\exp\left(\dfrac{-eV}{KT_i}\right) - j_{eo}\left(1 + \dfrac{eV}{KT_e}\right)^{\alpha}\right], \quad V > 0 \tag{9.7}$$

太阳阵表面充负电位部位的收集电流为

$$I^- = A^-(j_e + j_i) = A^- \times \left[j_{io} - j_{eo}\exp\left(\dfrac{eV}{KT_e}\right)\right], \quad V < 0 \tag{9.8}$$

在低轨环境下,若不考虑二次电子和背散射电,无束流发射时电流平衡方程为

$$I_T(\varphi) = I_e(\varphi) - I_i(\varphi) = 0 \tag{9.9}$$

式中,$I_T(\varphi)$ 为净电流,也称为充电电流。

当电子束从航天器发射时,所有电流之和也包括发射电子电流 $I_{beam}(\varphi)$,电流方程为

$$I_e(\varphi) - I_i(\varphi) - I_{beam}(\varphi) = 0 \tag{9.10}$$

式中,$\varphi$ 为航天器表面电势;$I_e(\varphi)$ 和 $I_i(\varphi)$ 为电子和离子电流。

对于一个太阳电池阵金属表面总面积约为 22 m² 的大型航天器,经计算可获得其最大收集电流为 − 4.5 A,即最大充电电流为 4.5 A,也即电位主动控制器发射的最小电流为 4.5 A。

航天器悬浮电位(相对于空间环境等离子体的电位)与充电电流和等离子体接触器(空心阴极)发射电流的变化趋势如图 9.17 所示,主要分为两个过程。

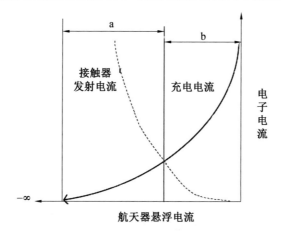

图 9.17　航天器表面充电悬浮电位随电流的变化关系

(1)航天器充电过程。

航天器电位(绝对值)较低时充电电流较高,随着充电过程的继续,航天器电位不断升高;而充电电流随着航天器电位的升高不断减小,当航天器电位充电到一定值(与太阳电池阵输出电压绝对值接近)时,则充电达到饱和,此时充电电流为零。

(2)航天器电位控制过程。

当航天器充电到饱和态时(即电位最高时,国际空间站预测为 − 140 V),如果此时开启电位主动控制系统,航天器相对于环境等离子体(相当于空心阴极的阳极)有较大电位将电子引出,则空心阴极发射器的发射电流最大,随着航天器电位的下降,充电电流不断增加(图 9.17 的 a 过程),但此时发射电流大于充电电流,航天器电压会不断下降,空心阴极发射电流也随之下降,等航天器电位下降到 $U_0$ 时,充电电流和空心阴极发射器的发射电流达到平衡,即达到主动电位控制的目的。反之,电压低于 $U_0$ 时,充电电流大于发射电流,电压会不断上升至 $U_0$,即图 9.17 的 b 过程。这个过程也称作航天器表面电位的自适应控制过程。

因此,$U_0$ 是电位控制自适应调节获得的稳定的平衡电压,该电压也被称为钳位电压,在这个过程中空心阴极发射的电子电流称为钳位电流。钳位是当卫星结构的绝对电位高于要求的控制电位时,利用电位主动控制器开始向空间发射电子对电位进行控制,将卫星结构电位钳制在一定的范围内。

图 9.18 所示为空心阴极等离子体发射器电位控制工作原理,航天器高压太阳电池阵收集空间环境等离子体电子,使航天器结构相对于空间等离子体的零电位呈负电位(大于40 V 安全电压)。空间等离子体(0 V)可以看作是"虚拟阳极",所以空心阴极发射器内部

等离子体中的电子会在阳极和空间等离子体电势差的作用下引出,形成航天器表面与空间等离子体之间电子泄放的通道,其引出电流的大小随航天器与环境等离子体之间电势大小的变化而改变,最终使得航天器表面电流达到平衡,表面收集净电流为零,从而实现航天器表面电位的自适应控制过程。即当航天器的结构电位高于控制器的钳位电压时,空心阴极发射器会自主发射电子直至结构电位达到钳位电压。图 9.19 为兰州空间技术物理研究所研制的电位主动控制器,其能够自适应发射电子,实现了航天器结构电位主动控制的目的。

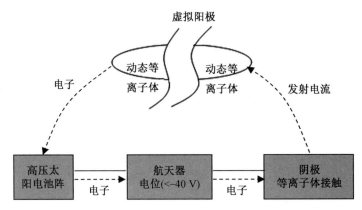

图 9.18　空心阴极等离子体发射器电位控制工作原理

图 9.19　电位主动控制器示意图

## 2.试验方法

　　低轨道载人航天器表面电位主动控制试验是在兰州空间技术物理研究所空间等离子体带电效应环境模拟设备上进行的,如图 9.20 所示。低轨道等离子体环境由等离子体源产生的等离子体模拟,并由置于真空室的朗缪尔探针对等离子体的温度和密度进行监测。试验时模拟设备中压强为 $3.6 \times 10^{-3}$ Pa,等离子体温度为 1 eV,密度为 $1.4 \times 10^{12}$ $m^{-3}$。

　　空心阴极等离子体接触器性能测试参考国际空间站等离子接触器试验方案。电位主动控制使用的空心阴极等离子体接触器的核心技术来源于兰州空间技术物理研究所离子推力器上使用的空心阴极,其地面阴极考核寿命已达到 14 000 小时 /4 300 次开关。空心

图 9.20　空间等离子体带电效应模拟设备

阴极发射器自适应电位控制试验接线图如图 9.21 所示。空心阴极公共地（安装法兰）与真空室舱壁绝缘安装，空心阴极正对真空舱壁距离约 1.5 m，加热电源正极接空心阴极加热极，触持电源正极接空心阴极触持极。各电源负极接空心阴极公共地（安装法兰）。偏压电源用来模拟航天器结构体与空间等离子体之间的电势差（悬浮电位）。试验中主要测量触持电压（$V_a$）、触持电流（$I_a$）、钳位电压（$V_c$）、电位电流（$I_c$）及氙气流率。

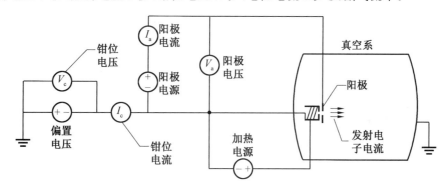

图 9.21　空心阴极发射器自适应电位控制试验接线图

### 3.试验结果及分析

（1）空闲模式性能测量。

空心阴极点火成功后，在偏置电源不输出的情况下，空心阴极触持极与触持极电源形成回路，此方式为空心阴极发射器空闲模式。在空闲模式下，不同流率、不同触持电流条件下，测量的触持电压如图 9.22 所示。

在测试中发现，流率越大，阳极电压越小，触持电流越大，触持电压越稳定，空心阴极组件的工作状态越稳定；在触持电流小于 2.5 A 时，触持电压随着工质流率的增加而下降，但当超过 2 sccm（sccm 为体积流率单位，即标况毫升每分，英文全称：standard−state cubic centimeter per minute，缩写 sccm）后变化不显著，在较高触持电流时（大于2.5 A）则变化非常小。考虑到空心阴极组件的足够高温度及稳定性，同时较低的触持电压就能

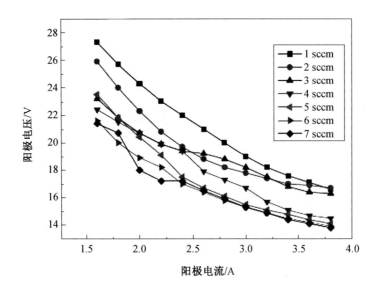

图 9.22　空闲模式空闲阴极特性曲线

获得较大的触持电流,电位主动控制试验时设置触持电流为 3 A,则触持电压为 15 ~ 18 V,空心阴极工作在亮斑状模式。

空心阴极等离子体接触器空闲模式试验测试了流率对阳极电压的影响,测试结果与国际空间站试验结果相似,即流率越大阳极电压越小;在不同流率下测量阳极电流和阳极电压的关系,经过测试显示,流率越大在相同阳极电流情况下阳极电压越低。

(2)钳位模式性能测量。

空心阴极点火成功后,在偏置电源输出的情况下,真空舱壁、等离子体源、公共地之间形成钳位放电回路,此方式为等离子体接触器钳位模式。

在地球阴影区,太阳电池阵不发电,其裸露的金属也不存在高电压,大大降低了其电流收集效应,航天器的充电电位远远低于光照区的电位,主要在光照区时对航天器电位进行主动控制,此时工作模式为钳位模式。空心阴极等离子体接触器发射的电子电流至少要满足航天器表面净收集电子电流。

为了更好更真实地模拟在空间环境下电位主动控制的效果,本试验在无等离子体源和有等离子体源的情况下分别进行了自适应电位控制试验。测试结果如图 9.23 所示。

发生在阴极出口小孔内的电离称作内部电离,而发生在阴极小孔之后羽流内核区域里的电离称作外部电离。研究表明,在等离子体接触器高电流发射时,阳极偏置电压的增加增大了羽流出口处离子的产生率,接触器出口处离子数密度的增加,有助于增加空心阴极发射器出口处的电子数量,从而可增加接触器发射的最大净发射电子电流。航天器表面与空间等离子体电势差越大,越多的电子可以离开接触器,同时离子束产生率也增大。在大流率(图 9.23(b)大于 4 sccm)(外部中性原子浓度增加)和高发射电流情况下(偏至电压的升高也会加速电子超过 Xe 原子的一次电离能量)发生明显的外部电离过程;且流量越大,外部电离越明显,则发射电流增加。

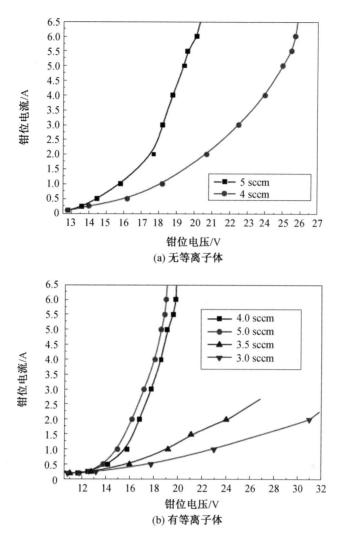

图 9.23　空闲模式空闲阴极特性曲线

　　钳位模式下,试验发现有等离子体源比无等离子体源在较低流率下更容易实现电位的有效控制,在图 9.23 中(a)中可以看出,流率为 4 sccm 时钳位电位在 26 V 左右,此时虽能发射较大的钳位电流,但钳位电位较高,需要较大的电势差才能引出相应的束流;而流率为 5 sccm 时能够引出 6 A 以上的钳位电流,将电位控制在 20 V 左右,因为较大流率和发射电流增加了接触器外部电离。有等离子体源时引出的钳位电流能够较好地和环境等离子体耦合,如图 9.23(b)所示,4 sccm 的流率就可以发射 5 A 以上的钳位电流,且钳位电流变化很快,将电势钳位在 20 V 以内,等离子体耦合效应相等流率情况下增加了接触器外部电离。5 sccm 时钳位电压在 19 V 左右,当流率为 3.0 sccm 和 3.5 sccm 时,钳位电流最大超不过 5 A,相对钳位电压也很高,但较小的流率外部电流所产生的电流也较小。

　　自适应控制试验表明,随着氙气流率的增加,钳位电压变小,当最小流率确定时就能够将电位钳位在某一范围内,实现航天器表面的电位控制,与国际空间站等离子体接触器电位控制试验结果相比具有一致性。

# 9.3　高压太阳电池阵静电放电防护技术

为了保障高压太阳电池阵在轨长寿命、高可靠运行,防止发生 ESD 失效,以下几个步骤是必需的。

(1) 抑制太阳电池阵表面充电。

(2) 抑制太阳电池阵表面 ESD 发生。

(3) 抑制由于 ESD 引起的不利效应,例如表面材料性能退化、电磁干扰和电池损坏。

(4) 抑制一次 ESD 向二次放电转移。

(5) 如果二次放电发生要抑制太阳电池阵功率输出。

然而,对于在 GEO 轨道运行的卫星而言,安装在舱外的太阳电池阵直接暴露于空间等离子体环境中,在该轨道空间,磁层亚暴每几个小时就发生一次,因此在地球同步轨道发生数十千伏的表面带电情况是非常频繁的,太阳电池阵表面充电是不可避免的。

ESD 是引起高压太阳电池阵发生二次放电的触发因素。高压太阳电池阵表面 ESD 的发生频率和强度直接影响高压阵二次放电发生的可能性。抑制 ESD 显而易见的办法就是将高压太阳电池阵的 ESD 敏感区域(由互连器件、盖片和基地材料以及真空组成的区域)完全包裹起来从而没有导体暴露于空间带电环境中,然而使用这种方法有许多技术困难需要克服。可以通过改变传统电池的结构设计从而消除静电荷的累积,彻底防止了静电充放电的发生。

空间带电环境中,太阳电池阵表面充电电荷是静电放电的放电源,根据电容效应,ESD 所释放的能量是有限的,不会造成太阳电池阵硬件损坏,也就是说,即使发生一次 ESD,也不会导致太阳电池阵短路失效。当然,目前航天器上常用的砷化镓太阳电池阵较之传统的硅太阳电池而言,其耐反向静电击穿的能力较差,较大能量的 ESD 可能会使某些反向耐压特性较差的砷化镓太阳电池击穿,但损坏的仅仅是单体电池本身,不会造成材料热解,形成低阻通路,致使整个太阳电池电路失效。实验室已经证明,二次放电事件是造成高压砷化镓太阳电池阵短路损坏的原因。随着高压砷化镓大功率太阳电池阵的逐渐使用,航天器电源系统设计时必须采用有效的防护措施抑制二次放电的发生。

## 9.3.1　盖片表面蒸镀金属氧化物涂层

为防止太阳电池阵表面电荷的沉积,只有将这些电荷从某一个通道泄放掉,使太阳电池阵表面等电位,这样才能从本质上防止高压太阳电池阵表面静电充放电的发生。

通过在太阳电池玻璃盖片上蒸镀一层 ITO 透明导电膜,并将每片盖片上的导电膜有效地连接组成网络,与卫星的"结构地"相连,可以使沉积在盖片表面的电荷得到泄放,消除轨道高压静电荷的累积,使太阳电池阵表面等电位,彻底防止静电充放电的发生。

ITO透明导电膜是一种半导体材料,它蒸镀在玻璃盖片表面最外层,为了实现整个太阳阵的导电膜互连成网,在盖片相对的边缘上还蒸镀两个三角形的焊接电极,ITO膜与焊接电极连接导通(图 9.24)。当单体太阳电池组成太阳电池阵后,每片玻璃盖片上的 ITO膜通过焊接电极用银箔互联器以串联的方式实现互联,并在太阳电池阵的两端汇流,最终由引出线与航天器"结构地"相连(图 9.25)。

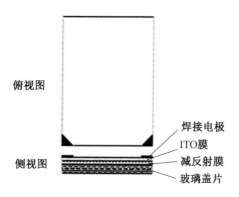

图 9.24 ITO 膜盖片结构示意图

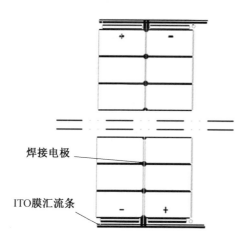

图 9.25 ITO 膜互联示意图

由于 ITO 膜和两个焊接电极的遮挡会引起光透射率的损失和有效光照面积的减少,因此会使太阳电池的短路电流略有下降。这一点在太阳电池阵设计中必须充分考虑到。此外,高低温交变和湿度对 ITO 膜都会有一定的影响,所以要求 ITO 膜镀层和焊接电极必须具有良好牢固度,才能适合于空间环境条件下的使用要求。这在 ITO 膜的生产中,是一个非常关键的技术,它决定了整个太阳电池阵表面的导电性能。

ITO透明导电膜的导电性能越好,太阳电池阵表面的电位差也就越小。换言之,如果要使太阳电池阵表面等电位,那么 ITO 导电膜的表面电阻就要小于 $10^5$ Ω。表面电阻是随着 ITO 膜厚度的增加而减小的,ITO 膜导电率的增加是通过增大 ITO 膜的厚度来实现的。但不能为了增加导电率而无限度地增加 ITO 膜的厚度,因为 ITO 膜厚度增加的同时会降低太阳电池玻璃盖片的透射率，只有控制好 ITO 膜厚度，才可以使玻璃盖片保持足够的光透射率。这样在满足膜层表面电阻的同时还能有高的透过率，把 ITO 导电膜对太阳电池阵的短路电流输出损失降低到最小。

在地球探测双星太阳阵的研制过程中，为了保证欧空局提供的试验设备的探测精度，需要对地球探测双星太阳电池阵表面进行防静电充放电保护，达到星表任意两点间的电位差最大不超过 ±1 V 的等电位指标。因此，对表面等电位控制方法采取措施，通过在太阳电池玻璃盖片上蒸镀一层 ITO 透明导电膜，并将每片盖片上的导电膜有效地连接组成网络，与卫星的"结构地"相连，使太阳电池阵面最大电位差小于 ±1 V。

地球探测双星是我国首次与欧空局合作的项目，安装于星上的探测仪器在静电洁净度方面对太阳电池阵提出了严格要求。该星的成功证明了太阳电池玻璃盖片上蒸镀 ITO 导电膜的 ESD 防护措施是有效的。

## 9.3.2　盖片表面蒸镀 ITO 网格技术

虽然高压太阳电池阵盖片表面蒸镀 ITO 涂层能够有效抑制 ESD 的发生，但是大面积蒸镀 ITO 薄膜会降低可见光透射率，降低太阳能电池光电转换效能；此外，薄膜还会增加航天器的载荷。基于上述问题，本节提出了一种网格状 ITO 薄膜太阳能电池，采用电子束蒸发和光刻技术进行制备，并利用分光光度计和电晕喷电法对不同薄膜覆盖率下电池片的光电性能进行测试，研究了薄膜覆盖率对可见光透射率和表面电位的影响。

制备 ITO 薄膜，常用技术主要包括：真空蒸发法、电子束蒸发法、化学气相沉积法、直流磁控溅射法和射频磁控溅射法等，本节采用电子束蒸发法进行 ITO 薄膜的制备。采用设备为日本爱发科 ULVAC 公司生产的电子束蒸发真空镀膜机，真空度可达 $1 \times 10^{-4}$ Pa。衬底材料为 40 mm × 40 mm 太阳能电池玻璃盖片，粗糙度为 0.016 $\mu$m。实验前，为防止表面污秽影响 ITO 薄膜的附着性，衬底先在专用清洗剂中浸泡 2 h，然后进行超声清洗，再用去离子水冲洗，最后用高纯度氮气将衬底吹干。实验本底真空维持在 $1.0 \times 10^{-4}$ Pa，蒸发源采用纯度为 99.999%、质量分数比为 9:1 的铟锡合金，以高纯度氧气作为反应气体，氧气流量由流量计控制，电子枪的加速电压为 6 kV，沉积速率为 0.1 nm/s。

在制备的薄膜上涂覆光刻胶，进行曝光、显影。在腐蚀液中浸泡，清洗吹干后用去胶液浸泡，再清洗吹干即可制备出网格状 ITO 薄膜。为使薄膜和"结构地"相连，在玻璃盖片边缘焊接三角形金属电极，ITO 薄膜与焊接电极连接导通，示意图如图 9.26 所示。划分的网格为长方形，网格线为 ITO 薄膜，线宽为 0.1 mm。不同覆盖率的薄膜仅改变网格空白面积，网格线宽度不变。

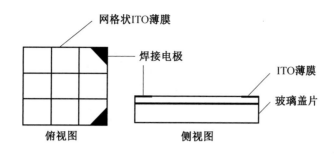

图 9.26　网格状 ITO 薄膜示意图

网格状 ITO 薄膜通过焊接电极相互串联,以并联的方式形成网络,经汇流条与太阳翼铰链相连,再通过 SADA 接入航天器"结构地",建立电荷泄放通路。ITO 薄膜接地网络如图 9.27 所示。

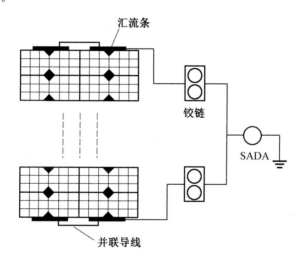

图 9.27　ITO 薄膜接地网络

### 9.3.3　控制电池串间电位差

在进行太阳电池阵设计时,优化太阳电池阵电路布置方式,使相邻电池之间电位低于二次放电的阈值电压,可以有效抑制二次放电的发生。

随着太阳电池阵母线电压的提高,设计时在太阳电池的布线方式上应该考虑使相邻电池串间的电位差尽可能低(低于发生二次放电事件的阈值电压)。通过前面的分析和试验,70 V 是没有保护措施的太阳电池阵产生二次放电的阈值电压。因此,一般将相邻电池串间电压设计为小于该阈值。

以 100 V 母线电压的太阳电池阵为例,可以采用图 9.28 所示的排列方式,使母线电压要求为100 V 的太阳电池电路相邻电池串间电位差只有50 V。这种排列方式既保证了高总线电压(100 V),又彻底避免了相邻电池串间存在高电位。

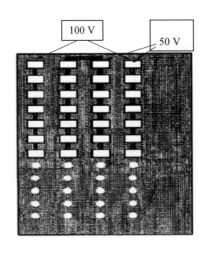

图 9.28　相邻太阳电池串间的电压为 50 V

## 9.3.4　太阳电池串间填涂室温硫化(RTV) 胶

另一项高压太阳电池阵 ESD 防护技术是在高压太阳电池串间填充 RTV 胶。为了提高电池串间的击穿电压阈值,将 RTV 胶插入存在电位差的电池串间隙中,RTV 胶的存在,在 ESD 产生的等离子体和太阳电池之间建立了一个势垒,阻止了二次弧光放电及热解,既提高了放电的阈值电压,又降低了放电的可能性。

研究表明,电池串之间的间隙宽度一定时,填充 RTV 胶形成的势垒使二次放电阈值电压明显增加(串间电压增大到 200 V 时仍没有发生二次放电)。在相邻电池串间插入 RTV 胶可以在太阳电池串间形成势垒层并对聚酰亚胺(Kapton) 基底起到保护作用,防止因为温度过高使基底材料热解而炭化。防护前后的太阳电池阵如图 9.29 和图 9.30 所示。

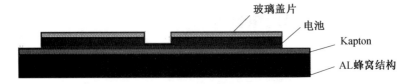

图 9.29　未填充 RTV 胶的太阳电池阵结构示意图

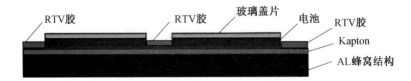

图 9.30　填充 RTV 胶的太阳电池阵结构示意图

## 9.3.5　减小电池串电流

串电流对二次放电的有效性是至关重要的。对工作电压足以达到二次电弧击穿阈值的高压太阳电池阵而言,要在设计上保证电池串得到的有用电流不足以维持电弧,才能避免因长时间放电而引起的材料热解。

试验结果表明,当电池串间电位差达到阈值电压70 V时,太阳电池阵表面放电,此时的串电流达到1.8 A,因此在电路设计中应将每串电路的电流减小到1.8 A以下,使每个电池电路的电流小于电弧能持续进行的下限。

当电路总电流要求较高时,可以采取并联方式分流,降低单串电流值。如电路总电流为4 A,可以将电路设计为3串并联,此时串电流低于1.4 A,发生电路ESD短路失效的概率大大降低。单串和三并太阳电池阵电池串组件结构如图9.31和图9.32所示。

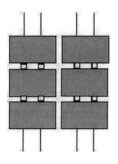

图 9.31　单串太阳电池阵电池串组件结构

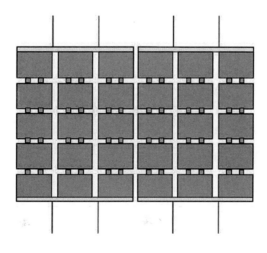

图 9.32　三并太阳电池阵电池串组件结构

## 9.3.6　电场主动防护技术

空间等离子环境中,高能带电粒子对太阳电池阵的充放电效应主要取决于粒子的能量和辐射剂量。为实现主动防护,可以设想两种策略:其一是降低入射到太阳电池阵上带电粒子的能量;其二是减少入射到太阳电池阵上带电粒子的数目,即减少太阳电池阵遭受的辐射剂量。为降低带电粒子的能量,需要有外力对带电粒子做负功;为减少入射到太阳电池阵上带电粒子的数目,也需要有外力作用,使带电粒子改变运动方向。电场力既可改变带电粒子的运动方向,又能改变其运动速率即动能。

基于这种分析,本节提出了基于强电场的主动防护技术,即利用强电场改变带电粒子的飞行方向。然而,由于空间带电粒子能量高,运动速度大,因此需要很强的电场才能使其产生足够的偏转。根据高斯定理,静电场中的导体表面附近的电场强度与表面对应点的电荷密度成正比,而电荷密度与导体表面形状有关,一般来说,与表面处的曲率半径成反比,因此尖端导体在尖端附近电场很强。这么强的电场,就有可能使飞经附近的高能带电粒子运动方向发生偏转,或者吸引捕获粒子。单个的尖端导体防护范围和效果有限。为实现较大范围内太阳电池阵的防护并达到更好的防护效果,必须将尖端导体进行组阵。图 9.33 给出了太阳电池阵表面按一定密度布置的尖端导体阵列及加压示意图。图中,尖端导体垂直于太阳电池阵表面布置,这种布阵方式通过电场的作用改变带电粒子运动的方向,使带电粒子碰撞电极并被电极所捕获,从而实现防护作用。尖端导体呈梅花形的加压方式,正导体的上下左右四根都是负导体。图 9.34 所示为太阳电池阵表面尖端导体实体布置图。图 9.35 所示为施加防护前后太阳电池阵开路电压对比图。从图中可以明显看出,采取保护措施后的太阳电池阵开路电压的下降趋势明显优于未采取防护措施的太阳电池阵,说明这种防护技术具有很好的防护效果。

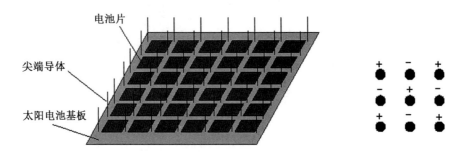

图 9.33　多排导体垂直布置及加压示意图

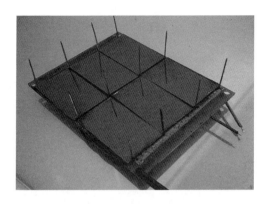

图 9.34 太阳电池阵表面尖端导体实体布置图

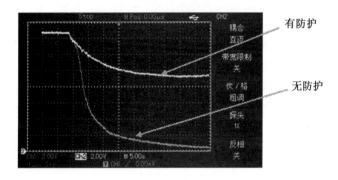

图 9.35 施加防护前后太阳电池阵开路电压对比图

# 参 考 文 献

[1] 刘尚合,魏光辉,刘直承,等.静电理论与防护[M].北京:兵器工业出版社,1999.

[2] 刘尚合,武占成,朱长青,等.静电放电及危害防护[M].北京:北京邮电大学出版社,2004.

[3] 马峰,霍善发,公崇江.静电灾害防护[M].西安:陕西科学技术出版社,1997.

[4] 薛兵,翟学军,朱长军.静电防护理论与技术[M].西安:西安电子科技大学出版社,2019.

[5] 孙延林.电子工业静电与电路 EOS/EMI 防护技术[M].北京:电子工业出版社,2020.

[6] 刘存礼,王书平,杨洁,等.静电计量与测试[M].北京:国防工业出版,2016.

[7] 李得天,杨生胜,秦晓刚,等.卫星充放电效应环境模拟方法[M].北京:北京理工大学出版社,2019.

[8] 杨生胜,秦晓刚,李得天,等.卫星充放电效应基础理论[M].北京:北京理工大学出版社,2019.

[9] 原青云,孙永卫,张希军,等.航天器带电理论及防护[M].北京:国防工业出版,2016.

[10] 中国国家标准化管理委员会. 电磁兼容 试验和测量技术 静电放电抗扰度试验:GB/T 17626.2 [S]. 北京:中国标准出版社,2018:4.

[11] International Electrotechnical Commission. Electromagnetic compatibility—testing and measurement techniques—electrostatic discharge immunity test: IEC 61000-4-2 [S]. Switzerland: International Electrotechnical Commission, 2008:10-11.

[12] Electrostatic Discharge Association. ESD association standard test method for electrostatic discharge sensitivity testing-human body model (HBM)-component level: ANSI/ESD STM5.1[S].New York: Electrostatic Discharge Association,2001:4-6.

[13] Electrostatic Discharge Association. ESD association standard test method for electrostatic discharge sensitivity testing: human body model (HBM) ESD STM5.2 [S]. New York: Electrostatic Discharge Association,1999:6-9.

[14] Electrostatic Discharge Association. ESD association standard test method for electrostatic discharge sensitivity testing-charged device model (CDM)-component level: ESD STM5.3.1 [S]. New York: Electrostatic Discharge Association, 1999:5-7.

[15] 中央军委装备发展部.半导体分立器件试验方法,GJB 128B [S].北京:国家军用标准出版社,2021:30.

[16] 国防科学技术工业委员会.电子产品防静电放电控制手册,GJB/Z 105—98 [S].北京:不

详,1998:10-11.

[17] 中国人民解放军总装备部. 防静电工作区技术要求,GJB 3007A[S]. 北京:总装备部军标发行部, 2009:30.

[18] 盛松林. 静电放电电磁场时空分布理论模型及测试技术研究[D]. 石家庄:军械工程学院,2003.

[19] 祁树锋,杨洁,刘红兵,等. ESD 对微电子器件造成潜在性失效的研究综述[J]. 军械工程学院学报,2006,18(5):27-31.

[20] 祁树锋,杨洁,刘红兵,等. 低电压 ESD 对 2SC3356 造成的事件相关潜在性失效[J]. 河北师范大学学报(自然科学版),2007,31(3):326-328,336.

[21] 李云,李玉兰. 静电放电产生的干扰特性及对航天电子设备的影响[C]. 北京:第三届全国电磁兼容学术会议集,1990:227-230.

[22] WILSON P F,MA M T. Fields radiated by electrostatic discharges [J]. IEEE Transactions on Electromagnetic Compatibility,1991,33 (1):10-18.

[23] WILSON P F,MA M T. Fields radiated by electrostatic discharges [C]. Cherry Hill,New Jersey:IEEE International Symposium on Electromagnetic Compatibility,1991:10-18.

[24] KOO J Y,CAI Q,WANG K,et al. Correlation between EUT failure levels and ESD generator parameters [J]. IEEE Transactions on EMC,2008,50(4):794-801.

[25] 谭伟. 静电放电电磁脉冲及防护加固技术研究[D]. 石家庄:军械工程学院,1999.

[26] 胡孝勇. 气体放电及其等离子体[M]. 哈尔滨:哈尔滨工业大学出版社,1994.

[27] 武占成. 静电起电理论及 ESD 对人体生理影响的研究[D]. 石家庄:军械工程学院,1997.

[28] 易忠,王松,唐小金,等. 不同温度下复杂介质结构内带电规律仿真分析[J]. 物理学报,2015(12):303-311.

[29] WANG S,TANG X J,WU Z C,et al. Internal dielectric charging simulation of a complex structure with different shielding thicknesses[J]. IEEE Transactions on Plasma Science,2015,43(12):4169-4174.

[30] 黄建国,陈东. 卫星中介质深层充电特征研究[J]. 物理学报,2004,53(3):961-966.

[31] THIÉBAULT B,JEANTY-RUARD B,SOUQUET P,et al. SPIS 5.1:An innovative approach for spacecraft plasma modeling [J]. IEEE Transactions on Plasma Science,2015,43(9):2782-2788.

[32] 王松,易忠,唐小金,等. 地球同步轨道环境下外露介质深层带电仿真分析[J]. 高电压技术,2015,41(2):687-692.

[33] 吴汉基,蒋远大,张志远,等. 航天器表面电位的主动控制[J]. 中国航天,2008(6):36-40.

[34] 孙可平,宋广成. 业静电[M]. 北京:中国石化出版社,1994.

[35] 鲍重光. 电子工业防静电危害[M]. 北京:北京工业学院出版社,1987.

[36] 梁曦东,陈昌渔,周远翔. 高电压工程[M]. 北京:清华大学出版社,2003.

[37] MEEK J M. Electric Breakdown of Gases [M]. New York:Wiley,1978.

[38] WANG K,SCHAFFER M,HUANG K X. Impact of ESD generator parameters on failure

level in fast CMOS system[C]. Boston, MA, USA: IEEE International Symposium on EMC, 2003:52-57.

[39] KOO J Y. System level and IC level analysis of electrostatic discharge (ESD) and electrical fast transient (EFT) immunity and associated coupling mechanisms [D]. Rolla: Missouri University of Science and Technology, 2008.